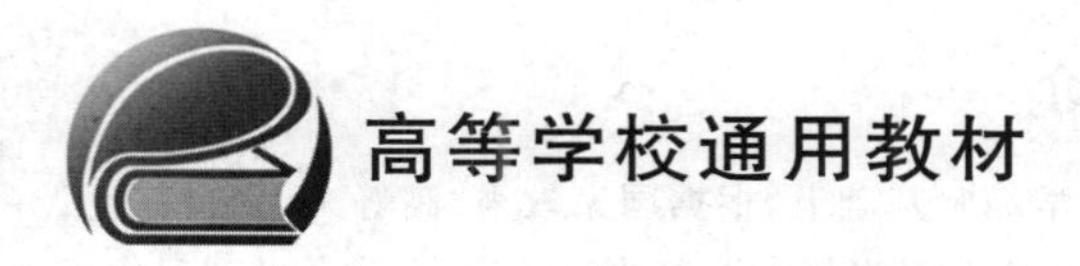

制造技术实习

——工程基础与创新训练(第3版)

主　编　史成坤
主　审　张兴华

北京航空航天大学出版社

内容简介

本书是在北京航空航天大学机械制造实习多年来的教学经验基础上，根据国家教委“高等工业学校金工实习教学基本要求”和新颁布的国家有关标准，吸取兄弟院校的教学改革成果和教学经验，充分考虑到现代机械制造工业的发展状况，结合高等学校机械制造基础和综合创新实践的实际需要而编写的工程训练系列教材之一。

全书共5篇16章，主要内容包括机械制造基础知识、材料成型工艺（铸造、锻压、焊接）、切削加工工艺（车削、铣削、磨削、钳工等）、先进制造及特种加工（数控加工、激光、线切割、增材制造等）、综合创新实践等。围绕机械制造从知识到实践、从传统加工到现代加工、从基础训练到创新拓展，全方位、多角度、多层次构建工程实践体系。各章后均有思考练习题，以便自学。

本教材可用于高等工科学校机械类及近机械类院系的实习教学，也可作为高等职业教育或中等职业教育师生及工程技术人员的参考书籍。

图书在版编目(CIP)数据

制造技术实习 ：工程基础与创新训练 / 史成坤主编
. -- 3版. -- 北京 ：北京航空航天大学出版社，2023.9
ISBN 978-7-5124-4024-1

Ⅰ. ① 制… Ⅱ. ①史… Ⅲ. ①机械制造工艺 Ⅳ.
①TH16

中国国家版本馆CIP数据核字(2023)第138748号

制造技术实习——工程基础与创新训练(第3版)

主　编　史成坤

主　审　张兴华

策划编辑　蔡　喆　　责任编辑　龚　雪

*

北京航空航天大学出版社出版发行

北京市海淀区学院路37号(邮编100191)　http://www.buaapress.com.cn

发行部电话：(010)82317024　传真：(010)82328026

读者信箱：goodtextbook@126.com　邮购电话：(010)82316936

涿州市新华印刷有限公司印装　各地书店经销

*

开本：787×1 092　1/16　印张：17　字数：435千字

2023年9月第3版　2023年10月第2次印刷　印数：2 001～4 000册

ISBN 978-7-5124-4024-1　定价：49.00元

前　言

本书是根据教育部基础课程教学指导委员会“高等工业学校金工实习教学基本要求”和新颁布的国家相关标准，结合近些年在北京航空航天大学制造技术实习的教学经验和制造技术的发展状况，根据当前“新工科”教育背景下对高等学校机械制造实习的实际需要和对学生“德智体美劳”五育融合教育的需求，在2011版《制造技术实习》教材的基础上修订而成，是工程训练系列教材之一。全书共5篇16章，主要内容包括机械制造基础知识、材料成型工艺（铸造、锻压、焊接）、切削加工工艺（车削、铣削、磨削、钳工等）、先进制造及特种加工（数控加工、激光、线切割、增材制造等）、综合创新实践等。围绕机械制造从知识到实践、从传统加工到现代加工、从基础训练到创新拓展，全方位、多角度、多层次构建工程实践体系。各章后均有思考练习题，以便自学。

中国工程院院士邵新宇博士认为：“工程实践教育平台和工程实训课程对提高工科学生实践能力发挥着十分重要的作用。新时代工程实践教育要着力培养‘面向问题、面向需求、面向应用’的工程观、‘面向竞争，聚焦产品性能’的质量观、‘强调综合优化、整体效益’的系统观”，并全面诠释了工程训练的新时代定位和着力点。

我校早在21世纪初即提出“三层次”工程训练模式，从基本的工程认知到应用层面的技能训练再到高阶的综合创新训练，目的是提高学生解决实际工程问题的综合能力。这种训练模式涵盖了邵院士提到的工程训练所应该培养的工程观、质量观和系统观，但内容上始终比较独立，没能从教材的角度将多层次训练串联成有机整体。基于此，编者在保留前版教材精华部分的基础上，对本书进行了重新梳理和修订。主要修订内容和特点如下：

（1）按照认知—实践—综合应用的脉络组织全书，体现“三层次”训练的层层递进关系，提高训练的系统性。

认知部分主要由机械制造概述、工程材料与切削加工的基础知识、机械加工质量与检测构成。以机械制造作为学生认知工程的切入点，既有对机械制造的宏观认识，又有实践过程所需的基本知识，同时强调了机械制造过程中的质量意识，注重对学生知识、能力和素质的综合培养。在此基础上更新了技术上的新发展现状和趋势，涉及的相关名称和数据等依照新的国家标准编写，而且阐述了整本书的训练逻辑。

实践部分由材料成型工艺、切削加工工艺、先进制造及特种加工构成。前两部分对前版教材中的错漏之处进行了修改，并对落后工艺做了删减。先进制造和特种加工部分有所更新,数控加工、线切割、激光切割、增材制造等实训设备和内容均有变化,把原理介绍到实训部分更改为基于现用设备的内容,扩充了3D打印部分,并增加一些实例内容,以利于学生课前预习、编写程序和画图。

综合应用部分,增加综合性的创新训练案例内容。“综合创新训练”是我校开展多年的特色课程,即让学生在教师的指导下经历一个创新产品的立项、设计、加工、组装、验证的全周期过程,以提高学生解决实际问题的综合工程素质。这是对学生经过前期学习和训练后是否建立起工程观、质量观和系统观的最佳检验方法。同时,这也是体现工程训练课程高阶性和挑战度的部分。本书中,这部分介绍课程开展形式、创新选题思路、创新产品设计与实现和多个教学案例,不仅方便课内学生更好地完成课程,而且还为兄弟院校提供了教学参考。

(2) 以复杂产品组件为载体,串联各工种。借由注重各工种之间关联性的载体使学生全面认识机械制造,进而认识工程,增强学生对机械制造的体验感,并使学生更深入了解制造过程。

本教材由北京航空航天大学工程训练中心组织编写,史成坤任主编。参加本次教材编写的人员有齐海涛(第1章的部分内容),孙英蛟、赵雷、纪铁铃、李亚鹏、刘雅静(数控的部分内容),王飞延(数控、车削的部分内容),张锦富(激光加工、钳工的部分内容),陈娇娇、邹立峰、李畅(特种加工的部分内容),杜林坡(数控冲压),王娜(第16章的部分内容),其余各章内容编写和新增插图绘制均由史成坤完成。

在此特别感谢李喜桥和张欣在综合创新训练课程的建设阶段做出的杰出贡献,以及提供了大量翔实完备的课程资料,为工程训练高阶课程的良性发展奠定了坚实的基础。

本书由北京航空航天大学张兴华教授审稿,他对本书提出了宝贵意见,在此表示衷心的感谢。

由于编者水平有限,书中的错误和不妥之处,恳请读者批评指正。

编　者

2023年5月

目　录

第1篇　机械制造基础知识

第2篇 材料成型工艺

第3篇　切削加工工艺

第4篇　先进制造及特种加工

第5篇 综合创新实习案例

第 1 篇
机械制造基础知识

第 1 章　机械制造简述

1.1　机械制造

机械制造是各种机械（如机床、工具、仪器、仪表等）制造过程的总称。它是一个将制造资源（如物料、能源、设备、工具、资金、技术、信息和人力等）通过制造系统转变为可供人们使用或利用的产品的过程。

1. 机械制造业在国民经济和社会发展中的作用

国民经济中的任何行业的发展，必须依靠机械制造业的支持并提供装备；在国民经济的构成中，制造技术约占 60%～70%。当今制造科学、信息科学、材料科学和生物科学这四大支柱科学相互依存，但后三种科学必须依靠制造科学才能形成产业和创造社会物质财富。而制造科学的发展也必须依靠信息、材料和生物科学的发展。因此，机械制造业是其他高新技术实现工业价值的最佳集合点。

机械制造业能否以适用的先进技术去装备国民经济各部门，将直接影响国民经济的发展，进而影响整个国家的经济振兴。新中国成立以来，国民经济的每一次发展都与机械工业分不开。20 世纪 50 年代，我国自行制造了汽车、拖拉机、飞机；60 年代制造了原子能设备、12 000 t 水压机、125 000 kW 火力发电设备以及精密机床等；70 年代发展了我国的大型成套设备，如年产 300 000 t 合成氨设备、年处理 2 500 000 t 炼油设备、50 000 t 远洋油轮以及后来发展的核电系统、航天事业中的机械装备和制造技术、葛洲坝大型水轮发电机等；21 世纪随着数字化、智能化步伐提速，自航绞吸船“天鲲”号投产，“奋斗者”号实现万米深潜，国产大飞机 C919、AG600 水陆两栖飞机相继成功首飞，“天问”1 号着陆火星，工业生产打造“零碳”工厂等，制造业水平不断发展[1]。

21 世纪的先进制造技术已是当代国际科技竞争的重要方面。2015 年，国务院着眼于我国制造业发展所面临的新环境和新问题，进一步提出需要提升制造技术的国际竞争力，实现关键领域和制高点技术突破等问题。2021 年审议通过的“十四五”规划，更是强调要保持住制造业在国内生产总值（GDP）中的比重，提升创新力，推动制造技术在高端设备、新能源车和航空等新兴行业领域的开发，加强与云计算、大数据、物联网和人工智能等数字行业的结合，继续支撑机械和自动化产品市场的增长[2]。

2. 机械制造发展史

我国早在 4 000 年前就开始使用铜合金，商周时代冶炼技术已达到很高水平，形成了灿烂的青铜文化；春秋战国时期，我国已开始使用铸铁做农具，比欧洲国家早 1 800 多年；约 3 000 年前我国已采用铸造、锻造等技术生产工具和各种兵器。大量的历史文物，例如在河南安阳武官村出土的质量为 875 kg 的商殷祭器后母戊大方鼎，1972 年在河北藁城出土的商代铁刃铜钺，北京大钟寺内保存的质量为 46.5 t 的明朝永乐年间铸造的铜钟等，均显示了我国古代在铸造、锻造等方面的卓越成就。

图1-1反映了我国古代机械制造业的杰出成就。

国外机械制造只是到了近代才比中国领先。1775年，英国人威尔肯逊为瓦特发明的蒸汽机制造了汽缸镗床。它的出现，标志着人类用机器代替手工的机械化时代的开始。1870年，在美国出现了第一台螺纹加工自动机床。1924年，第一条自动生产线在英国莫里斯汽车公司诞生。1952年美国麻省理工学院研制出数控铣床。1958年，第一台加工中心在美国卡尼和特雷克公司面世。20世纪80年代以来，得益于信息技术、计算机技术、精密检测与转换技术和机电一体化技术的快速发展，以数字化设计与制造技术、物流技术、现代管理技术、柔性制造系统以及计算机集成制造系统等为代表的先进制造技术得到快速发展。

(a) 中国夏代出土的车子

(b) 秦代铜马车

(c) 三国时期马钧发明的指南车

(d) 宋代苏颂制成的水运仪象台

图1-1　中国古代机械制造业的杰出成就

21世纪以来，社会生活、生产节奏逐步提升，现代机械制造技术借助互联网技术、大数据和云计算等信息技术更加集成化和智能化；深化特种加工技术，综合利用化学手段、热能、声能、光能等，提高生产制造的效率和精度；虚拟技术与机械制造检验、原材料筛选等相结合，降低了机械制造过程中的误差和折损；更加注重绿色生产和低碳环保理念，减少对环境的破坏[3]。

3. 机械制造的主要内容和一般过程

机械制造一般可以分为热加工和冷加工两种方法。

机械制造热加工是研究如何运用铸造、锻压、焊接、热处理、零件的表面处理等方法将材料制成毛坯或直接加工成具有一定性能的零件，也称材料加工工程。

铸造是指将材料(金属、合金或复合材料)熔化成液态并浇注于具有一定型腔的铸型内,凝固后成形;锻压是指将钢锭或棒材、板材在一定温度下通过不同的锻压机械施加压力使之成形;焊接是指通过局部熔化或相互扩散使若干个零件拼接成复杂的整体零件或构件。

热处理是指通过不同的加热和冷却方式使零件材料的内部组织结构发生变化,从而改变材料的力学、物理及化学性能。热处理仅改变材料性能,并不改变零件形状。

零件的表面处理是指改变零件表面的成分或组织结构以提高零件的性能。

机械制造冷加工主要是研究利用切削加工方法将毛坯或材料成形为高精度、低粗糙度的零件,并将零件装配为机器。

切削加工包括车削、铣削、磨削、钳工工作等内容。数控技术的出现使切削加工及其他加工方法在加工能力和效率等方面获得了空前的提高。

特种加工包括电火花加工、激光加工、超声波加工、电子束加工、等离子束加工等。这些虽然已经不属于切削加工的范围,但也是机械制造冷加工的一部分。

机械制造的生产过程一般是先用铸造、锻压或焊接等方法将材料制成零件的毛坯(或半成品),再经切削加工制成零件,最后将零件装配成机器。在制造过程中,为改善或提高毛坯和工件的性能,常要对其进行热处理。虽然在机械制造过程中各种加工方法是离散的和相对独立的,但它们之间又是互相渗透、互相交叉的。因此在生产过程中应互相补充,综合运用。图1-2所示为整个生产过程,它是一个有机联系的整体。

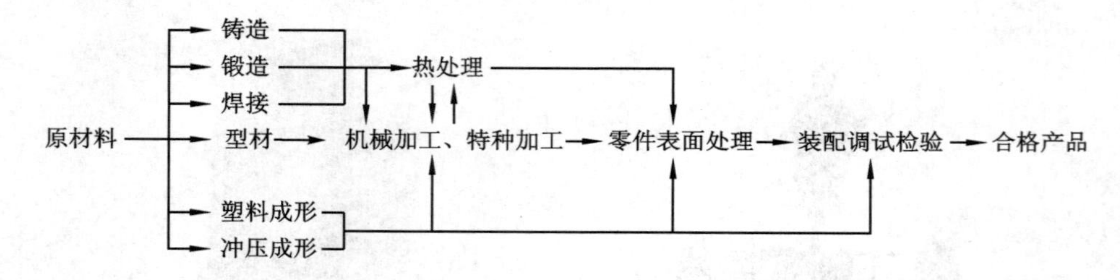

图1-2 机械制造过程示意图

4. 先进制造技术

先进制造技术是传统制造业不断地吸收机械、信息、电子、材料、能源及现代管理等方面的最新技术成果,并将其综合应用于产品开发与设计、制造、检测、管理及售后服务的制造全过程,实现优质、高效、低耗、清洁、敏捷制造,并取得理想技术经济效果的前沿制造技术的总称。从本质上说,先进制造技术是传统制造技术、信息技术、自动化技术和现代管理技术等的有机融合。

先进制造技术具有以下特点:

① 先进制造技术是面向21世纪的制造技术,是制造技术的最新发展阶段;

② 先进制造技术贯穿了从市场预测、产品设计、采购生产经营管理、制造装配、质量保证、市场销售、售后服务、报废处理回收再利用等整个制造过程;

③ 先进制造技术注重技术、管理、人员三者的有机集成;

④ 先进制造技术是数字化设计与制造技术、自动化技术、计算机技术、机电一体化技术多学科交叉融合的产物;

⑤ 先进制造技术重视环境保护等因素。

先进制造是由传统制造技术与以信息技术为核心的现代科学技术相结合的一个完整的高

新技术群。其技术体系可以分为五大技术群。

① 系统总体技术群：包括与制造系统集成相关的总体技术，如柔性制造、计算机集成制造CIM、敏捷制造、智能制造和绿色制造等；

② 管理技术群：包括与制造企业的生产经营和组织管理相关的各种技术，如计算机辅助生产管理、制造资源计划MRP、企业资源计划ERP、供应链管理、动态联盟企业管理、全面质量管理、准时生产JIT、精良生产和企业过程重组BPR等；

③ 设计、制造、运行与管理一体化技术群：包括与产品设计、制造、检测、运行及管理等制造与使用过程中相关的各种技术，如并行工程、CAD/CAPP/CAM/CAE、拟实制造、可靠性设计、智能优化设计、绿色设计、快速原型技术、质量功能配置QFD、数控技术、物料储运控制、检测监控、质量控制、系统仿真及虚拟样机、机电伺服控制和信息综合与控制等；

④ 制造工艺与装备技术群：包括与制造工艺及装备相关的各种技术，如精密超精密加工工艺及装备、高速超高速加工工艺及装备、特种加工工艺及装备、特殊材料加工工艺、少无切削加工工艺、热加工与成型工艺及装备、表面工程和微机械系统等；

⑤ 支撑技术群：包括上述制造技术的各种支撑技术，如计算机技术、数据库技术、网络通信技术；软件工程、人工智能、虚拟现实、标准化技术和人机工程学、环境科学等。

先进制造技术在21世纪还会得到进一步的发展：

① 工业机器人技术。工业机器人是集机械、电子、控制、传感器、人工智能等多学科先进技术于一体的现代制造业重要生产制造装备，在汽车制造、毛坯制造、焊接、上下料、表面涂覆和装配等作业中得到了广泛应用[3]。

② 超精密加工技术。进入21世纪以来，人类科学对光学自由曲面、微小精密零件和微结构表面的需求促进了国内外超精密加工技术的发展。超精密加工技术是指尺寸精度和形位精度优于亚微米级，表面粗糙度为纳米级的加工技术，在航空航天、军事工业、光电通信、新能源等众多高新技术领域发挥着巨大作用[4]。

③ 智能工厂。不同行业的智能工厂需要建立不同的技术框架，它以先进制造生产线为基础，借助工业互联平台，大范围采集生产数据，进行数据建模分析，实现智能排产、协同生产、资源管理、质量控制等功能，实现制造产品从原料采购、设计、生产、检验、销售、服务全生命周期的智能化[5]。

④ 5G通信技术。5G技术是指第五代移动通信技术，具有更高的数据传输速率，更低的网络延迟，目前5G三维扫描建模监测系统能够迅速准确地获取产品表面三维数据，生成模型并利用5G网络实时上传到云端进行校核。“5G+工业互联网”将形成新一代信息通信技术与先进制造业深度融合的应用模式，增强生产的同步性[6]。

1.2 环境保护与安全生产

1.2.1 机械制造过程中的环境保护问题

机械制造过程中产生的污染主要有以下几种。

① 切削加工时引起的污染。车、镗、铣、磨等加工过程常常要使用乳化液进行冷却润滑和冲走加工屑末，乳化液中不仅含有油，而且含有烧碱、油酸皂、乙醇和苯酚等。

② 金属表面处理排出的主要污染物。如电镀液中常含铬、镉、锌等各种金属并要加入硫酸、氰化钠(钾)等化学药品;在金属表面喷漆、喷塑料、涂沥青时,有部分油漆颗粒、苯、甲苯、二甲苯、甲酚末熔塑料残渣及沥青等被排入大气;表面氧化(发黑)处理时,往往会产废酸液、废碱液的氯化氢气体。

③ 金属热处理排出的主要污染物。如在退火和正火过程中,加热炉有烟尘和炉渣产生;淬火时,要防止金属氧化,有时在盐溶炉中须加入二氧化钛、硅胶和硅钙铁等脱氧剂,因此会产生废盐渣。

④ 某些生产工艺排出的污染物。如电焊时,焊条的外部药皮和焊剂在高温下会分解出污染气体;电火花加工、电解加工所采用的工作介质在加工过程中也会产生污染环境的废液和废气。

采用绿色的加工手段和工艺措施,是制造业迫切需要解决的问题。

1.2.2 安全生产

生产必须安全,安全才能生产。所有人员都要树立起"安全第一"的观念,懂得并严格执行有关的安全技术规章制度。

① 常见安全事故包括由工具、设备、切屑、焊渣等引起的划伤、割伤、碰伤、击伤、眼伤;各种机器运动部位对人体及衣物由于绞缠、卷入等引起的伤害;由于用电引起的触电;由于高温引起的烫伤、灼伤;由于有害气体、液体等引起的身体不适、中毒等。

② 避免安全事故方法要点:服从实习指导人员指挥;严格遵守各工种安全操作规程;树立安全意识和自我保护意识;注意"先学停车再学开车";确保充足的体力和精力。

③ 机械制造过程中安全操作一般要求:严格遵守着装要求,按要求穿戴好规定的防护用品;工作前应开车检查,无故障后再工作;严禁在机床运转时测量工件尺寸或用手检查工件表面粗糙度;严禁用手或口清除切屑,必须用钩子或刷子;必须每天清除切屑,保持机床整洁、通道畅通;调整转速、更换工具、夹具等必须在停车关闭电源后进行;重物及吊车下不得站人;下班或中途停电,必须将各种走刀手柄放在空挡位置并关闭所有开关。

1.3 航空航天零部件的生产特点

飞行器机体结构件主要包括框、梁、肋、壁板、接头等,主要起到维持机体气动外形、承受各种复杂力学载荷的作用,对其有刚性好、强度大、质量轻、气密性好、几何精度高等要求。因此,航空航天零部件的材料和制造技术均有独特的行业特点。

1.3.1 航空航天结构件的特点

1. 结构大型化和整体化

相对以往小型结构件焊接、铆接组装模式,采用大型件可减少零件数量和装配工序,减轻整机重量。同时,越来越多的结构件采用整体化设计,例如,利用增材制造技术将以前通过数十个零件连接而成的部件改为一个大型整体零件,不仅大幅减少了零件数量,而且增加了结构强度,减轻了结构重量。与此同时,相应的工艺装备大大减少,试制生产工作量和装配工作量减小,装配精度提高,进而提高了制造质量、加工效率和结构可靠性,降低了生产成本。

2. 精度高

飞行器的气动外形对结构件提出了很高的轮廓精度要求。另一方面,复杂的装配协调关系,使得结构件的尺寸精度和其他几何精度要求都极高。

3. 薄壁、自由曲面多

为了提高飞行器机体结构的强度和可靠性、减轻飞机重量,结构件主要采用整体毛坯件和整体薄壁框架结构。这类结构在加工过程中材料去除量很大,而且薄壁部位刚性差,加工变形大,精度难以控制。

自由曲面通常源于气动外形要求,加工中需要用到多工种、多刀具配合,对保证加工质量提出更高的要求。

1.3.2 航空航天材料的特点

为了减轻飞行器的结构质量,提高可靠性,除了采用合理的结构形式外,最有效的方法就是选用合适的材料。飞行器的结构件材料一般具有以下几个特点。

1. 比强度高和比刚度大

提高飞行器的运载能力、机动性能,需要减轻其结构重量,这就对材料提出基本要求,即材质轻、强度高、刚度大。比强度和比刚度是衡量航空航天材料力学性能优劣的重要指标。

2. 优良的温度适应性

根据不同的飞行条件和工作环境,机体外部材料在气动力加热效应下有好的高温强度,同时能抵抗环境低温。而对于发动机材料来说,要求涡轮盘、叶片材料有极好的高温强度和耐高温腐蚀性能。

3. 耐老化和抗腐蚀能力

飞行器在工作过程中接触各种介质,如飞机用燃料(汽油、煤油等)、火箭用推进剂(浓硝酸、四氧化二氮等)、各种润滑剂、液压油、空气中的水分等,同时有各种环境的作用,如太阳辐射、风雨侵蚀等,使得对航空航天材料的耐老化和抗腐蚀性能提出较高要求。

4. 足够的断裂韧性和良好的抗疲劳性能

飞行器除了受静载荷作用外,还要经受起飞、降落、振动、转动件高速旋转、机动飞行和不规则风力等因素产生的交变载荷、冲击等动载荷,因此航空航天材料须具有较好的韧性和抗疲劳性能。

5. 工艺性和经济性好

航空航天结构件加工工艺的复杂性要求其材料有良好的加工工艺性能。目前,科学地选材和发展低成本材料也是航空航天材料发展的重要方向。

一般纯金属的力学性能都不太好,需要加入一种或几种其他元素形成合金才具有良好的力学性能。目前常用的航空航天材料除了钛合金、铝合金、不锈钢等合金材料,大量先进的性能优异的复合材料也逐步运用于机体承力结构件中。

1.3.3　航空航天零部件的制造工艺特点

1. 采用高精度设备

如前分析,航空航天零部件往往具有结构精巧、形状复杂、加工精度高、质量稳定可靠等特点,所以大量采用加工精度高、表面粗糙度低的镗床、加工中心等设备,但同时往往会增加制造成本。

2. 广泛采用先进制造技术

随着制造技术迅猛发展,数字化设计与制造、智能制造、增材制造等先进制造技术因其在提高制造效率和质量、降低成本等方面的显著作用以及对难加工材料和结构件成形的优异表现,在航空航天制造中得到越来越广泛的应用。

3. 检验制度严格

航空航天零部件要严格按照规定的要求进行加工,每个零件的加工和检验都须有详细的记录,使零件在全生命周期都具有可追溯性。

除了零件结果检验,加工的过程性监控也同样重要。例如,对刀具磨损的实时监控有利于提高加工质量的可控性,零件的在机检测有利于对工艺系统及时调整。

1.3.4　航空航天零部件的生产组织特点

由于要求航空航天零部件在使用过程中要安全、可靠,并具有较长的寿命,所以国家有关部门对航空航天零部件的生产制造制定了严格的管理办法,其特点主要有以下几方面。

① 必须事先办理生产许可证。任何航空零部件的生产制造都必须在生产许可证范围内进行。

② 必须建立和保持一个经批准的生产检验系统,以保证每一产品符合型号设计并处于安全可用状态。为此要建立由检验、设计和其他技术部门的代表组成的器材评审委员会及器材评审程序。

③ 必须建立并能够保持一个质量控制系统,确保产品的每一项目均能符合相应飞行器型号合格证的设计要求。对航空零部件的质量控制系统的要求是:

① 关于质量控制部门的职责和权限说明;

② 关于进厂原材料、外购件和供应厂生产的零部件检验程序的说明;

③ 关于单个零件和完整的部件进行生产检验所用方法的说明;

④ 关于器材评审系统的说明,其中包括记录评审委员会决定和处理拒收件的程序;

⑤ 关于将工程图纸、技术说明中和质量控制程序的更改情况通知现场检验员的制度的说明;

⑥ 表明检验站位置、类别的清单或图表。

1.4　机械制造实习

机械制造实习,是以课程的形式让学生学习并实践前述各种机械制造技术。在实践过程中,使学生掌握机械制造原理和操作方法,提高工程实践能力,并形成正确的劳动观和价值观。

有别于真实加工场景以加工出产品为目标，课程是以培养学生相应能力为目标，制作产品是通往目标的手段。

根据培养对象不同，制定的能力目标有所区别，课程侧重点也就不同。对于高职高专学校的学生，须具备相当水平的操作技能，侧重点为各制造手段的操作技法；对于高等院校中的工科学生，用所学知识解决实际工程问题、选用合理技术手段完成科学探索等的工程实践能力极为重要，侧重点是通过了解制造手段—分析图纸—操作机床制作的过程形成严谨的工程意识，强化质量意识以及掌握解决实际工程问题的基本路线；对于非工科专业学生来说，身临其境体验制造业发展及与各行业的融合，从而了解工匠精神、敬业素质和工程伦理，适用于各行各业。

随着科技发展和社会需求的变化，机械制造实习经历了多个发展阶段。从最初的金属工艺实习，到金属材料、高分子材料、陶瓷材料、复合材料等多种材料成型加工；从单纯的传统制造方法实习，到融合先进工艺联合制造；从以产品为导向，到以能力培养为目标，更加注重多学科融合。

机械制造实习大多采用离散型训练的方式，即各个工种完成一件产品，各工种间基本不产生关联；形式上类似工厂里师傅带徒弟模式，手把手传授操作技能。这种模式在当前的环境下弊端较明显，例如，不符合工程的系统性和综合性特质，无法建立整体工程意识、流程意识；实践内容偏简单的技能复现，学生停留在认知层面，无法延展至应用层面等。

由碎片转为全面、重技能转为重能力、陈旧转为适应社会需求，整体看起来是一个系统工程，但实际上，在这门课中可以由一个媒介串联和盘活各个环节，即课程载体。好的课程载体应该承载更多机械制造的内容，更强调各课程模块之间的关联性、工程项目的综合性，在这一载体上体现多方面知识，而且利于设置问题，需要学生应用知识解决问题，进而提升课程的高阶性；这一载体还应该是不断保持更新，体现各专业共性特点，学生在此基础上能被激发出一定的创新动力，并保证课程的前沿性；学生在制作这一载体时，不再是老师指挥式，而是需要自己调用先验知识和技能，完成包括加工在内的多个课程环节，要“够一够”才能完成，提高课程的挑战度。

基于此，后续章节分别介绍各加工手段的方式，同时以完整的机械产品作为载体串联起各部分内容。本书中涉及的完整工程载体主要有锤子和“神舟”飞船模型。锤子是传统机械制造实习常用的载体，主要由锤头和锤柄构成，其应用到的工艺有钳工、磨工、车工、表面热处理，基本涵盖了常用的几种传统制造方法。

“神舟”飞船模型是仿照“神舟”系列载人飞船的外形，为了适应实习工种的特点以及能体现机械制造的系统性而对飞船外形进行了适训性改造。如图 1-3 表示出“神舟”飞船模型各部分组成及制作手段。在这一载体中，将传统制造与先进制造、特种制造方法进行了融合，涵盖了毛坯制作到切削再到装配的全流程，融入了多种金属材料和非金属材料成型。

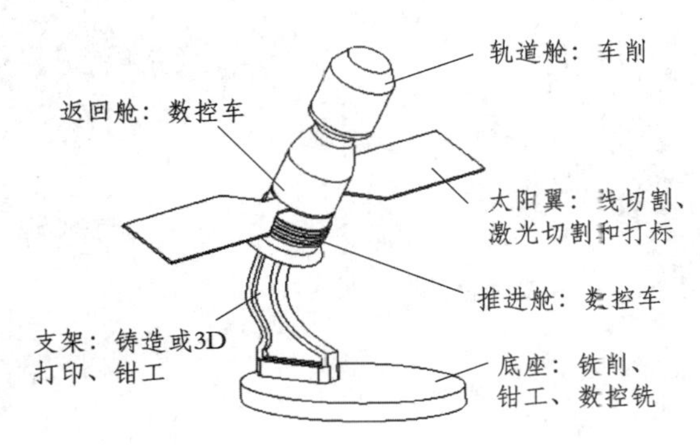

图 1-3　“神舟”飞船模型

思考练习题

1. 简述先进制造技术的特点。
2. 在制造实习中哪些环节对环境保护不利,试举三例并说明如何改进。
3. 为什么航空航天的材料、工艺、生产组织等都非常严格?
4. 航空航天材料的特点是什么?

第2章　工程材料与切削加工的基础知识

2.1　工程材料基础知识

2.1.1　常用机械工程材料

工程材料包括金属材料、非金属材料和复合材料等。在机械行业中，金属材料是最为常用的，在航空航天制造中，复合材料也被越来越广泛地应用。

1. 钢

工业上根据钢成分的不同分为碳素钢和合金钢两大类。

① 碳素钢。指化学成分中以含铁和碳为主，含碳量小于2.11%的铁碳合金。碳素钢主要用来制造各种零件和工具，如铆钉、螺栓、齿轮、小轴、小锤子等。

② 合金钢。在冶炼碳素钢时有目的地加入一些合金元素，这种合金化的钢称为合金钢。合金钢在制造力学性能要求高、形状复杂的大截面机器零件、工具、模具及特殊性能工件方面，得到了广泛的应用。常用钢材的名称、牌号、用途如表2-1所列。

表2-1　常用合金钢的名称、牌号、用途

	名　称	常用牌号	用　途
碳素钢	碳素结构钢	Q235	各类钢板和型钢如钢管、角钢、槽钢等
	优质碳素结构钢	15,20	冲压产品或渗碳零件
		40,45	轴、齿轮、曲轴
		60,65	小弹簧
	碳素工具钢	T9,T10,T11	小丝锥、钻头
		T12,T13	锉刀、刮刀
合金钢	低合金高强度结构钢	Q345	船舶、桥梁、车辆、大型钢结构、起重机械
	合金结构钢	20CrMnTi	汽车、拖拉机的齿轮、凸轮
		40Cr	齿轮、轴、连杆、曲轴
	合金弹簧钢	60Si2Mn	汽车、拖拉机小直径减震板簧、螺旋弹簧
	滚动轴承钢	GCr15	中、小型轴承内外套圈及滚动体
	量具刃具钢	9SiCr	丝锥、板牙、冷冲模、绞刀
	高速工具钢	W18Cr4V	齿轮铣刀、插齿刀
不锈钢	奥氏体不锈钢	1Cr18Ni9Ti	飞机蒙皮、涡喷发动机导管及尾气喷管等

2. 铸　铁

铸铁是含碳量大于2.11%，主要组成元素为铁、碳的铁碳合金。

铸铁中最常用的是断面颜色为暗灰色的灰铸铁。灰铸铁的抗拉强度、塑性、韧性较低，但抗压强度、硬度、耐磨性、减摩性较好，并具有铸铁的其他优良性能，因此，广泛用于制作机床床身、手轮、箱体、底座等。

3. 有色金属

① 铝合金。铝和铝合金由于其质量轻、比强度(强度/密度)高、导电导热性好等特点，在航空、航天、电力及日常用品中得到了广泛应用。

② 铜合金。铜合金中以黄铜和青铜应用最为广泛。黄铜具有良好的耐蚀性及加工工艺性，常用于制造弹壳、热交换器、船用螺旋桨等。青铜可用于制造弹簧、钟表零件、波纹管、轴承、轴套等。

③ 钛合金。钛合金是一种比强度高(远高于铝合金)、耐热性和耐蚀性好的材料，随着现代飞行器高速巡航能力、高机动性和敏捷性等设计要求的提高，钛合金材料使用的比例不断增加。钛合金的化学活性大，易与空气中的成分发生化学反应，产生粘刀现象；同时其导热性能差，切削温度高。这些性能使得钛合金的切削加工性较差。目前，我国在钛合金的增材制造研究方面取得了优异的成果，激光快速成型钛合金大型结构件已应用于战斗机上。

4. 硬质合金与高温合金

① 硬质合金。硬质合金是由难熔金属的碳化物(如 WC、TiC、TaC、NbC 等)，以钴或镍等作为黏结剂，用粉末冶金的方法制成的合金材料。硬质合金常用于制造切削刀具及拉丝模等耐磨工具。

② 高温合金。高温合金具有良好的高温性能(可工作在 600～1 000 ℃左右)，因此被广泛用于制造航空发动机的排气阀、涡轮、叶片、燃烧室及喷气机尾喷管和其他热端部件。

5. 塑　料

塑料是以高分子合成树脂为主要成分，加入填料、增塑剂、染料、稳定剂等加工而成的材料。塑料具有重量轻、比强度(强度/密度)高、耐腐蚀性好、耐磨性好、绝缘性好等优点，但塑料的强度、硬度较低，耐热性差、容易老化。

① 通用塑料。目前主要有聚乙烯、聚丙烯、聚氯乙烯、苯乙烯、酚醛塑料和氨基塑料。该塑料可作为日常生活用品、包装材料以及受力轻的小型机械零件。

② 工程塑料。工程塑料可作为结构材料。常见的品种有聚甲醛、聚碳酸酯、ABS、聚四氟乙烯、有机玻璃、环氧树酯等。它们比通用塑料具有更好的力学性能、电性能、化学性能以及耐热性、耐磨性和尺寸稳定性等，故在汽车、机械、化工等部门用来制造机械零件及工程结构件。

6. 其他工程非金属材料

① 橡胶。有天然橡胶和合成橡胶两类，在机械工业中常用作密封件、减震件、传动件等。

② 陶瓷。陶瓷硬度高，耐磨、耐热性好，但塑性、韧性很差，主要用来做刀具和耐磨零件。

③ 复合材料。复合材料是有机高分子、无机非金属或金属等几类不同材料通过复合工艺加工而成的新型材料，通常可分为功能复合材料和结构复合材料，具有单一材料所不具备的某种特殊性能，如延展性、隔热性、耐烧蚀性、隔声、减振、耐高(低)温及特殊的光、电、磁等性能，在现代飞行器尤其是飞机结构中得到了广泛的应用。

2.1.2 金属材料的主要力学性能

金属材料的力学性能是指金属材料抵抗外加载荷引起的变形和断裂的能力。材料的力学性能是设计零件及选择材料的重要依据。常用的力学性能指标有强度、塑性、硬度和冲击韧度等。

1. 强　度

金属材料在外力作用下都会发生一定的变形，甚至引起破坏。金属材料抵抗永久变形或断裂破坏的能力称为强度，通常用单位面积所承受的载荷(应力)表示，符号为 R，单位为 MPa。强度是零件设计时的主要依据和评定金属材料的重要指标。

2. 塑　性

塑性是指金属材料在静载荷的作用下产生塑性变形而不破坏的能力。工程中常用的塑性指标有伸长率 δ 和断面收缩率 ψ。良好的塑性是材料进行成型加工的必要条件，也是保证零件工作安全、不发生突然脆断的必要条件。

3. 硬　度

硬度是指材料表面抵抗更硬物体压入的能力，用来衡量材料的软硬程度。有多种测量硬度的方法，对应不同的硬度单位，需根据被测材料形态、硬度范围等选择合适的方法。这里只介绍一种测试硬度的方法——洛氏硬度试验法。

洛氏硬度试验法是用一锥顶角为 120°的金刚石圆锥体(见图 2-1)或硬质合金球为压头，在规定载荷作用下压入被测试金属表面，压入深度为 h_1；再加上主载荷使压入深度为 h_2；经保持规定时间后，卸除主载荷、保留初载荷，由于材料弹性恢复，压入深度减少为 h_3，以 $\Delta h = h_3 - h_1$ 作为洛氏硬度值的计算深度，并直接在硬度指示盘上读出硬度值。常用的洛氏硬度指标有 HRA、HRB、HRC 三种。

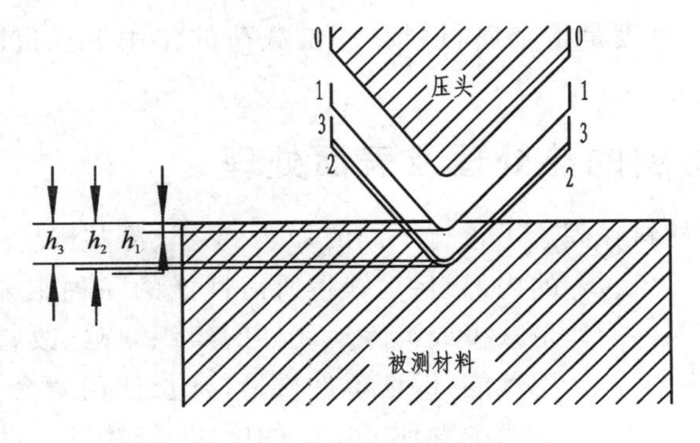

图 2-1　洛氏硬度测试原理

洛氏硬度试验法在专用的洛氏硬度试验机(见图 2-2)上进行，试验的操作步骤如下：

① 根据材料的硬度选择合适的载荷和压头。

② 将待测试样表面的氧化皮去除、磨平，放在平台上。

③ 顺时针方向慢慢转动手轮使平台升起。试样与压头接触后，继续转动手轮使刻度盘上的小指针指示 3(代表 3 圈)，大指针垂直上指标记为 B 与 C 处或在 $B-C$ 线附近，但其偏移不得超过±5 分度格，否则应另选一点(此时已预加载荷 98 N)。

④ 转动指示器的调整盘,使标记 $B-C$ 线正好对准大指针。

⑤ 拉动加载手柄施加主载荷。

⑥ 待卸载手柄停止运动后将卸载手柄推回到自锁位置,卸除主载荷。

⑦ 读出硬度值。测 HRB 读红字,测 HRA 或 HRC 读黑字。

⑧ 逆时针方向转动手轮使平台下降,取下试样,测试完毕。

洛氏硬度符号前的数值为硬度值,也允许有一定的波动范围,如 40～45HRC。

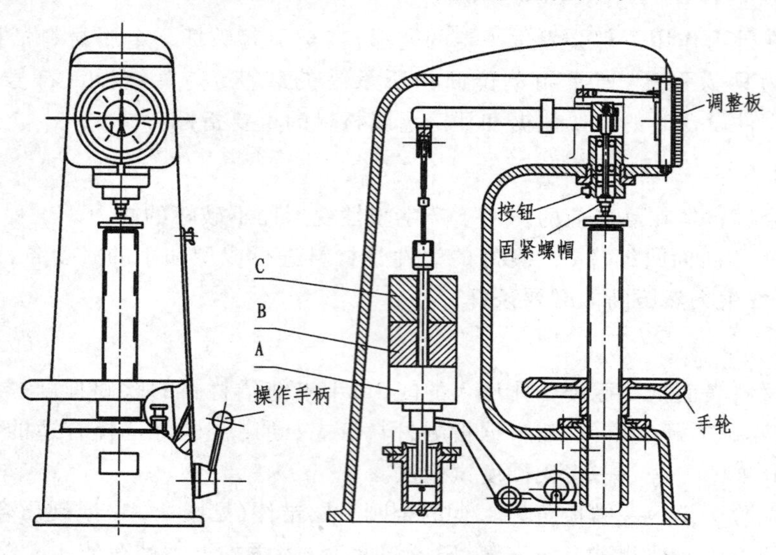

图 2-2　洛氏硬度试验机结构简图

4. 冲击韧度

许多零件和工具在工作过程中,常常受到冲击载荷的作用,如锻锤的锻杆、锻模、内燃机的连杆、火车挂钩等。冲击韧度是指金属材料在冲击载荷的作用下抵抗断裂破坏的能力,用 α_K 表示。

2.1.3　金属材料的热处理及表面处理

金属的热处理是将材料在固态下进行不同的加热、保温、冷却(见图 2-3),通过改变材料的内部组织,获得所需性能的一种工艺。热处理的主要目的是减少或消除毛坯件的组织缺陷,改善材料的工艺性能和使用性能,保证零件质量,延长使用寿命。因此,热处理在机械工业中得到了广泛的应用。据统计,机床、汽车、拖拉机 70% 左右的零件需要进行热处理,而刀具、量具、模具及滚动轴承则必须全部进行热处理。由于零件的成分、形状、大小、工艺性能及使用性能不同,热处理的方法及工艺参数也不同。常用的热处理方法有:普通热处理(退火、正火、淬火、回火)和表面热处理(表面淬火、化学热处理)等。

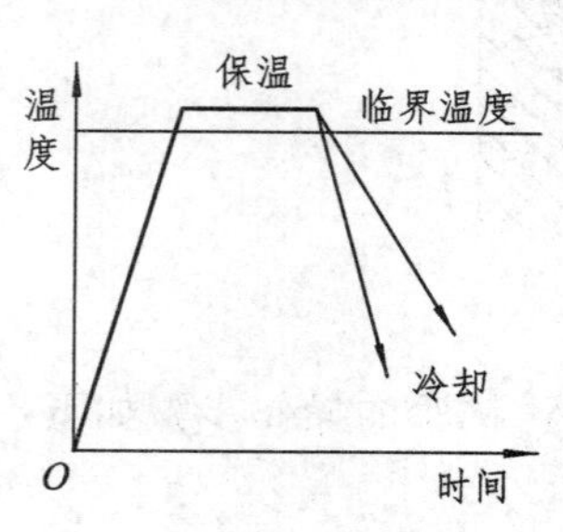

图 2-3　热处理工艺曲线

热处理使材料性能发生很大变化的原因在于其内部微观组织结构发生了变化,可通过金相显微镜观察和分析这种微观组织,如图 2-4 所示。

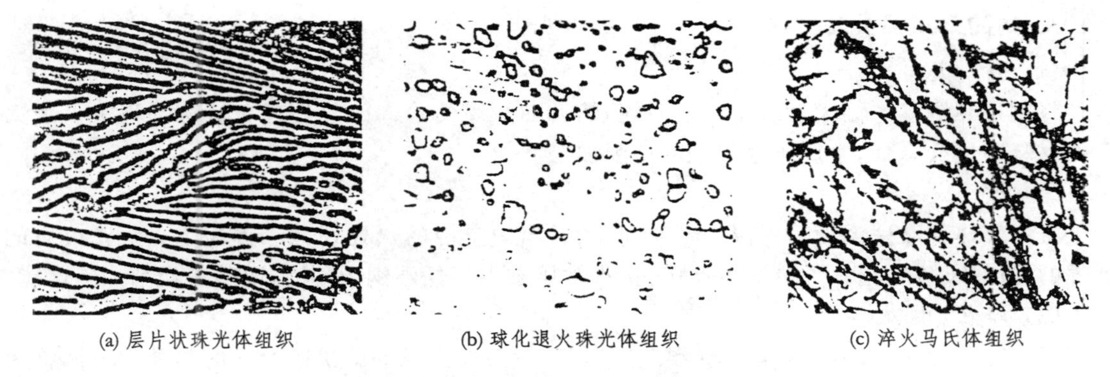

(a) 层片状珠光体组织　(b) 球化退火珠光体组织　(c) 淬火马氏体组织

图 2-4　含碳量 0.77%钢的显微组织(1 000 倍)

各种热处理作为独立的工序，根据零件的加工工艺性及力学性能等要求，穿插于热加工和冷加工工序之间。

1. 热处理的工艺过程

热处理工艺过程由加热、保温、冷却三个步骤组成。

(1) 加　热

金属加热的温度由金属材料的种类、成分及其所需要的性能来决定。热处理加热时由于温度较高，工件易产生氧化、脱碳、过热、过烧、变形、开裂等缺陷，应采用专用的热处理加热设备。

(2) 保　温

保温的目的是使工件的内部和外部的温度达到一致，充分进行组织的转变。

(3) 冷　却

采用不同的冷却方式，可以获得不同的冷却速度，金属内部的组织转变结果不同，从而获得的性能也不同。

2. 热处理设备

(1) 加热和保温设备

常用的有箱式实验电阻炉(见图 2-5)、井式炉、盐浴炉，此外还有热电偶等温控仪表控制加热速度、加热温度、保温等。

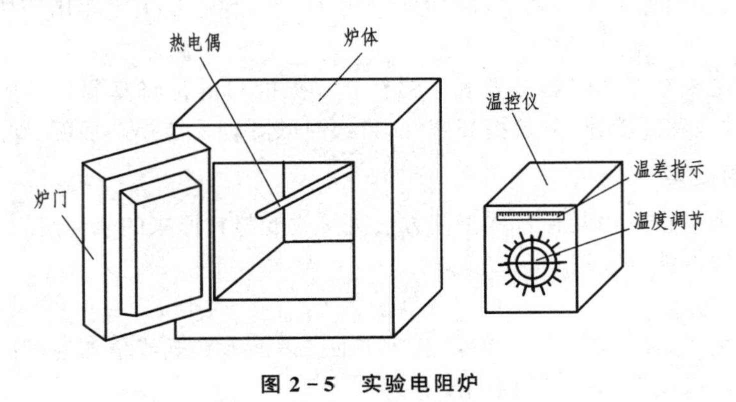

图 2-5　实验电阻炉

(2) 冷却设备

常用的冷却设备有水槽、油槽、浴炉、缓冷坑等。

3. 钢的常用热处理方法

(1) 退　火

将钢加热到某一温度后保温一定时间,然后随炉缓慢冷却的热处理方法称为退火。退火后的材料硬度会降低,常用于改善钢的切削加工性能。

(2) 正　火

将钢加热到某一温度后保温一定时间,然后出炉空冷的热处理方法称为正火。正火后的工件的强度、硬度较退火件高。生产中,正火常用来提高低碳钢的硬度,改善其切削加工性能。

(3) 淬火与回火

① 淬火。将钢加热到高温后保温一定时间,然后在水或油中快速冷却的热处理方法称为淬火。淬火后工件的硬度和耐磨性显著提高,但脆性很大,塑性、韧性很低,几乎无法使用。因此,淬火后的零件必须及时回火。

② 回火。将淬火钢件加热到某一温度并保温一定时间再冷却的热处理方法称为回火。回火后的工件具有较高的强度和硬度,同时也有一定的塑性和韧性,能使材料获得人们所需要的强度、硬度与韧性、塑性的比例,如各种模具、刀具、齿轮、轴、弹簧等。

(4) 表面淬火

有些零件如曲轴、齿轮等,往往是承受冲击载荷并同时承受强烈的摩擦,故要求零件表面具有较高的硬度和耐磨性,而零件内部要求具有足够的塑性和韧性,这时可采用表面淬火的方式。

(5) 化学热处理

化学热处理是指通过改变工件表层的成分,达到改变其性能的热处理方式,常用的化学热处理有渗碳、渗氮等。对低碳钢和低合金钢常采用渗碳的方法以增加表面含碳量,渗碳后再经过淬火和低温回火,使工件具有表面耐磨、内部韧性较高的特点,汽车发动机中的活塞销、凸轮轴及汽车齿轮等常采用这种方式。

4. 铝合金的常用热处理方法

铝合金常采用的热处理工艺有退火、淬火和时效。

铝合金的退火主要有再结晶退火、去应力退火和完全退火。再结晶退火是为了消除冷变形产生的加工硬化现象,提高材料的塑性。去应力退火的加热温度低于再结晶退火温度,是为了消除零件铸造、压力加工或切削等过程中产生的应力。完全退火主要用于使半成品板材、型材软化。

淬火和时效是铝合金的强化热处理。铝合金淬火的目的是将高温下的固溶体固定到 室温,得到均匀的过饱和固溶体,显著提高塑性,再经时效处理才能提高强度、硬度。

5. 零件表面处理

表面处理技术是指采用某种特殊工艺方法直接改变材料原来的表面组织成分或在原来表面上形成具有特殊性能的表层。

(1) 镀　锌

锌是银白色金属,在干燥空气中很稳定。在钢铁表面镀锌既能增加耐磨性,又有化学保护作用,成本较低,所以获得了广泛的应用。

镀锌溶液可分为碱性镀液、中性镀液和酸性镀液。氯化钾镀液属于中性镀液,不含容易造成污染的氰化物、铬化物等,并且深镀能力强,光亮性好。

1）镀前处理

镀前处理通常分为下列几个步骤：

① 表面整平。常用的磨光、抛光等使零件达到适当的表面粗糙度，即达到足够光滑。

② 脱脂(除油)。用化学或电化学方法除去表面油脂。常用方法有有机溶剂除油、化学除油、电化学除油、擦拭除油、超声(16 Hz以上)除油等。

③ 酸洗(除锈)。用化学或电化学方法除去表面氧化物。酸洗液主要成分常采用三酸，即硫酸、盐酸和硝酸。

④ 侵蚀(弱侵蚀)。用电化学方法活化表面。将零件置于稀酸中极短时间(数秒至1分钟之间)酸洗，以除去工件表面在前道工序中产生的极薄氧化层，露出金相组织，从而使表面活化。侵蚀也能中和零件表面残存的碱。

2）氯化钾(钠)镀锌

以氯化钾(钠)代替氯化铵作为导电盐，通常称为无铵镀锌，不含铬合物，废水处理容易些，深镀能力强，光亮性好、但钝化膜结合强度较差，镀层性脆。通过选用适当的添加剂，可以改善这些性能。

3）镀锌层的后处理

镀锌层的后处理——清洗和钝化。其中，钝化是为了提高镀锌层的化学稳定性、耐蚀性和装饰性。

4）电镀设备

电镀设备通常包括：电源、水源、热源、处理槽、镀槽、过滤机、水处理装置、通风设备等。

(2）铝的阳极氧化膜技术

铝和铝合金的装饰性阳极氧化工艺种类很多，应用最广的是硫酸阳极氧化工艺。

硫酸阳极氧化工艺流程：铝制件→机械抛光→除油→清洗→化学抛光或电解抛光→清洗→阳极氧化→清洗→中和→清洗→染色→清洗→封闭→机械光亮→成品检验。

(3）钢铁的发蓝与快速常温发黑工艺

在钢铁表面上形成的氧化物因呈蓝黑色，故又称发蓝或发黑。钢铁件经氧化处理后，零件表面上能生成保护性氧化膜。膜的组成主要是磁性氧化铁(Fe_3O_4)。膜层的颜色取决于零件表面状态、材料的合金成分和氧化处理的工艺规范，一般呈黑色或蓝黑色。

快速常温发黑工艺流程：除油→水洗→发黑(3～5 min)→水洗→钝化封闭(5～10 min)→浸脱水防锈油(5～10 min)→晾干。

2.2　切削加工基础知识

2.2.1　切削加工概念

机器和机械装置都是由零件组成的，零件加工中，切削往往是保证加工质量的重要一环，其占到总加工量的60%以上。切削加工的任务是利用切削工具(刀具、砂轮等)从毛坯上切除多余的材料形成切屑，从而获得形状、尺寸和表面质量都符合图纸要求的机器零件。

切削加工分钳工(手工)和机械加工两类。钳工一般由人工手持工具对工件进行切削加工。其内容有錾削、锉削、锯削、刮削、研磨、攻丝和套扣等。

机械加工是机床对工件进行切削加工。常见的机械加工方式如图2-6所示。需要说明的是，根据传统对机械加工工种的划分，机械加工中的钻削属于钳工工种。

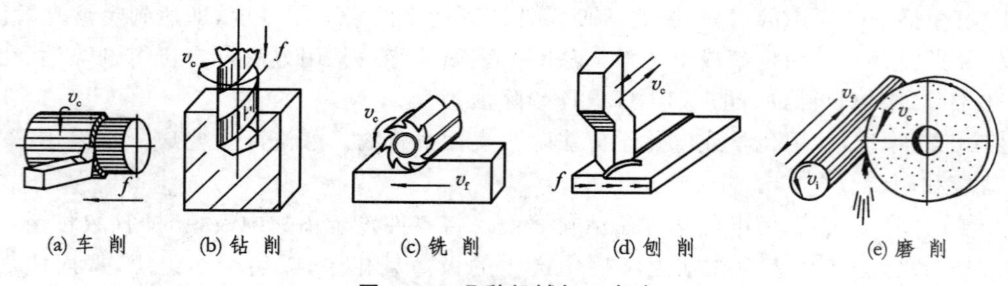

图2-6　几种机械加工方法

2.2.2　机械加工的切削运动

用加工工具(刀具)对工件进行切削时所必需的运动为切削运动。切削运动包括主运动和进给运动。

1. 主运动

主运动是形成切削速度或消耗主要功率的运动，没有这个运动就无法进行切削。在切削过程中，主运动是速度最高的一个运动。例如：车削时工件的旋转，钻削时钻头的旋转，铣削时铣刀的旋转，磨削时砂轮的旋转都是切削加工时的主运动，图2-7中 v_c 表示的就是主运动方向。

2. 进给运动

在切削过程中，进给运动是使工件的多余材料不断被去除的切削运动。没有进给运动就不能连续切削。例如：车削与钻削时车刀、钻头的移动，铣削与牛头刨床刨削时工件的移动，磨外圆时工件的旋转和轴向移动，这些都是进给运动。

切削加工时，主运动只有一个，而进给运动则可能有一个或多个。

3. 机械加工的切削用量三要素

切削用量三要素是指切削速度 v_c、进给量 f(或进给速度 v_f)和背吃刀量 a_p(又称切削深度)。车削、铣削和刨削的切削用量三要素如图2-7所示。

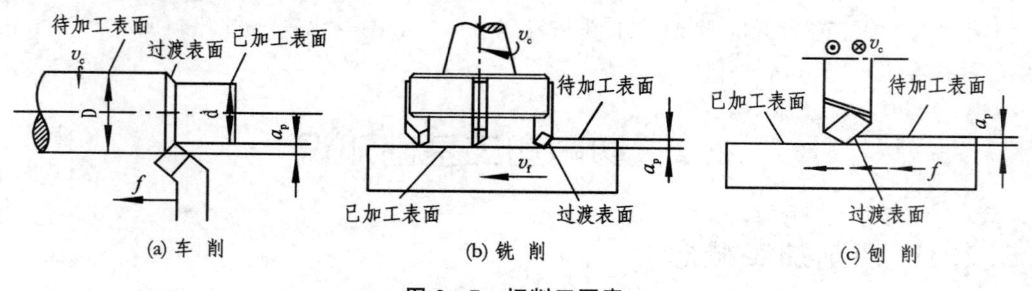

图2-7　切削三要素

(1) 切削速度

切削刃选定点相对于工件的主运动的瞬时速度(m/min 或 m/s)称为切削速度。

车削、钻削和铣削的最大切削速度为：$v_c=(\pi Dn)/1\,000$(m/min)。

磨削的最大切削速度为：$v_c=(\pi Dn)/(1\,000\times60)$(m/s)。

刨削的切削速度为：$v_c=(2Ln_r)/1\,000$(m/min)。

式中：D——工件待加工表面或刀具、砂轮切削处的最大直径，mm；

n——为工件或刀具、砂轮的转速，r/min；

n_r——牛头刨床刨刀每分钟往返次数，str/min；

L——刨床刨刀的往返行程长度，mm。

(2) 进给量 f 和进给速度 v_f

进给量是主运动一个循环内刀具在进给运动方向上相对工件的位移值。例如：车削的进给量 f 为工件每转一转时，车刀沿进给方向移动的距离，单位为 mm/r；牛头刨削的进给量 f 为刨刀每往复一次时，工件沿进给运动方向移动的距离，单位为 mm/str。进给速度 v_f 是单位时间内，刀具与工件沿进给方向相对移动的距离。例如：铣削时的进给速度 v_f 为工件沿进给移动方向每分钟移动的距离，单位为 mm/min。

(3) 背吃刀量(又称切削深度)a_p

切削深度为待加工表面与已加工表面之间的垂直距离，车外圆时 $a_p=(D-d)/2$(D：待加工表面直径；d：已加工表面直径)。

2.2.3　切削刀具

1. 刀具材料

刀具材料对于加工效率、加工质量、加工成本以及刀具耐用度影响很大。

(1) 刀具材料应具备的性能

刀具切削部分在强摩擦和高压、高温下工作，应具备如下基本要求：

① 高硬度和高耐磨性。刀具材料的硬度必须高于被加工材料的硬度。现有刀具材料硬度都在 HRC60 以上。刀具材料越硬，其耐磨性越好。

② 足够的强度与韧性。强度和韧性可使刀具在切削或有间断切削时保证不断裂和不崩刃。通常硬度越高，冲击韧度越低，材料越脆。

③ 高耐热性。耐热性又称红硬性，可使刀具材料在高温下保持切削性能。

④ 良好的工艺性和经济性。为便于刀具制造和刃磨，刀具材料应有良好的工艺性，如锻造、热处理及磨削加工性能，在选用时应综合考虑经济性。

(2) 刀具材料分类

1) 普通刀具材料

常见的普通刀具材料有碳素工具钢、合金工具钢、高速钢、硬质合金和涂层刀具材料等，其中，后三种用得较多。

① 高速钢。高速钢有很高的强度和韧性，热处理后的硬度为 HRC63～70，红硬温度达 500～650 ℃，允许切速为 40 m/min 左右，主要用于制造各种复杂刀具如成型铣刀、拉刀等。高速钢常用的牌号有 W18Cr4V、W6Mo5Cr4V2 和 W9Mo3Cr4V 等。

② 硬质合金。硬质合金的硬度很高，可达 HRC74～82，红硬温度达 800～1 000 ℃时，允许切速达 100～300 m/min。硬质合金能切削淬火钢等硬金属材料，但其抗弯强度低，不能承受较大的冲击载荷。硬质合金目前多用于制造各种简单刀具，如车刀、铣刀、刨刀的刀片等。

③ 涂层刀具材料。涂层刀具是在硬质合金或高速钢的基体上，涂一层或多层(几微米厚)高硬度、高耐磨性的材料。涂层硬质合金刀具的硬度比不涂层的可提高 1～3 倍以上，耐用度

可提高 2～10 倍。国内涂层硬质合金刀片牌号有 CN、CA、YB 等系列。

2) 超硬刀具材料

超硬刀具材料目前用得较多的有陶瓷、人造聚晶金刚石和立方氮化硼等。这些刀具材料的特点是硬度和耐用度很高,但抗弯强度低、冲击韧度很差。

① 陶瓷。常用的陶瓷刀具材料主要是 Al_2O_3。陶瓷刀具有很高的硬度(HRA91～95),在 1 200 ℃ 的高温下仍能切削,常用的切削速度为 100～400 m/min,有的甚至可高达 750 m/min,主要用于冷硬铸铁、高硬钢和高强度钢等难加工材料的半精加工和精加工。

② 人造聚晶金刚石(PCD)。人造聚晶金刚石的硬度极高(HV6 000 以上),其刀具耐用度比硬质合金高几十至 300 倍。但其红硬性较低(600 ℃左右),且不能加工黑色金属(与 C 亲和力强),主要用于有色金属及非金属的精加工,如铝、铜及其合金,以及陶瓷、合成纤维、强化塑料和硬橡胶等。

③ 立方氮化硼(CBN)。立方氮化硼是一种新型超硬刀具材料,其硬度仅比金刚石稍低,为 HV4 000～6 000,可在 1 200～1 300 ℃的高温下稳定切削,其耐用度是硬质合金和陶瓷刀具的几十倍。立方氮化硼目前主要用于淬火钢、耐磨铸铁、高温合金等难加工材料的半精加工和精加工。

2. 刀具磨损和刀具耐用度

在切削过程中,切削区域有很高的温度和压力,刀具在高温和高压条件下,受到工件、切屑的剧烈摩擦,使刀具的工作表面产生磨损,随着切削加工的延续,磨损逐渐扩大,这种现象称为刀具正常磨损。

在实际生产中,常常按刀具进行切削的时间来判断刀具磨损的程度。刀具由开始切削到磨钝为止的切削总时间,称为刀具的耐用度,用 T(min)来表示。而刀具寿命是指一把新刀由开始切削到报废为止的总切削时间。

切削用量三要素对刀具寿命的影响是不同的。一般来讲,切削速度影响最大,其次是进给量,切削深度的影响最小。粗加工时,既要提高生产率,又希望刀具寿命尽可能长,优选切削用量的顺序为:首先选择尽量大的背吃刀量,然后根据加工条件和加工要求选取允许的最大进给量,最后根据刀具寿命选择最大的切削速度。精加工的主要目的是保证加工精度,选择的顺序是:首先选一个较小的背吃刀量,其次选择较小的进给量,最后选择一个较高的切削速度。

思考练习题

1. 试分析车削、钻削、刨削、铣削和磨削等几种常用加工方法的主运动和进给运动;并指出它们的运动件(工件或刀具)及运动形式(转动或移动)。

2. 你在实习过程中所使用的刀具材料是什么?说出其牌号和性能。

3. 常用金属材料的力学性能指标有哪些?它们分别用什么符号表示?

4. 实习车间的车床床身、齿轮、轴、螺栓、手锯、锉刀、榔头、游标卡尺、弹簧分别是用什么材料制造出来的?

5. 淬火钢为什么要及时回火?常用的回火方法有哪些?分别用于哪些零件?

6. 什么是零件表面处理?简述常用表面处理的方法和其作用。

7. 现有一个用低碳钢制成的齿轮,如要使其具有表面硬、中心韧的性能,须采用何种热处理工艺?为什么?

第 3 章　机械加工质量与测量技术

3.1　零件机械加工质量

机器零件均由几何形体组成，并具有不同的尺寸、形状和表面状态。为了保证机器的性能和使用寿命，设计时应根据零件的不同作用对制造质量提出不同要求，包括表面粗糙度、尺寸精度、形状精度、位置精度以及零件的材料、热处理和表面处理（如电镀、发黑）等。实际上，加工的最终目的为加工出符合质量要求的产品。

尺寸精度、形状和位置精度统称为加工精度。加工精度是指零件加工后的实际几何参数（尺寸、形状及各几何要素相互位置等）与理想几何参数的符合程度，符合程度越高，加工精度越高。实际加工出的零件几何参数与理想几何参数必然会有一定的偏差，即加工误差，加工误差的大小反映了加工精度的高低，误差越小精度越高。

加工精度及表面粗糙度是由切削加工决定的，设计数据必须恰当合理，否则将会增加不必要的加工复杂程度和加工费用。

3.1.1　尺寸精度

尺寸精度是指零件实际尺寸与理想尺寸的符合程度，符合程度越高，精度越高，同时加工难度越大。从保证产品使用性能分析，可以允许零件存在一定的加工误差，只要误差在允许的范围内，即保证了加工精度。而误差允许的范围由设计人员根据实际加工条件、装配条件、使用性能要求、经验等合理地制定。

1. 公　差

公差是尺寸的允许变动量。相同公称尺寸下公差越小，则精度越高；反之，精度越低。公差等于上极限尺寸与下极限尺寸之差，也等于上极限偏差与下极限偏差之差。如图 3－1 所

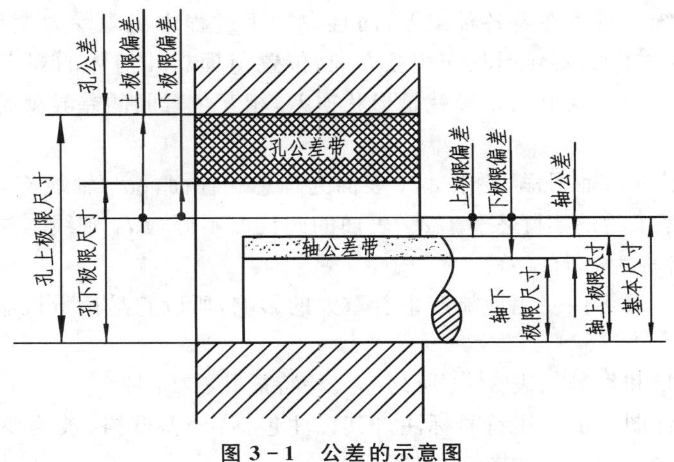

图 3－1　公差的示意图

示,代表上下极限偏差的两条直线所限定的区域称为公差带。

例如图3-2中的外圆 $\phi12$ 是公称尺寸,上极限偏差是0,下极限偏差是−0.07 mm,上极限尺寸 $d_{max}=(12+0)mm=12\ mm$,下极限尺寸 $d_{min}=(12-0.07)mm=11.93\ mm$。也可表示为

$$尺寸公差=上极限尺寸-下极限尺寸=(12-11.93)mm=0.07\ mm$$

或

$$尺寸公差=上极限偏差-下极限偏差=[0-(-0.07)]mm=0.07\ mm$$

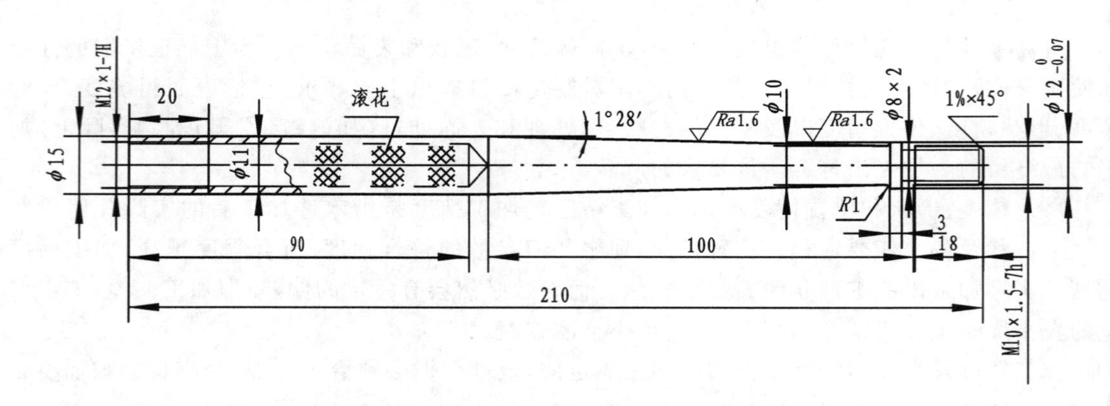

图3-2 榔头柄零件图

零件加工后的尺寸处于上下极限尺寸之间即为合格。

2. 公差等级

GB/T 1800.1—2020将反映尺寸精度的标准公差(代号为IT,是国际公差ISO Tolerance的英文缩写)分为20级,表示为IT01,IT0,IT1,IT2…IT18,IT01的公差最小,精度最高。常用公差为IT6~IT11级。

3.1.2 几何精度

图纸上画出的零件都是没有误差的理想几何体,但是由于在加工中机床、夹具、刀具和工件所组成的工艺系统本身存在着各种误差,而且在加工过程中出现受力变形、振动、磨损等各种干扰,致使加工后零件的实际形状和相互方向、位置与理想几何体的规定形状和相互方向、位置存在着差异。这种形状上的差异就是形状误差,相互位置间的差异就是位置误差,两者统称为几何误差。

图3-3(a)为某阶梯轴图样,要求 ϕd_1 表面为理想圆柱面,ϕd_1 轴线应与 ϕd_2 左端面相垂直。图3-3(b)为完工后的实际零件,ϕd_1 表面的圆柱度不好,ϕd_1 轴线与端面也不垂直,前者称为形状误差,后者称为方向误差。

零件的几何误差对零件使用性能产生着重大的影响,所以它是衡量机器、仪器产品质量的重要指标。

几何公差的项目和符号如表3-1所列。公差特征共有14种。

几何公差在零件图纸上采用符号标注。其标注包括:公差框格、被测要素指引线、公差特征符号、公差值及基准符号等,如图3-4所示。

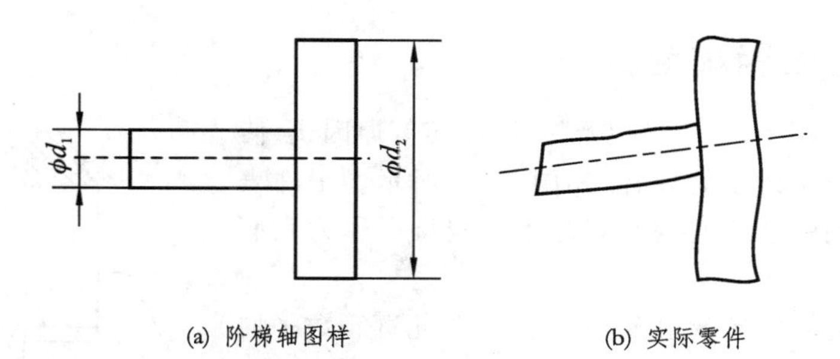

(a) 阶梯轴图样　　(b) 实际零件

图 3－3　零件几何误差示意图

表 3－1　几何公差项目和符号(GB1182—2018)

分　类	项　目	符　号	分　类	项　目	符　号
形状公差	直线度	—	方向公差	平行度	//
	平面度	▱		垂直度	⊥
	圆度	○		倾斜度	∠
	圆柱度	⌭	位置公差	同轴度	◎
	线轮廓度	⌒		对称度	⌯
	面轮廓度	⌓		位置度	⌖
			跳动公差	圆跳动	↗
				全跳动	⌰

注:如果有相对基准的方向或位置要求,线轮廓度和面轮廓度也可为方向公差或位置公差。

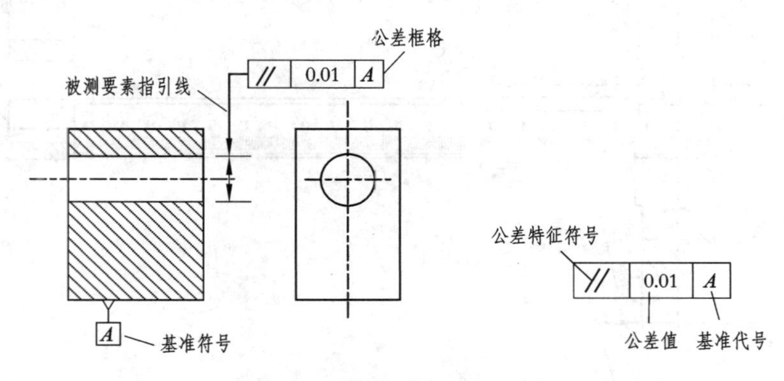

图 3－4　几何公差标注示意图

3.1.3　表面粗糙度

在切削加工过程中,由于刀痕及振动、摩擦等原因,会使已加工工件表面产生微小的峰谷,如图 3-5 所示。工件表面上的具有较小间距和峰谷的微观起伏形貌特征称为表面粗糙度。

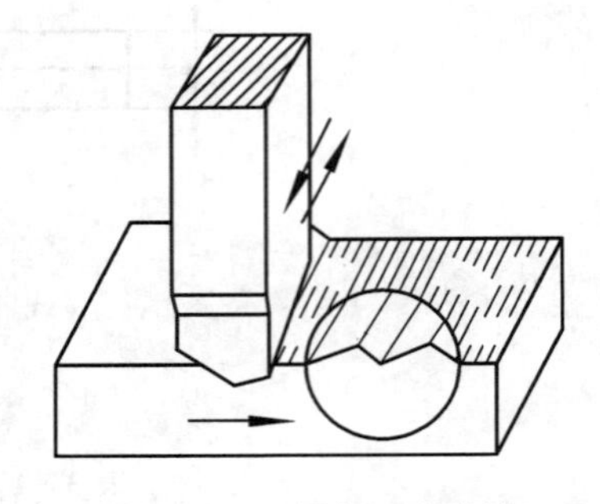

图 3-5　刀具加工的痕迹

表面粗糙度的评定参数很多,最常用的是轮廓算数平均偏差 Ra。在机械加工中常用参数值分别为 50,25,12.5,6.3,3.2,1.6,0.8,0.4,0.2,0.1,0.05,0.025,0.012,0.008,单位为微米(μm)。数值越小表面越光洁,其标注举例如图 3-2 所示。

3.2　测量技术概述

测量技术的应用在机械制造过程中是贯穿始终的,一个零件、一组部件或是完整产品均需要在制造和装配的各个环节应用测量方法以获得加工质量信息。随着机械制造的发展需求显著提升,企业在生产效率及产品质量方面的要求也明显提升,合理、高效的测量技术,在很大程度上保证了机械产品的测量精度,进而保证生产质量。

3.2.1　常用量具及用法

切削加工中使用的量具很多,下面介绍几种常用的量具。

1. 游标卡尺

游标卡尺是一种常用的中等精度的量具,如图 3-6 所示,可测量外径、内径、长度和深度尺寸。按读数的准确度,游标卡尺可分为 1/10 mm,1/20 mm,1/50 mm 三种,其读数准确度分别为 0.1 mm,0.05 mm,0.02 mm。可测量的尺寸范围有 0～125 mm,0～150 mm,0～200 mm,0～300 mm 等多种规格。

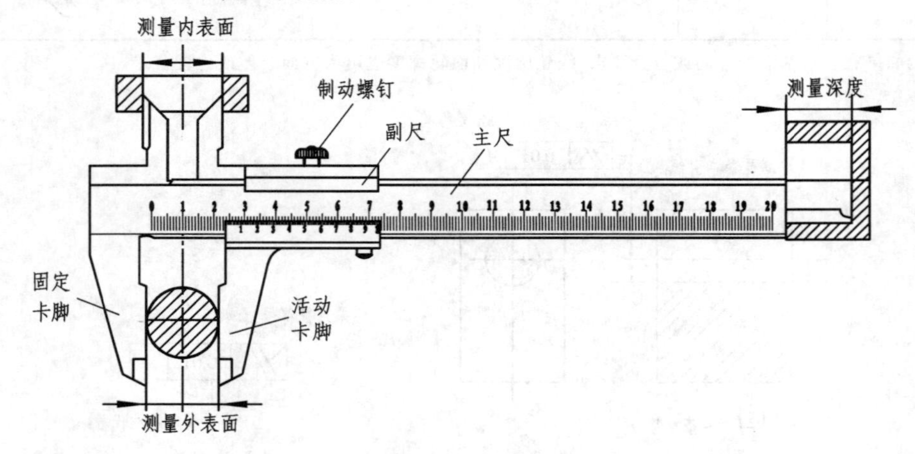

图 3-6　游标卡尺

当主、副两尺卡脚贴合时，主尺与副尺(又称游标)的零线对齐，如图 3-7(a)所示，主尺每小格为 1 mm，然后取主尺 49 mm 长度在副尺上等分为 50 格，即主尺上 49 格的长度等于副尺上 50 格的长度，则副尺的每小格长度 $l=49/50\ \text{mm}=0.98\ \text{mm}$。主尺与副尺每小格之差 $\Delta l=(1-0.98)\text{mm}=0.02\ \text{mm}$。

游标卡尺的刻线原理如图 3-7(a)所示，其测量读数如图 3-7(b)所示，分为 3 个步骤：

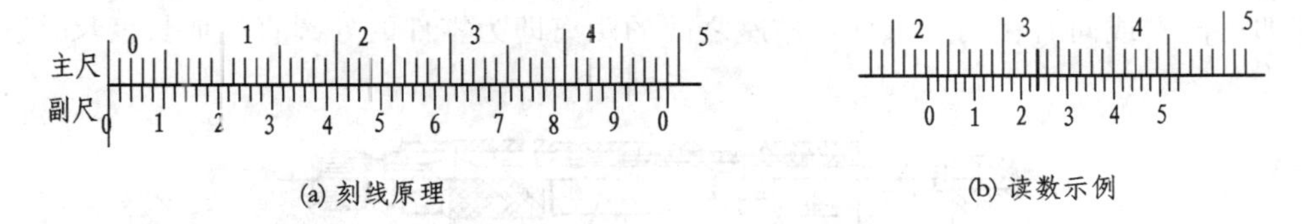

(a) 刻线原理　(b) 读数示例

图 3-7　1/50 游标卡尺的刻线原理和读数示例

① 读整数。读出副尺零线以左的主尺上最大整数(mm)，图中为 23 mm。

② 读小数。根据副尺零线以右与主尺上刻线对准的刻线数，乘以 0.02 mm 读出小数。图中为 $12\times0.02\ \text{mm}=0.24\ \text{mm}$。

③ 将整数与小数相加，即为总尺寸。图中的总尺寸 $l=(23+0.24)\text{mm}=23.24\ \text{mm}$。

用游标卡尺测量工件如图 3-8 所示。

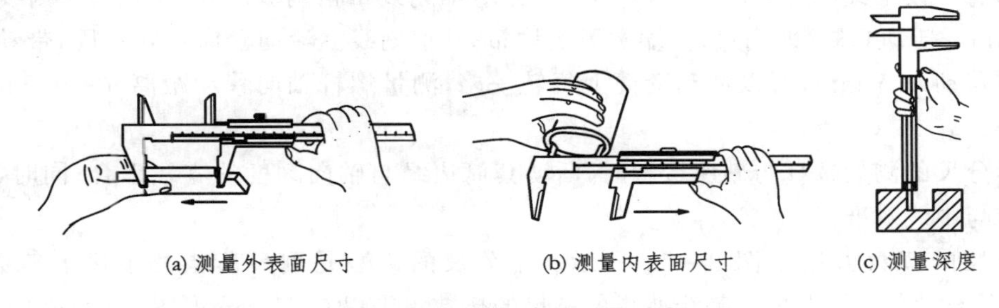
(a) 测量外表面尺寸　(b) 测量内表面尺寸　(c) 测量深度

图 3-8　用游标卡尺测量工件

使用游标卡尺应注意以下事项。

① 检查零线：使用前应先擦净卡尺，合并卡脚，检查主、副尺的零线是否对齐。如未对齐，应根据原始误差值修正读数。

② 放正卡尺：测量内外圆时，卡尺应垂直于轴线，如图 3-8 所示。

③ 用力适当：卡脚与测量面接触时，用力不宜过大，以免卡脚变形和磨损。

④ 视线垂直：读数时视线要对准所读刻线并垂直尺面，否则读数不准确。

⑤ 防止松动：卡尺取出前应拧动锁紧螺钉，防止卡脚移动。

⑥ 勿测毛坯面：卡尺属精密量具，不得用来测量毛坯表面和正在运动的工件。

专门用于测量深度和高度的深度游标卡尺和高度游标卡尺如图 3-9 所示。高度游标卡尺除测量高度外，还可作精密画

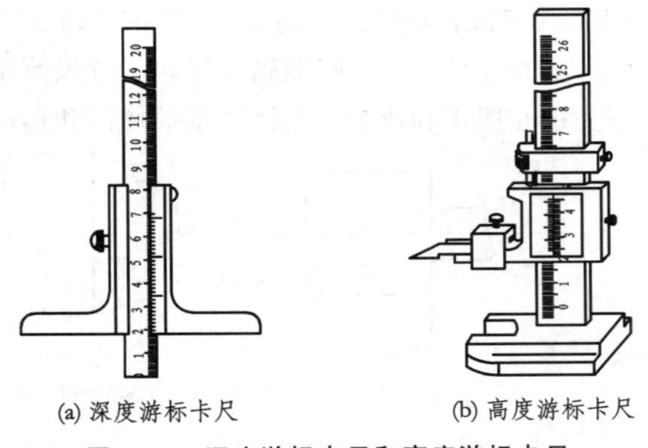
(a) 深度游标卡尺　(b) 高度游标卡尺

图 3-9　深度游标卡尺和高度游标卡尺

线用。

2. 千分尺

千分尺又称螺旋测微器,测量精度达 0.01 mm,可分为外径千分尺、内径千分尺和深度千分尺。测量范围有 0～25 mm、25～50 mm、50～75 mm、75～100 mm 等多种规格。

如图 3 - 10 所示为 0～25 mm 外径千分尺。螺杆与活动套筒连在一起,当转动活动套筒时螺杆即可向左或向右移动。螺杆与砧座之间的距离即为零件的外圆直径或长度尺寸。

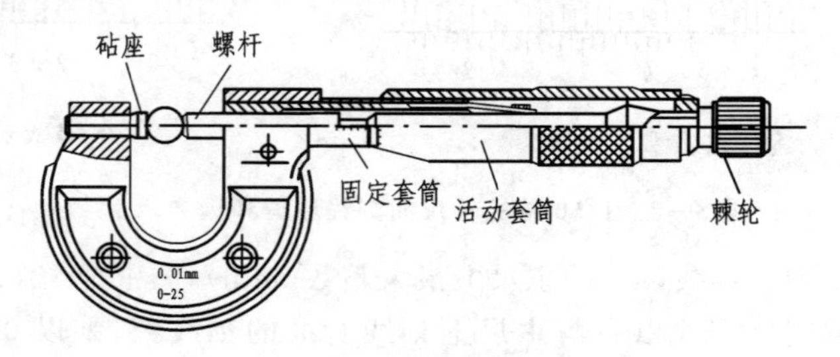

图 3 - 10　外径千分尺

千分尺的读数机构由固定套筒和活动套筒组成,如图 3 - 11 所示。固定套筒(即主尺)在轴线方向有一条中线(基准线),中线的上、下方两排刻线每格均为 1 mm,但上下刻线相互错开 0.5 mm。活动套筒(即副尺)左端圆周上均布 50 根刻线。活动套筒每转一周,带动测量螺杆沿轴向移动 0.5 mm,所以活动套筒上每转一格,测量螺杆轴向移动距离 $d = 0.5\text{mm}/50 = 0.01$ mm。

当千分尺的测量螺杆与砧座接触时,活动套筒边缘与轴向刻度的零线重合;同时,圆周上的零线应与中线对准。

千分尺的读数方法如图 3 - 11 所示。千分尺的读数是副尺所指的主尺上整数(应为 0.5 mm 的整数倍)加上主尺基线所指的副尺的格数再乘以 0.01 mm。图 3 - 11(a)的总读数为(11.5+0.045)mm=11.545 mm,小数点后第 3 位为估计值;图 3 - 11(b)的总读数为(32+0.35)mm=32.35 mm。

使用千分尺应注意以下事项:

① 检查零点:使用前擦净测量面,合拢后检查零点。

② 合理操作:当测量螺杆接近工件时,严禁再拧活动套筒,必须使用棘轮。当棘轮发出“嘎嘎”响声时,表示压力合适,即应停止转动。

③ 垂直测量:工件应准确放置在千分尺测量面之间,不可偏斜。

④ 精心使用和维护:不得测量毛坯面和运动中的工件;用后应放回盒中,以免磕伤。

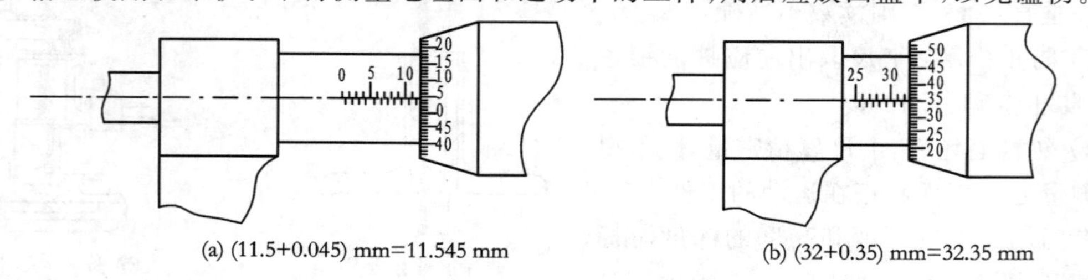

(a) (11.5+0.045) mm=11.545 mm　　(b) (32+0.35) mm=32.35 mm

图 3 - 11　千分尺的刻线原理

3. 百分表

百分表是一种指示性量具，一般测量精度为0.01 mm。百分表只能测出相对数值，不能测出绝对数值，主要用于测量工件形状误差和位置误差，也可用于机床上安装工件时的找正。

百分表的读数原理如图3-12所示。百分表有大指针和小指针，大指针刻度盘上有100格刻度，小指针刻度盘上有10格刻度。当测量杆向上或向下移动1 mm时，通过表内的机构带动大指针转一周，小指针转一格。也就是说，大指针每格读数为0.01 mm，用来读1 mm以下的小数值；小指针每格读数为1 mm，用来读1 mm以上的整数值。测量时，大小指针的读数变化值之和即为尺寸的变动量。大指针刻度盘可以转动，供测量时调整大指针对零位线之用。

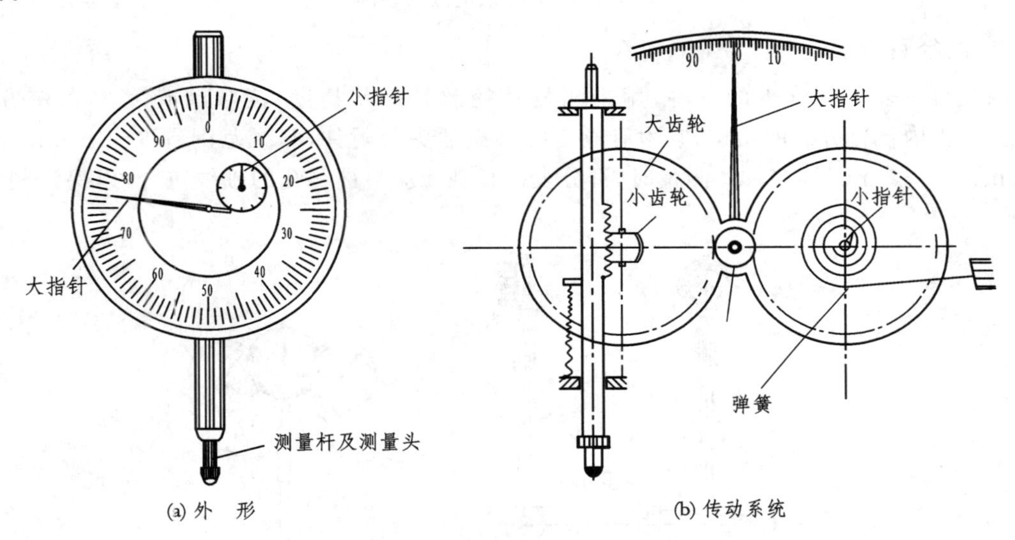

图3-12 百分表及其传动系统

使用百分表时必须把百分表固定在可靠的夹持架(表架)上，如图3-13所示。

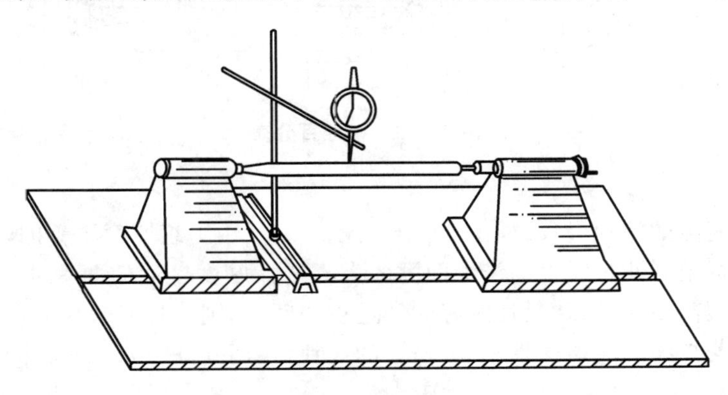

图3-13 百分表架(磁性表架)

测量平面时，百分表的测量杆要与平面垂直；测量圆柱面时，测量杆要与工件的轴心线垂直，否则，会使测量杆移动不灵活或测量结果不准确。

百分表的应用实例如图3-14所示。

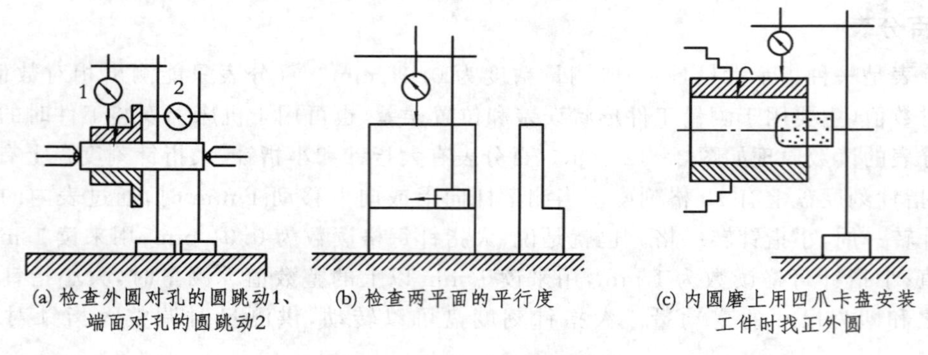

(a) 检查外圆对孔的圆跳动1、端面对孔的圆跳动2　(b) 检查两平面的平行度　(c) 内圆磨上用四爪卡盘安装工件时找正外圆

图 3-14　百分表的应用举例

4. 内径百分表

内径百分表是百分表的一种,用来测量孔径及其形状精度,读数精确度为 0.01 mm。图 3-15 为内径百分表的结构,它附有成套的可换插头及附件,测量范围有 6～10 mm、10～18 mm、18～35 mm 等多种。测量时,百分表接管轴线应与被测孔的轴线重合,以保证测量的准确性。

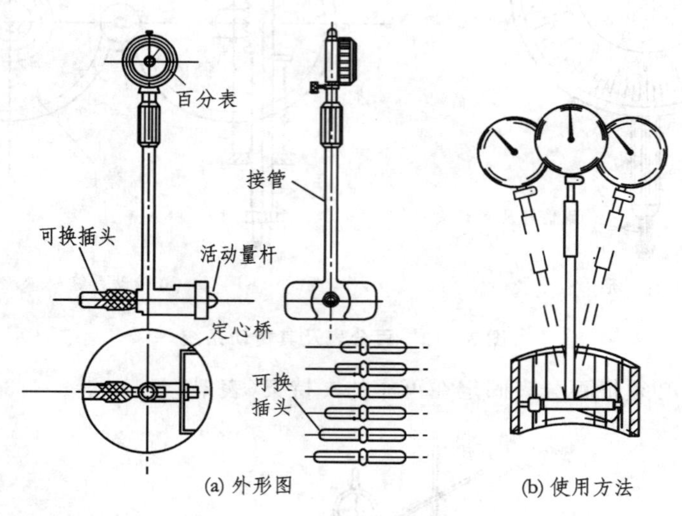

(a) 外形图　(b) 使用方法

图 3-15　内径百分表

5. 塞　尺

塞尺是测量间隙的薄片量尺,如图 3-16 所示。塞尺由一组厚度不等的薄钢片组成,每片钢片上印有厚度标记。测量时根据被测间隙的大小选择厚度接近的薄片插入被测间隙(可用几片重叠插入)。若一片或数片尺片刚好能塞进被测间隙,则一片或数片的尺片厚度即为被测间隙的间隙值。若被测间隙能插入 0.05 mm 的尺片,换用 0.06 mm 的尺片则插不进去,说明间隙在 0.05～0.06 mm 之间。

测量时选用的尺片数越少越好,且必须先擦净尺面和工件,插入时用力不能太大,以免折弯尺片。

6. 刀口尺

刀口尺是用光隙法检验直线度或平面度的量尺,如图 3-17 所示。若平面不平,则刀口尺与平面之间有缝隙，可根据光隙判断误差状况，也可用塞尺测量缝隙大小。

7. 直角尺

直角尺是检验直角用的非刻线量尺，习惯上称之为直角尺，用来检查工件的垂直度或保证划线的垂直度。用直角尺检测工件时，应将其一边与工件的基准面贴合，然后使其另一边与工件的另一表面接触，根据光隙判断误差状况，如图 3－18 所示。

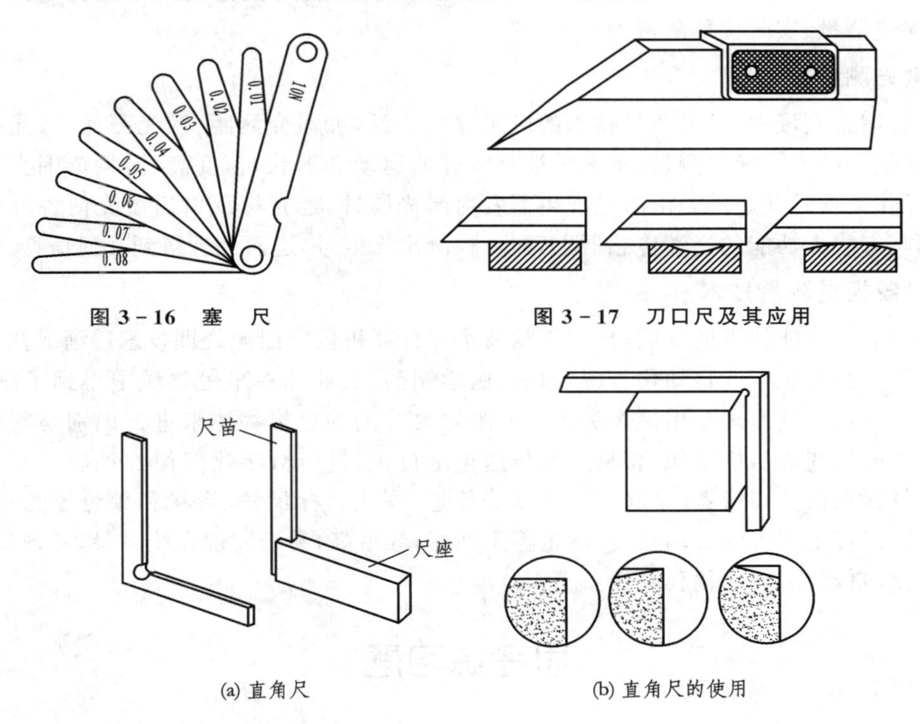

图 3－16　塞　尺

图 3－17　刀口尺及其应用

(a) 直角尺　　(b) 直角尺的使用

图 3－18　直角尺及其应用

3.2.2　先进测量技术

随着工业制造水平的飞速提高，传统的测量技术表现出不适应科技发展的现状：人工测量，劳动强度大，测量效率低，测量精度与稳定性较差；无法实时储存；多为接触式测量，易划伤零件，无法测量一些特殊材料；不能实现实时在线测量，在加工过程中无法进行质量管控。随着科技的进步，工程上的测量技术也在迅速发展，不同于上述常规测量工具，新技术可以对零件或设备的空间几何参数做出更有效、更高精度、更高效率、更智能化地测量。

1. 三坐标测量机

三坐标测量机是一种自动化高效率、高精度的精密测量设备，是仪器、仪表、航空航天、汽车制造、矿山机械、纺织机械、国防军事等机械制造工业中使用的一种先进设备。

三坐标测量机在三个相互垂直方向具有导向运动机构（如气浮导轨、气浮垫等）、测长元件、读数装置、数据采样（测头）、数据处理装置。它是一种根据坐标测量的集成化数据测量设备，根据被测物体上各测点的坐标位置，计算得出被测物体的几何参数。能快速准确地评价尺寸数据，为操作者提供关于生产过程状况的有用信息。

2. 干涉仪

干涉仪是一类应用广泛的实验设备,其原理是利用波的叠加性来获取波的相位信息,从而获得相关的物理量。在工程测量中,通常用光干预的方法,应用迈克尔逊干预指数进行测量工作,并配合反射镜片、映射镜测量零件的视角、速率、反射度、平面度等主要参数。作为一种线下测量方法,干涉仪可靠性、精密度较高,体积较小,可以实现闭环位移反馈系统搭建、振动测量、轴承误差测量、实时位移测量等。

3. 激光测量技术

在机械制造领域中,激光测量技术的应用非常广泛,如激光测距、激光测速、激光扫描、激光测振等,是一种非接触式测量,不影响被测零件的运动和形状,精度高、测量范围大、检测时间短,且操作简便。其原理是由激光发生器发射激光脉冲,经目标反射后激光向各方向散射,散射回到具有放大功能的光学传感器上,即可检测出光信号,进而处理得到几何信息。

4. 机器视觉测量技术

伴随着人工智能技术的发展,机器视觉技术和计算机数字图像处理技术逐渐成熟,基于机器视觉的测量技术在工业自动化、产品包装、医学制药、农业和军事等领域中得到了越来越广泛的研究与应用。其原理是用摄像头代替人眼对要检测的目标物体来进行识别与判断,首先通过视觉传感器获取目标图像,再将图像传送至上位机,进行数字化图像处理等一系列分析,最后根据像素点的分布或者图像颜色、亮度等信息,完成目标尺寸、形状和颜色等的检测。这种测量方法减轻了工人的劳动强度,测量稳定性好,效率高,易于实现在线测量,实现加工和测量的一体化,自动化、智能化程度较高。

思考练习题

1. 什么是零件加工质量和零件加工精度?

2. 解释名词:尺寸精度、尺寸公差和尺寸误差。说明它们之间有何关系?

3. 几何公差项目有多少种,各用什么符号表示?

4. 为什么在一般情况下,尺寸精度高的零件的表面粗糙度值也小?有没有零件的尺寸精度较低,但表面光洁度很高的情况?

5. 举例说明在实际生产中必然会产生加工误差的原因。

6. 常用的量具有哪几种,分别在什么场合使用?它们的刻度和读数原理有何异同?

7. 如图3-19所示的零件上有几个表面的尺寸需要测量,试选择合适的量具。

8. 游标卡尺和千分尺测量准确度分别是多少?怎样正确使用?

9. 测量 ϕ40(未加工)、ϕ50(已加工)、ϕ 30±0.2 和 ϕ60±0.03 的外圆时,分别选用什么量具比较理想?

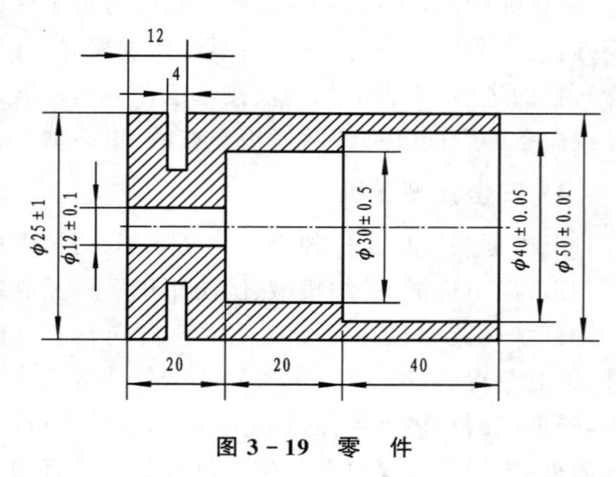

图3-19　零　件

第 2 篇

材料成型工艺

第 4 章　铸　造

4.1　概　论

铸造是将金属液浇入预先制备好的铸型中，凝固后获得具有一定形状、尺寸和性能的毛坯或零件的成型方法。用铸造方法所获得的毛坯或零件统称铸件。铸件通常都是毛坯，经切削加工后才能成为零件。

用于铸造成型的金属材料有铸铁、铝合金、铜合金、镁合金等，其中以铸铁应用最为广泛。

铸造的种类可分砂型铸造和特种铸造两大类。砂型铸造的铸型以原砂为主，加入适量黏结剂、附加物和水，按一定比例混制而成。因其成本低廉，适应性广，是目前铸造生产中应用最广泛的一种方法。特种铸造是在制造铸型时采用少用砂或不用砂的特殊工艺装备，获得比砂型铸造表面质量好、尺寸精确、力学性能高的铸件。

铸造的特点包括以下几个方面。

① 能够制造出形状复杂(尤其是复杂内腔)的铸件，如各种箱体、机架、床身、发动机缸体等。

② 适应性广，几乎不受铸件的尺寸、质量、生产批量的限制。

③ 不需要昂贵的设备，原材料来源广泛，成本较低。例如一台金属切削机床的铸件约占其总质量的 75%，而其成本仅占其总成本的 15%～30%。

④ 铸造生产工序多，对铸件的质量较难精确控制，其力学性能一般不如锻造件高，因此凡承受动载荷或交变载荷的重要受力零件，目前还很少使用铸件。另外，砂型铸造在生产率、劳动条件、环境污染方面也都存在一定问题。

4.2　砂型铸造

铸造的方法很多，最基本的是砂型铸造，其工艺过程如图 4－1 所示。主要工艺过程为制模型、配砂、造型制芯、熔化金属、合箱浇注与清理检验等。

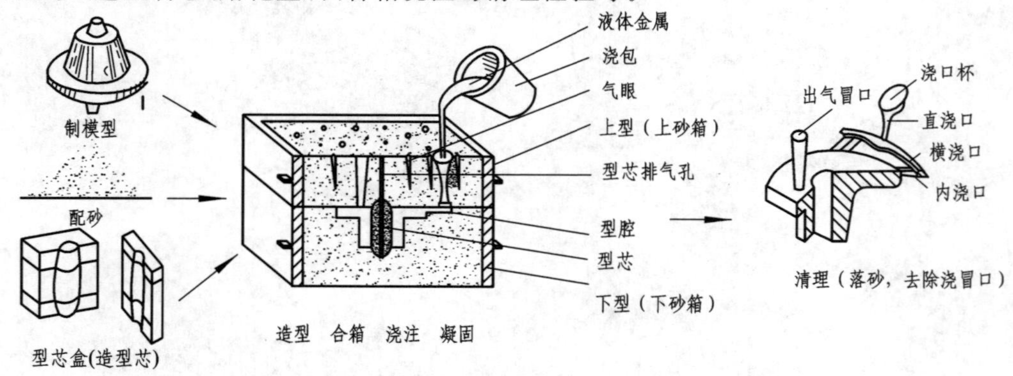

图 4－1　砂型铸造工艺过程

砂型铸造是将液体金属浇入砂质铸型中，待其冷凝后将铸型破坏取出铸件的方法。

4.2.1 造型材料

用来制造砂型与型芯的材料，统称造型材料。用于制造砂型的材料称型砂，用于制造型芯的材料称芯砂。造型材料的好坏对造型工艺、铸件质量等都有很大的影响。

1. 对型砂与芯砂的要求

① 强度。是指铸型在制造、搬运及浇注时不致破坏的能力。若型砂强度不好，则可能发生塌箱、掉砂，甚至被液体金属冲毁，造成砂眼、夹砂等缺陷。

② 透气性。是指型砂由于本身各砂粒间存在着空隙，具有让气体通过的能力。当液体金属浇入铸型后，在高温作用下，铸型中的水分蒸发和有机物质分解与燃烧，产生大量气体，如果砂型的透气性不好，气体就不能顺利排出，使铸件产生气孔。

③ 可塑性。是指型砂在外力作用下能形成一定的形状，当外力去掉后仍能保持此形状的能力。可塑性好，可使铸型清楚地保持模型外形的轮廓。

④ 耐火性。是指砂型在承受高温的作用下不软化、不烧结的能力。型砂耐火性不好，铸件表面易粘砂，清理困难。这一点对高熔点金属(如铸钢)尤为重要。

⑤ 可让性。是指铸件在冷却、凝固收缩时，铸型的阻碍部分能被压溃而不阻碍收缩的能力。可让性不好时，铸件收缩受阻，产生内应力，使铸件变形甚至出现裂纹。

2. 型砂与芯砂的组成

基本组成是：原砂＋黏结剂＋水＋附加物。

① 原砂。以石英砂为基础，其颗粒坚硬、耐火度高(可达 1 710 ℃)。石英砂含 SiO_2 量愈高、粒度愈大，耐火性愈好，形状为圆形、粒度均匀而大者，透气性好。形状为多角形、粒度不均匀而细者，则透气性差。

② 黏结剂。主要起黏结作用。加入黏结剂后，可使型砂具有一定的可塑性与强度。常用的黏结剂有黏土与特殊黏合剂两大类，黏土(包括陶土)是型砂的主要黏结剂，特殊黏结剂是芯砂的主要黏结剂。

③ 附加物。是为使型砂具有某种特殊性能而加入的少量其他物质。例如：为提高铸铁件表面质量，在湿型砂中加煤粉；为提高铸型透气性及可让性，在干型砂中加锯末等。

④ 涂料。为提高铸件表面质量，防止型砂与高温金属液发生化学反应，从而形成低熔点化合物而造成粘砂，在铸型和型芯表面常涂上一层涂料，如铸铁件造湿型时，撒铅粉(石墨粉、焦炭粉)；造干型时涂上一层石墨粉、黏土与水的混合涂料。铸铝件由于铝合金浇注温度较低(700～740 ℃)，一般很少用涂料。

3. 型砂与芯砂的配制

根据铸造合金的种类和铸件的大小，配制型砂与芯砂时要综合考虑其成分。如铸造铝合金时，由于熔点低，可以选用细砂粒的石英砂，不需要加煤粉。当铸造铸铁件时，浇注温度较高，要求高的耐火性，应使用较粗的石英砂，并加入适量的煤粉，以防止铸件粘砂。浇注湿型时会产生气体，因此要严格控制型砂中水分。而对于干型来说，配砂时水分则可以相对多些，这样可增加型砂湿态强度，便于造型，由于还要烘干，因而不会降低透气性。总之，型砂的组成成分视具体情况的不同而变化，芯砂的情况也是如此。型砂与芯砂的具体配比如表 4-1 所列。

表4-1中的黏结剂、水分及煤粉的含量的百分数是相对石英砂含量而言的。石英砂粒度以目数来表示,目数越大,砂粒越细。

表4-1　型砂与芯砂的配比举例

<table>
<tr><th>造型材料</th><th>铸造合金</th><th>石英砂含量/%,粒度(×/×)/目</th><th>黏结剂含量/%</th><th>水分/%</th><th>煤粉/%</th></tr>
<tr><td rowspan="2">型砂
(湿型)</td><td>铸铁</td><td>40~50(70/140),50~60(100/150)</td><td>黏土4~5</td><td>4~5.5</td><td rowspan="2">3~4</td></tr>
<tr><td>铝合金</td><td>30(70/140),70(100/200)</td><td>黏土1~2</td><td>5~6</td></tr>
<tr><td rowspan="2">油芯砂</td><td>铸铁</td><td>100(70/140)</td><td>桐油2~2.5</td><td>1~1.5</td><td rowspan="2">—</td></tr>
<tr><td>铝合金</td><td>100(70/140)</td><td>混合油2~3,
糖浆0~1.5</td><td>3~4</td></tr>
</table>

型砂的配制是在混砂机里进行的。配制型砂时,先将新砂、部分过筛的旧砂、黏土及附加物放入混砂机干混,然后加水和液体黏结剂(根据需要)湿混,再过筛后使用。

配好的型砂是否合格,最简单的检验方法是用手把型砂捏成团,然后松开,如果此时砂团不松散,且砂团上有较清晰的手纹,则可以认为型砂中的黏土与水分含量适当,型砂配制合格。大量生产时使用专门仪器检查型砂的各种性能,检查合格后便可投产使用。

4.2.2　铸型组成

铸型用于浇注金属液,以获得形状、尺寸和质量符合要求的铸件。铸型的组成如图4-1所示。

分型面:上、下砂型之间的分界面。每一对铸型之间都有一个分型面。

浇注系统:金属液流入型腔的通道,通常它由浇口杯、直浇道、横浇道、内浇道组成。

冒口:供补缩铸件用的铸型空腔,有些冒口还起观察、排气和集渣的作用。

型腔:铸型中由造型材料所包围的空腔部分,也是形成铸件的主要空间。

型芯:砂型中获得铸件内部空腔的部分。型芯的外伸部分称型芯头,用以定位和支承型芯。砂型中专为放置型芯头的空腔称型芯座。

出气眼:在铸型或型芯上用针扎出的出气孔道,用以排气。

排气孔:在铸型或型芯中为排出浇注时产生的气体而设置的沟槽或孔道。

4.2.3　造型中的工艺问题

造型时必须考虑的主要工艺问题包括:浇注位置的选择,分型面的确定以及浇注系统的安排等。它们直接影响铸件的质量和生产效率。

1. 浇注位置的选择

浇注位置视具体模样选定,一般选择在上、下砂型的接触表面。浇注位置的选定应考虑以下几个原则。

① 铸件上质量要求高的加工表面或主要工作面应在浇注位置的下部或处于垂直的侧面位置进行浇注,避免气孔、砂眼、缩孔等缺陷出现在工作表面上。图4-2所示为圆锥齿轮铸件,轮齿质量要求高,浇注时应该朝下,如图4-2(a)所示为正确的浇注位置。又如图4-3所示的立柱,其较细圆柱表面为重要加工面,为保证该表面的铸造质量,浇注时应将铸型置于倾

斜位置。

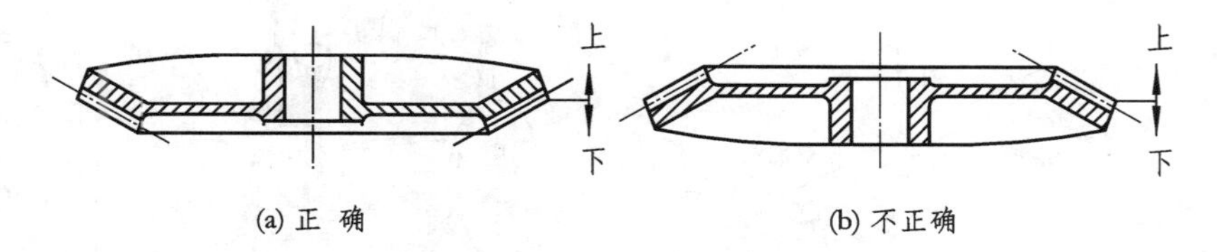

(a) 正 确 (b) 不正确

图 4-2 圆锥齿轮的浇注位置

② 铸件的大平面尽可能朝下或采用倾斜浇注，如图 4-4 所示，以避免在大平面上形成夹砂或夹渣缺陷。

③ 容易形成缩孔的铸件浇注时应把厚的部分放在铸型侧面或分型面的上部，这样便于在铸件较厚处直接放置冒口，达到自下向上顺序凝固。

④ 浇注时铸型位置的放置应该保证型芯的固定稳固，使其不致发生偏位或歪曲变形。

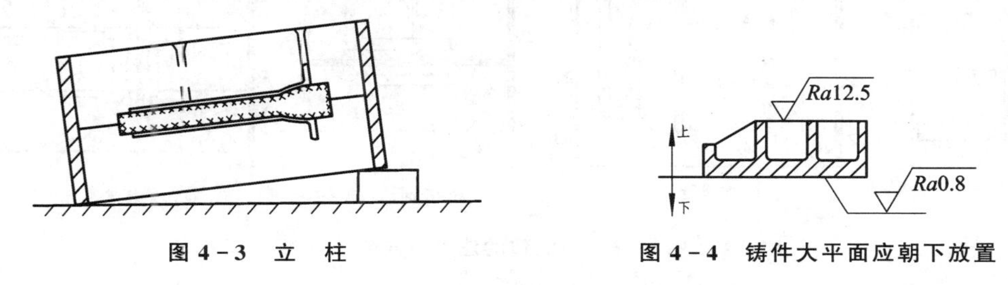

图 4-3 立 柱 **图 4-4 铸件大平面应朝下放置**

此外，在选择浇注位置时还应保证铸件薄壁部分能很好地被充满，避免产生浇不到的缺陷。

2. 分型面的确定原则

分型面是铸型上、下砂型的接触表面，一般也是模样的最大截面处，以便于起模。分型面的确定原则包括以下两方面。

① 应使全部铸件尽可能位于同一砂箱，以提高铸件的精度和避免因错箱而造成废品。

② 成批、大量生产时应尽量避免活块造型或三箱造型。

3. 浇注系统

浇注系统的作用主要是保证液体金属平稳地、无冲击地充满型腔，同时能够挡渣和调节铸件的凝固顺序，从而避免或减少铸件产生夹渣、砂眼、气孔等缺陷。

典型的浇注系统组成如图 4-5 所示，它包括外浇口（也称浇口杯）、直浇道、横浇道及内浇道 4 个部分。

外浇口是承受从浇包倒出来的金属液，减轻液流的冲击和分离熔渣的容器。小型铸件外浇口通常为漏斗形；大型铸件外浇口通常为盆形或椭圆形。

直浇道是垂直浇道，连接外浇口与横浇口，其截面一般为圆形，利用浇道本身的高度，可产生一定静压力，增强液态金属充填作用。

横浇道一般设在内浇道上方，截面多为梯形，具有缓冲和挡渣的作用。

内浇道可控制金属的流量、方向，调节凝固顺序，截面多为扁梯形或扁矩形，在接近型腔处较薄，以便在铸造后去除浇口时不损坏铸件。为了防止液态金属冲坏型芯，内浇道不应正对型芯。

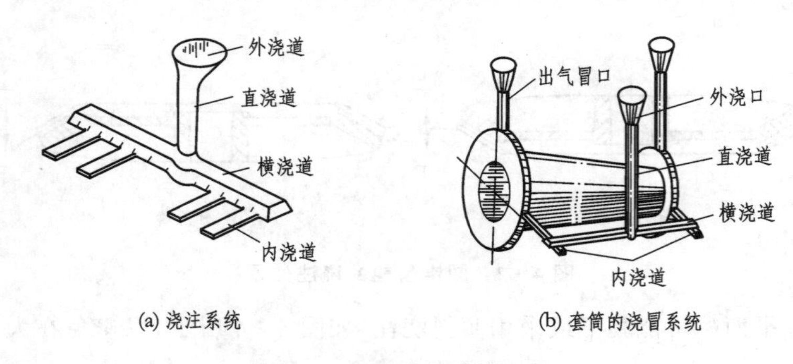

(a) 浇注系统　　(b) 套筒的浇冒系统

图 4-5　浇注系统的组成

内浇口的注入方式有顶注式、底注式、中间注入式和阶梯注入式,如图 4-6 所示。

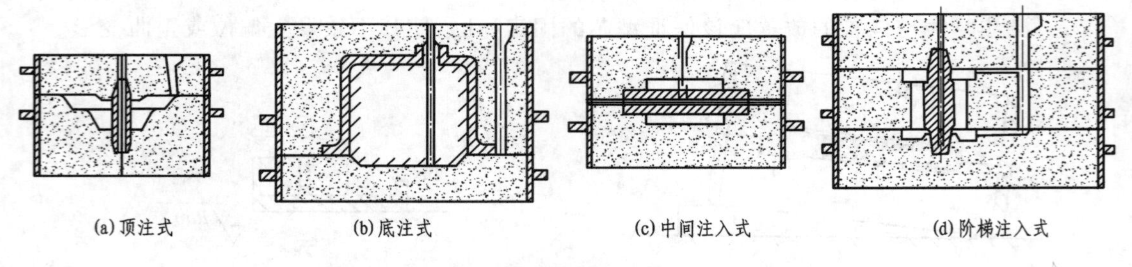

(a) 顶注式　　(b) 底注式　　(c) 中间注入式　　(d) 阶梯注入式

图 4-6　内浇口的注入方式

顶注式液态金属自型腔的顶部注入,易产生冲砂和飞溅,但是补缩作用好,常用于简单短小的铸件。

底注式液态金属流动平稳,冲击力小,但补缩作用较差,不适宜浇注薄壁铸件,一般用于浇注易氧化的有色金属铸件。

中间注入式兼有顶注式和底注式的优点,造型简便,应用比较广泛。

形状复杂的高、大铸件可采用阶梯式分段注入的方式。液态金属从下往上依次平稳注满型腔,高温金属液集中于上部,补缩作用好,但造型工序复杂。

4. 模样与型芯盒

模样是用来形成铸型型腔的工艺装备。带型芯铸件的模样应同时做出芯头及芯盒。

模样与型芯盒的材质主要为木材,故常称木模。批量大的也可以采用金属或塑料。

模样和型芯盒形状与尺寸的制作应按照铸造工艺图进行。

铸造工艺图是以零件图为依据,结合铸造工艺的特点来加以确定的,如图 4-7 所示。在确定铸造工艺图时应考虑以下一些因素。

① 分型面。分型面通常用线条和箭头标出,如图 4-7(c)所示。

② 起模斜度。为了起模方便又不损坏砂型,凡垂直于分型面的壁上都应有一定的倾斜度,称为起模斜度。木模的起模斜度为 1°～3°,金属模的起模斜度为 0.5°～1°。壁高取下限,反之取上限。

③ 机械加工余量。铸件上凡须进行切削加工的表面均应留有合适的加工余量。加工余量的大小与造型方法、铸件尺寸、合金种类、生产批量及加工面在浇注时的位置等因素有关,具体可通过查阅有关手册来确定。一般小型灰铸铁件的加工余量为 3～5 mm。

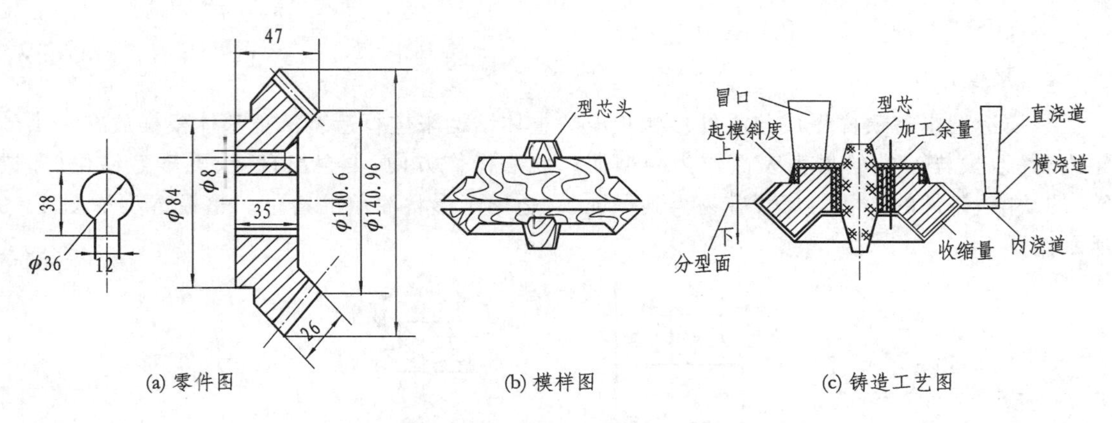

(a) 零件图　(b) 模样图　(c) 铸造工艺图

图4-7　圆锥齿轮的铸造工艺图

除此之外,铸件上的小孔(孔径小于20 mm)或小的凹槽、台阶等,可以不予铸出,留待机械加工来完成。

④ 收缩量。金属液注入砂型后,在冷却凝固时要发生收缩,使尺寸减小。为了补偿这部分的收缩,模样和型芯盒尺寸应比铸件大一个收缩量。收缩量的大小应根据合金的线收缩率来确定。对于灰铸铁约为1%,铸钢约为2%,铜与铝合金约为1.5%。

⑤ 铸造圆角。模样或型芯盒上两表面之间的交角应做成圆角,以防止金属液在冷凝时产生应力集中和起模时损坏砂型或型芯。铸造圆角半径的大小可查阅有关手册。

⑥ 型芯头和型芯座。其目的是合型时便于安放和固定型芯。型芯座比型芯头稍大些,对于一般中小型芯,其间隙约为0.25 ～1.5 mm。

总之,在尺寸上,模样尺寸=铸件尺寸+收缩量,铸件尺寸=零件尺寸+加工余量。在形状上,铸件和零件的区别在于有无起模斜度、铸造圆角。铸件是整体的,而模样可以是由多个部分组成的。

4.2.4　手工造型

造型和造芯是铸造生产中最主要的工序,它对于保证铸件精度和铸件质量有着极其重要的影响。在单件、小批量生产中,常采用手工造型和造芯;在大批、大量生产中,则采用机器造型和造芯。各种造型方法都包含紧砂、起模、修型、开设浇注系统及合箱等工序。

造型时,填砂、紧砂和起模等工序均由手工操作来完成的称为手工造型。这种方法具有操作灵活、工艺装备简单、适应性强等优点。手工造型常用于单件、小批量生产,特别是不适合用机器造型的重型复杂铸件的生产。但手工造型生产率低,劳动强度大,铸件质量较差。

一个完整的造型工艺包括准备工作、安放模样、填砂、紧实、起模、修型、合型等主要工序,图4-8所示是手工造型的主要工序流程图。

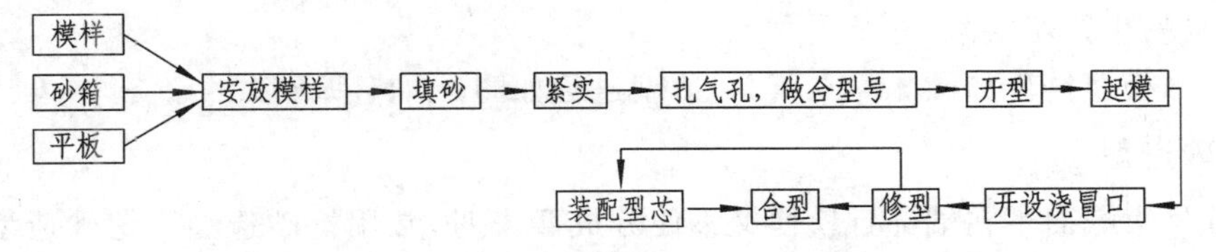

图4-8　手工造型的主要工序流程

下面介绍几种主要的手工造型方法。

1. 整模造型

整模造型是将模样做成与零件形状相应的整体结构来进行造型。把整体模样放在一个砂箱内,并以模样一端的最大表面作为分型面。此法操作方便,不会出现上、下砂型错位(即错箱)的缺陷,铸件的形状与尺寸容易得到保证,它适用于形状简单的铸件。整模造型如图 4-9 所示。

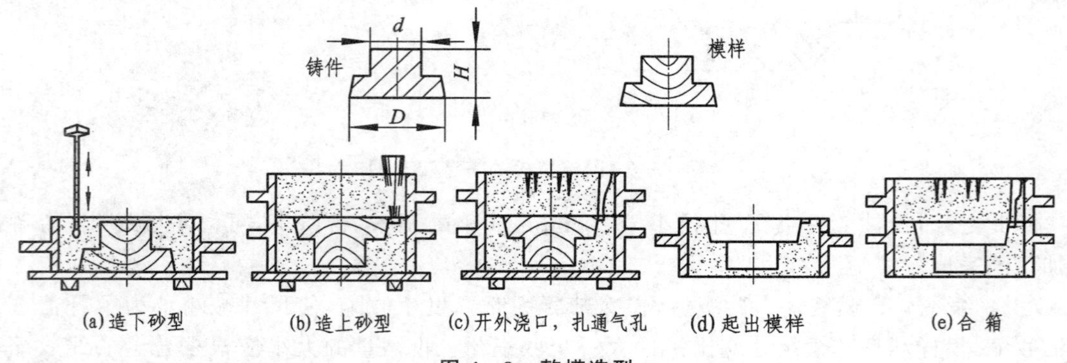

图 4-9　整模造型

整模造型的操作步骤如下。

① 造下型。将模样放在底板上,放好下砂箱,加入厚度约 20 mm 的面砂,再加填充砂(背砂),然后用舂砂锤均匀紧实每层型砂,直至用刮砂板刮去砂箱表面多余的型砂。

② 造上型。翻转下砂箱,用墁刀修光分型面,放好上砂箱,撒分型砂,放置浇口棒,加填充砂并舂紧,刮去多余型砂,扎通气孔,拔出浇口棒,作出合型线的标记。

③ 起出模样,挖出内浇道,把上砂箱拿下,在下砂箱上对应浇口棒的部位挖出内浇道。然后用毛笔沾水将模样边缘湿润,用起模针起出模样,根据需要在修型后可用"皮老虎"吹去型腔内多余的砂粒并撒上面砂。

④ 合型、待浇。按标记将上砂型合在下砂型上,紧实上、下砂箱或在上砂箱放上压铁。用专用工具做出外浇道(如漏斗形)并放置在直浇道上,等待浇注。

⑤ 将金属液浇入型腔,经一段时间冷凝后,通过落砂、清理等工序即可得到铸件。

整模造型的特点是模样没有分模面,整个模样在一个砂箱内,铸型结构简单,操作方便,不易产生错箱缺陷,铸件的形状和尺寸容易得到保证,适用于形状简单的铸件。

2. 分模造型

当铸件的最大截面不在端面时,为了从砂型中取出模样,须将模样沿最大截面处分成两半,并用销钉定位,型腔则被置于上、下砂箱之间,这种造型方法称为分模造型。此法广泛用于最大截面在模样中部且带有内腔或孔的铸件,如套筒、阀体等。分模造型时由于上型和下型分别制造,容易发生错箱缺陷。

分开式木模及铸件如图 4-10 所示,造型过程如图 4-11 所示。

3. 挖砂造型

当铸件最大截面不在端部且模样又不便分成两半时,常用挖砂造型。挖砂造型的铸型具有不平直的分型面,可减少模样制作成本,如图 4-12 所示。

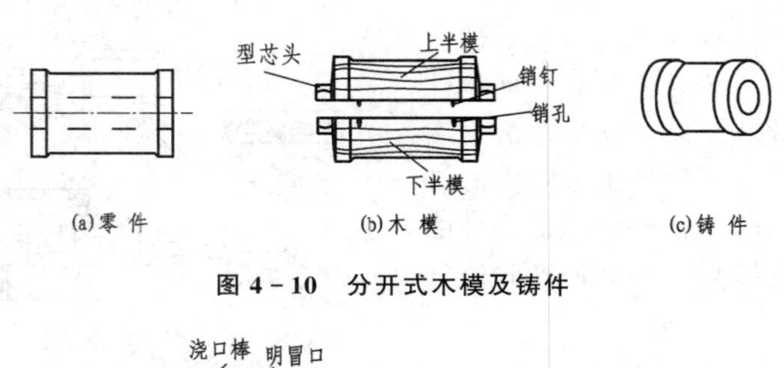

图 4－10 分开式木模及铸件

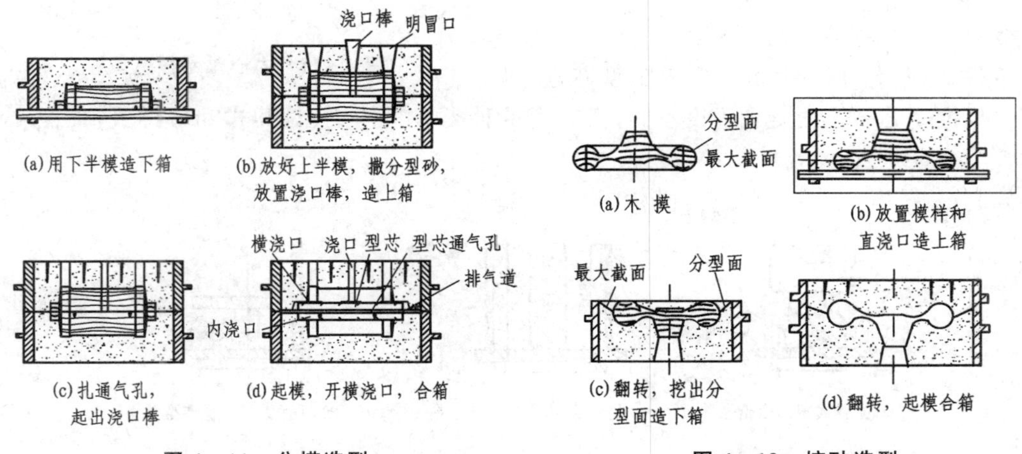

图 4－11 分模造型

图 4－12 挖砂造型

4. 模板造型或假箱造型

在挖砂造型时，每造一个铸型就要挖砂一次，生产率很低，并且操作技术要求高，只适用于单件或小批量生产。在成批生产时，可借用模板或假箱，如同挖砂造型的下箱一样，做出弯曲分型面，这样省去了挖砂工序，提高了生产效率，如图 4－13 所示。

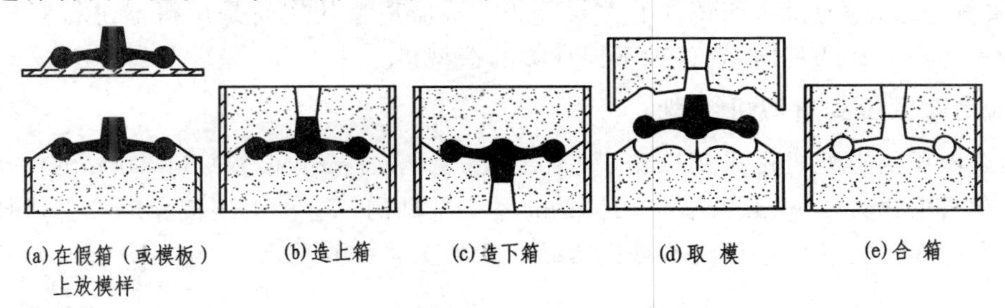

图 4－13 假箱造型

5. 刮板造芯

对于直径大的旋转体铸件，可采用由中心轴定位并绕轴旋转的刮板造型法。刮板造型以刮板代替木模，可节省制模工时和材料，主要用于大、中型旋转体类铸件的单件生产。图 4－14 所示为中心轴刮板造型。此外导向刮板造型也是常用的方法。

6. 手工造型

(1) 对型芯的工艺要求

型芯的主要作用是用来获得铸件的内腔。由于型芯大部分处于金属液包围之中，在浇注过程中可能受到冲刷,故除了对型芯砂性能要求更高外,在制作型芯时还应有一些特殊的工艺要求,如安放芯骨以增加型芯的强度和刚度,开设通气道以顺利排出型芯中的气体,型芯表面涂料以防止粘砂和降低铸件的表面粗糙度,烘干以提高型芯的强度和透气性等。

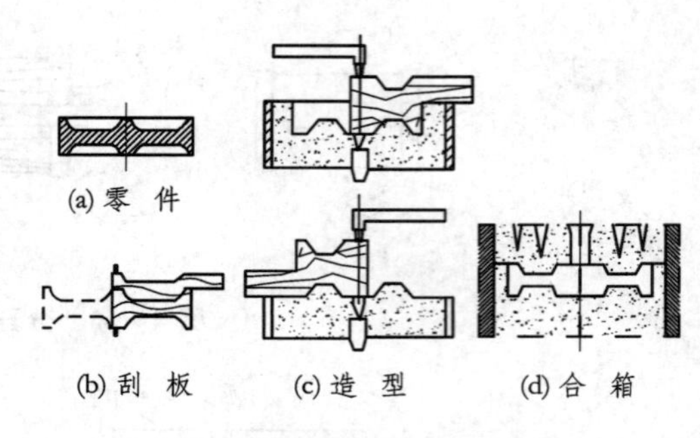

图 4-14　中心轴刮板造型

(2) 造芯方法

单件、小批量生产大多采用手工型芯盒造型。根据型芯结构的复杂程度不同,型芯盒的种类有整体式、对开式和可拆式,如图 4-15 所示。

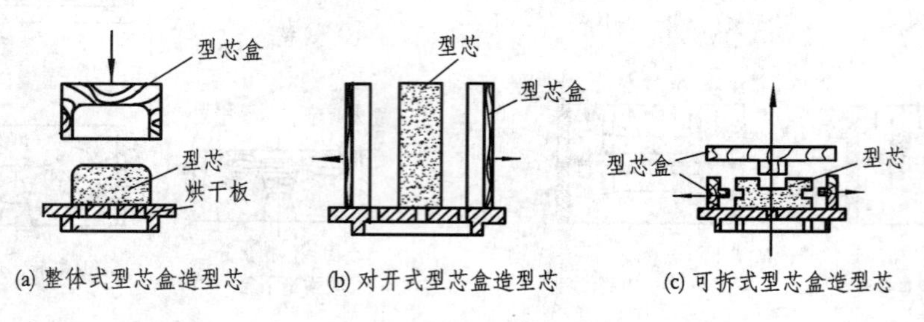

图 4-15　型芯盒造型

根据铸件结构、生产批量和生产条件,可采用不同的手工造型方案。

4.2.5　机器造型

随着现代化大生产的发展,机器造型已代替了大部分的手工造型,机器造型不但生产率高,而且质量稳定,是成批生产铸件的主要方法。机器造型的实质是用机器进行紧砂和起模,根据紧砂和起模方式的不同,有各种不同种类的造型机。

1. 气动微振压实造型机造型

气动微振压实造型机是采用振击(频率 150～500 次/min,振幅 25～80 mm)—压实—微振(频率 700～1 000 次/min,振幅 5～10 mm)紧实型砂的。这种造型机噪声较小,型砂紧实度均匀和生产率高。气动微振压实造型机紧砂原理如图 4-16 所示。

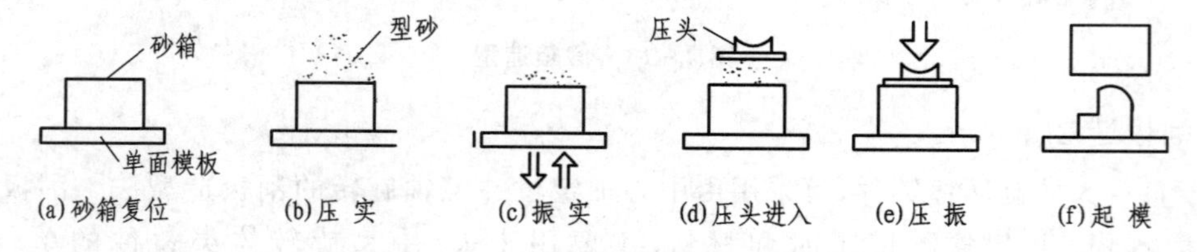

图 4-16　气动微振压实造型机紧砂原理

2. 射压式造型机造型

射压式造型机是利用压缩空气将型砂快速射入射腔,并进行辅助压实、起模后以获得铸型的方法(见图 4-17)。这种方法一次射压的砂型可两面成型,合型后不用砂箱,不仅生产效率高，而且砂型紧实度大，型腔表面光洁，尺寸精确，并可使造型、浇注、冷却、落砂等设备组成简单的直线系统，占地面积小，易实现自动化。主要用于大批量生产形状较为简单的中、小型铸件。

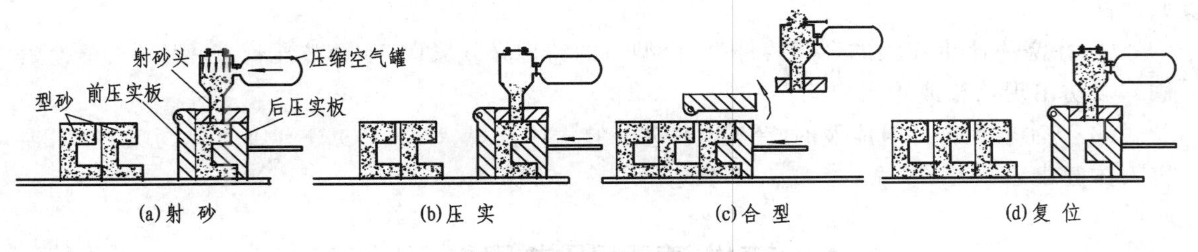

图 4－17　射压式造型机工作原理

4.3　合金的熔炼和浇注

1. 合金的熔炼

合金熔炼的目的是获得一定化学成分和所需温度的金属液，以注入铸型得到铸件。

① 铸铁与铸钢的熔炼设备主要是冲天炉、中频或工频感应电炉等。

② 铝合金的熔炼设备主要是坩埚炉。按热源不同，常用的是感应式坩埚炉和电阻坩埚炉，如图 4－18 所示。

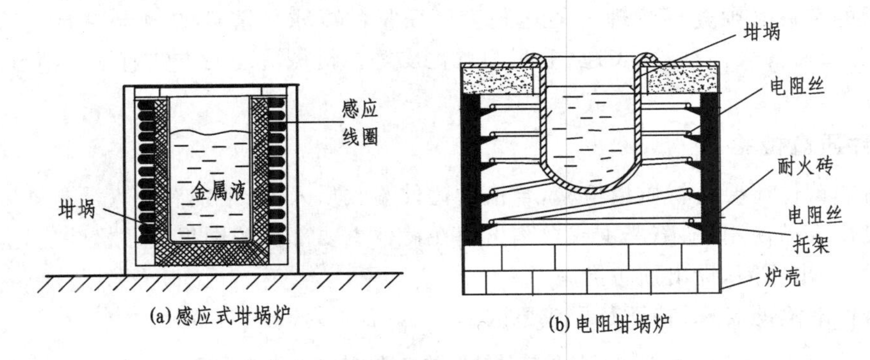

图 4－18　坩埚炉

铝合金在熔炼时极易氧化和吸气，熔炼最好在熔剂（如 KCl 等盐类）覆盖层下进行。若熔炼后期再精炼（铝合金精炼剂），可使铝液进一步得到净化，以增加金属液体的流动性；必要时再进行变质处理，则铸件的质量和性能将会有明显的提高。

2. 浇　注

将金属液从浇包浇入铸型的过程称为浇注。为确保铸件质量、提高生产率和浇注时的安全，应严格遵守下列操作规程：

① 浇包是用来盛放、输送和浇注金属液用的容器，使用前必须经过烘干。同时，浇包内的金属液不能太满，以免抬运时溢出伤人。浇注人员必须穿戴好防护用品。

② 浇注温度与合金种类、铸件大小以及壁厚有关。温度过高会使铸件产生粘砂、缩孔、裂纹与晶粒粗大等缺陷；温度过低会导致铸件产生冷隔、浇不足等缺陷。对于形状复杂和薄壁铸

件,浇注温度可适当高些。

③ 浇注速度要适中,且不能中断。浇注过快会产生沙眼或气孔,过慢会造成铸件浇不足、冷隔。对于形状复杂和薄壁铸件,浇注速度可适当快些。对于厚壁铸件可按慢—快—慢的原则浇注。

④ 在浇注比重较大的金属铸件时,合型后的铸型必须紧固(上箱放压铁或用卡子、螺栓紧固),以防出现抬箱或跑火缺陷。

⑤ 浇注较大铸件时应及时将铸型中逸出的气体点燃,以防 CO 等有害气体污染空气,损害人体健康。

4.4 铸件清理和常见缺陷分析

1. 铸件的落砂

将浇注成型后的铸件从型砂和砂箱中分离出来的操作称为落砂。落砂应在铸件充分冷却后进行。过早会使铸件冷却太快,表面易产生硬化,铸铁件会出现表面白口,严重时还会因内应力过大而出现变形、裂纹等缺陷。通常铸铁件的落砂温度不得大于 500 ℃。对于形状简单、质量小于 10 kg 的铸件,一般在浇注后 0.5 h 左右即可进行落砂。

为了改善劳动条件与提高生产率,目前广泛采用震动落砂机进行机械落砂。

2. 铸件的清理

落砂后的铸件必须进行清理才能达到表面质量的要求。清理的内容主要包括切除浇冒口、清除砂芯及铸件表面粘砂、飞边、毛刺和氧化皮等。机械清理的方法有滚筒清理、喷砂清理或喷丸清理等。

3. 铸件质量检验

清理后的铸件还要进行质量检验,合格的铸件验收后入库;个别有不太严重缺陷的铸件经修补后仍可作次品使用;缺陷严重或缺陷出现在铸件重要部位的则报废。检验后,应对铸件缺陷进行分析,找出原因,提出预防措施。

常见铸件缺陷的名称、特征及形成原因如表 4-2 所列。

表 4-2　常见铸件缺陷的名称、特征及形成原因

名　称	简　图	特　征	原　因
气　孔		分布在铸件表面或内部的一种圆形光滑的孔洞	1. 砂太紧、型砂透气性差; 2. 型砂含水过多或起模、修型时刷水过多; 3. 型芯通气孔被堵塞、型芯未烘干; 4. 浇冒口设置不当,气体难以排出; 5. 浇注温度过高或浇注速度过快
砂　眼		铸件表面或内部有型砂充填的孔洞	1. 型腔或浇口内的散砂未吹净; 2. 型砂、砂芯强度不够,被金属液冲坏而带入; 3. 浇注速度过快,内浇口方向不对; 4. 合型时砂型被局部损坏

续表 4 - 2

名称	简图	特征	原因
夹渣		铸件表面有不规则的并含有熔渣的孔洞	1. 浇注时挡渣不良； 2. 浇注温度过低，渣未上浮； 3. 浇注系统不合理，熔渣未除净
缩孔与缩松	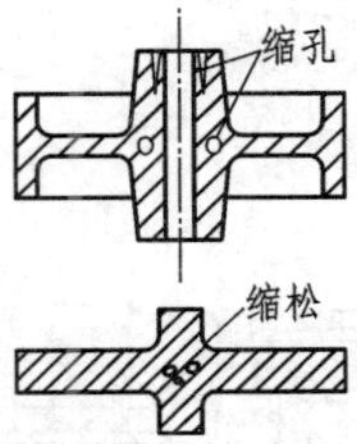 缩孔 缩松	铸件的厚壁处分布有形状不规则、内表面不光滑的孔洞	1. 铸件结构设计不合理，壁厚不均匀，壁厚处未放置冒口或冷铁； 2. 合金收缩率大，冒口太小； 3. 浇注温度过高
粘砂		铸件表面粘有砂粒，外观粗糙	1. 型砂耐火性差，浇注温度过高； 2. 型砂粒度太大，不符合要求； 3. 未刷涂料或涂料太薄
冷隔		铸件上出现未被完全熔合在一起的缝隙	1. 合金流动性差，铸件太薄； 2. 浇注温度过低； 3. 浇注速度太慢或浇注时曾有中断； 4. 浇注位置不当或浇口大小； 5. 浇包内金属液不够用
浇不足		铸件未被浇满	1. 合金流动性差，铸件太薄； 2. 浇注温度过低； 3. 浇注速度太慢或浇注时曾有中断； 4. 浇注位置不当或浇口大小； 5. 浇包内金属液不够用
裂纹	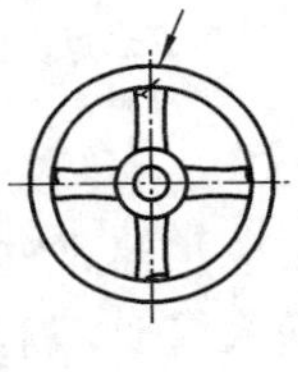	热裂在高温下形成，形状曲折，断面氧化。冷裂在低温度形成，裂纹平直，断面未氧化	1. 铸件结构设计不合理，冷却不均匀； 2. 型砂、砂心退让性差； 3. 浇口位置不当，各部分收缩不均匀； 4. 浇注温度太低，浇注速度太慢； 5. 舂砂太紧或落砂过早； 6. 合金中含 P、S 量偏高

4.5 特种铸造方法

4.5.1 压力铸造

将金属液在高压下高速注入铸型，并在压力下凝固成型的铸造方法称为压力铸造，简称压铸。图 4 - 19 为 J1113G 型卧式冷室压铸机外形图。该设备合型力为 1 350 kN，压射力为 94～157 kN，一次铝合金浇入量为 1.8 kg。图 4 - 20 所示为常用压铸机的工作过程。

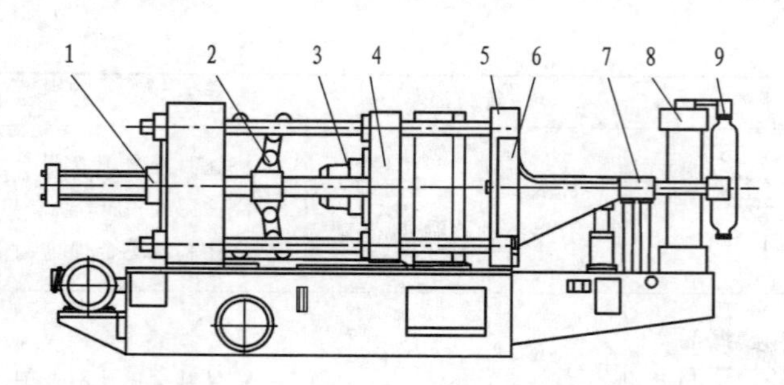

图 4-19　J1113G 型卧式冷室压铸机外形图

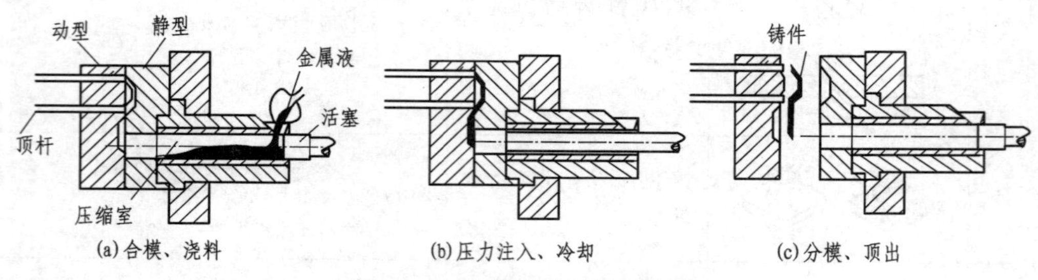

(a)合模、浇料　(b)压力注入、冷却　(c)分模、顶出

图 4-20　压铸生产过程示意图

压力铸造的主要特点如下：

① 生产效率极高。

② 铸件表面质量好,特别是能铸出壁很薄、形状很复杂的铸件。

③ 因铸件内部易产生细小分散气孔,故压铸件不宜热处理和在高温条件下工作。

压力铸造主要用于大批量生产形状复杂的有色金属薄壁件,如仪表壳、化油器、汽缸体等,在航空、汽车、电器和仪表工业得到了广泛应用。

4.5.2　消失模铸造

消失模铸造又称实型铸造或气化模铸造。它采用聚苯乙烯泡沫塑料制成整体模样代替普通模样。造型后不取出模样就浇入金属液,在高温金属液的热作用下,泡沫塑料即被气化,燃烧而消失。

消失模铸造的工艺流程如下：

① 预发泡。将聚苯乙烯珠粒预发到适当密度,一般通过蒸汽快速加热来进行。

② 模型成型。经过预发泡的珠粒要先进行稳定化处理,然后送入模具型腔,再通入蒸汽,使珠粒软化、膨胀,挤满所有空隙并且黏合成一体。

③ 模型簇组合。模型在使用之前,必须存放适当的时间(几小时至数天)使其熟化稳定,然后将分块模型进行胶黏结合。

④ 模型簇浸涂。把模型簇浸入耐火涂料中,然后在大约 30～60 ℃的空气循环烘炉中干燥 2～3 h,干燥之后,将模型簇放入砂箱,填入干砂、振动、紧实(通常用抽真空形成负压的方式,使砂型紧实),必须使所有模型簇内部孔腔和外围的干砂都得到紧实和支撑。

⑤ 浇注。熔融金属浇入铸型后,模型材料在高温下汽化,其空间被金属取代后即形成铸件。图 4-21 是消失模工艺的砂箱和浇注示意图。

⑥ 落砂清理。浇注之后,铸件在砂箱中凝固和冷却,然后落砂和清理。

消失模的主要优点是：

① 模型设计的自由度增大，可整体生产复杂的铸件。

② 简化了铸造工艺，如无需型芯、起模斜度，可以不要冒口补缩，可省去分型面。

③ 提高铸件精度，可重复生产高精度铸件，减小机加工余量，可使铸件壁厚偏差控制在 −0.15～+0.15 mm 之间。

但消失模铸件易产生与泡沫塑料有关的缺陷，如皱纹、黑渣、增碳和气孔等。

消失模铸造方法可用于生产有色及黑色金属的零件，包括汽缸体、汽缸盖、曲轴、变速箱、进气管、排气管及刹车毂等铸件。

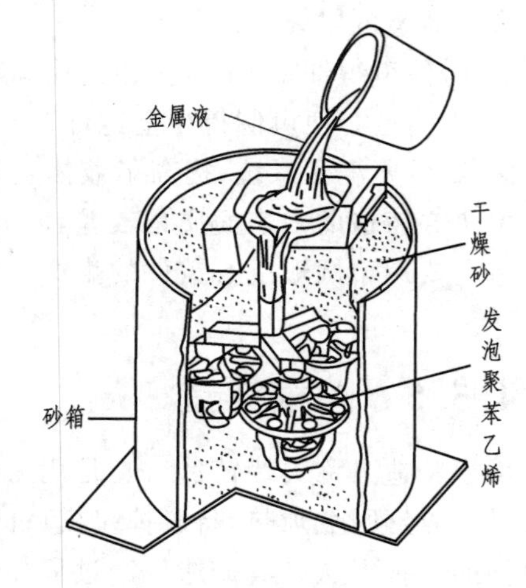

图 4-21　消失模工艺的砂箱和浇注示意图

4.5.3　金属型铸造

将液态金属浇入金属铸型中来获得铸件的铸造方法称为金属型铸造，又称硬模铸造，如图 4-22 所示。

金属型铸造的主要特点是：

① 一型多铸，生产效率高。

② 金属液冷却快，铸件内部组织致密，力学性能较高。

③ 铸件的尺寸精度和表面粗糙度较砂型铸件好。

由于金属型成本高，无退让性和冷速快，所以主要适用于大批量生产形状简单的有色金属铸件，如铝合金活塞、铝合金缸体等。

4.5.4　离心铸造

将金属液浇入旋转的铸型中，在离心力的作用下充填铸型以获得铸件的方法称为离心铸造。图 4-23 为立式离心铸造机示意图。

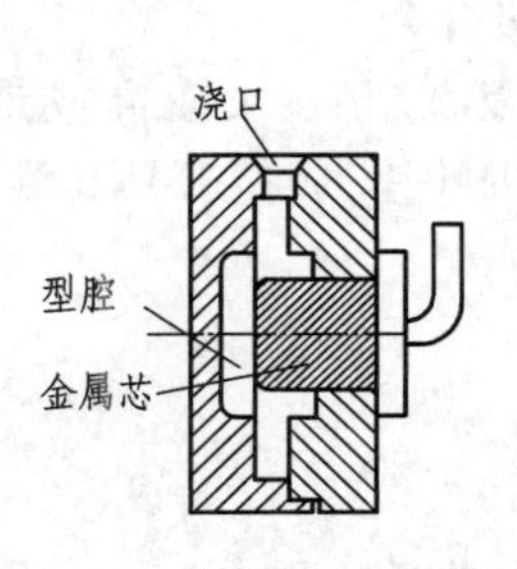

图 4-22　金属型铸造

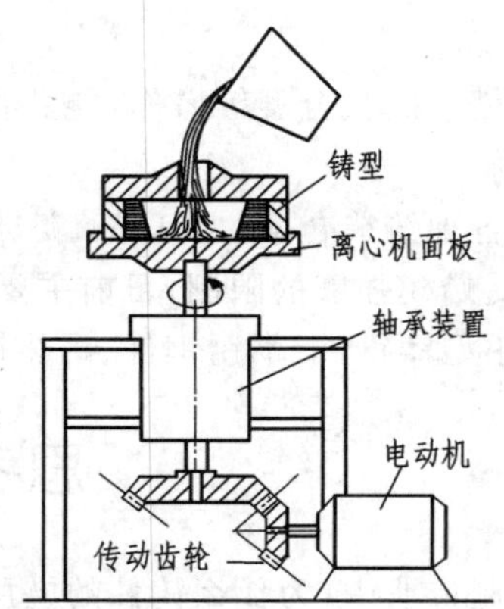

图 4-23　离心铸造示意图

离心铸造的主要特点如下：

① 铸件组织细密，无缩孔和气孔等缺陷。

② 不用型芯便可制得中空铸件。

③ 不需要浇注系统，提高了液体金属的利用率。

但离心铸造的内表面质量较差，成分易产生偏析的合金不宜采用该种铸造方法。目前离心铸造主要用于圆形空心铸件的生产，也可铸造成形铸件及双金属铸件，如铸铁管、轴瓦(钢套铜衬)等。

4.5.5 熔模铸造

熔模铸造又称失蜡铸造。它是用易熔材料(如蜡料)制成零件的模样，在蜡模上涂挂几层耐火材料，经硬化、加热，将脱掉蜡模后的模壳经高温焙烧装箱加固后，趁热进行浇注，从而获得铸件的一种方法。其铸造生产过程如图 4-24 所示。

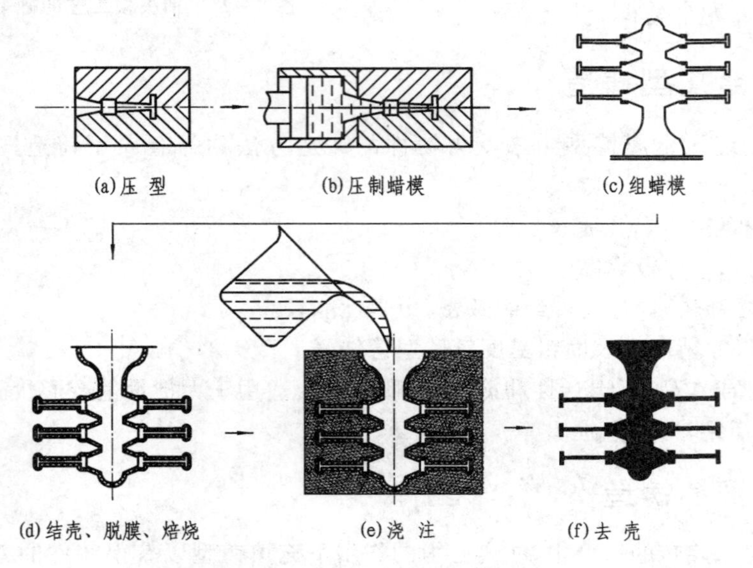

图 4-24　熔模铸造生产过程示意图

熔模铸造的主要特点是：

① 无须起模、分型、合型等操作，能获得形状复杂、尺寸精度高、表面粗糙度低的铸件，故有精密铸造之称。

② 适用于各种铸造合金，尤其是高熔点、难加工的耐热合金。

此法由于受蜡模强度的限制，目前主要用于生产形状复杂、精度要求高或难以进行锻压、切削加工的中小型铸钢件、不锈钢件、耐热钢件等，如汽轮机叶片、成型刀具和锥齿轮等。

思考练习题

1. 在机械制造业中，为什么铸件的应用十分广泛?
2. 试举例指出车床上的铸件以及不适宜铸造生产的零件各 4 种。
3. 铸件、零件、模样和型腔在形状和尺寸上有何区别?

4. 什么叫分型面？选择分型面应考虑哪些问题？

5. 如图4-25所示的铸件是用砂型铸造成型，请指出两种可选用的分型面，用分型符号标在图上；比较两种分型面的优缺点，并选择一个合适的分型面。

6. 如图4-26所示的三通铸件，材料为KTH300—6，若大批量生产，请选择一种合适的分型方案。

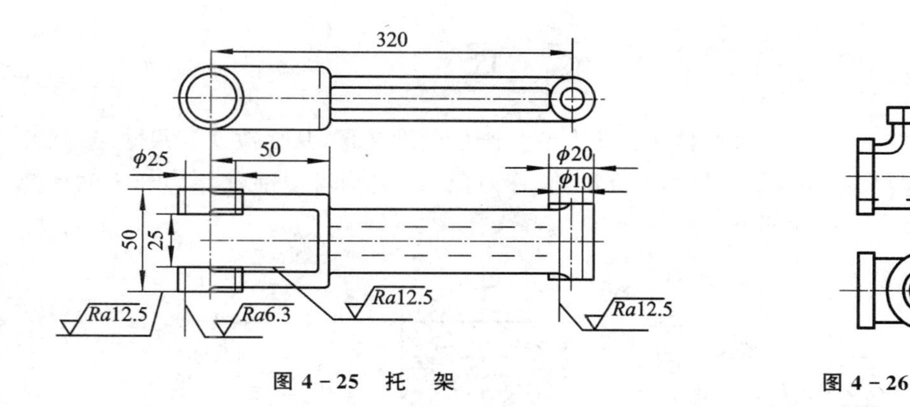

图4-25 托 架

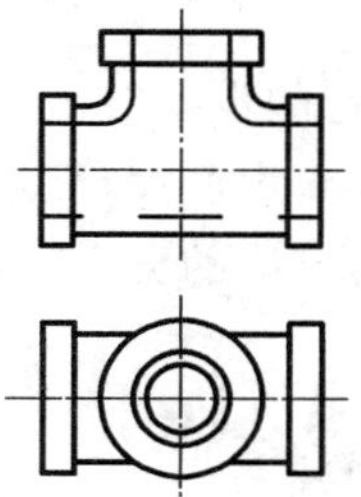

图4-26 三通铸件

7. 为什么造型时型腔应尽量放在下箱？放在上箱会产生什么问题？

8. 浇注系统由哪几部分组成？各部分的作用是什么？

9. 什么是冒口？其作用是什么？冒口应安置在铸件的什么部位？

10. 列表对整模造型、分模造型、挖砂造型、活块造型和刮板造型的特点及其应用进行分析、比较。

11. 液态金属浇注时，型腔中的气体是从哪里来的？采取哪些措施可以防止铸件产生气孔？为什么小铸件的型腔上可以不开排气道？

12. 如图4-27所示的铸件都是单件生产，试确定它们的造型方法。

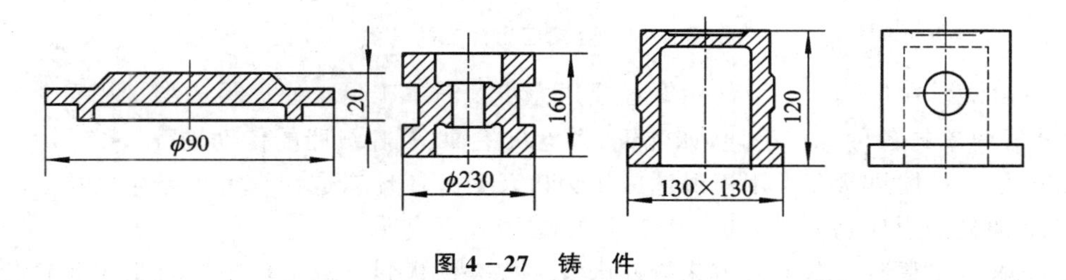

图4-27 铸 件

13. 结合实习中出现的缺陷和废品，分析其产生的原因，并提出防止的方法。

14. 常用的特种铸造方法有哪些？各有何优缺点？并说明其应用范围。

第 5 章 锻造和冲压

5.1 概　述

用一定的设备或工具，对金属材料施加外力使其产生塑性变形，从而改变其尺寸、形状并改善其性能，生产型材、毛坯或零件的加工方法，总称为金属压力加工。金属压力加工的种类较多，常用方法的分类和应用如图 5-1 所示。

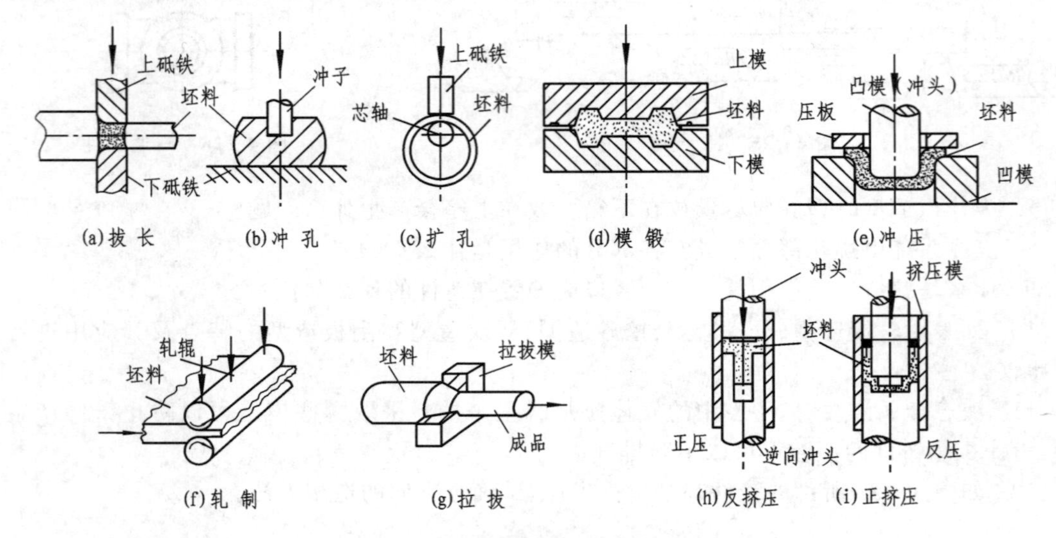

图 5-1　金属压力加工的分类

① 自由锻。在加热状态下使用锻锤或压力机及简单工具迫使坯料成型。用于生产单件、小批量外形简单的各种规格毛坯，如轧辊、大电机主轴、万吨级船的传动轴等。

② 模锻。在加热状态下用模锻锤或压力机及锻模使坯料成型。可批量生产中、小型毛坯（如汽车的曲轴、连杆、齿轮等）和日用五金工具（如扳手等）。

③ 冲压。在常温状态下用剪床或冲床及冲模等使板料分离或成形。可批量生产钢、铝制的日用品（如盆、杯、自行车链条片等）和汽车上用的汽车外壳、油箱等。

④ 轧制。在加热状态或常温状态使用轧机和轧辊进行压力加工，用来减小坯料截面尺寸，或兼改变截面形状。可批量生产钢管、钢轨、角钢、工字钢与各种板料等型材。

⑤ 拉拔。使用拉拔机和拉拔模进行压力加工，用来减小坯料截面尺寸或改变坯料截面形状。可批量生产钢丝、铜铝电线、漆包线、铜铝电排等丝状、带状、条状型材等。

⑥ 挤压。使用挤压机和挤压模加工，主要改变坯料截面形状。可批量生产塑性较好的复杂截面型材（如铝合金门窗构条、铝散热片等），或生产齿轮、螺栓、铆钉等各种挤压零件。

自由锻和模锻统称锻造，介于两者之间的过渡方式称为胎模锻。

经过锻造加工后的金属材料，其内部原有的缺陷如裂纹、疏松等，在锻造力的作用下可被压合且形成细小晶粒。因此锻件组织致密，力学性能（尤其是抗拉强度和冲击韧度）相对于同类材料的铸件大大提高。机器上一些重要零件（特别是承受重载和冲击载荷）的毛坯，通常用锻造方法生产。除自由锻外，其他锻造方法还具有较高的生产率和锻件成型精度。锻造主要缺点是锻件形状的复杂程度（尤其是内腔形状）不如铸件。

5.2　锻件加热与冷却

用于锻造的原材料必须具有良好的塑性。除了少数具有良好塑性的金属在常温下锻造成型外，大多数金属均需通过加热来提高塑性和降低变形抗力，达到用较小的锻造力来获得较大的塑性变形，这种锻造方法称为热锻。热锻的工艺过程包括下料、坯料加热、锻造成型、锻件冷却和热处理等几个主要过程。

5.2.1　锻造温度范围

锻造温度范围是指金属开始锻造的温度（即始锻温度）和终止锻造的温度（即终锻温度）之间的温度区间。

常用钢材的锻造温度范围如表 5-1 所列。

表 5-1　常用钢材的锻造温度范围

钢　类	始锻温度/℃	终锻温度/℃	钢　类	始锻温度/℃	终锻温度/℃
碳素结构钢	1 200～1 250	800	高速工具钢	1 100～1 150	900
合金结构钢	1 150～1 200	800～850	耐热钢	1 100～1 150	800～850
碳素工具钢	1 050～1 100	750～800	弹簧钢	1 100～1 150	800～850
合金工具钢	1 050 ～1 150	800～850	轴承钢	1 080	800

5.2.2　加热缺陷及其预防方法

金属在加热过程中可能产生的缺陷包括氧化、脱碳、过热、过烧和裂纹等。

① 氧化。指加热时坯料表层金属与炉气中的氧化性气体（如 O_2、H_2O 和 SO_2 等）发生化学反应生成氧化皮的现象。氧化会造成金属烧损，每加热一次，坯料因氧化的烧损量约占总重量的 2%～3%。氧化皮还会造成锻件表面质量下降和加剧锻模的磨损。为减少氧化应采用快速加热和避免在高温下长时间停留的办法，最好采用真空加热或控制炉中的气体成分。

② 脱碳。指加热时金属坯料表层的碳与炉气中的氧或氢产生化学反应而使碳的含量下降的现象。脱碳会使金属表层的硬度和强度明显降低，影响锻件质量。减少脱碳的方法同上。

③ 过热。指当坯料加热温度过高或高温下保持时间过长时，其内部晶粒组织迅速长大变粗的现象。过热会使材料脆性增加，锻造时易产生裂纹。如坯料出现过热，可用调质或正火方法消除，使晶粒细化。

④ 过烧。当坯料的加热温度过高到接近熔化温度时，其内部组织间的结合力将完全失去，这种现象称为过烧。锻打过烧的坯料会碎裂成废品，无法挽救。避免发生过烧的措施是严格控制加热温度和保温时间。

⑤ 裂纹。指当加热速度过快或装炉温度过高,引起坯料内外的温差过大导致坯料开裂的现象。应严格控制入炉温度、加热速度和保温时间。

5.2.3　加热设备

目前工业生产中,常用的锻造加热炉有燃油或煤气的室式油炉(见图5-2)和箱式电阻炉(见图5-3)。

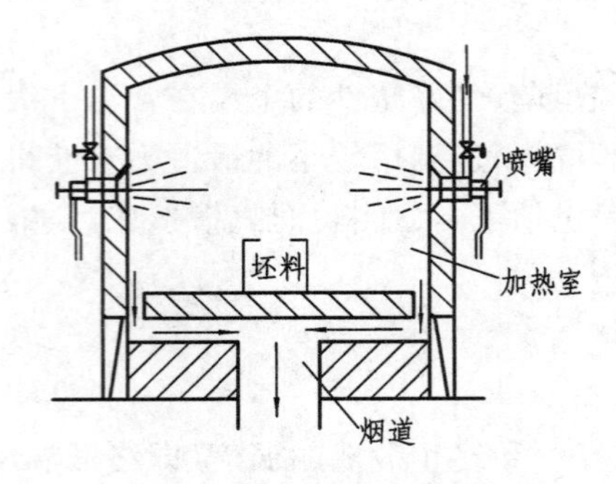

图5-2　室式油炉结构示意图

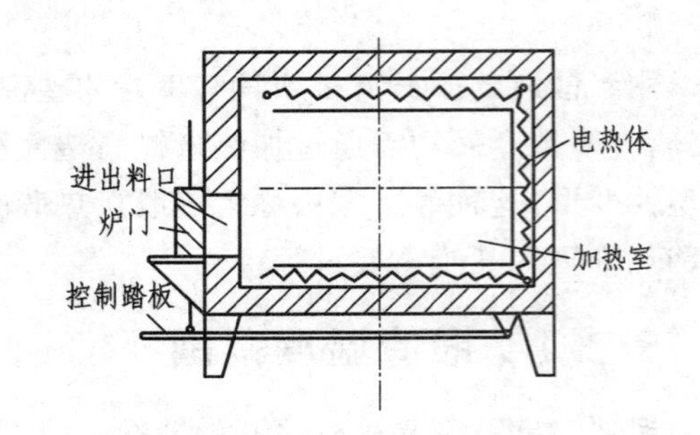

图5-3　箱式电阻炉结构示意图

现代化的锻造厂普遍采用中频感应加热,如图5-4所示。感应加热的原理是利用交变电流通过感应线圈(感应线圈的形状是根据坯料形状而制作的)产生交变磁场,使置于线圈中的坯料内部产生交变涡流而升温加热。这种方法加热速度快、质量好、温度控制准确,便于组成机械化、自动化的生产线。

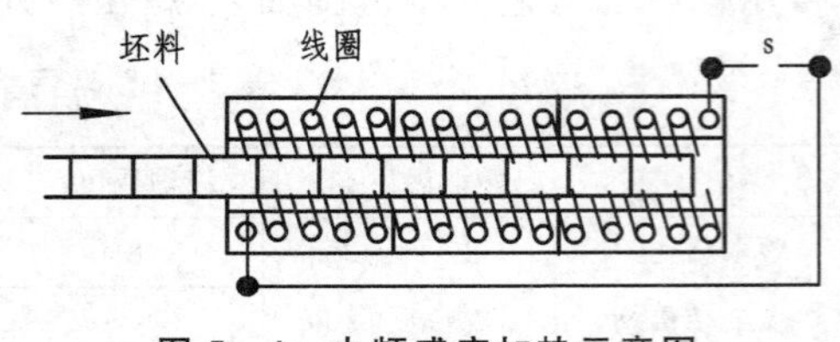

图5-4　中频感应加热示意图

5.2.4　锻件的冷却

锻件冷却时主要是防止变形和开裂。锻件的冷却方法大致有三种:空冷、坑冷和炉冷。

① 空冷。锻件锻后散放于空气中冷却。此法最为简便,适合于低碳钢、低合金钢的小型锻件。散放时必须注意行人与周围环境的安全。

② 坑冷(堆冷)。锻件锻后置于填充有石灰棉、沙子或炉灰等保温材料的坑中或箱中冷却,故也称灰冷。此法的冷速大大低于空冷,适合于中碳、高碳和含合金元素较多的中小型锻件或某些锻后须直接进行切削加工的锻件。

③ 炉冷。锻件锻后立即放入加热炉内随炉冷却。此法的冷速最慢,适合于某些单件大型的合金钢或高碳钢锻件。

5.3　自由锻

自由锻是使金属在通用工具或直接在上、下砧之间进行锻造的方法。金属在变形过程中只有部分表面(如上、下面)受到工具限制,其余表面是自由变形。

5.3.1　自由锻基本工序

自由锻基本工序主要有镦粗、拔长(延伸)、冲孔和扩孔、弯曲、扭转、切割等。锻造各种形状的锻件,可采用这些工序中的一个或多个。

① 镦粗。沿坯料轴向锻打,使其高度减小,横截面积增大。镦粗分为整体镦粗(沿坯料全长的微粗)和局部镦粗(坯料局部长度的镦粗)两种方式。镦粗用来锻造圆盘类及法兰等锻件,还作为冲孔前的预备工序。镦粗方法及注意事项如图 5-5 所示。

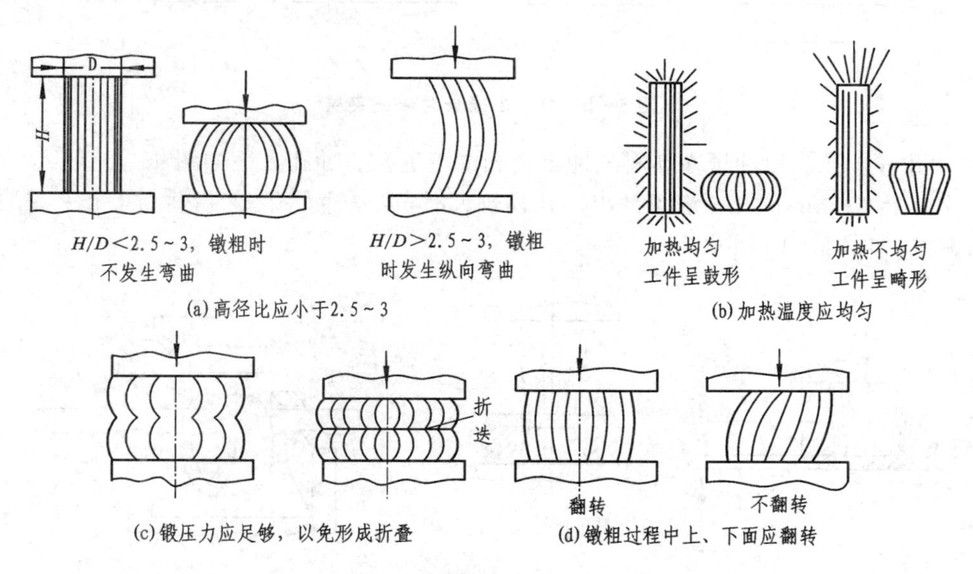

图 5-5　镦粗方法及注意事项

② 拔长。垂直坯料轴线锻打,使其横截面积减小,长度增加。实心或空心的轴类锻件采用拔长工序。

坯料在拔长过程中应作 90°翻转。图 5-6(a)为锻打完一面后翻转 90°,再锻打另一面。重量大的毛坯常采用此拔长方法。图 5-6(b)为来回翻转 90°拔长。此法用于质量较小和一般钢件的锻造。

毛坯从大直径拔长到小直径时,应先以正方截面拔长,到一定程度后,再倒棱、滚圆,如图 5-7 所示。

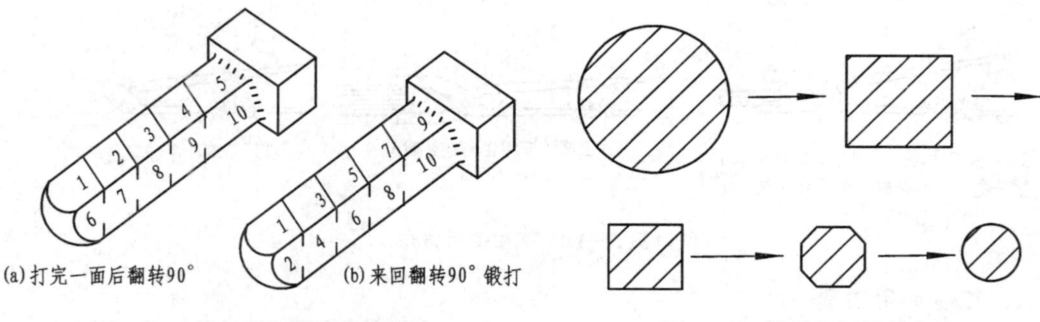

图 5-6　拔长时坯料的翻转方法　　**图 5-7　圆形毛坯拔长方法**

为了保证锻件质量和得到一定的拔长速度,每次拔长时的送进量 L 和压缩量 H 应控制适当。若压缩量 H 大于送进量 L,则拔长过程中会产生夹层,如图 5-8 所示。若送进量 L 太大,则金属不易向长度方向流动,拔长速度很慢。

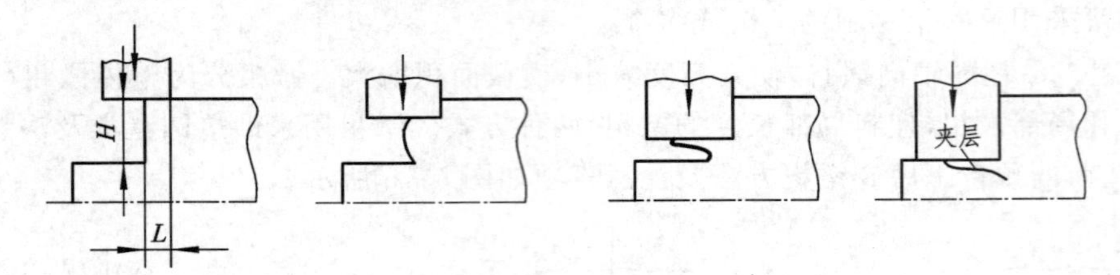

图 5-8 $H>L$ 拔长时形成夹层

③ 冲孔和扩孔。用冲子在坯料上冲出透孔或不透孔。冲孔方法如图 5-9 所示。

直径小于 25 mm 的孔一般不冲出。孔径较大时,可先冲小孔,然后将空心工件套在芯轴上将孔扩大,如图 5-10 所示。

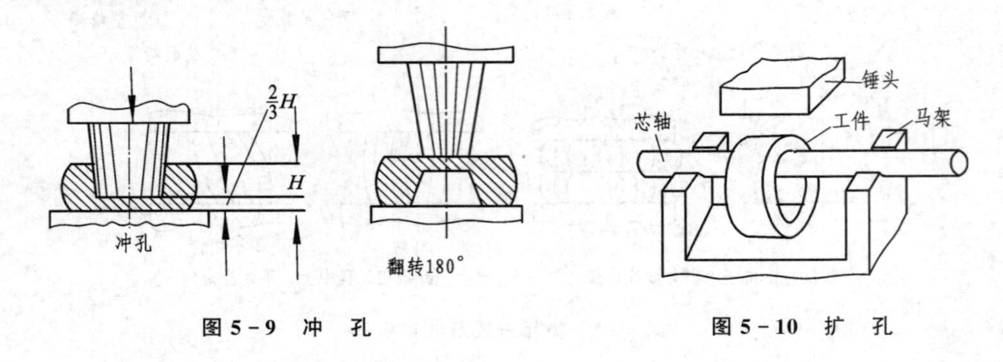

图 5-9 冲 孔　　图 5-10 扩 孔

④ 弯曲。把坯料弯成弧形或一定的角度。

⑤ 切割。将坯料切断或切成一定的形状。

5.3.2 自由锻的常用工具

1. 手钳及其使用方法

手钳用来夹持工件,由钳口和钳把两部分组成。钳口的形式根据被夹持的工件形状而定。掌钳时不要将手指放在钳把中,以防夹伤手指,如图 5-11 所示。

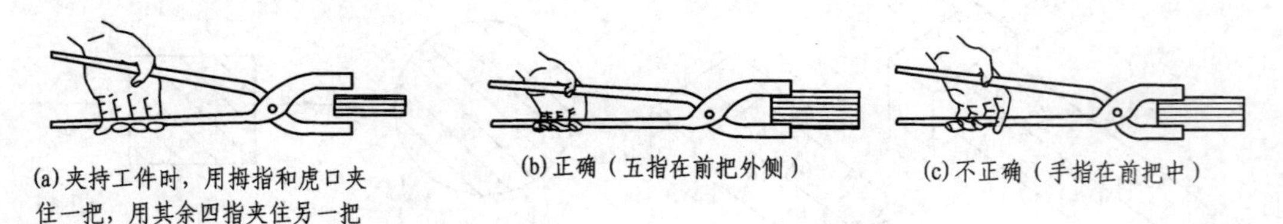

(a)夹持工件时,用拇指和虎口夹住一把,用其余四指夹住另一把
(b)正确(五指在前把外侧)
(c)不正确(手指在前把中)

图 5-11 手钳使用方法

2. 其他常用工具

机器自由锻的常用工具分别如图 5-12、图 5-13、图 5-14 和图 5-15 所示。

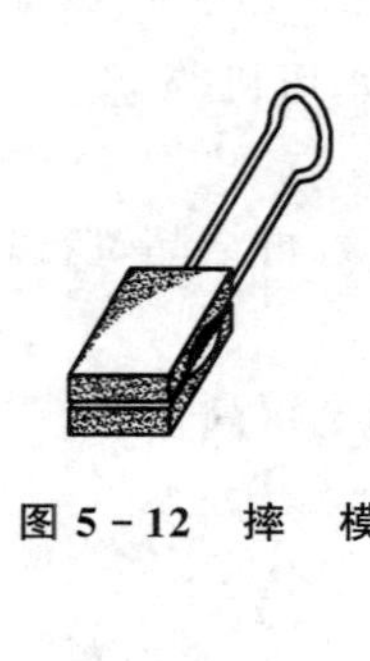

图 5-12　摔　模

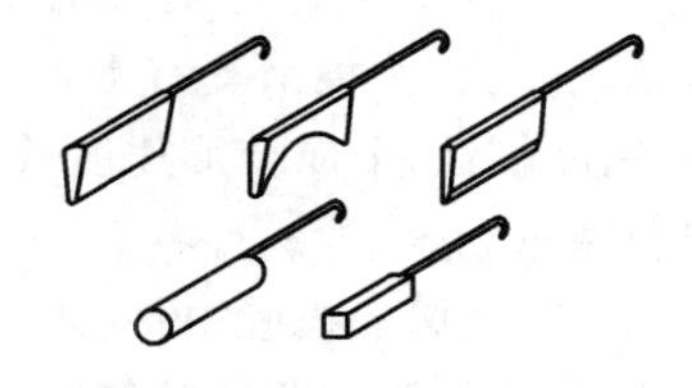

图 5-13　压肩切割工具

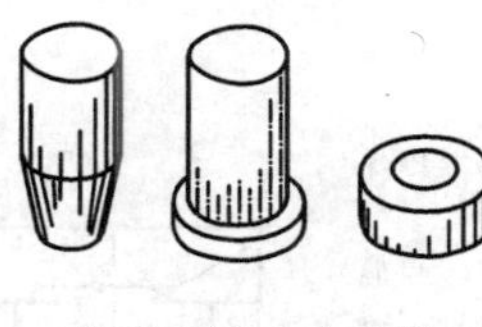

图 5-14　冲　子

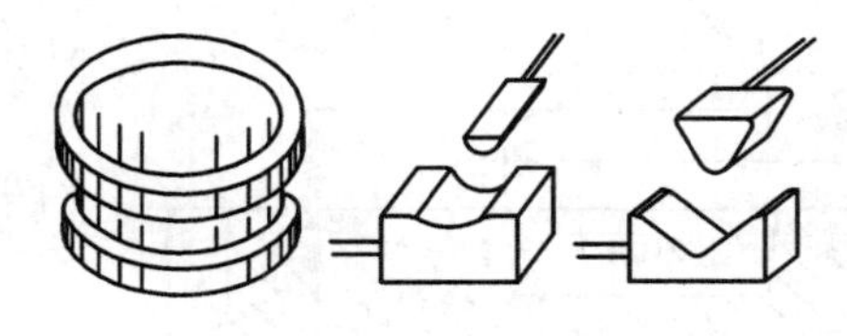

图 5-15　漏盘、弯曲垫模

5.4　模型锻造

模型锻造简称模锻，是将加热后的坯料放在模膛内受压变形，得到和模膛形状相符的锻件的方法。模锻与自由锻相比有下列特点：

① 能锻造出形状比较复杂的锻件。

② 模锻件尺寸较精确，表面粗糙度较好，比自由锻件节省金属材料。

③ 生产效率较高。

但是，模锻生产受到设备吨位的限制，模锻件的尺寸不能太大。此外，锻模制造周期长，成本高，所以模锻适合于中小型锻件的大批量生产。

按所用设备不同，模锻可分为：胎模锻、压力机上模锻和锻锤上模锻等。

5.4.1　胎模锻

胎模锻是在自由锻造设备上使用简单的模具(胎模)来生产模锻件的工艺。胎模锻一般采用自由锻方法制坯，然后在胎模中终锻成型。胎模不固定在设备上，锻造过程中可随时放上或取下。胎模适合于中小批量生产。

手锤头胎模如图 5-16 所示。

5.4.2　锤上模锻和压力机上模锻

锤上模锻时，通常把锻模做成上下两部分，如图 5-17 所示，并固定在锻造设备上。锻模上有导柱、导套或定位块保证上下模对准，通常制坯和终锻都在一副锻模的不同模膛内完成。这类模锻适合于大批量生产。

锤上模锻所用设备主要是蒸汽空气锤，其工作原理与蒸汽—空气自由锻锤基本相同。模锻锤的吨位一般为 1～16 t，模锻件的质量一般在 150 kg 以下。

模锻压力机可分为曲柄压力机、摩擦压力机、平锻机和模锻水压机等。

相对锤上模锻,压力机上模锻具有下列优点:

① 滑块运动速度较低,金属变形速度低,有较充分的时间进行再结晶,所以低塑性金属适宜在压力机上进行模锻;

② 滑块行程一定,金属在模膛中一次便可锻压成型,生产效率较高;

③ 工作时振动小、噪音低、劳动条件好;

④ 便于实现操作的机械化和自动化。

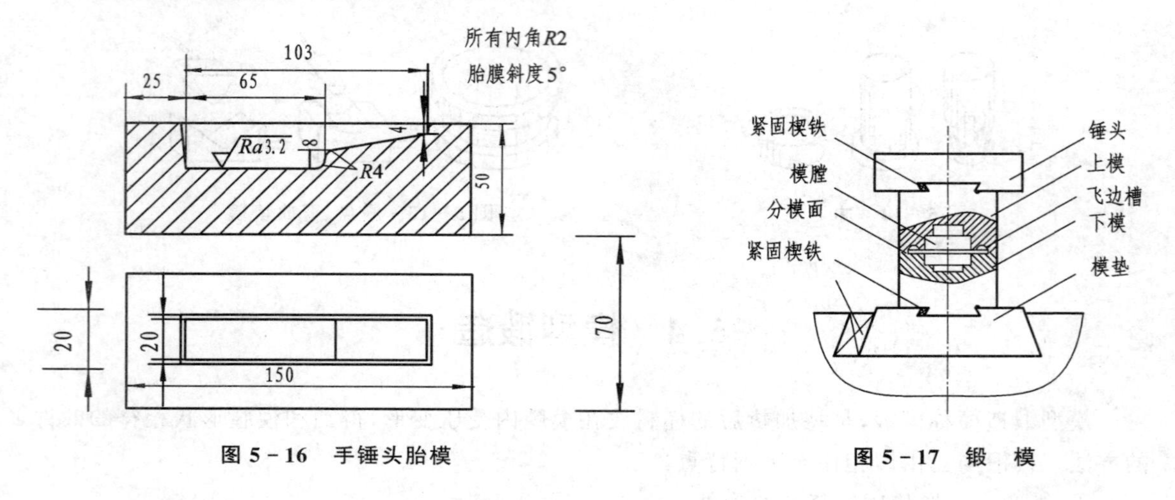

图 5-16　手锤头胎模　　　　图 5-17　锻　模

5.5 冲　压

5.5.1 概　述

冲压是利用冲模使金属或非金属板料产生分离或变形的压力加工方法。加工时通常在常温下进行,所以又称冷冲压。冲压件的厚度一般都不超过 3~4 mm,故也称薄板冲压。

冲压常用材料有金属板料(如低碳钢、铜及其合金、铝及其合金、镁合金及塑性高的合金钢)或非金属板料(如石棉板、硬橡皮、胶木板、皮革等)。

冲压产品具有较高的尺寸精度和表面质量,一般不需要再经过切削加工便可使用。

冲压用的模具精度要求较高,结构也比较复杂,制造成本较高,适用于大批量生产。

占全世界钢产 60%~70%以上的板材、管材及其他型材,其中大部分经过冲压制成成品。

5.5.2 冲压生产主要工序

根据材料的变形特点,冲压的基本工序可分为分离工序与塑性变形工序两大类。分离工序是使冲压件与板料沿要求的轮廓线相互分离,并获得一定断面质量的冲压加工方法。塑性变形工序是使冲压毛坯在不被破坏的条件下发生塑性变形,以获得所要求的形状、尺寸和精度的冲压加工方法。为了提高劳动生产效率,常将两个以上的基本工序合并成一个工序,该工序称为复合工序。

主要冲压工序的分类及相应模具如表 5-2 所列。

表5-2　主要冲压工序的分类和相应模具

类　型	工序名称		工序简图	工序特征	模具简图
分离工序	切　断			用剪刀或模具切断板料；切断线不是封闭的	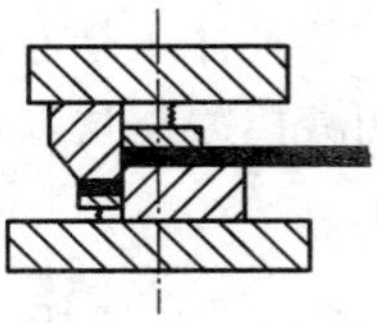
	冲模	落　料	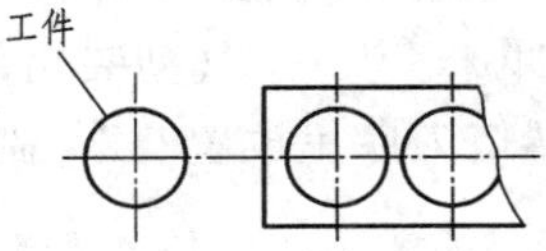 工件	用模具沿封闭线冲切板料，冲下的部分为工件	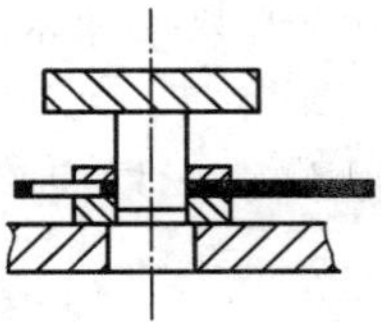
		冲　孔	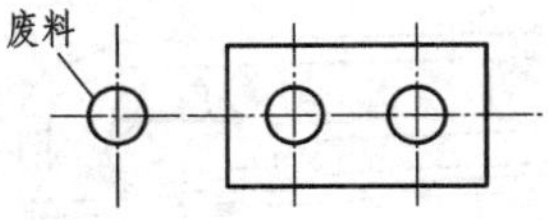 废料	用模具沿封闭线冲切板料，冲下的部分为废料	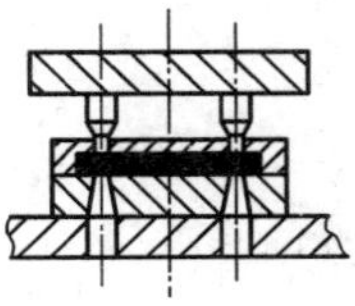
变形工序	弯　曲			用模具使板料弯成一定角度或一定形状	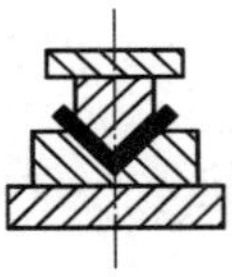
	拉　深			用模具将板料压成任意形状的空心件	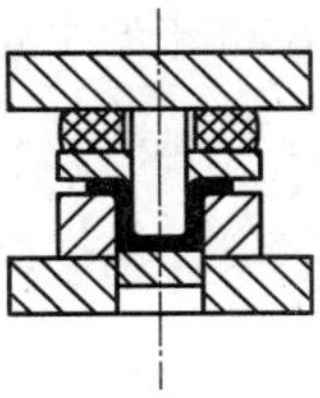
变形工序	翻　边			用模具将板料上的孔或外缘翻成直壁	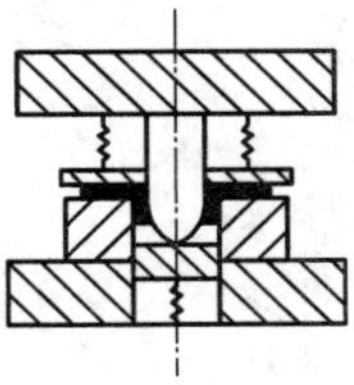
	胀　形			用模具对空心件加向外的径向力，使局部直径扩张	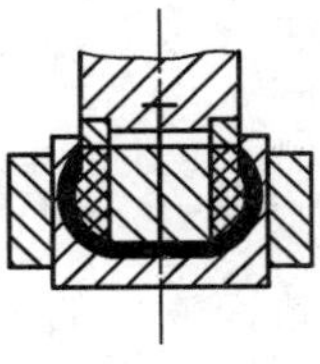

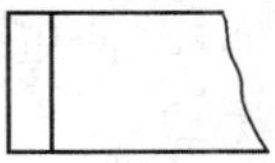

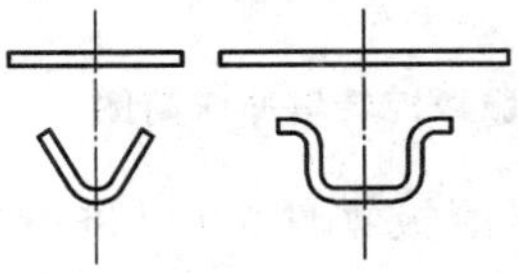

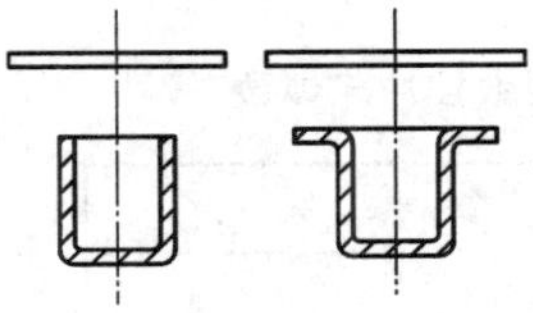

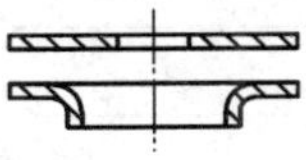

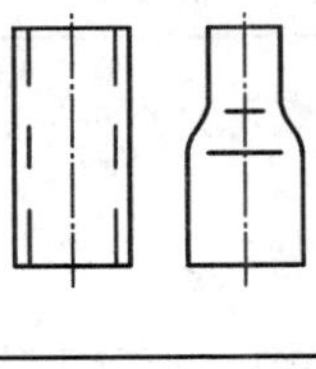

5.6　数控冲压

数控冲压是通过编制程序实现板料自动冲压过程的加工方法,是学生实习内容的一部分。利用数控冲压技术可实现用较简单模具对金属板料进行冲孔、冲压轮廓、切槽和切断等多种加工。

5.6.1　机床简介

一般数控冲床主要由机床本体、伺服装置、CNC数控系统、操作面板、其他机械装备等组成。图5-18为DEM30-1225全电伺服数控转塔冲床。其中,气动装夹部分包括气动夹钳、活动导轨、丝杠伺服装置,用来装夹板料进行移动;转塔刀库里放置有32副冲头(冲压模具)。

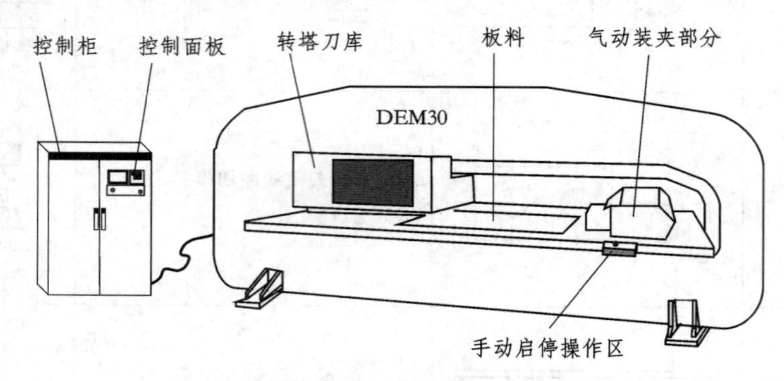

图5-18　DEM30-1225全电伺服数控转塔冲床简图

DEM30-1225型数控冲床可用来加工各类金属薄板零件,可以进行冲孔、翻边、加强筋、浅拉深、沉孔、压印等加工,具有自动化程度高、加工精度高、稳定性好等特点。

该机床的主要参数如表5-3所列。

表5-3　DEM30-1225型数控冲床参数

项　目	参　数
总功率	50 kW
公称力	300 kN
最大行程	X:-1 250 mm　Y:-1 250 mm
模具数	32
孔距精度	±0.1 mm
重复定位精度	0.02 mm
板材移动速度	X:100 m/min　Y:75 m/min

5.6.2　数控冲加工流程

数控冲压的加工流程为:

① 绘制零件图。通过专业的绘图软件绘制二维零件图,也可以手工绘制。

② 编制程序代码。通过专业的加工软件设定相应参数，由软件自动编制加工程序代码，或手工编程。

③ 重置机床参考点。启动机床设备，调试系统参数，设置参考点。

④ 执行加工程序。通过系统和操作面板，导入调用程序或手工输入程序指令并执行程序。

在操作机床时，有以下注意事项：

① 启动机床后，检查机床是否正常，有无 ALM 报警；

② 检查机床周边有无安全隐患（人员、工作台、工具）；

③ 严格按照操作规程操作，遇到 ALM 报警立即按下急停开关并报告负责人；

④ 工作过程中严禁离开工作区域，做与加工无关的工作。

5.6.3　加工实例

以下加工采用自动编程方式，所用的绘图软件为 CAXA，加工软件为 cncKad。

（1）绘制零件图

在 CAXA 软件上绘制出所要加工的图线，如图 5－19 所示。保存成 *.dxf 或 *.dwg 格式。

（2）自动编程

① 打开 cncKad 软件，在文件菜单下，输入上一步保存的二维图文件，确定后进入编程界面。

图 5－19　CAXA 绘出加工图线

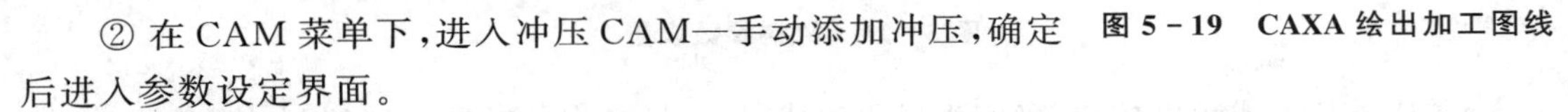

② 在 CAM 菜单下，进入冲压 CAM—手动添加冲压，确定后进入参数设定界面。

根据零件设计要求，设置冲压类型、模具种类、模具定位、模具间距等冲压参数如图 5－20 所示。

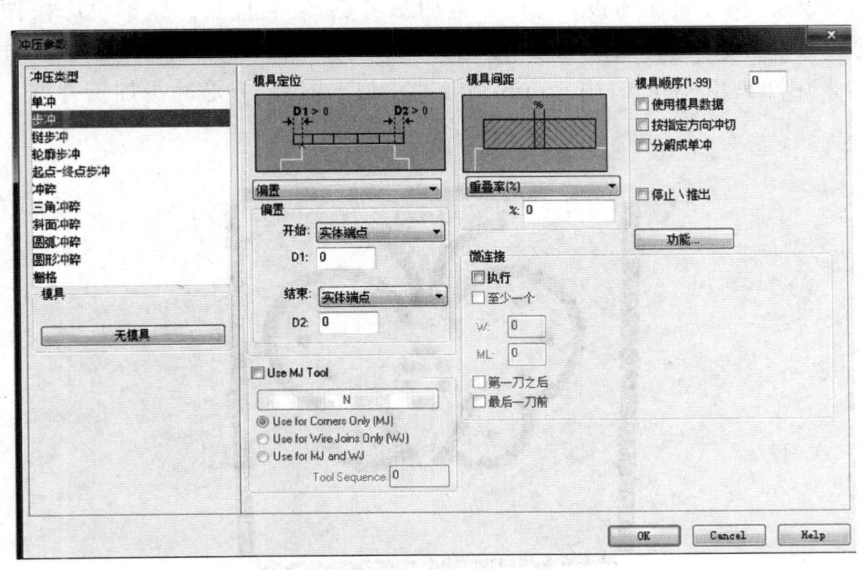

图 5－20　冲压参数设置

根据布局要求,设置板料尺寸、加工数量和排料位置等材料参数如图 5-21 所示。

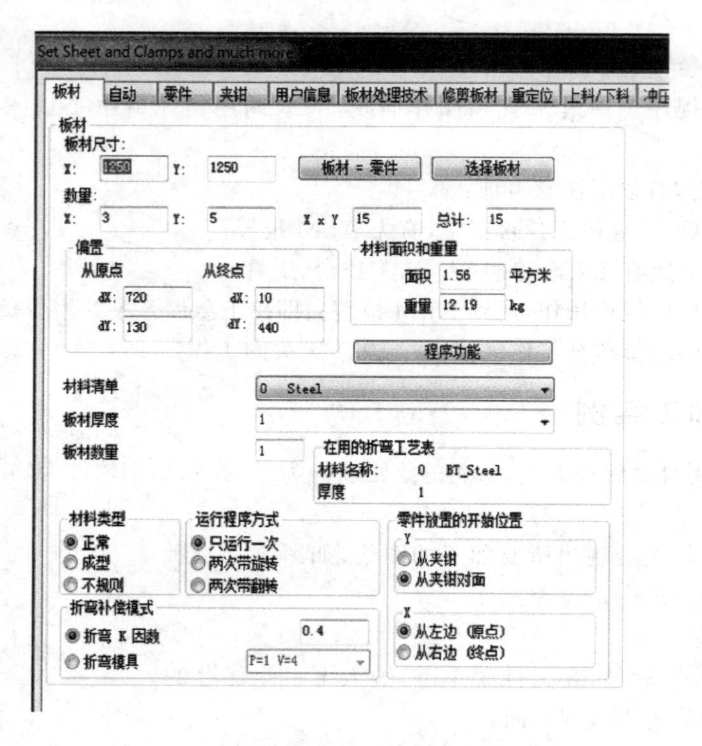

图 5-21　材料参数设置

③ 单击 NC 生成程序按钮,确定生成程序代码,选择文件—发送到磁盘,上传程序。

(3) 加　工

启动机床设备,操作机床面板,X、Y、C 返回参考点,装夹板材。根据机床操作步骤操作,选择相应的冲头,调入并执行加工程序,制造完成。本实例中加工图形(见图 5-19),选择板材厚 1 mm,采用冲头步冲方式,用 6 mm 圆形冲头加工图形,方形冲头加工外框,完成后的零件如图 5-22 所示。

图 5-22　数控冲加工的零件

5.7　其他锻压技术

1. 压力机上压制成型

在压力机上可进行压制成型，如金属材料的弯曲、拉伸、挤压等，也可从事粉末制品的压制成型和非金属材料（如塑料、玻璃钢等）的压制成型工艺。

图 5－23 为 YH32－100 型四柱液压机外形图，其公称压力为 1 000 kN，顶出缸公称力 250 kN，滑块最大行程 200 mm，滑块下平面至工作台平面最大距离为 800 mm。

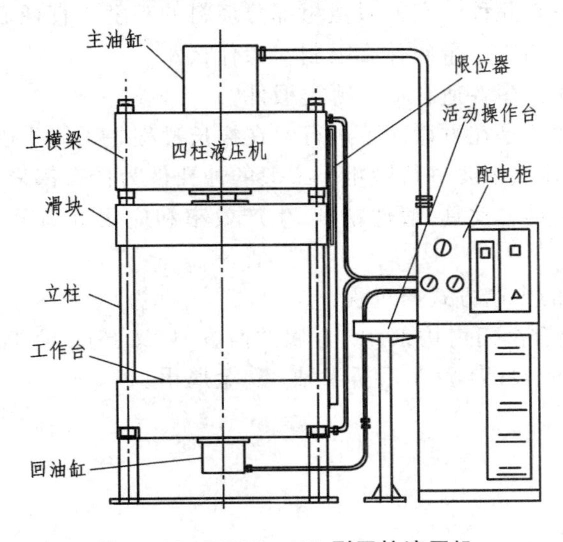

图 5－23　YH32－100 型四柱液压机

图 5－24 为压制成型的金属纪念币及其所用模具。

2. 旋压成型

旋压是将毛坯压紧在旋压机芯模上，毛坯同旋压机的主轴一起旋转，同时操纵旋轮（或称赶棒、赶刀）在旋转中对毛坯加压，毛坯逐渐紧贴芯模，如图 5－25 所示，从而达到零件所要求的形状和尺寸。旋压可以完成类似于拉深、翻边、卷边和缩口等工艺。但旋压加工只能用于旋转体形状的零件，主要有筒形、锥形、曲母线形和组合形四类。

图 5－24　压制成型纪念币及其模具

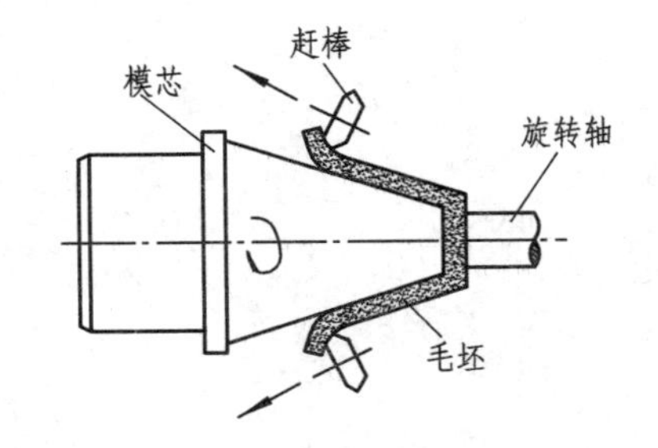

图 5－25　锥形件强力旋压模

旋压成型具有尺寸精度高（可达 IT8），表面质量好（Ra＜3.2 μm），所需总的变形力较小，模具费用低和可加工某些形状复杂的零件或高强度、难变形的材料等优点。

思考练习题

1. 锻造生产与铸造相比有哪些主要的优缺点？举例说明它们的应用场合。

2. 锻造前，坯料加热的作用是什么？加热速度过快或过慢各有什么危害？

3. 常用的锻造加热炉有哪几种？各有何优缺点及适用性？

4. 锻件的冷却方法有几种？冷却速度过快对锻件有何影响？

5. 镦粗操作的方法有几种？它们对镦粗部分坯料的高度与直径之比有何要求？为什么？

6. 拔长时对进给量和压下量有什么限制？为什么？

7. 镦粗、拔长、冲孔工序各适合加工哪类锻件？

8. 为什么拔长锻件总是在方截面下进行？在拔长过程中为何要进行90°翻转锻件？

9. 冲孔前，一般为什么都要进行镦粗？一般的冲孔件为什么都采用双面冲孔的方法？

10. 从锻造设备、工具和模具、锻件精度、生产效率和应用范围等方面对自由锻和模锻进行分析比较。

11. 试述下列产品的生产方式与过程：

① 铝制饭盒；② 铝合金门窗构条；③ 金属的西餐刀、叉、勺；④ 自行车钢圈；⑤ 汽车发动机连杆；⑥ 载重汽车前横梁；⑦ 汽车后桥半轴；⑧ 金属币。

第6章 焊 接

6.1 概 述

焊接是通过加热或(和)加压,并且用或不用填充材料使焊件金属达到原子结合的一种加工方法。焊接属于一种连接成型技术。

根据焊接的工艺特点和母材金属所处的状态,可将焊接方法分为三大类。

① 熔化焊,是将母材接头加热至熔化状态,一般都加入填充金属的焊接方法,如手工电弧焊、气体保护焊、电渣焊、等离子焊、电子束焊、激光焊等。

② 压力焊,是对焊件施加压力,加热或不加热的焊接方法,如电阻焊(包括点焊、对焊等)、摩擦焊、扩散焊、爆炸焊、超声波焊等。

③ 钎焊,是采用熔点比母材低的钎料,将焊件和钎料加热到高于钎料的熔点而母材不熔化的温度,利用毛细管作用使液态钎料填充接头间隙与母材相互扩散形成连接的焊接方法。

焊接是一种永久性连接方法,能连接各种锻件和板类零部件等,可以简化毛坯工艺、制成复杂结构件。焊接与螺栓连接、铆接、胶接等(见图6-1)方法相比,具有节约材料、减轻零部件质量、气密性好、生产效率高、便于实现机械化和自动化等优点。因此,焊接方法得到普遍重视并获得迅速发展。

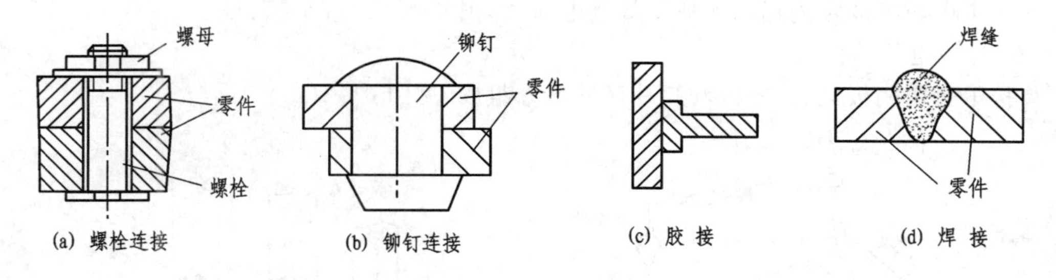

图6-1 零件连接方式

焊接技术可用于制造金属结构,广泛用于船舶、车辆、桥梁、航空航天、建筑钢结构、重型机械、化工装备等领域;可制造机器零件和毛坯,如轧辊、飞轮、大型齿轮、电站设备的重要部件等;可联结电器导线和精细的电子线路。凡是金属材料需要连接的地方,就有焊接方法的应用。它甚至还可应用于新型陶瓷连接、非晶态金属合金焊接等。

焊接也存在着不足之处,如熔化焊在焊接时往往是局部高温快速加热并快速冷却,容易导致焊缝及其附近区域的化学成分、金相组织、力学性能和物理性能、抗腐耐磨等性能与母材有所不同,焊件中由于局部加热和冷却所导致的焊接残余应力和变形,这些都不同程度地影响了产品的质量和安全性;焊缝及热影响区有时因工艺不当产生的某些缺陷,将会影响结构的承载能力。

6.2　手工电弧焊

电弧焊是熔化焊中最基本的焊接方法。它有多种类型,其中最常见的是使用手工操纵焊条并利用电弧进行焊接,简称手工电弧焊,其使用的设备简单,操作方便灵活,是焊接工作中的主要方法之一。

1. 焊接过程

手工电弧焊焊缝形成过程如图6-2所示。焊接时在焊条与焊件之间引发电弧,高温电弧将焊条端头与焊件局部熔化而形成熔池,然后,熔池迅速冷却、凝固形成焊缝,遂使分离的两块焊件连接成一个整体。

电焊条的药皮熔化后形成熔渣覆盖在熔池上,熔渣冷却后形成渣壳依旧覆盖在焊缝上,始终对焊缝起着保护作用。

2. 焊接电弧

焊接电弧指发生在焊条端头与工件之间,由电场通过两电极(焊条与工件)之间的气体进行强力、持久地放电,即所谓气体放电现象。

(1) 焊接电弧的形成

焊接时,先将焊条与焊件瞬时接触,发生短路。强大的短路电流流经几个接触点(见图6-3(a)),致使接触点处温度急剧升高并熔化,甚至出现部分蒸发。当焊条迅速提起时,焊条端头的温度已很高,在两电极间的电场作用下,产生热电子发射。飞速发射的电子撞击焊条端头与焊件间的空气,使空气电离成正离子和负离子。电子和负离子流向正极,正离子流向负极。这些带电粒子的定向运动形成了焊接电弧,如图6-3(b)所示。

(2) 焊接电弧的构成

焊接电弧由阴极区、阳极区和弧柱区三部分组成(见图6-3(c))。

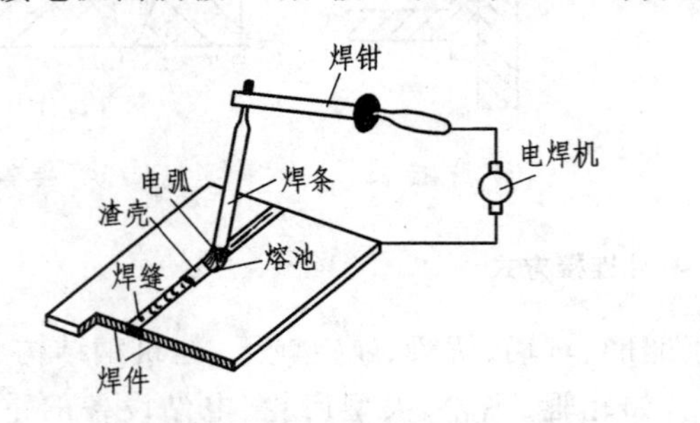

图6-2　手工电弧焊焊缝形成过程

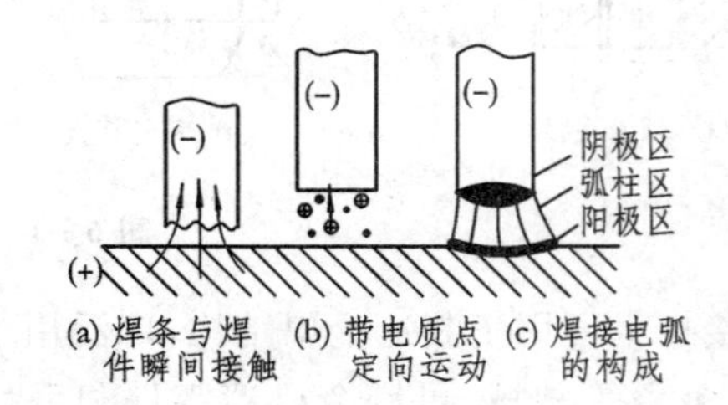

图6-3　焊接电弧形成

一般情况下,阳极温度略高于阴极温度,因为阳极区表面受高速电子的撞击,产生较大的能量,故发出较多的热量,约占电弧热量的43%;而阴极区因发射电子而消耗一定的能量,故阴极区产生的热量略低,约占电弧热量的36%;弧柱区产生的热量仅占电弧热量的21%;弧柱周围温度则较低,因而大部分热量散失在大气中。弧柱温度则随焊接电流增大而升高。

当以铁作为电极材料时,阴极区温度约为2 400 K,阳极区温度约为2 600 K,而弧柱中心区温度高达6 000～8 000 K。

由于电弧中各区温度不同，因此，用直流电源焊接时有正接法和反接法之分，工件接电焊机正极、焊条接电焊机负极的接法，称为正接法；反之，则为反接法。使用交流电焊机时，由于极性随电源周期性的改变，故无正接和反接的区分，焊条和工件上的温度及热量分布趋于一致。

3. 电焊机

手工电弧焊的电源设备简称电焊机。为了使焊接顺利进行，电焊机在性能上应满足以下几点要求。

① 具有一定的空载电压以满足引弧需要。

② 限制适当的短路电流，保证焊接过程频繁短路时电流不致无限增大而烧毁电源。

③ 电弧长度发生变化时，能保证电弧的稳定。

④ 焊接电流具有调节特性，以适应不同材料和板厚的焊接要求。

电焊机有交流弧焊机和直流弧焊机两类。

交流弧焊机又称弧焊变压器（见图 6－4），即交流弧焊电源，将电网的交流电变成适宜于弧焊的交流电。常见的型号有：BX1－250，BX1－400，BX3－500 等。其中 B 表示弧焊变压器，X 电源为下降式外特性（电源输出端电压与输出端电流的关系称为电源的外特性），1 为动铁芯式，3 为动线圈式，250、400、500 为额定电流的安培数。

直流弧焊机有发电机式直流弧焊机、整流器式直流弧焊机（又称弧焊整流器）和逆变式电焊机三种。发电机式直流弧焊机因结构复杂、价格高、噪声大等原因，我国已禁止使用。

整流器式直流弧焊机（见图 6－5）是一种优良的电弧焊电源，现被大量使用。它由大功率整流元件组成整流器，将电流由交流变为直流，供焊接使用。整流器式直流弧焊机的型号如 ZXG－500，其中，Z 为整流弧焊电源，X 电源特性（同前），G 为硅整流式，500 为额定电流（A）。

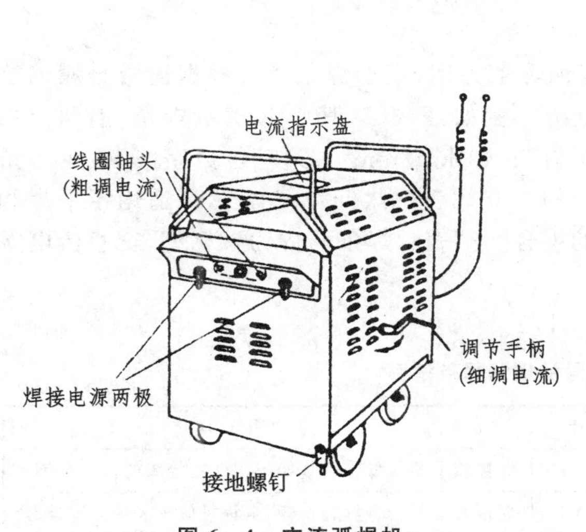

图 6－4　交流弧焊机

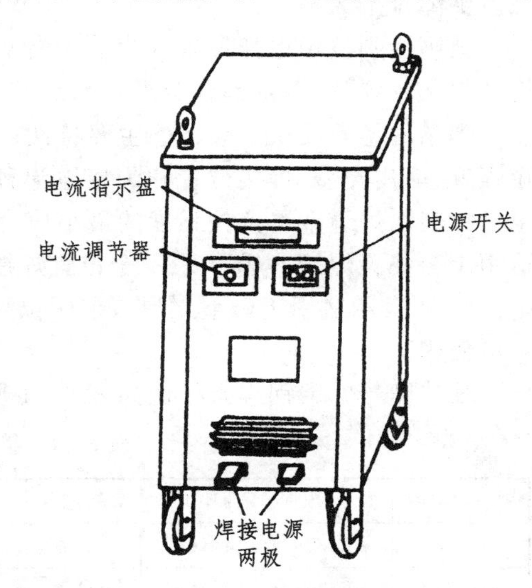

图 6－5　整流弧焊机

近年来，出现了一种逆变式电焊机，其特点是直流输出，具有电流波动小、电弧稳定、焊机重量轻、体积小、能耗低等优点，得到了越来越广泛的应用。例如，ZX7－315，ZX7－160 等，其中 7 为逆变式，315，160 为额定电流（A）。

4. 电焊条

电焊条由金属焊芯和药皮组成,如图6-6所示。在焊条药皮前端有45°的倒角,便于引弧。焊条尾部的裸焊芯,便于焊钳夹持和导电。焊条直径(即焊芯直径)通常有2,2.5,3.2,4,5,6 mm等规格。其长度L一般为300～450 mm。目前因装潢、薄板焊接等需要,手提式轻小型电焊机在市场上问世,与之相配,出现了直径0.8 mm和1 mm的特细电焊条。

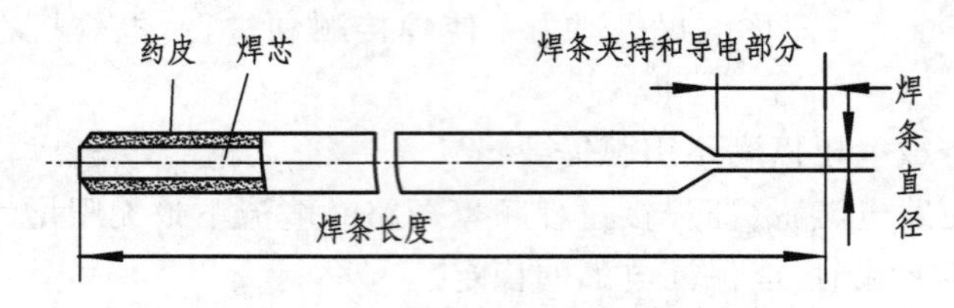

图6-6　电焊条组成

① 焊芯。焊芯主要起传导电流和填充焊缝的作用,同时可渗入合金。焊芯由特殊冶炼的焊条钢、拉、拔制成,与普通钢材的主要区别在于控制硫、磷等杂质的含量和严格限制含碳量。焊芯牌号含义:H表示焊接用钢丝,其后的数字表示含碳量,其他合金元素的表示方法与钢号表示相同,如H08,H08A,H08SiMn等。

② 药皮。焊芯表面的药皮由多种矿物质、有机物、铁合金等粉末用黏结剂调合制成,压涂在焊芯上,主要起造气、造渣、稳弧、脱氧和渗合金等作用。

③ 电焊条的分类、型号及牌号。焊条牌号是焊条行业统一的代号,焊条型号则是国家标准规定的代号。

为了满足各类焊条的焊接工艺及冶金性能要求,焊条的药皮类型分为氧化钛型、钛钙型、低氢钠型等十大类。

新国标则按用途把焊条分为七大类型:碳钢焊条、低合金钢焊条、不锈钢焊条、堆焊焊条、铸铁焊条及焊丝、铜及铜合金焊条和铝及铝合金焊条。

焊条的型号反映了焊条的主要特性。以碳钢焊条为例,碳钢焊条型号根据熔敷金属的抗拉强度、药皮类型、焊接位置和焊接电流种类划分。例如:E4303,其中E表示焊条;前两位数字“43”表示焊缝金属抗拉强度的最小值为420 MPa(43 kgf/mm^2);第三位数字“0”表示焊条适用于全位置焊接(0和1表示全位置焊接,即平焊、立焊、横焊、仰焊;2表示只适用于平焊和平角焊;4表示适用于向下立焊);末两位数字的组合“03”表示焊条药皮为钛钙型,交直流电源均可使用。

某些牌号的碳钢焊条举例如表6-1所列。

表6-1　某些牌号的碳钢焊条举例

牌号(部标)	型号(国标)	药皮类型	焊接位置	电　流	主要用途
J422	E4303	钛钙型	全位置	A.C,D.C	焊接较重要的低碳钢结构和同强度等级的低合金钢
J422GM	E4303	钛钙型	全位置	A.C,D.C	焊接海上平台、船舶、车辆、工程机械等表面装饰焊缝
J426	E4316	低氢钾型	全位置	A.C,D.C	焊接重要的低碳钢及某些低合金钢结构
J506	E5016	低氢钾型	全位置	A.C,D.C	焊接中碳钢及某些重要的低合金钢(如16Mn)结构
J07R	E5015-G	低氢钠型	全位置	D.C	焊接压力容器

5. 手工电弧焊工艺

（1）接头型式和坡口型式

在手工电弧焊中，由于焊件厚度、结构形状和使用条件不同，其接头型式和坡口型式也不同，如图6－7所示。

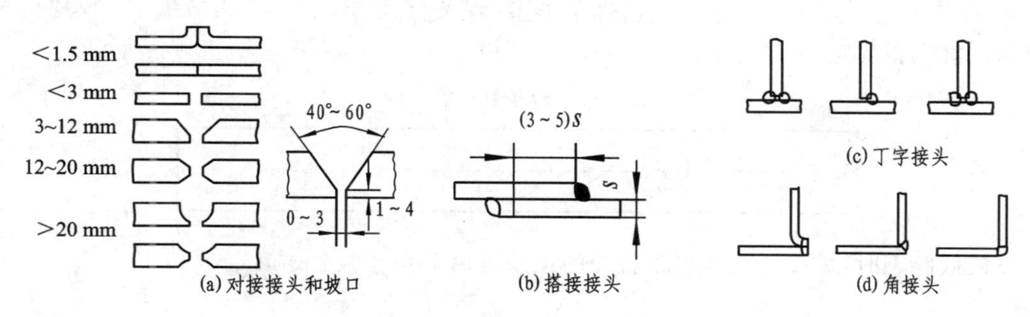

图6－7　焊接接头型式和坡口型式

焊接接头型式可分为对接接头、角接接头、T形接头和搭接接头四种。

为了使焊件焊透并减少被焊金属在焊缝中所占的比例，一般在对接接头手工电弧焊钢板厚度大于6 mm时要开坡口。重要的结构厚度大于3 mm时就要开坡口。常见的坡口型式有V形、U形、K形和X形等。

（2）焊缝的空间位置

按施焊时焊缝在空间所处的位置不同，焊缝可分为平焊缝、立焊缝、横焊缝和仰焊缝四种型式，如图6－8和图6－9所示。平焊时，熔化金属不会外流，飞溅小，操作方便，易于保证焊接质量；横焊和立焊则较难操作；仰焊最难，不易掌握。

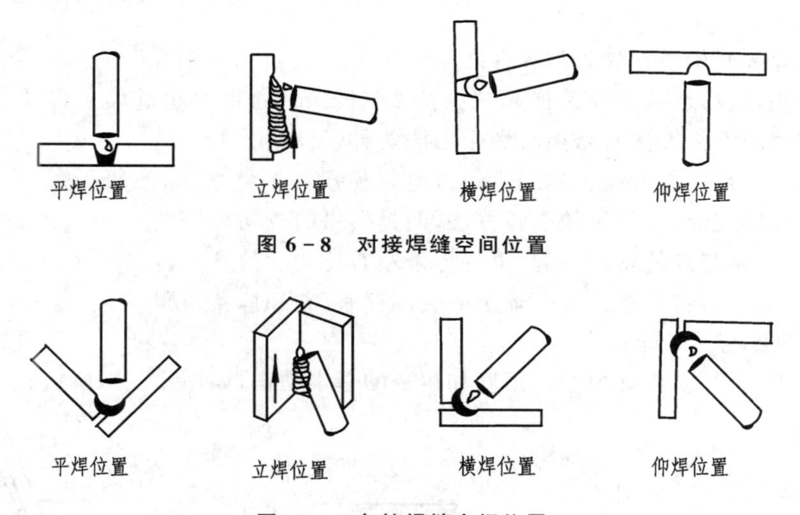

图6－8　对接焊缝空间位置

图6－9　角接焊缝空间位置

（3）焊接规范参数的选择

手工电弧焊焊接规范参数包括焊条直径、焊接电流、电弧电压和焊接速度等，而主要的参数通常是焊条直径和焊接电流。至于电弧电压和焊接速度，在手工电弧焊中除非特别指明，否则均由焊工视具体情况掌握。

① 焊条直径的选择。焊条直径主要取决于焊件的厚度,较厚焊件应选用较大直径的焊条。影响焊条直径的其他因素还有接头型式、焊接位置和焊接层数等。平焊时允许使用较大电流和较大焊条直径,而立焊、横焊与仰焊应选用小直径焊条。平焊对接时焊条直径的选择如表6-2所列。

② 焊接电流。焊接电流主要根据焊条类型、焊条直径、焊件厚度、接头型式、焊缝位置及焊道层次等因素确定。

表6-2　焊条直径的选择　　mm

焊件厚度	2～3	4～5	6～12	>12
焊条直径	2.0～3.2	3.2～4.0	4.0～5.0	4.0～5.8

焊接低碳钢时,焊接电流和焊条直径的关系可由下列经验公式确定:

$$I=(30\sim 55)d$$

式中,I为焊接电流(A);d为焊条直径(mm)。

焊接电流过大,熔宽和熔深增大,飞溅增多,焊条发红发热,使药皮失效,易造成气孔、焊瘤和烧穿等缺陷。焊接电流过小时,电弧不稳定,熔宽和熔深均减小,易造成未熔合、未焊透。

立焊、横焊和仰焊时,焊接电流应比平焊时小10%～20%,对合金钢焊条和不锈钢焊条,由于焊芯电阻大,热膨胀系数高,若电流过大,则焊接过程中焊条容易发红而造成药皮脱落,因此焊接电流应适当减少。

③ 焊接层数选择。中厚板开坡口后,应采用多层焊。焊接层数应以每层厚度小于5 mm的原则确定。当每层厚度=(0.8～1.2)×焊条直径时,生产率较高。

6. 手工电弧焊操作要点

(1) 引　弧

引弧是指焊接开始时在焊条与焊件之间产生稳定的电弧。引弧时,将焊条的末端与焊件相接触形成短路,然后迅速将焊条提起并保持2～4 mm(通常不超过焊条直径)的距离,即可引燃电弧。常用的引弧方法有摩擦法和敲击法两种(见图6-10)。

摩擦法的优点是操作方便、引弧效率高,但容易损坏焊件表面,故较少采用。敲击法的优点是不会损坏焊件表面,是常用的引弧方法,但是引弧的成功率较低。

引弧时,若焊条与焊件粘在一起,可将焊条左右摇动后拉开。若拉不开,则可先松动焊钳,切断电源,待冷却后再将焊条拉开。焊条的端部存有药皮时,会妨碍导电,应在引弧前敲去。

(2) 焊条角度与运条方法

焊接操作中,必须掌握好焊条的角度和运条的基本动作,如图6-11所示。

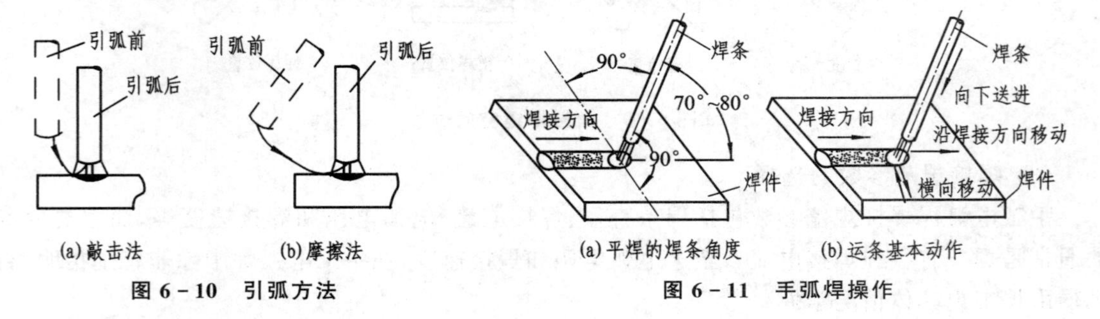

(a) 敲击法　(b) 摩擦法

图6-10　引弧方法

(a) 平焊的焊条角度　(b) 运条基本动作

图6-11　手弧焊操作

焊接时，电弧的长度大约等于焊条的直径，焊条与焊缝两侧工件平面间的夹角应保持相等。焊条的送进速度要均匀。

运条方法有多种，如图6－12所示。焊薄板时，焊条可作直线移动；焊厚板时，焊条除作直线移动外，同时还要有横向移动，以保证得到一定的熔宽和熔深。

（3）焊缝的收尾

收尾是指焊接结束时的熄弧方法。如果收尾时立即拉断电弧，则容易产生弧坑，会降低收尾处的焊缝强度，甚至产生裂纹。常见的收尾方法有三种，如图6－13所示。

① 划圈收尾法。利用手腕动作做圆周运动，直到弧坑填满后再拉断电弧。

② 反复断弧收尾法。在弧坑处连续多次反复地熄弧和引弧，直到填满弧坑为止。

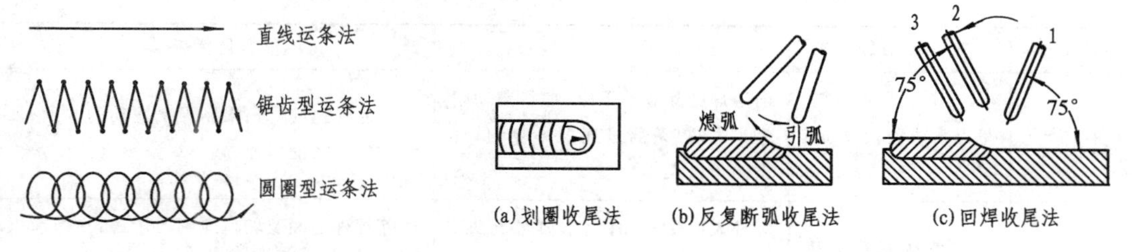

图6－12 运条方法

图6－13 焊缝收尾法

③ 回焊收尾法。当焊条移到焊缝收尾处即停止移动，但不熄弧，仅适当地改变焊条的角度，待弧坑填满后再拉断电弧。

7. 对接平焊的典型操作

① 备料。包括划线、下料及调直钢板等。

② 开坡口。根据具体情况，选择I形、V形、X形或U形坡口。

③ 装配定位和定位焊。在焊缝的两端先各焊一个约10～15 mm的焊点，固定两个工件的相对位置。如工件较长，一般每隔300 mm固定一个点。

④ 焊接。在确定合适的工艺规范后，先焊点固的反面，使熔深大于板厚的一半，除渣后，翻转工件，焊另一面。

⑤ 清理和检验。用钢丝刷等工具把焊件表面的飞溅、焊渣等清理干净，检验焊缝质量。

8. 手工电弧焊的安全操作

① 注意防止触电。操作前应检查设备和工具的完好情况，如电焊机是否接地，电缆、焊钳是否绝缘等，并穿戴好绝缘鞋和手套。

② 防止弧光伤害和烫伤。必须戴好手套、面罩、护脚套等；操作时不得用肉眼直接观察电弧；敲击焊皮时用面罩护住眼睛。

③ 焊接现场的周围不得存放易燃易爆物品。

6.3 焊接质量

1. 对焊接质量的要求

焊接质量一般包括焊缝的外形尺寸、焊缝的连续性和焊缝性能三个方面。

一般对焊缝外形和尺寸的要求是:焊缝与母材金属之间应平滑过渡,以减少应力集中;没有烧穿、未焊透等缺陷;焊缝的余高为0～3 mm左右,不应太大;对焊缝的宽度、余高等尺寸都要符合国家标准或符合图纸要求。

焊缝的连续性是指焊缝中是否有裂纹、气孔与缩孔、夹渣、未熔合与未焊透等缺陷。

接头性能是指焊接接头的力学性能及其他性能(如耐蚀性等)。接头性能应符合图纸的技术要求。

2. 常见的焊接缺陷

常见焊接缺陷的类型、形成缺陷的原因及其预防措施如表6-3所列。

表6-3　常见焊接缺陷类型、成因及预防措施

缺陷类型	特　征	产生原因	预防措施
夹　渣	呈点状或条状分布	前道焊缝除渣不干净;焊条摆动幅度过大;焊条前进速度不均匀;焊条倾角过大	应彻底除锈、除渣;限制焊条摆动的宽度;采用均匀一致的焊速;减小焊条倾角
气　孔	呈圆球状或条虫状分布	焊件表面受锈、油、水或脏物污染;焊条药皮中水分过多;电弧拉得过长;焊接电流太大;焊接速度过快	清除焊件表面及坡口内侧的污物;在焊前烘干焊条;尽量采用短电弧;采用适当的焊接电流;降低焊接速度
裂　纹	裂纹形状和分布很复杂,有表面裂纹、内部裂纹等	熔池中含有较多的C、S、P、H等有害元素;结构刚性大;接头冷却速度太快	在焊前进行预热;限制原材料中C、S、P含量;降低熔池中氢的含量;采用合理的焊接顺序和方向
未焊透	接头根部未完全熔化	焊接速度太快;坡口钝边过厚;装配间隙过小;焊接电流过小	正确选择焊接电流和焊接速度;正确选用坡口尺寸
烧　穿	焊缝出现穿孔	焊接电流过大;焊接速度过小;操作不当	选择合理的焊接工艺规范;操作方法正确、合理
咬　边	母材上被烧熔而形成凹陷或沟槽	焊接电流过大;电弧过长;焊条角度不当;运条不合理	选用合适的电流;操作时电弧不要拉得过长;焊条角度适当;运条时,坡口中间的速度稍快,而边缘的速度要慢
未熔合	母材或焊条与焊缝未完全熔化结合	焊接电流过小;焊接速度过快;热量不够;焊缝处有锈蚀	选较大电流;放慢焊速;运条合理;焊缝要清理干净

3. 焊接变形

焊接时,由于焊件局部受热,温度分布不均匀,会造成变形。焊接变形的主要形式有纵向变形、横向变形、角变形、弯曲变形和翘曲变形等几种,如图6-14所示。

为减小焊接变形,应采取合理的焊接工艺,如正确地选择焊接顺序或机械固定等方法。焊接变形可以通过手工矫正、机械矫正和火焰矫正等方法予以解决。

4. 焊接质量检验

焊缝的质量检验通常有非破坏性检验和破坏性检验两类方法。非破坏性检验包括如下三种。

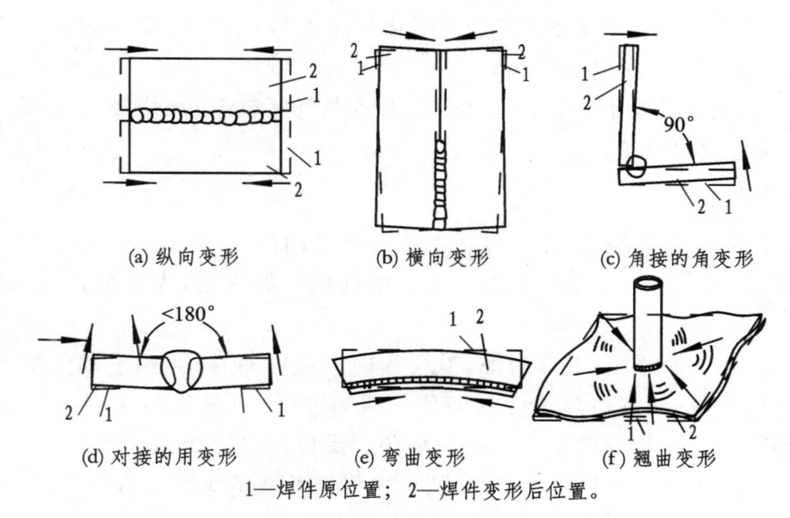

(a) 纵向变形　(b) 横向变形　(c) 角接的角变形

(d) 对接的用变形　(e) 弯曲变形　(f) 翘曲变形

1—焊件原位置；2—焊件变形后位置。

图 6－14　焊接变形的主要形式

① 外观检验。即用肉眼、低倍放大镜或样板等检验焊缝的外形尺寸和表面缺陷(如裂纹、烧穿、未焊透等)。

② 密封性检验或耐压试验。对于一般压力容器,如锅炉、化工设备及管道等设备要进行密封性试验或根据要求进行耐压试验。耐压试验有水压试验、气压试验、煤油试验等。

③ 无损检测。如用磁粉、射线或超声波检验等方法,检验焊缝的内部缺陷。

破坏性试验包括力学性能试验、金相检验、断口检验和耐压试验等。

6.4　其他焊接方法

6.4.1　气焊及气割

1. 气焊的基本知识

利用气体火焰作为热源的焊接方法为气焊。最常用的是氧-乙炔焊。

与电弧焊相比,气焊的热源温度较低,热量较分散,生产率低,焊件变形严重,接头质量不高。但是,气焊具有火焰温度容易控制、操作简便、灵活、不需要电能等优点,所以,气焊适宜于焊接 3 mm 以下的低碳钢薄板、有色金属及铸铁的焊补等。

2. 气焊火焰

氧-乙炔火焰由三个部分组成,即焰芯、内焰和外焰。控制氧气和乙炔的体积比例可得到以下三种不同性质的火焰,如图 6－15 所示。

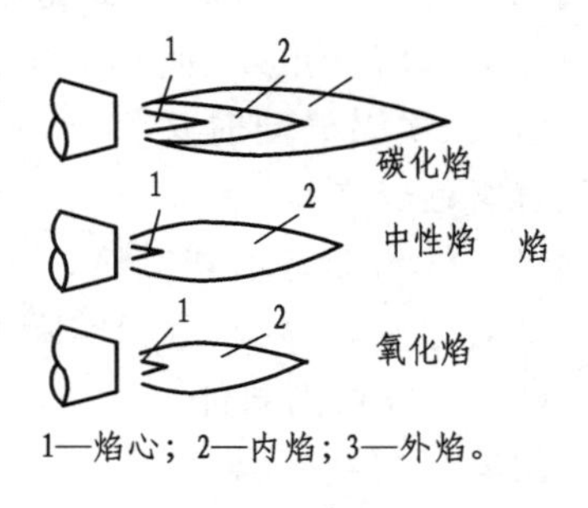

1—焰心；2—内焰；3—外焰。

图 6－15　气焊火焰

① 中性焰：氧气与乙炔混合比为 1.1～1.2,又称正常焰。其内焰的温度达 3 000～3 150 ℃。所以,焊接时熔池和焊丝的端部应位于焰芯前 2～4 mm。中性焰适用于低碳钢、中碳钢、合金钢及铜合金的焊接。

② 碳化焰：氧气与乙炔混合比<1.0。碳化焰中乙炔过多，燃烧不完全。碳化焰适用于高碳钢、铸铁和硬质合金等材料的焊接。

③ 氧化焰：氧气与乙炔混合比>1.2。氧化焰中氧气较多，燃烧较为剧烈。一般不常采用，仅适于黄铜或青铜的焊接。

3. 气焊操作要点

① 点火前，先微开氧气阀门，接着打开乙炔阀门，然后点燃火焰。开始时的火焰应该是碳化焰，然后逐步打开氧气阀门，将碳化焰调节成中性焰。熄火时，先关掉乙炔阀门，后关氧气阀门。

② 气焊时，左手拿焊丝，右手拿焊炬，沿焊缝向左或向右移动，两手动作要协调。焊嘴轴线的投影应与焊缝相重合，焊炬与焊件的夹角一般为30°～50°(见图6-16)。焊接将近结束时，焊角应适当减小，以便将焊缝填满及避免烧穿。焊件的厚度增大时焊角也应相应增大。

③ 焊接时，应先将焊件熔化形成熔池，然后再将焊丝适量地熔入熔池内，形成焊缝。焊炬移动的速度以保证焊件熔化并使熔池具有一定的形状为准。

4. 气　割

利用气体火焰的热能进行切割称为气割。气割是用割炬进行的。

气割所用的设备与气焊相同，而割炬则不同(见图6-17)。割炬比焊炬多一根切割氧气管和一个切割氧气阀。割嘴的结构与焊嘴也不同，切割用的氧气是通过割嘴的中心通道喷出，而氧-乙炔的混合气体则是通过割嘴的环形通道喷出。

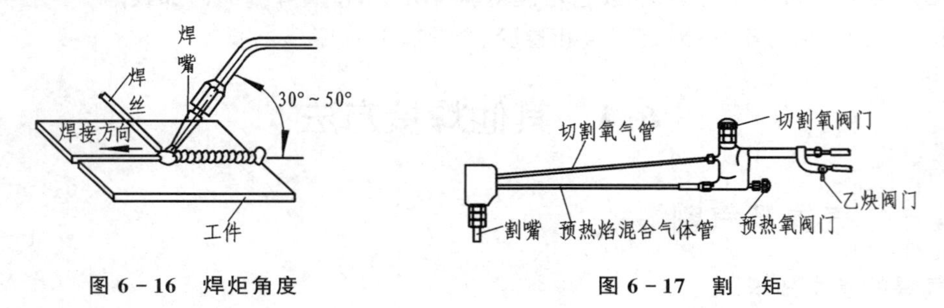

图6-16　焊炬角度　　**图6-17　割　炬**

(1) 氧气切割过程

氧气切割过程如图6-18所示。开始时，先用氧-乙炔焰将割口始端处的金属预热至高温(燃点)，然后打开切割氧气阀门，送出氧气，将高温金属燃烧成氧化渣，与此同时，氧化渣被氧气流吹走，从而形成割口，金属燃烧时产生的热量以及氧-乙炔火焰同时又将割口下层的金属预热到燃点，切割氧气又使其燃烧，生成的氧化渣又被氧气流吹走，这样，只要割炬连续不断地沿切割线以一定的速度移动，即可形成所需的割口。所以，气割过程实际上是被切割金属在纯氧中的燃烧过程，而不是熔化过程。

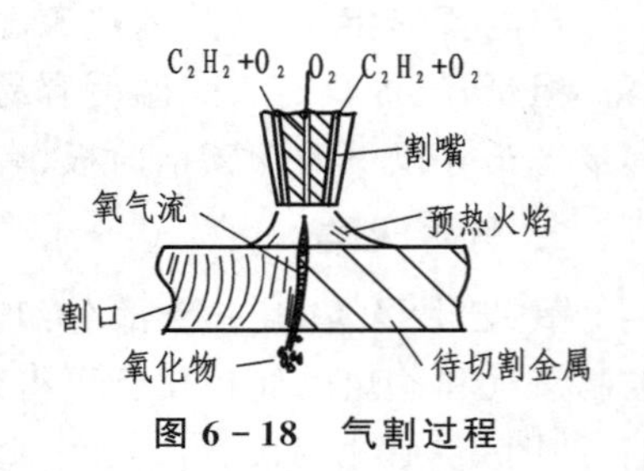

图6-18　气割过程

(2) 氧气切割条件

用氧气切割金属，需具备一定的条件。凡燃点低于其熔点、导热性较差及氧化物生成热较高的金属才适合气割。常用的金属材料中，低碳钢及普通低合金钢都符合气割的要求；而含碳量大于0.7%的高碳钢、铸铁和有色金属不能进行气割。

金属切割除机械切割、氧-乙炔切割外，常用的还有等离子切割、激光切割等多种方法。

6.4.2　埋弧焊

埋弧焊是使电弧在较厚的焊剂层下焊接的方法，如图6-19所示。

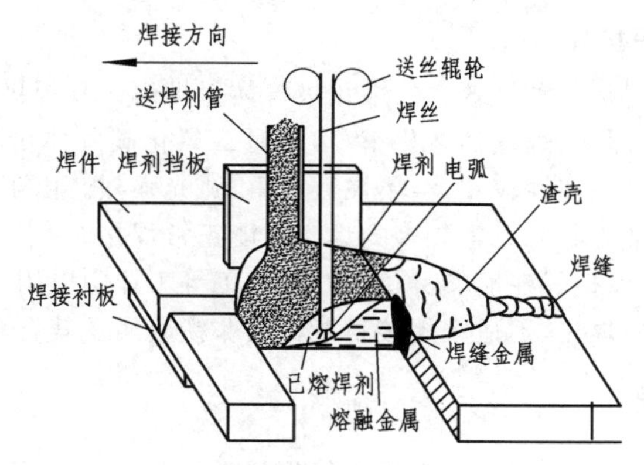

图6-19　埋弧焊焊接过程示意图

埋弧焊采用大电流和连续送丝，不但生产率高，而且熔深大，不开坡口一次可焊透20～25 mm的钢板，焊缝接头质量高、成型美观，很适合于中、厚板的焊接，在船舶、锅炉、化工设备、桥梁及冶金机械制造中获得了广泛的应用。埋弧焊可焊接的钢种包括碳素结构钢、低合金钢、不锈钢、耐热钢及复合钢材等。

埋弧自动焊通常用于平、直、长焊缝或较大直径的环焊缝，不适于薄板焊接。

6.4.3　气体保护焊

气体保护焊是用外加气体来保护电弧和焊接区的一种电弧焊。常用的保护气体有氩气和二氧化碳，称为氩弧焊和二氧化碳气体保护焊。

1. 氩弧焊

氩弧焊有熔化极氩弧焊和非熔化极氩弧焊两种，如图6-20所示。

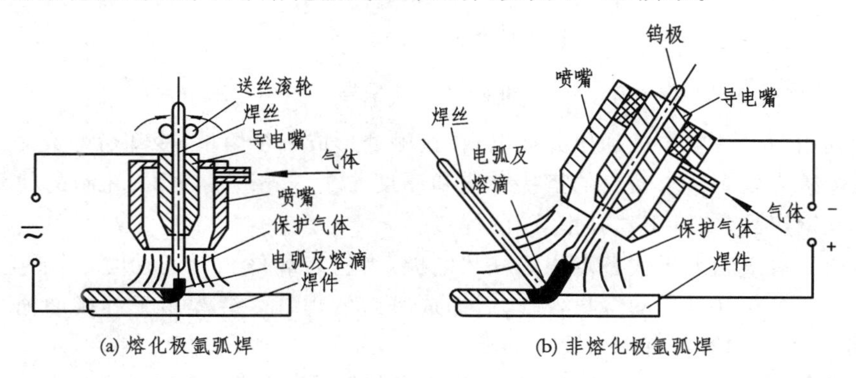

图6-20　氩弧焊的种类

熔化极氩弧焊中，焊丝直接作为电极。熔化极氩弧焊可采用大电流，熔池深、焊速快、生产率高、变形小。它可用于铝及铝合金、铜及铜合金、不锈钢、低合金钢等材料的焊接。

非熔化极氩弧焊是用钨-铈的合金棒作电极,又称钨极氩弧焊。在钨极氩弧焊中,电极不易被熔化。钨极氩弧焊的焊接过程稳定,适合于易氧化金属、不锈钢、高温合金、钛及钛合金以及难熔金属(如钢、铌、锆等)材料的焊接。但由于钨极的载流能力有限,电弧的功率受限,所以熔深较浅、焊接速度较慢,一般仅适用于焊接厚度小于6 mm的焊件。

2. 二氧化碳气体保护焊

二氧化碳气体保护焊是一种高效率的熔化极气体保护焊。其焊接过程与熔化极氩弧焊相似。其电弧穿透力强、熔深大、焊丝的熔化率高,同时二氧化碳气体价格低、能耗少,焊接成本低。它的主要缺点是电弧稳定性较差,金属飞溅严重,弧光强烈。由于二氧化碳气体有一定的氧化性,必须配合含硅、锰等脱氧元素较多的焊条才能正常焊接。

目前,二氧化碳气体保护焊在船舶、汽车、石油化工等工业中应用广泛,但主要用于低碳钢和低合金钢等黑色金属的焊接,不适宜焊接易氧化的非铁金属及其合金。

6.4.4 电阻焊

焊件经搭接组合并压紧后,利用电阻热进行焊接的方法称为电阻焊。电阻焊具有生产率高、不需要填充金属、焊接应力与变形小、加热时间短、热量集中、操作简单等优点。但电阻焊设备功率大、一次性投资大,目前尚无可靠的检测方法。电阻焊有点焊、缝焊和对焊三种基本形式,如图6-21所示。

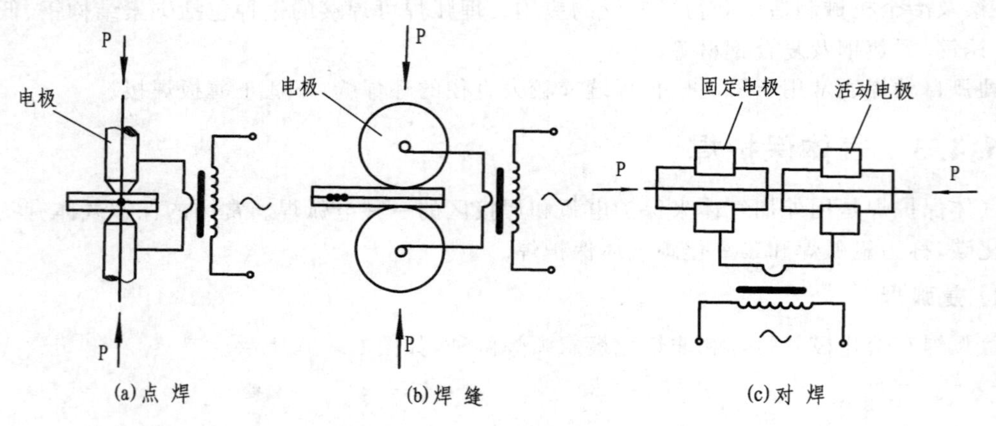

图6-21 电阻焊

点焊是利用两个柱状电极加压并通电,在接触处形成一个熔核,冷却后即成一个焊点。点焊适用于制造接头处不要求密封的搭接结构和厚度小于3 mm的冲压、轧制的薄板构件。它广泛用于低碳钢产品(如汽车驾驶室等)的焊接。

缝焊是用一对滚轮电极代替点焊的柱状电极,当它与焊件相对运动时,经通电加压,在接缝处形成一个一个相互重叠的熔核,冷却后即成密封的焊缝。缝焊用于焊接油桶、罐头、暖气片、飞机油箱和汽车油箱等有密封要求的薄板焊件。

对焊是将两个工件的端面相互接触,经通电和加压后,将其整个接触面焊合在一起。对焊用于石油、天然气输送管道,钢轨,锅炉钢管,自行车、摩托车轮圈,锚链及各种刀具等,也可用于各种部件的组合及异种金属的焊接。

6.4.5 钎 焊

钎焊是用低熔点的钎料将两个焊件连接成一个整体的方法。钎焊时，母材不熔化，而钎料熔化并填充在两母材连接处的间隙(钎缝)中，钎料与母材相互溶解和扩散，凝固后形成牢固的结合体。

钎焊的过程如图 6－22 所示。先将表面干净的焊件以搭接形式组合，然后将钎料放在焊接处，当焊件与钎料同时加热至稍高于钎料的熔点时，钎料被熔化(焊件尚未到熔点)，利用液态钎料润湿焊件，充满间隙并冷却后，便形成了钎焊接头。

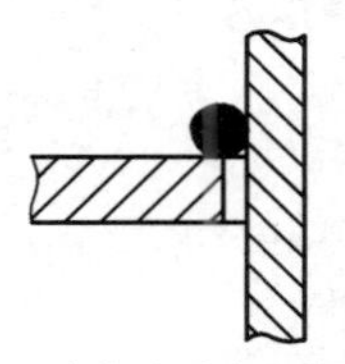

(a) 在接头处安置钎料，并对焊件及钎料进行加热

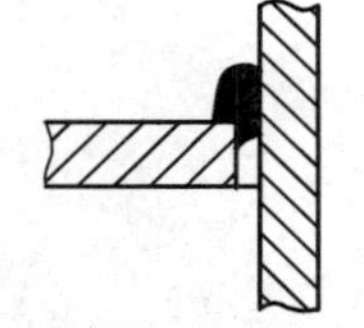

(b) 钎料熔化并开始流入钎缝间隙

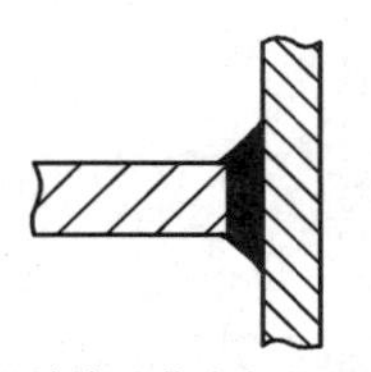

(c) 钎料填满整个钎缝间隙，凝固后形成钎焊接头

图 6－22 钎焊过程示意图

钎焊时，一般要使用钎剂，其作用是清除焊件表面的氧化膜及其他杂质，保护钎料和焊件不被氧化，提高钎焊接头的质量。软钎焊常用的钎剂是松香、松香酒精溶液、氯化锌溶液等。硬钎焊用的钎剂有硼砂、硼酸、氯化物、氟化物等。

机械制造中常用钎焊焊接自行车车架、工具、刀头、电路板等。

思考练习题

1. 实习中用到了哪类焊机？型号是什么？型号中各部分意义是什么？

2. 能否把焊条和焊件连在普通变压器的两端进行起弧和焊接？为什么？

3. 焊芯起什么作用？对焊芯的化学成分应提出什么样的要求？为什么要提这些要求？

4. 药皮起什么作用？试问用光丝进行焊接会产生什么问题？

5. 开坡口的作用是什么？手弧焊的焊件厚度达到多少应开坡口？

6. 什么是焊接工艺参数？焊件厚度分别为 3 mm、5 mm、12 mm 时，应分别选用多粗的焊条直径和多大的焊接电流？焊接电流选择不当会造成哪些焊接缺陷？

7. 在运条的基本操作中焊条应完成哪几个运动？这些运动应满足什么样的要求？若不能满足这些要求会产生哪些后果？

8. 焊接变形有何危害？焊接变形有哪几种基本形式？

9. 熔焊常见的焊接缺陷有哪些？各自产生的主要原因是什么？如何防止？

10. 气体保护焊的主要方法有哪些？其应用范围如何？

11. 和焊条电弧焊相比，埋弧自动焊有何特点？试说明埋弧自动焊的应用范围。

12. 电阻焊的基本形式有哪几种？各自的特点和应用范围怎样？

13. 点焊时为什么电极与工件之间的接触面不会被熔化和焊接起来？

14. 点焊时为什么要在电极上加一定的预压力？如果预压力不够大会产生什么后果？

15. 钎料和钎剂的作用是什么？举例说明硬钎焊和软钎焊的特点和应用。

第3篇
切削加工工艺

第7章　车　工

7.1 概　述

在车床上利用工件的旋转运动和刀具的移动来完成零件切削加工的方法称为车削加工。它是加工回转面的主要方法，而回转面是机械零件中应用最广的表面形式，所以车削加工是各种加工方法中最常用的方法，在一般机加工车间，车床一般约占机床总数的一半。

车削加工过程连续平稳，车削加工的范围也很广，如图7-1所示。车削加工的尺寸公差等级范围为IT11～IT6，表面粗糙度 Ra 值为12.5～0.8 μm。

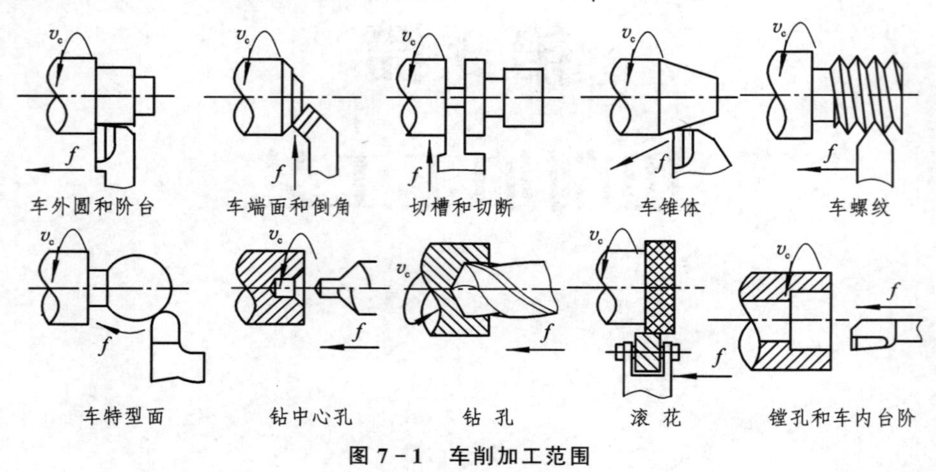

图7-1　车削加工范围

7.2 车　床

7.2.1 车床种类

车床有卧式车床（又称“普通车床”）、立式车床、转塔车床、数控车床、仿形车床、马鞍车床、联合车床等，其中高精度、高效率、自动化的数控车床得到越来越广泛的应用，但其基本加工结构还是基于普通的卧式或立式车床，数控车床将会在后续的章节中进行详细介绍，本章主要介绍普通车床。

1. 卧式车床

在车床中最常用的是卧式车床。按照我国国家标准，卧式车床型号如CM6132-A，其中：C表示车床类，M表示车床为精密型，6表示卧式车床，1表示普通车床，32表示加工工件的最大回转直径为320 mm，A表示为第一次重大改进。

卧式车床主要由三箱两架一床身组成，以C618K-1为例，如图7-2所示。各个部分的名称及用途分述如下。

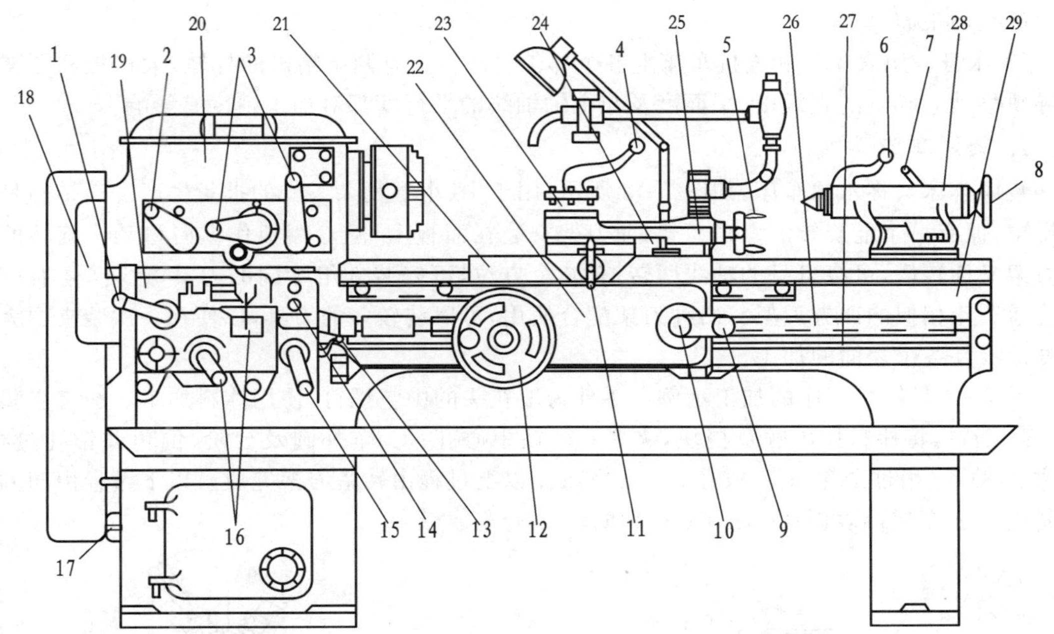

1—公制英制螺纹转换手柄；2—进给运动换向手柄；3—主轴变速手柄；4—方刀架锁紧手柄；5—小刀架移动手柄；6—尾架套筒锁紧手柄；7—尾架锁定手柄；8—尾架套筒移动手轮；9—纵横向自动进给或切螺纹手柄；10—自动进给或切螺纹转换拨销；11—刀架横向手动手柄；12—刀架纵向手动手轮；13—离合器手柄；14—启停开关；15—光杠丝杠转换手柄；16—进给运动变速手柄；17—电源开关；18—挂轮架箱；19—进给箱；20—床头箱；21—大拖板；22—拖板箱；23—四方刀架；24—中拖板；25—小拖板；26—丝杠；27—光杠；28—尾架；29—床身。

图 7－2　C618K－1 普通车床外形

① 床头箱（主轴变速箱）。用于安装空心的主轴，通过主轴带动工件旋转，并可利用床头箱内的齿轮变速。传动机构可改变主轴的转速和转向，以适应各种车削工艺所要求的不同切削速度和转向。主轴右端安装顶尖或卡盘等用来装夹工件。主轴的径向及轴向跳动会影响工件的旋转平稳性，是衡量车床精度的主要指标。

② 进给箱（走刀变速箱）。将主轴的旋转运动经过挂轮架上的齿轮以及进给箱内的齿轮传给光杠或丝杠，利用它内部的齿轮变速机构改变光杠或丝杠的转速，从而使刀具获得不同的进给量。

③ 拖板箱（溜板箱）。把光杠或丝杠的运动传给刀架。接通光杠时，可使刀架作纵向进给或横向进给。接通丝杠时可车螺纹。此外，还可以手动使刀架作纵向进给。有些车床的拖板箱内还装有改变进给方向的机构。

④ 刀架。用于装夹车刀和实现进给运动。刀架由四方刀架、小拖板、中拖板和大拖板四部分构成。

a）四方刀架。用来装夹和转换刀具，其上有四个装刀位置。

b）小拖板（小刀架）。一般用来作手动短行程的纵向进给运动，还可转动角度作斜向进给运动。

c）中拖板（横溜板）。作手动或自动横向进给运动。

d）大拖板（纵溜板）。随拖板箱一起作手动或自动纵向大行程进给运动。

⑤ 尾架(尾座)。用来安装顶尖以支承较长工件的一端。还可以安装切削刀具,如钻头、铰刀等孔加工刀具。

⑥ 床身。用来支撑和连接车床上各个部件。床身上有两条精确的导轨,大拖板和尾架可沿导轨移动。导轨的直线度、平面度及与主轴轴线的平行度都对加工精度有影响。

2. 转塔车床

转塔车床又称六角车床,如图 7-3 所示,用于中、小型复杂零件的批量生产。其结构是没有尾架,但有一个能旋转的六角刀架;而刀架安装在溜板上,随着溜板作纵向移动。旋转的六角刀架又称转塔,可绕自身的轴线回转,有 6 个方位,可安装 6 组不同的刀具,此外,还有一组和普通车床相似的四方刀架。两种刀架配合使用,可以装较多的刀具,以便在一次装夹中完成较复杂零件各个表面的加工。

图 7-4 是转塔车床的加工示例。零件为滚花头的中空螺钉,使用棒料加工。加工步骤如下: ① 挡料,将棒料拉出触及挡块,夹紧;② 钻中心孔;③ 车外圆及台阶、倒角并钻孔过半;④ 继续钻孔(稍过全深);⑤ 铰孔;⑥ 套螺纹。以上过程由转塔刀架完成。以下过程由四方刀架完成: ⑦ 车成形表面;⑧ 滚花;⑨ 切断。

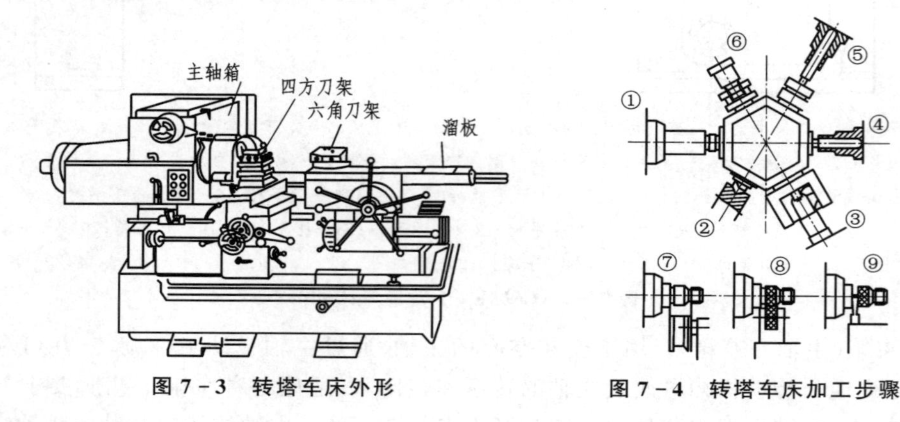

图 7-3　转塔车床外形　　　　**图 7-4　转塔车床加工步骤**

3. 立式车床

立式车床与普通车床的区别在于主轴是竖直的,相当于把普通车床竖直立了起来。如图 7-5 所示为单柱立式车床和双柱立式车床示意图。由于工作台处于水平位置,故该车床适用于加工直径大而长度短的重型零件。

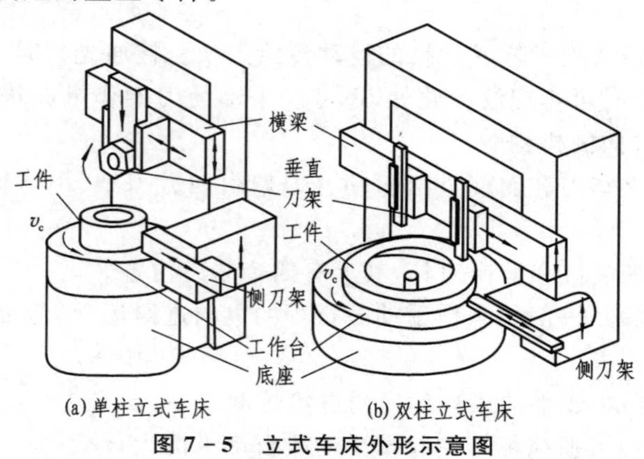

(a) 单柱立式车床　　(b) 双柱立式车床

图 7-5　立式车床外形示意图

7.2.2　车床的安全操作要点

① 穿好合适的工作服。留长发者要戴工作帽，头发塞入帽中；任何人不允许戴手套操作车床。

② 开车前，检查各手柄的位置是否正确；检查工具、量具、刀具是否合适，安放是否合理。停车状态或传入主轴齿轮处于脱空位置时才能进行装夹工件。装夹好工件，要及时取下卡盘扳手。

③ 床头箱上只可放图纸，不允许放置任何工具和物品。

④ 在车床上所用的锉刀要带木柄，锉刀外包砂纸对工件抛光，必须右手在前握锉刀前端，左手在后握锉刀手柄。

⑤ 变换主轴转速，必须停车进行；开车时不准用量具测量工件，更不能用棉纱擦拭零件；不准用手拉切屑，要用专用的钩子清除切屑。

⑥ 自动进给时，严禁超越极限位置，以防拖板脱落或碰撞卡盘而发生人身、设备事故。

⑦ 工作完毕，要关闭电源，清除切屑，并擦净机床。

7.2.3　车床操作准备

① 车床操作人员必须熟悉车床的外观构造和组成、各手柄及其作用、尾架的移动和锁定、各按钮及其作用。

② 转速变换练习。对照转速手柄位置表，掌握使用各种转速的操作和开正、反车及停车的操作方法。

③ 进给量变换练习。在主轴低速转动时，变换光杠、丝杠转换手柄，使光杠转动。对照进给量标牌表，掌握进给量变换的操作方法。

④ 练习纵向、横向自动进给的操作。在光杠转动的条件下，不断启动和停止纵向或横向自动进给，以熟悉、掌握其操作要领。

7.3　车　刀

7.3.1　车刀的种类和结构类型

车刀的种类有很多，按用途的不同可分为：外圆车刀、端面车刀、镗孔刀、切断刀、螺纹车刀和成形车刀等；按其形状分为：直头、弯头、尖刀、圆弧车刀、左偏刀和右偏刀等，如图 7-6 所示为常用车刀的各种类型；按其结构的不同又可分为：整体式、焊接式、机夹式、可转位式等，如图 7-7 所示，车刀结构类型特点及用途如表 7-1 所列；按车刀刀头材料的不同还可分为：高速钢车刀和硬质合金车刀等。

表 7-1　车刀结构类型、特点及用途

名　称	简　图	特　点	适用场合
整体式	见图 7-7(a)	用整体高速钢制造，刃口可磨得较锋利	小型车床或加工有色金属

续表 7-1

名　称	简　图	特　点	适用场合
焊接式	见图 7-7(b)	焊接硬质合金或高速钢刀片,结构紧凑,使用灵活	适用于各类车刀,特别是小刀具
机夹式	见图 7-7(c)	避免了焊接产生的应力、裂纹等缺陷,刀杆利用率高;刀片可集中刃磨获得所需参数;使用灵活方便	外圆、端面、镗孔、切断、螺纹车刀等
可转位式	见图 7-7(d)	避免了焊接刀的缺点,刀片可快换转位;生产率高;断屑稳定;可使用涂层刀片	大中型车床加工外圆、端面、镗孔;特别适用于自动线、数控机床

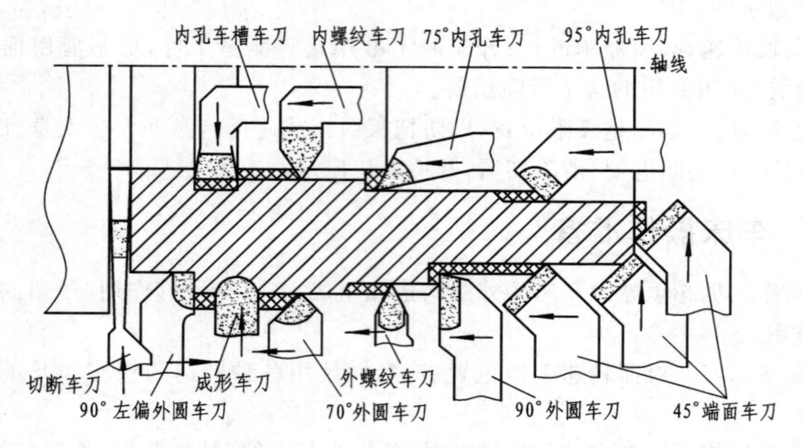

图 7-6　常用车刀的类型与用途

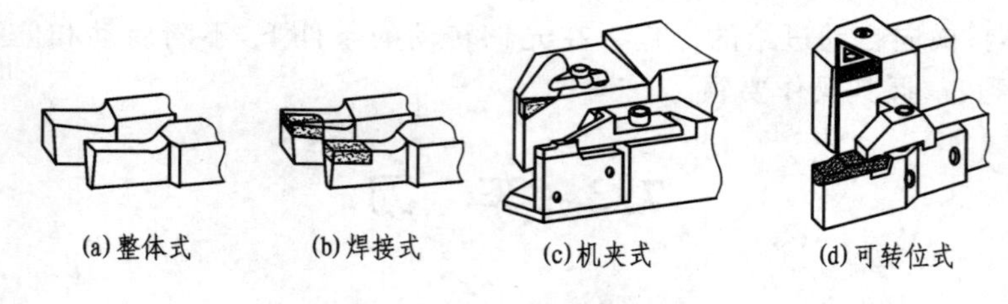

图 7-7　车刀的结构类型

7.3.2　车刀切削部分组成

外圆车刀切削部分由“三面、二刃、一尖”组成,即一点二线三面,其定义与工件加工表面相关,如图 7-8、图 7-9 所示。三面即:

① 前面(前刀面)——刀具上切屑流过的表面;

② 主后面(主后刀面)——与工件过渡表面相对着的表面;

③ 副后面(副后刀面)——与工件已加工面相对着的表面。

二刃即:

① 主切削刃——前面与主后面相交的切削刃,担负主要切削工作;

② 副切削刃——前面与副后面相交的切削刃,担任小部分切削工作。

一尖即：

刀尖——主切削刃与副切削刃连接处的一部分切削刃，一般为一段过渡圆弧或直线。

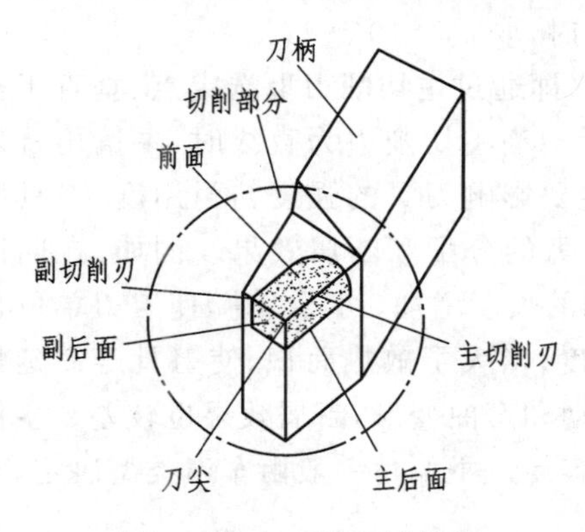

图 7-8 车刀的切削部分

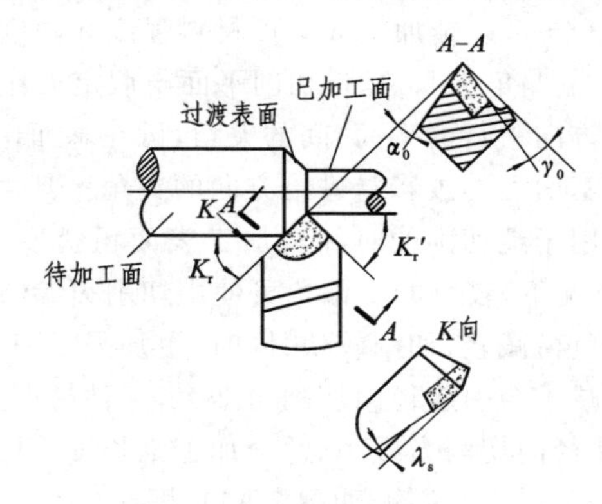

图 7-9 车刀的主要角度

7.3.3 车刀的几何角度

1. 车刀的辅助平面

为了确定车刀的角度，需要建立三个辅助平面，即基面、切削平面和正交平面，如图 7-10 所示。

① 基面，该面指通过切削刃上选定点且平行于车刀安装底面（水平面）的平面。

② 切削平面，该面指通过主切削刃上选定点且与切削刃相切，并与基面垂直的平面。

③ 正交平面，该面指通过主切削刃上选定点且同时垂直于基面和切削平面的平面。

在以上三个辅助平面上，可以确定车刀的六个角度。

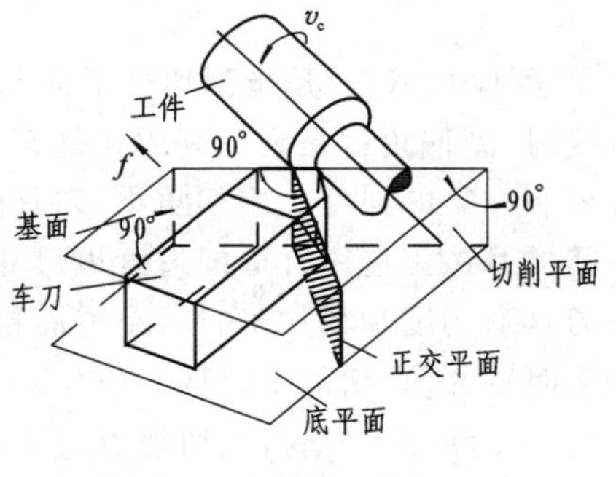

图 7-10 车刀的辅助平面

2. 车刀的几何角度及作用

车刀的几何角度分为标注角度和工作角度，如图 7-10 所示。工作角度是刀具处于工作状态的角度，其大小与刀具的安装位置、切削运动有关。标注角度一般是在三个互相垂直的坐标平面（辅助平面）内确定的，它是刀具制造、刃磨和测量所要控制的角度。

如图 7-9 所示，基面上有主偏角 K_r 和副偏角 K_r'，正交平面上有前角 γ_0 和后角 α_0，副正交平面上有副后角 α_0'，切削平面上有刃倾角 λ_s。

① 前角 γ_0。是指前刀面与基面（水平面）的夹角，可在正交平面中测量。它主要影响切屑变形、刀具寿命和加工表面的粗糙度。前角大则车刀锋利，切削力小，加工表面粗糙度小。但前角过大会使刀头强度降低，容易崩刃，使刀具寿命下降。一般用硬质合金切削钢件取 $\gamma_0=10°\sim25°$；切削灰铸铁，$\gamma_0=5°\sim15°$；切削高强度钢和淬火钢，$\gamma_0=-15°\sim5°$。如果用高速钢车刀切削钢件，$\gamma_0=15°\sim25°$。

② 主后角 α_0。是指切削平面与后刀面间的夹角，可在正交平面中测量。主后角主要影响

主后面与工件过渡表面的摩擦性和磨损度。后角增大,有利于提高刀具耐用度。但后角过大,会减弱刀刃强度,并使散热条件变差,一般取 $\alpha_0=4°\sim12°$。粗加工或工件强度和硬度较高时,取 $\alpha_0=6°\sim8°$。精加工或工件材料强度和硬度较低时,取 $\alpha_0=10°\sim12°$。

③ 主偏角 K_r。是指切削平面与假定工作平面(即通过主切削刃上选定点、垂直于基面并与进给方向平行的平面)间的夹角,可在基面中测量。当主切削刃为直线时,主偏角就是主切削刃在基面上的投影与进给方向的夹角。其大小主要影响刀具的强度与耐用度(刀具两次刃磨之间用于纯切削的时间)、加工表面粗糙度、切削力的分配和断屑效果。例如:在同样的 f 和 a_p 情况下,较小的主偏角可使主切削刃参与切削的长度增加,切屑变薄,使刀刃单位长度上的切削负荷减轻,切削较快;同时,也加强了刀尖强度,增大了散热面积,使刀具寿命延长。但主偏角减小会引起径向切削力增大,工件易产生振动和弯曲变形,断屑效果也较差。主偏角增大,可使径向切削力减小,适合加工细长轴,且断屑容易。主偏角一般由车刀类型决定,常用的有45°,60°,75°,90°等,如图7-11、图7-12所示。

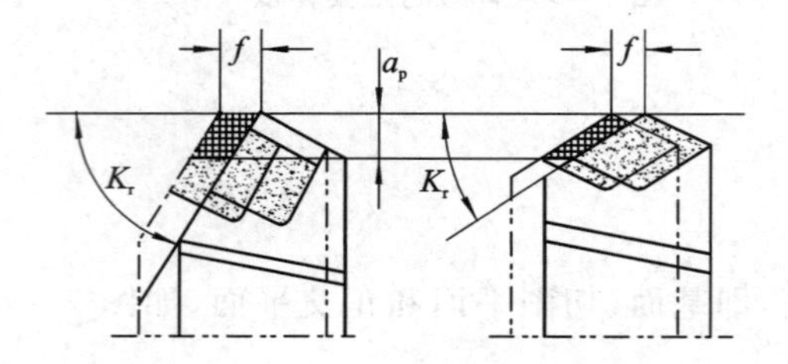

图7-11　主偏角对切削宽度和厚度的影响

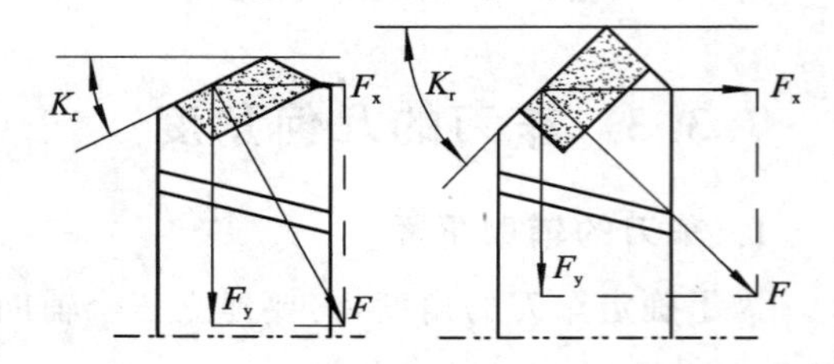

图7-12　主偏角对径向力的影响

④ 副偏角 K_r'。是指副切削平面与假定工作面间的夹角,可在基面中测量。当副切削刃为直线时,副偏角就是副切削刃在基面上的投影与进给反方向的夹角。它主要影响加工表面粗糙度和刀具的强度。副偏角小,刀具的强度高,表面粗糙度小,但会增加副后面与已加工表面之间的摩擦。选用合适的过渡刃尺寸,能改善上述不利因素,起到粗加工时提高刀具强度、延长刀具耐用度和精加工时减小表面粗糙度的作用,如图7-13所示。一般选 $K_r'=5°\sim15°$;粗加工时取大值,精加工时取小值。

⑤ 刃倾角 λ_s。是指主切削刃与基面间的夹角,在切削平面中测量,如图7-9、图7-14所示。刃倾角主要影响切屑的流向和刀头强度。刃倾角有正负之分,当刀尖处于主切削刃最高点时,刃倾角为正值,切屑向待加工表面的方向流动,刀尖强度较差,适宜精加工;当刀尖处于主切削刃最低点时,刃倾角为负值,切屑向已加工表面的方向流动,受到该表面的阻碍而形成发条状的切屑,刀尖强度较好,适宜粗加工。

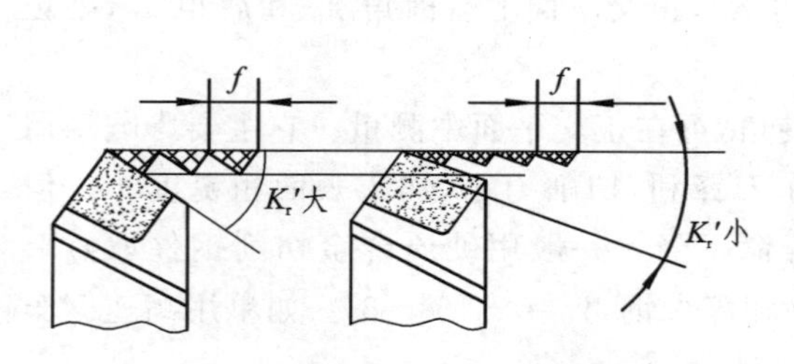

图7-13　副偏角对残留面积的影响

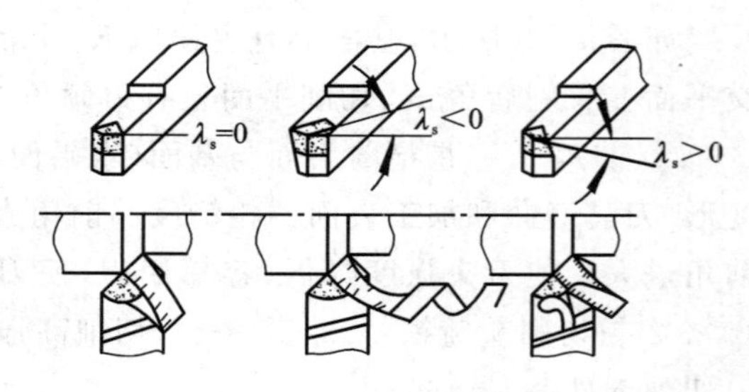

图7-14　刃倾角对排屑方向的影响

7.3.4　车刀的刃磨与安装

1. 车刀的刃磨

新的焊接车刀或高速钢车刀以及用钝后的车刀，必须刃磨，一般采用手工刃磨方式。白色氧化铝砂轮用于磨高速钢；绿色碳化硅砂轮用于磨硬质合金。刃磨车刀的步骤如图 7－15 所示。

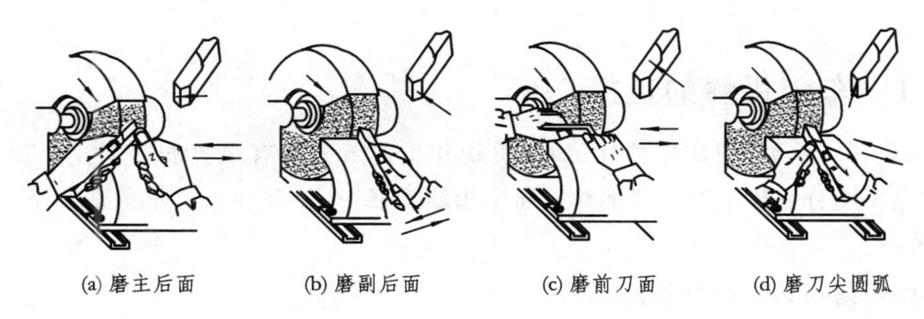

(a) 磨主后面　(b) 磨副后面　(c) 磨前刀面　(d) 磨刀尖圆弧

图 7－15　车刀刃磨

① 粗磨。要磨主后面、副后面、前面和断屑槽。

② 精磨。除了对粗磨过的表面进行精磨外，还需磨刀尖圆角。若没有精磨砂轮，可用油石手工研磨。

磨刀时，人要站在砂轮的侧面，以免砂轮意外破碎伤人。磨高速钢车刀时，应经常将车刀浸入水中冷却，以防止高速钢退火。磨硬质合金车刀时，不得把磨得发热的刀头浸入水中冷却，否则硬质合金会淬裂。

2. 车刀的安装

使用车刀时，为保证加工质量及车刀正常工作，必须正确安装车刀，如图 7－16 所示。

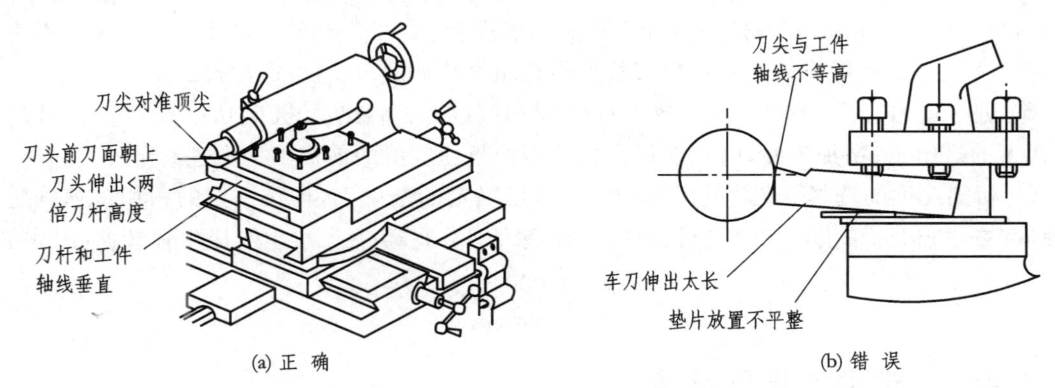

(a) 正　确　(b) 错　误

图 7－16　车刀的安装

车刀安装应注意下列事项：

① 车刀刀尖应与车床的主轴轴线等高；不等高时可根据尾座顶尖的高度来调整。

② 车刀刀杆应与车床轴线垂直。

③ 车刀应尽可能伸出短些。一般情况下，伸出长度不超过刀杆厚度的两倍，否则刀杆刚性减弱，车削时易产生振动。

④ 刀杆下面的垫片应平整,并与刀架对齐,一般不超过 2～3 片。

⑤ 车刀安装要牢固,一般用两个螺钉交替拧紧。

⑥ 装好刀具后,应检查车刀在工件的加工极限位置时车床上有无相互干涉或碰撞的可能。

7.4　车削加工基础

7.4.1　车削用量的选择

车削用量(v_c、f、a_p)对加工精度、加工费用和生产效率都有很大的影响。合理地选择车削用量,就是要充分发挥车刀的切削性能和车床的功能,在保证加工质量的前提下,提高生产率和降低成本。

1. 车削用量与刀具耐用度的关系

切削用量增大会降低刀具耐用度。在切削用量三要素中,切削速度对刀具耐用度的影响最大,其次是进给量,背吃刀量则最小。

一般手册中查出的切削速度都是在一定耐用度下的切削速度。

2. 选择车削用量的步骤

粗加工时主要考虑切削效率,应优先考虑用大的背吃刀量,其次考虑用大的进给量,最后选定合理的切削速度。半精加工和精加工时首先要保证加工精度和表面质量,同时兼顾耐用度和生产率,一般选用较小的背吃刀量和进给量,在保证合理刀具耐用度前提下确定切削速度。

① 背吃刀量的选择。背吃刀量的选择按零件的加工余量而定,在中等功率的车床上,粗加工时可达 8～10 mm,在保留后续加工余量的前提下,尽可能一次走刀切完。当采用不重磨刀具时,背吃刀量所形成的实际切削刃长度不宜超过总切削刃长度的三分之二。

② 进给量的选择。粗加工时,按刀杆强度和刚度、刀片强度、机床功率和转矩许可的条件,选大的进给量;精加工时,则在获得合适的表面粗糙度值的前提下加大进给量。

③ 切削速度的选择。在背吃刀量和进给量已确定的基础上,再按一定的耐用度值确定切削速度(查手册)。车削速度决定后,再按工件最大部分直径 d_{max} 求出车床主轴转速(r/min)

$$n=\frac{1\,000\cdot v_c}{\pi d_{max}}$$

7.4.2　车削的正确步骤

车削时正确的车削步骤如图 7－17 所示。先开车再使车刀与工件接触,即对刀(见图 7－17(1)),是为了寻找毛坯面的最高点,也是为了防止工件在静止状态下与车刀接触,避免刀尖损坏。如果只需走刀切削一次,即可省略图中的第(5)～(7)步;如需走刀切削三次、四次或更多,则要重复进行第(5)～(7)步。

车端面的切削步骤与上述相同,只是车刀运动方向不同。

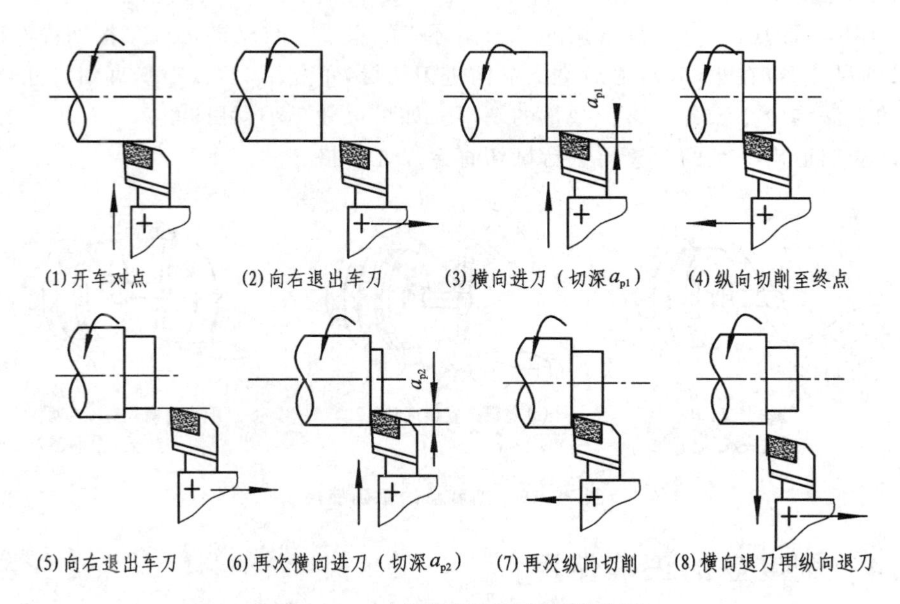

图 7-17　车外圆时正确的切削步骤

7.4.3　试切的作用和方法

① 试切的作用。由于刀架丝杠和螺母的螺距及刻度盘的刻线均有一定的制造误差，只按刻度盘定切深难以保证精车时所需的尺寸公差，因此，需要通过试切来准确控制尺寸。此外，试切也可防止进错刻度而造成废品。

② 试切的方法。车外圆的试切方法及步骤如图 7-18 所示。

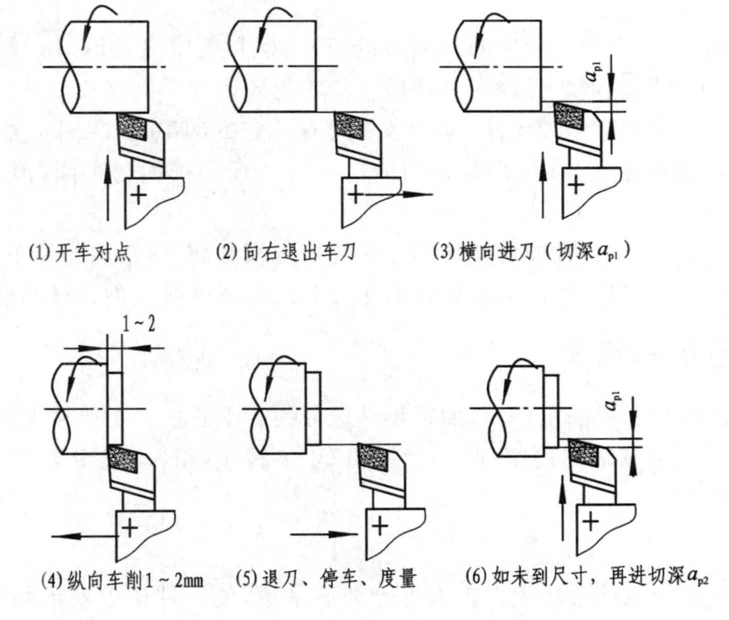

图 7-18　外圆的试切方法与步骤

图 7-18 所示的(1)～(5)是试切的一个循环。如果尺寸合格即可开车按切深车削整个外圆；如果未到尺寸，应在第(6)步之后再次横向进刀切深，重复第(4)、(5)步直到尺寸合格为止。各次所定的切深均应小于各次直径余量的一半。如果尺寸车小，可按图 7-19 所示的方法，按刻度将车刀横向退出一定的距离再进行试切直至尺寸合格。

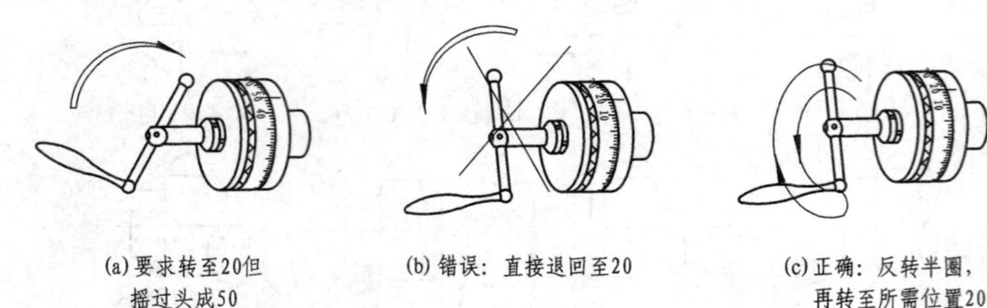

(a) 要求转至20但
摇过头成50
(b) 错误：直接退回至20
(c) 正确：反转半圈，
再转至所需位置20

图 7-19　刻度盘的正确使用

7.4.4　刻度盘的正确使用

① 刻度盘的作用。中拖板及小刀架均有刻度盘，刻度盘的作用是为了在车削工件时能准确移动车刀，控制切深。中拖板的刻度盘与横向手柄均装在横丝杠的端部；中拖板和横丝杠的螺母紧固在一起，当横向手柄带动横丝杠和刻度盘转动一周时，螺母即带动中拖板移动一个螺距。因此，刻度盘每转一格，中拖板移动的距离＝丝杠螺距/刻度盘格数(mm)。

例如，C618K-1 车床中拖板的丝杠螺距为 4 mm，其刻度盘等分为 100 格，故每转 1 格中拖板带动车刀在横向所进的切深量为 4 mm/100 ＝ 0.04 mm，从而使回转表面切削后直径的变动量为 0.08 mm。为方便起见，车削回转表面时，通常将每格的读数记为 0.08 mm，12.5 格的读数记为 1 mm。

加工外圆表面时，车刀向工件中心移动为进刀，手柄和刻度盘是顺时针旋转；车刀由中心向外移动为退刀，手柄和刻度盘是逆时针旋转。加工内圆表面时则相反。

② 刻度盘的正确使用。由于丝杠与螺母之间有一定的间隙，如果刻度盘多摇过几格(见图 7-19(a))，不能直接退回几格(见图 7-19(b))，必须反向摇回约半圈，消除全部间隙后再转到所需位置(见图 7-19(c))。

小刀架刻度盘的作用、读数原理及使用方法与中拖板相同，所不同的是小刀架刻度盘一般用来控制工件端面的切深量，利用刻度盘移动小刀架的距离就是工件长度的变动量。

7.4.5　粗车和精车

为了保证加工质量和提高生产率，加工零件应分为若干阶段。中等精度的零件，一般按粗车-精车的方案进行；精度较高的零件，一般按粗车-半精车-精车，或粗车-半精车-磨的方案进行。

1. 粗　车

粗车的目的是尽快地从毛坯上切去大部分加工余量，使工件接近要求的形状和尺寸。粗车应给半精车和精车留有合适的加工余量(一般为 1～2 mm)，而对精度和表面粗糙度无严格的要求。为了提高生产率和减小车刀磨损，粗车应优先选用较大的背吃刀量，其次适当加大进给量，而只采用中等或中等偏低的切削速度。使用硬质合金车刀进行粗车的切削用量推荐如下：切深 a_p 取 2～4 mm，进给量 f 取 0.15～0.4 mm/r，切速 v 取 40～60 mm/min（切钢）或 30～50 mm/min（切铸铁）。当卡盘夹持的毛坯表面凸凹不平或夹持的长度较短时，切削用量应适当减小。

2. 精 车

精车的关键是保证加工精度和表面粗糙度的要求，生产率应在此前提下尽可能提高。

精车的尺寸公差等级一般为 IT8～IT6，半精车一般为 IT10～IT9，精车的尺寸公差等级主要靠试切来保证。

精车的表面粗糙度 Ra 一般为 3.2～0.8 μm；半精车的 Ra 一般为 6.3～3.2 μm。精车时为保证表面粗糙度值一般采取如下措施：

① 适当减小副偏角或刀尖磨有小圆弧，以减小切削残留量，如图 7-13 所示；

② 适当加大前角，将刀刃磨得更为锋利；

③ 用油石仔细打磨车刀的前后刀面，使其 Ra 达到 0.2～0.1 μm，可有效减小工件表面的 Ra；

④ 合理选用切削用量。选用较小的切深和进给量 f 可减小切削残留量（见图 7-13），使 Ra 减小。车削钢件时采用较高的切速（$v \leqslant 5$ m/min）都可获得较小的 Ra。低速精车生产率很低，一般只用于小直径零件。精车铸铁件，切速较粗车时稍高即可。因为铸铁导热性差，切速过高将使刀具磨损加剧。

7.4.6 切削液的选择和应用

切削液有冷却（刀具、工件和切屑）、润滑（以降低摩擦和刀具磨损）、清洗（排屑和防锈）的作用。合理使用切削液，可以延长刀具寿命、减小表面粗糙度、提高尺寸精度和降低功率消耗。

常用的切削液有水溶性切削液和油溶性切削液两大类。水溶性切削液中以乳化液为典型代表，是由水和油混合形成的乳白色液体，低浓度时以冷却作用为主，高浓度时具有良好的润滑作用。油溶性切削液最常用的是矿物油。

应根据工件及刀具材料、工艺要求等选用切削液。粗加工时切削用量大，切削液的主要目的是降低切削温度，应选用冷却作用好的低浓度的乳化液。精加工时，主要是提高工件表面质量和刀具耐用度，应选用润滑性好的油溶性切削液。

硬质合金和陶瓷刀具一般不用切削液；切削铸铁和青铜时，为了避免细碎切屑黏附划伤配合面一般也不用切削液。

7.4.7 机床附件及工件装夹

在车床上加工的零件多为轴类和盘套类零件，有时也可能在不规则零件上进行外圆、内孔或其他面的加工。故零件在车床上有不同的装夹方法。

1. 三爪卡盘装夹工件

三爪卡盘是车床上应用最广的通用夹具，三爪卡盘的结构如图 7-20 所示。三爪卡盘体内有三个小锥齿轮，转动其中任何一个，都可以使与它们相啮合的大锥齿轮旋转。大锥齿轮背面的平面螺纹与三个卡爪背面的平面螺纹相啮合。当大锥齿轮旋转时，三个卡爪就在卡盘体上的径向槽内同时作向心或离心移动,以夹紧或松开工件。

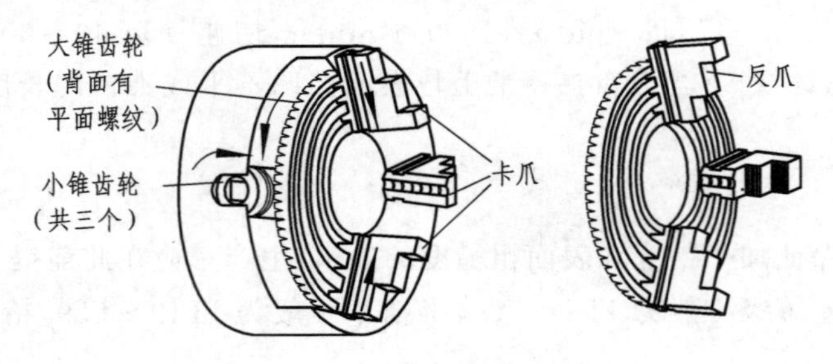

图 7-20 三爪卡盘的构造

三爪卡盘夹持工件能自动定心,定位与夹紧同时完成,使用方便。适合于装夹圆钢、六角钢及已车削过外圆的零件。如图 7-21 所示为三爪卡盘安装工件的形式。

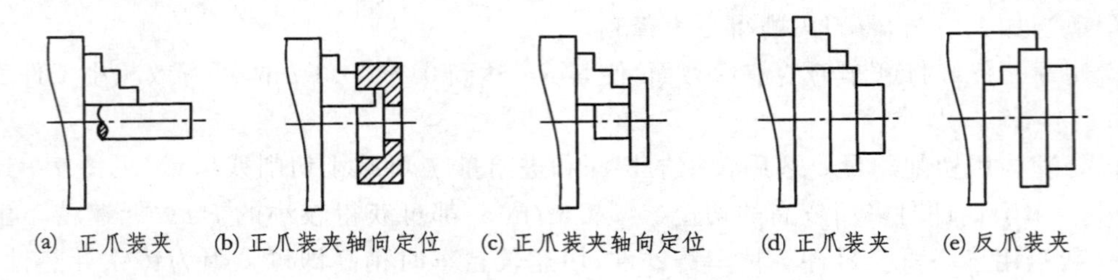

图 7-21 三爪卡盘安装工件举例

用三爪卡盘安装工件可按下列顺序进行。

① 工件在卡爪之间放正,用卡盘扳手轻轻夹紧。若用已经精加工过的表面作为装夹面时,应包一层铜皮,以免扳手损伤表面。

② 开动机床,使主轴低速旋转,检查工件有无偏摆。若有偏摆,表示工件未放正,应停车,用小锤轻敲校正,然后紧固工件。固紧后,必须立刻取下扳手,以免扳手在开车时飞出。

③ 移动车刀至车削行程的左端。用手扳动卡盘,检查刀架等是否与卡盘或工件碰撞。

卡爪伸出卡盘的长度不能超过卡爪长度的一半。若工件直径过大,则应采用反爪装夹。三爪卡盘有正反两副卡爪,有的只有一副,可正反使用。各卡爪都有编号,应按编号顺序装配。

三爪卡盘的夹紧力较小。若需较大的夹紧力,可更换成四爪卡盘。装拆卡盘时,必须停车进行,并在靠近卡盘的导轨上垫上木板。重量大的卡盘要使用吊装设备。

2. 四爪卡盘装夹工件

如图 7-22 所示为四爪卡盘装夹工件,四爪卡盘上的四个卡爪分别通过转动螺杆以实现单动。它可用来装夹方形、椭圆形或不规则形状的工件,根据加工要求利用划线找正把工件调整至所需位置。此法调整费时费工,但夹紧力大。

3. 双顶尖装夹工件

车削较长或加工工序较多的轴类零件时常使用双顶尖装夹,工件装夹在前、后顶尖之间(见图 7-23),前顶尖为普通顶尖(死顶尖),装在主轴锥孔内,同主轴一起旋转;后顶尖为活顶尖,装在尾座套筒锥孔内。工件前端用卡箍(也称鸡心夹头)夹住,卡箍的弯曲拨杆插在拨盘U型槽内,拨盘装在车床主轴上,这样工件由卡箍、拨盘带动一起转动。用双顶尖加工,工件装夹方便，并使轴类零件各外圆表面保持较高的同轴度。双顶尖装夹只能承受较小的切削力，一般用于精加工。

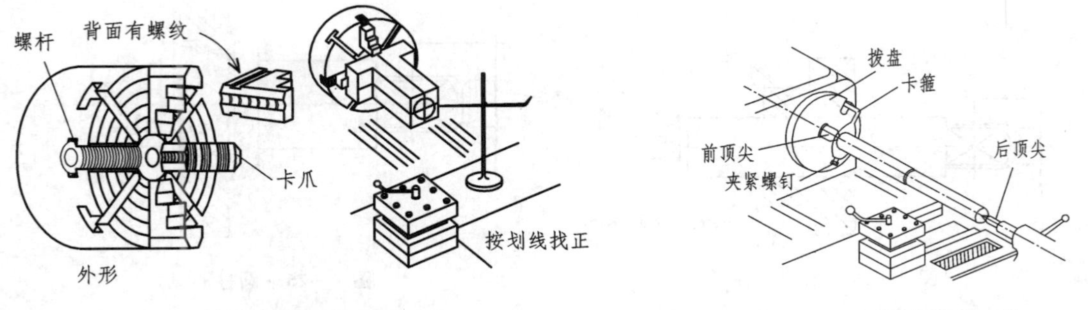

图 7－22　四爪卡盘装夹工作　　图 7－23　双顶尖装夹工件

用顶尖装夹时，工件两端要打中心孔，作为安装的定位基准。一般使用中心钻打中心孔。中心钻的类型如图 7－24 所示。

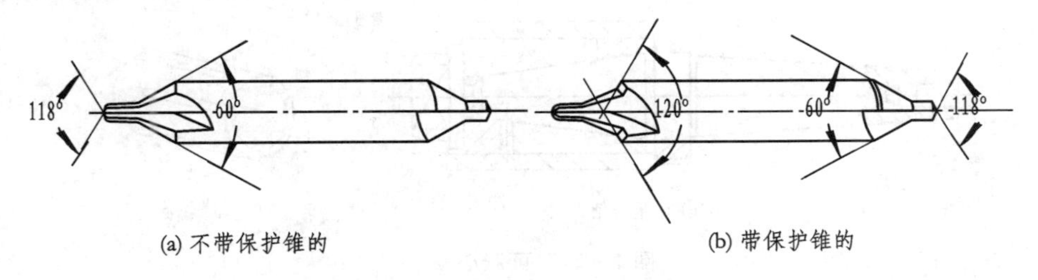

(a) 不带保护锥的　　(b) 带保护锥的

图 7－24　中心钻

中心孔上的 60°锥孔与顶尖上的 60°锥面相配合，里端的小圆孔保证锥孔与顶尖锥面配合贴切，并可存贮少量润滑油。如图 7－24(b)所示，中心孔外端的 120°锥面又称保护锥面，用以保护 60°锥孔的外缘不被碰坏。对于(a)型中心钻和(b)型中心钻，可在车床或专用机床上使用。加工中心孔之前一般应先将轴的端面车平。

4. 卡盘和顶尖装夹工件

对某一端面已有中心孔或内孔的工件，常在一端用卡盘夹住，另一端用活顶尖顶住中心孔或内孔，以限制工件的轴向移动。

5. 心轴安装工件

有些形状复杂和位置公差(主要是同轴度和跳动)要求较高的盘套类零件，要用心轴安装加工。这时要先精加工孔(高于 IT8 和 Ra 1.6 μm)，然后以该孔定位，安装到心轴上加工外圆或端面。心轴在前后顶尖上的安装方法与轴类零件相同。

心轴的种类很多，常用的有锥度心轴、圆柱心轴和可胀心轴。

① 锥度心轴，如图 7－25 所示，其锥度为 1∶2 000～1∶5 000。工件压入后，靠摩擦力与心轴固紧。锥度心轴对中准确，装卸方便，但不能承受大的力矩。多用于盘套类零件外圆和端面的精车。

② 圆柱心轴，如图 7－26 所示，工件装入圆柱心轴后须加上垫圈，用螺母锁紧。其夹紧力较大，可用于较大直径盘类零件外圆的半精车和精车。圆柱心轴外圆与孔配合有一定间隙，对

中比锥度心轴差。使用圆柱心轴时,工件两端面相对孔的轴线的端面跳动应在 0.01 mm 以内。

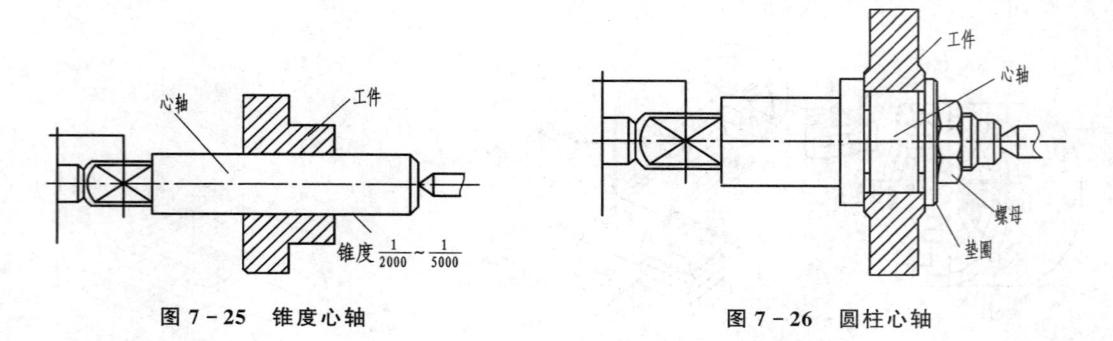

图 7-25 锥度心轴　　图 7-26 圆柱心轴

③ 可胀心轴,如图 7-27 所示,工件装在可胀锥套上,拧紧螺母 1,使锥套沿心轴锥体向左移动而引起直径增大,即可胀紧工件,拧松螺母 1,再拧动螺母 2 来推动工件,即可将工件卸下。

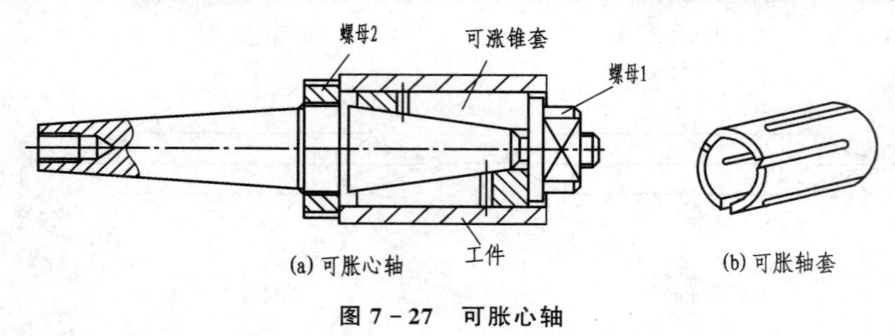

(a) 可胀心轴　　(b) 可胀轴套

图 7-27 可胀心轴

6. 中心架和跟刀架

加工细长轴时,为了防止工件振动或受径向切削分力的作用而产生弯曲变形,常用中心架或跟刀架作为辅助支承。

加工细长阶梯轴的各外圆时,一般将中心架支承在轴的中间部位,先车右端各外圆,调头后再车另一端的外圆,如图 7-28(a)所示;加工长轴或长筒的端面或端部的孔和螺纹等时,可用卡盘夹持工件左端,用中心架支承右端,如图 7-28(b)所示。

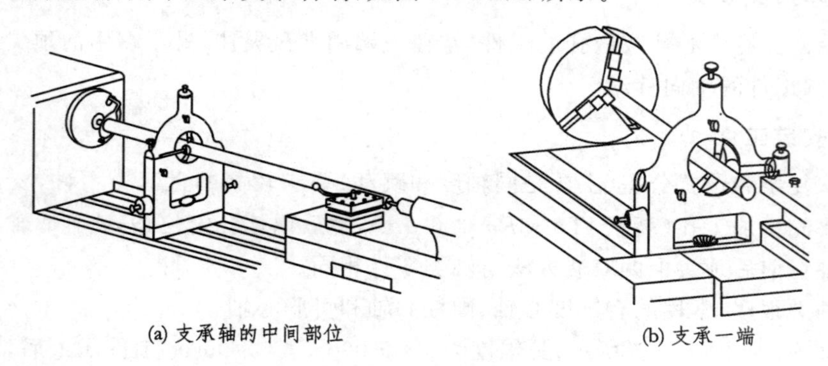

(a) 支承轴的中间部位　　(b) 支承一端

图 7-28 中心架的应用

跟刀架固定在大拖板侧面上,如图 7-29 所示。跟刀架作纵向运动,以增加车刀切削处工件的刚度和抗振性。跟刀架主要用于细长光轴的加工,使用跟刀架须先在工件右端车削一段外圆,根据外圆调整跟刀架两支承爪的位置和松紧,然后即可车削光轴的全长。

使用中心架和跟刀架时，工件转速不宜过高，并需对支承爪加注机油润滑，以防工件与支承爪之间摩擦发热过高而使支承爪磨坏或烧损。

7. 花盘、压板及角铁

花盘端面有许多长槽，用以穿放螺栓、压板和角铁以卡紧工件。花盘可直接装在车床主轴上。在花盘上可安装各种外形复杂的零件，如图7-30～图7-32所示。在装夹工件时，确保被加工表面的旋转轴线与花盘安装基面垂直。

使用花盘与角铁装夹工件时，还要校正使角铁平面与机床主轴轴线平行，并达到所需的中心距。装夹工件后，要安置平衡块，使夹具与工件达到静平衡，而且，转速也不能太高。

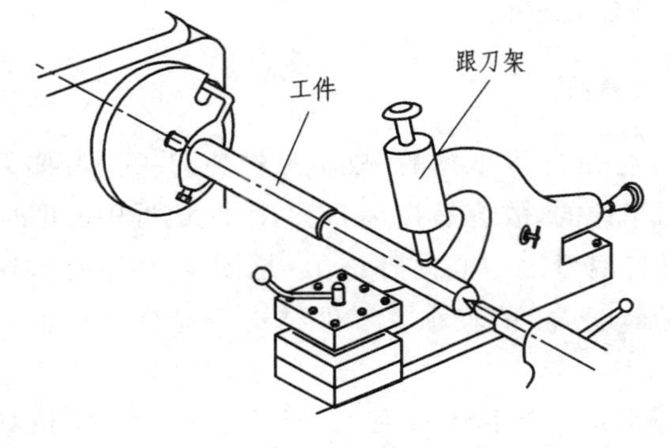

图7-29　跟刀架的应用

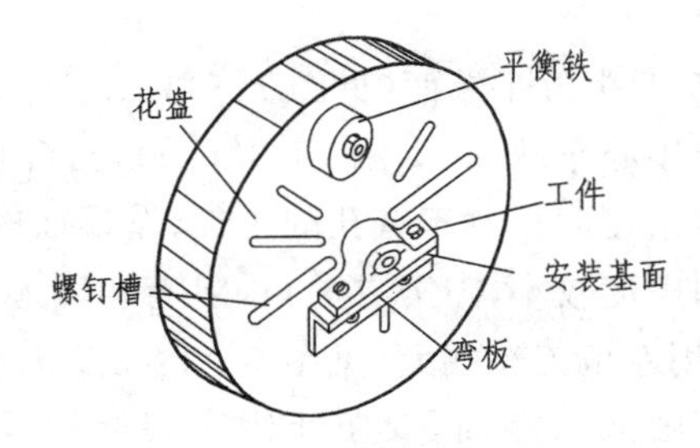

图7-30　在花盘弯板上安装工件

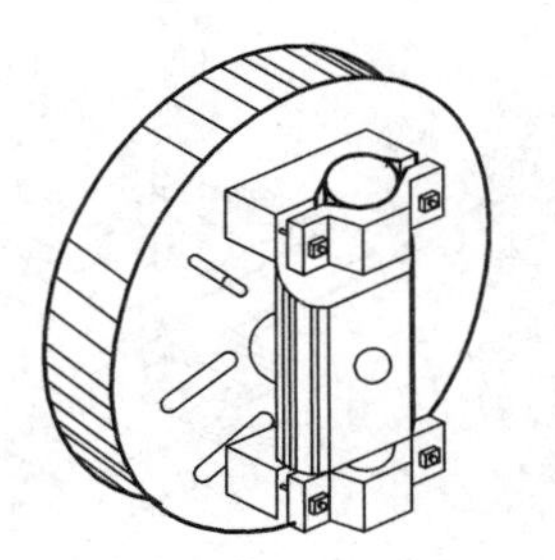

图7-31　在花盘上加工十字轴内孔

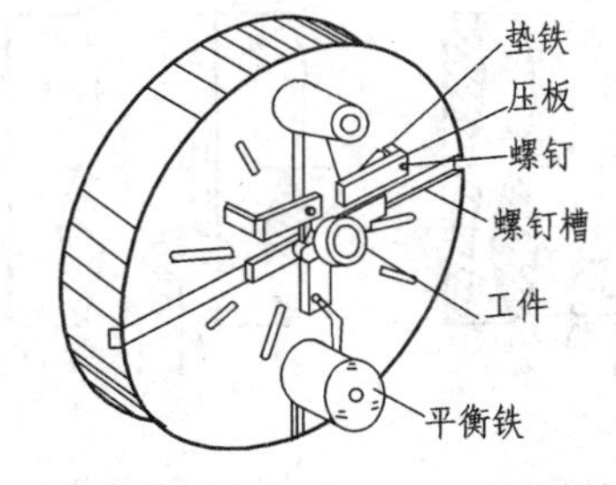

图7-32　在花盘上安装工件

7.5　车削加工方法

车削的加工范围有车外圆及台阶、车端面、镗孔、车锥面、车螺纹、车成形面、切槽及切断等。

7.5.1　车端面

端面车削方法及所用车刀如图7-33所示。

车端面时刀尖必须准确对准工件的旋转中心，否则将在端面中心处车出凸台，极易崩坏刀尖。车端面时，若切削速度由外向中心逐渐减小，会影响端面的粗糙度，因此工件切削速度应比车外圆时略高。

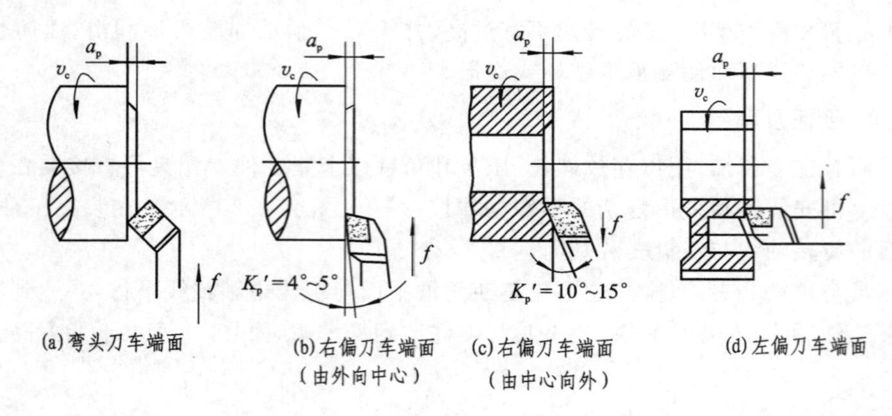

(a)弯头刀车端面　(b)右偏刀车端面(由外向中心)　(c)右偏刀车端面(由中心向外)　(d)左偏刀车端面

图 7-33　车端面

45°弯头刀车端面(见图 7-33(a)),中心的凸台是逐步车掉的,故不易损坏刀尖。右偏刀由外向中心车端面(见图 7-33(b)),凸台是瞬间车掉的,故容易损坏刀尖,因此切近中心时应放慢进给速度。对于有孔的工件,车端面时常用右偏刀由中心向外进给(见图 7-33(c)),这样切削厚度较小,刀刃有前角,因而切削顺利,粗糙度 R_a 值较小。零件结构不允许用右偏刀时,可用左偏刀车端面(见图 7-33(d))。

车削大的端面,要防止因车刀受力及刀架移动而产生凸凹现象(见图 7-34),应按如图 7-35 所示的方法将大拖板紧固在床身上再进行车削。

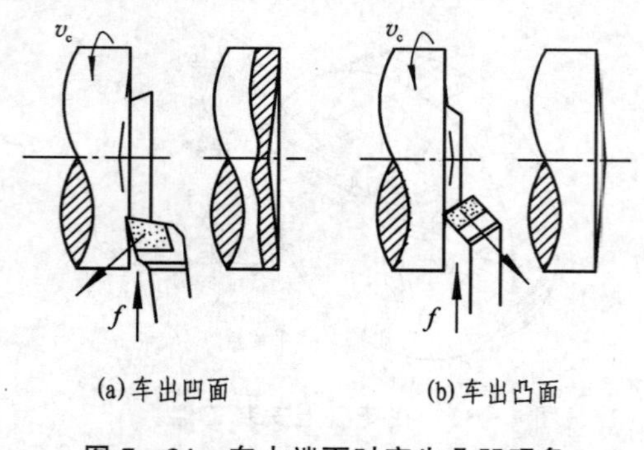

(a)车出凹面　(b)车出凸面

图 7-34　车大端面时产生凸凹现象

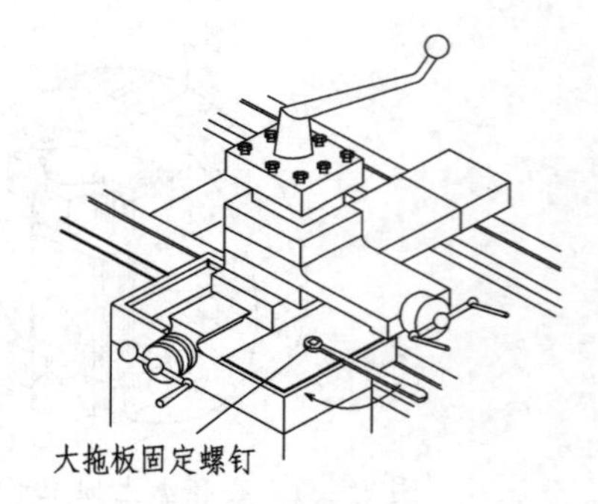

图 7-35　车大端面时锁紧大拖板

7.5.2　车外圆及台阶

外圆柱面零件有轴类与盘类两大类。轴类零件的原材料有热轧钢材和铸件两种。前者直径一般较小,后者直径一般较大。当零件长径比值较大时,可分别采用双顶尖、跟刀架和中心架装夹加工。

车削高度大于 5 mm 的台阶轴时,外圆应分层切除,再对台阶面进行精车,如图 7-36 所示。

盘类零件的内孔、外圆和端面一般都有几何精度要求,加工方法大多采用“一次装夹”方法加工,俗称“一刀落”或“一刀活”。要求较高时可先加工好内孔,再用心轴装夹车削相关外圆与端面。

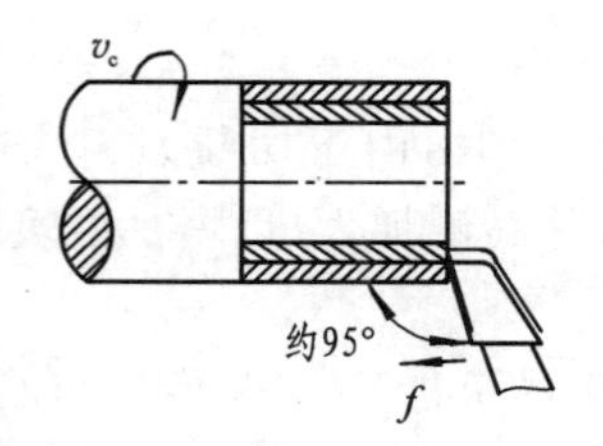

(a)偏刀主切削刃和工件轴线约成95°，分多次纵向进给车削

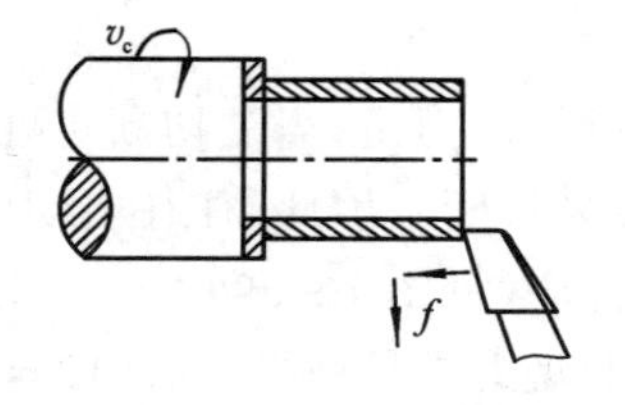

(b)在末次纵向送进后车刀横向退出，车出90°台阶

图 7-36　车高台阶的方法

7.5.3　切槽与切断

1. 切　槽

车床上可切外槽、内槽与端面槽，如图 7-37 所示。

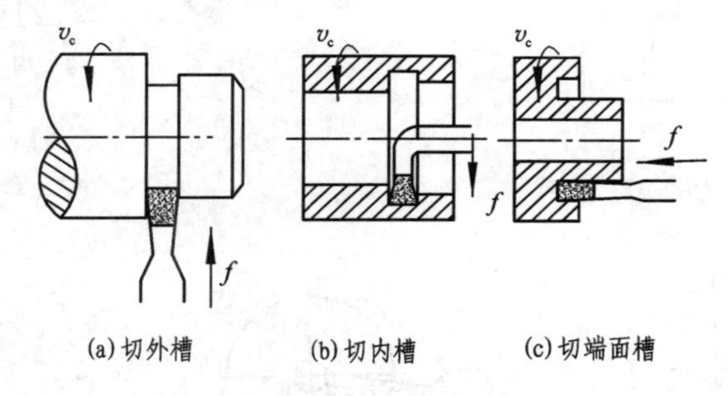

(a)切外槽　(b)切内槽　(c)切端面槽

图 7-37　切槽及切槽刀

切槽与车端面很相似，如同左右偏刀同时车削左右两个端面。因此，切槽刀具有一个主切削刃和一个主偏角以及两个副切削刃和两个副偏角(见图 7-38)。

宽度为 5 mm 以下的窄槽可用主切削刃与槽等宽的切槽刀一次切出。

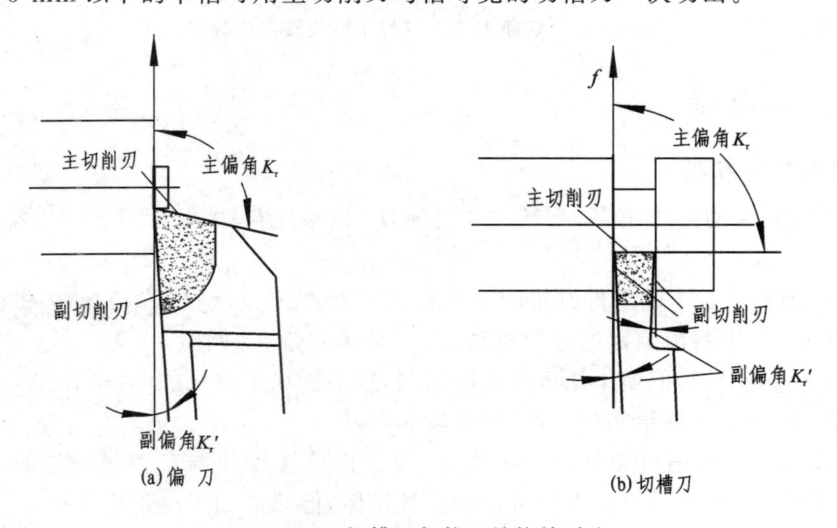

(a)偏　刀　(b)切槽刀

图 7-38　切槽刀与偏刀结构的对比

2. 切　断

切断与切槽类似。但是,当需切断工件的直径较大时,由于切断刀刀头较长,切屑容易堵塞在槽内,刀头容易折断。因此,往往将切断刀刀头的高度加大,以增加强度,将主切削刃两边磨出斜刃以利于排屑(见图7-39)。

切断一般在卡盘上进行(见图7-40),切断处应尽可能靠近卡盘。切断刀主切削刃必须对准工件旋转中心,较高或较低均会使工件中心部位形成凸台,并损坏刀头,如图7-41所示。切断时进给要均匀,快要切断工件时须放慢进给速度,以免刀头折断。切断不宜在顶尖上进行。

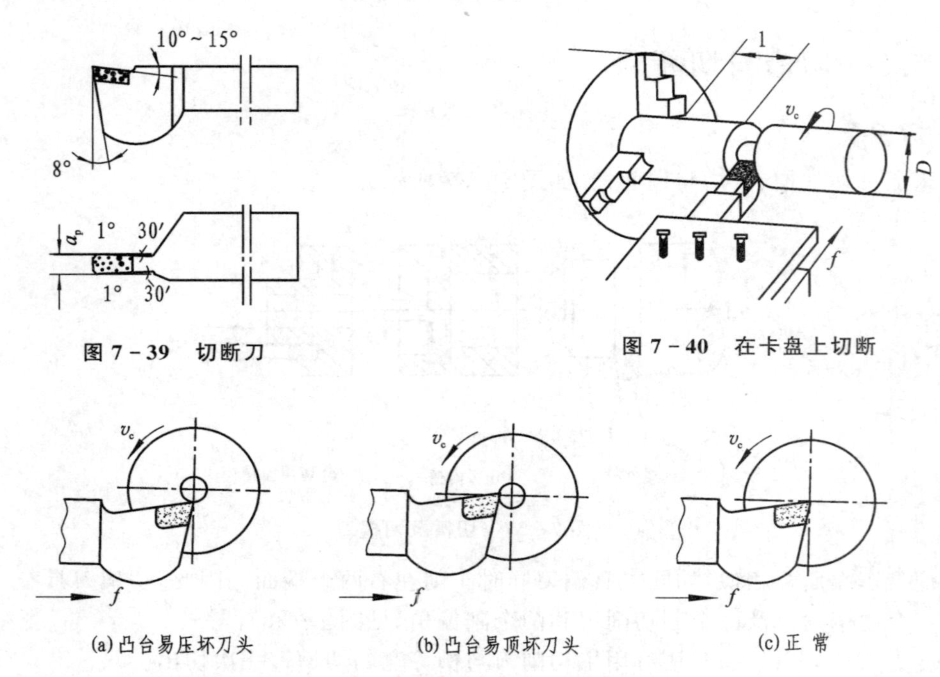

图7-39　切断刀

图7-40　在卡盘上切断

(a)凸台易压坏刀头　(b)凸台易顶坏刀头　(c)正 常

图7-41　切断刀刀尖应与工件旋转中心等高

7.5.4　车圆锥

1. 车削圆锥的方法

在车床上车圆锥的方法很多,有转动小拖板法、偏移尾架法、机械靠模法、成形车刀车削法、轨迹法等。

① 转动小拖板法。求出工件圆锥的斜角($\alpha/2$),将小拖板转过($\alpha/2$)角后固定。车削时,转动小拖板手柄,车刀就沿圆锥的母线移动,可车锥体和锥孔,如图7-42所示。这种方法简单,不受锥度大小的限制,但受小拖板行程的限制,故不能加工较长的圆锥,且工件表面粗糙度靠操作技术控制,用手动进给实现,劳动强度较大。

② 偏移尾座法。把尾座偏移一个距离S、使工件旋转轴线与车刀纵向进给方向相交成($\alpha/2$)斜角,如图7-43所示。此方法可以加工长锥体,但只能加工小锥度锥体,可用机动进给操作,劳动强度低。

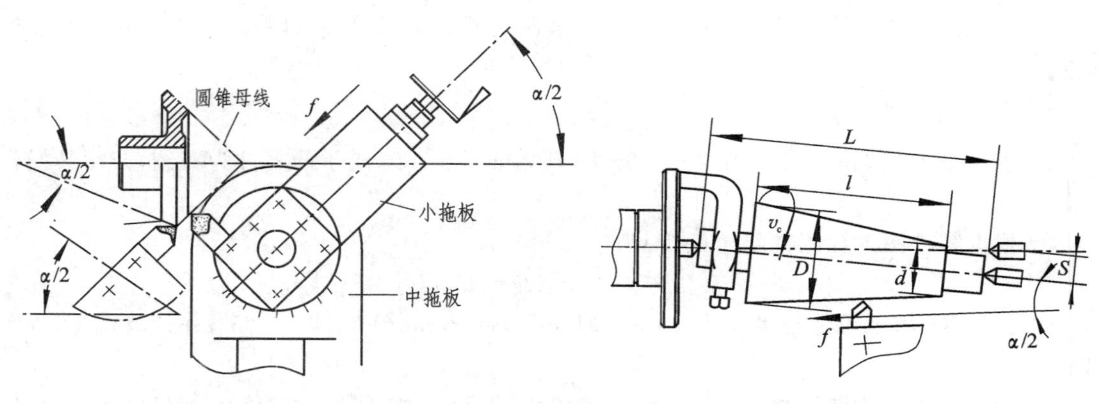

图 7-42　转动小拖板法车圆锥　　图 7-43　偏移尾座法车圆锥

尾座偏移量为

$$S = L \cdot (\alpha/2) = L \cdot (D-d)/(2l) = L \cdot \tan(\alpha/2)$$

式中,L 为工件长度(mm)。

③ 成形车刀车削法。对于长度较短的圆锥成批加工时可磨制成形车刀,利用手动进给直接车出,此法径向切削力大,易引起振动,如图 7-44 所示。

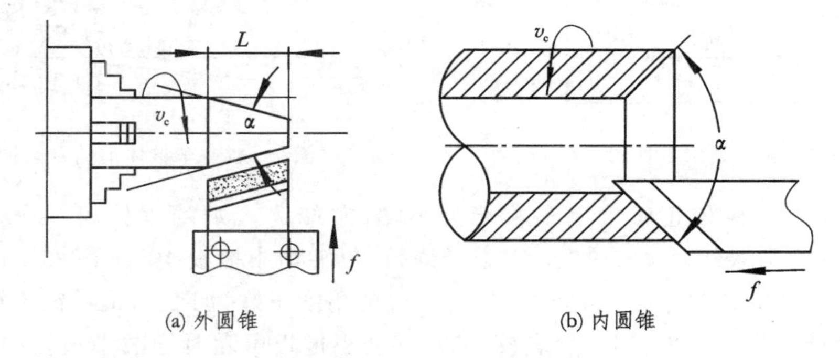

(a) 外圆锥　　(b) 内圆锥

图 7-44　成形车刀车削法车圆锥

④ 机械靠模法。需用专用靠模工具,适用于成批加工锥度较小、精度要求高的圆锥工件,如图 7-45 所示。

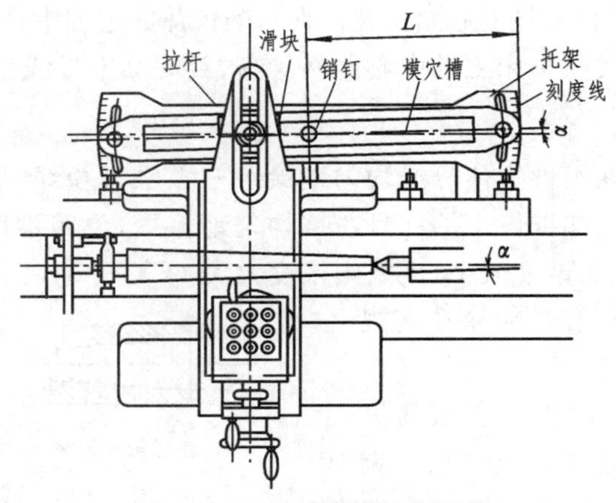

图 7-45　机械靠模法车圆锥

⑤ 轨迹法。在数控车床上，车刀可根据编制的程序走出圆锥母线的轨迹，车出工件的圆锥。

2. 车圆锥操作示例

转动小拖板车圆锥是最常用的一种方法，现以如图7-46所示的零件为实例，介绍其操作步骤。

① 根据零件图计算圆锥斜角($\alpha/2$)为

$$\alpha/2=\arctan[(D-d)/l]$$

如图7-46所示锥体锥度α为1∶20，即($\alpha/2$)$=\arctan(1/40)=1°25'$，并计算出D等于22 mm。

② 把锥体先车成圆柱体，其直径等于锥体大端直径，如图7-47所示。车出台阶$\phi20$、$\phi22$，保证$\phi20$长15 mm，并在距台阶40 mm处刻出线痕。

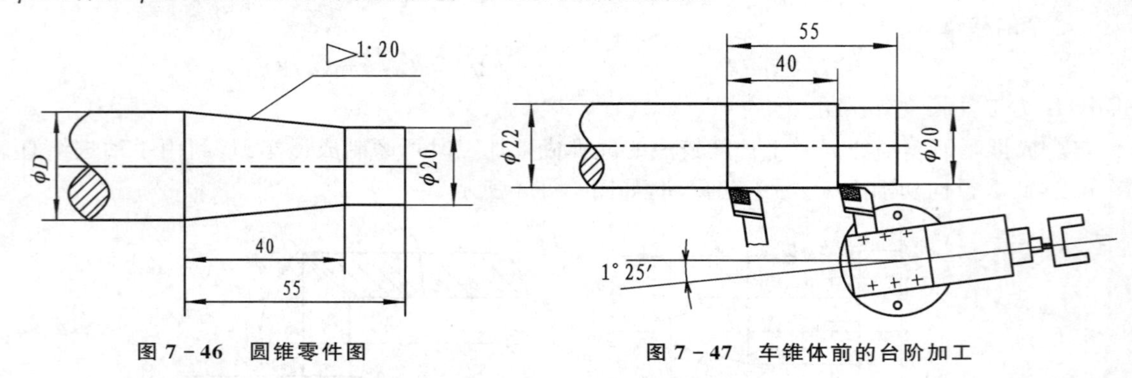

图7-46 圆锥零件图

图7-47 车锥体前的台阶加工

③ 转动小拖板校正锥度。车右端为小端，左端为大端的锥体时，逆时针转动小拖板1°25′，然后用百分表接触$\phi22$的起点，记录读数，再转动小拖板40/cos1°25′的距离，此时百分表的读数比原先的读数差1 mm，则小拖板转过的角度正好为1°25′，最后锁紧转盘及小拖板。

如有标准塞规或样件，用百分表校正时，移动小拖板可随时增减小拖板的转角量，使百分表指针不摆动，用这种方法校正锥度既准又快。

④ 车圆锥时，先粗车，留0.2～0.5 mm余量进行精车。进给时，大拖板固定，用中拖板调整切刀深度，车削时，只能转动小拖板进行进给。进给结束后，移动中拖板将车刀退离工件，再反向转动小拖板，使车刀退到锥体右端的起始位置。在车削锥体的过程中，转动小拖板手柄应均匀。

车圆锥时，车刀中心要与车床主轴中心严格等高，否则圆锥母线会变成双曲线。

3. 圆锥表面的检测

检验锥体用套规，先在工件锥体母线均匀地涂上三条红丹粉线，把套规轻轻套入锥体，转动1/3～1/2转，拔出套规，如锥体上的红丹粉被均匀地擦去，说明锥度正确；若大端表面被擦去，小端表面未被擦去，说明锥度太小；反之则锥度太大。

检验锥孔用锥度塞规，红丹粉涂在塞规上进行检验，方法同检验锥体。

用锥度套规和塞规检验圆锥表面的另一种方法如图7-48所示，只要保证锥孔大端面在插入的塞规大端两条刻线处或锥体小端面

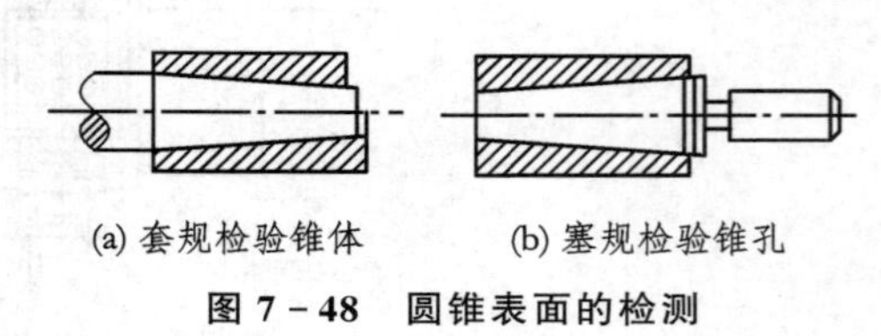

(a) 套规检验锥体　(b) 塞规检验锥孔

图7-48 圆锥表面的检测

在套入的套规小端处的台阶孔间，即说明圆锥大端直径尺寸或小端直径尺寸在公差范围内。

对大锥度工件的锥度，可用万能角度尺检验或用样板检验。

7.5.5　螺纹车削

螺纹种类很多，按牙形可分为：三角形螺纹、梯形螺纹和方牙螺纹等。按标准可分为：公制螺纹和英制螺纹。公制螺纹三角螺纹的牙形角为60°，用螺距或导程表示其主要规格；英制螺纹三角螺纹的牙形角为55°，用每英寸的牙数作为主要规格。各种螺纹都有左旋、右旋、单线、多线之分。公制三角螺纹应用最广，称普通螺纹。

1. 普通螺纹公称尺寸

GB 192～196—2003规定了公称直径自1～50 mm普通螺纹的公称尺寸，如图7-49所示。

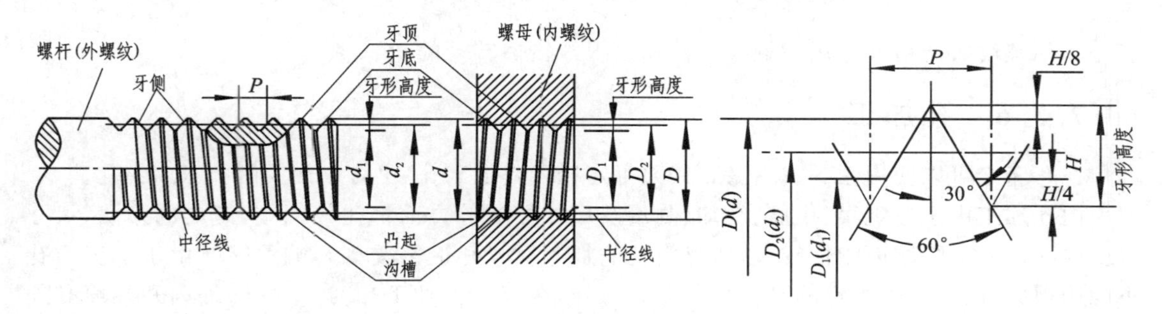

图7-49　普通螺纹名称及符号

其中大径、螺距、中径、牙形角是最基本要素，也是螺纹车削时必须控制的部分。

大径D，d：外螺纹的外径(d)，内螺纹的底径(D)，是标注螺纹的尺寸。

中径D_2，d_2：假想圆柱面直径，该处圆柱面上螺纹牙厚与螺纹槽宽相等。

螺距P：指相邻两牙在轴线方向上对应点间的距离，由机床传动部分控制。

牙形角α：螺纹轴向剖面上相邻两牙侧之间的夹角。

2. 螺纹车削

① 螺纹车刀及其安装。螺纹牙形角要靠螺纹车刀的正确形状来保证，因此三角螺纹车刀两刀刃的交角应为60°，而且精车时车刀的前角应等于0°，刀具用样板安装，应保证刀尖分角线与工件轴线垂直。

② 车床运动调整。为了得到正确的螺距P，应保证工件转一圈时，刀具准确地纵向移动一个螺距，即

$$n_{丝} \cdot P_{丝} = n \cdot P$$

如图7-50所示为车螺纹时传动简图，其中n、$n_{丝}$分别表示工件和车床丝杠每分钟的转数，P，$P_{丝}$分别为加工工件和车床传动丝杠螺距。通常在具体操作时可按车床进给箱标牌上表示的数值加工工件螺距值，调整相应的进给调速手柄即可满足公式的要求。

③ 螺纹车削注意事项。由于螺纹的牙形是经过多次走刀形成的，一般每次走刀、吃刀都是采用一侧刀刃进行切削(称斜进刀法)，故这种方法适用于较大螺纹的粗加工。有时为了保证螺纹两侧都同样光洁，可采用左右切削法，采用此法加工时可利用小刀架先作向左或向右的少量进给。

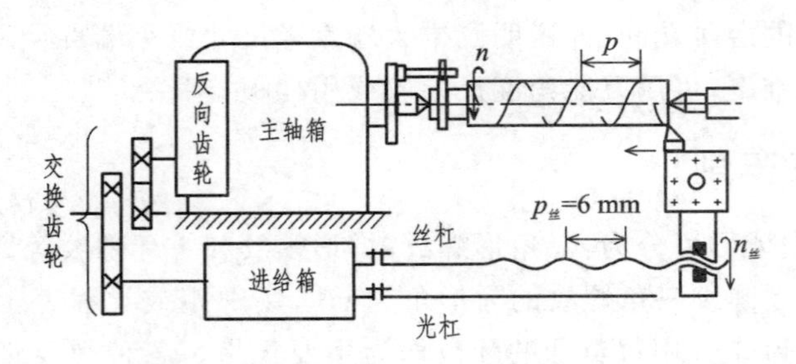

图 7-50　车螺纹传动简图

当车削加工工件的螺距 P 与车床丝杠螺距 $P_{丝}$ 不是整数倍时，为了保证每次走刀时刀尖都正确落在前次车削好的螺纹槽内，故不能在车削过程中提起开合螺母，而应采用反车退刀的方法。

车削螺纹时严格禁止用手触摸工件和以棉纱揩擦转动的螺纹。

7.5.6　孔加工

在车床上可以使用钻头、扩孔钻、铰刀等定径刀具加工孔，也可以使用内孔车刀镗孔。

内孔加工由于在观察、排屑、冷却、测量及尺寸控制等方面都比较困难，刀具的形状、尺寸又受内孔尺寸的限制而刚性较差，所以内孔的加工质量相应会受到影响。同时由于加工内孔不能用顶尖，因而装夹工件的刚性也较差。另外，在车床上加工孔时，工件的外圆和端面必须在同一次装夹中完成，这样才能靠机床的精度保证工件内孔、外圆表面的同轴度，以及工件轴线与端面的垂直度。因此，在车床上适合加工轴类、盘套类零件中心位置的孔，而不适合于加工大型零件及箱体、支架类零件上的孔。

1. 钻　孔

在车床上钻孔与在钻床上钻孔的切削运动是不一样的，在钻床上加工的主运动是钻头的旋转，进给运动是钻头的轴向进给；而在车床上钻孔时(见图 7-51)，主运动由车床主轴带动工件旋转，钻头装在尾座的套筒里，用手转动手轮使套筒带着钻头实现进给运动。因此，在车床上加工孔，不需要划线，且容易保证孔与外圆的同轴度及孔与端面的垂直度。

一般在车床上用麻花钻钻孔来完成低精度孔的加工，或作为高精度孔的粗加工。

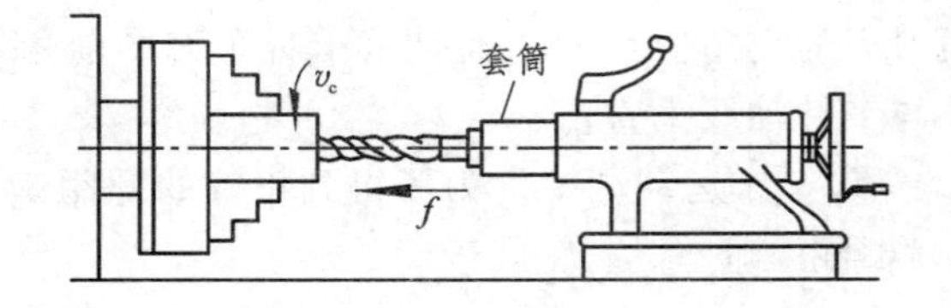

图 7-51　在车床上钻孔

在车床上钻孔应注意以下几点：

① 钻孔前，先车好端面，便于钻头定心。

② 钻孔时，要及时退钻排屑，用切削液冷却钻头。快钻透时，进给要慢，钻透后将钻头退出后再停车。

③ 一般 ϕ30 mm 以下的孔可用麻花钻直接在实心的工件上钻孔。若孔径在 ϕ30 mm 以上，先用 ϕ30 mm 以下的钻头钻孔后，再用该尺寸钻头扩孔。

2. 扩　孔

扩孔就是把已用麻花钻钻好的孔再扩大的加工。一般单件低精度的孔可直接用麻花钻扩孔；精度要求高、成批加工的孔可用扩孔钻扩孔。扩孔钻的刚度好，进给量可较大，生产率较高。扩孔详见钳工中的有关内容。

3. 镗 孔

① 镗孔及其操作。镗孔是用镗孔刀对已铸、锻或钻出的孔作进一步加工，以扩大孔径，提高孔的精度和降低孔壁表面粗糙度的加工方法。在车床上可镗通孔、盲孔、台阶孔及孔内环形沟槽等，如图 7-52 所示。

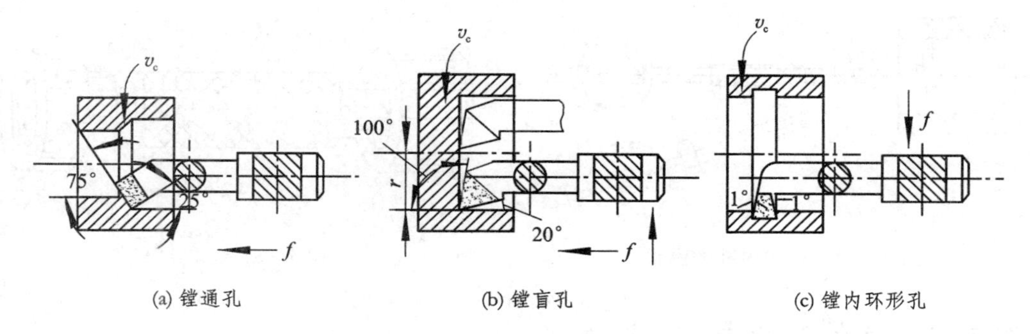

图 7-52 在车床上镗孔

通孔镗刀的主偏角 K_r 一般应小于 90°。镗盲孔或台阶孔的镗刀主偏角 K_r 应大于 90°。精镗通孔时，为防止切屑划伤已加工表面，镗刀刃倾角 λ_s 应取正值，以使切屑流向待加工表面，从孔的前端口排出。精镗盲孔时，镗刀的刃倾角 λ_s 应取负值，以使切屑从孔口及时排出。精车镗孔刀断屑槽要窄，以便于卷屑、断屑。

镗孔时，镗刀伸入孔内切削，由于刀杆尺寸受到孔径的限制，所以易出现刀杆刚性不足而产生弹性弯曲变形，使加工出的孔呈喇叭口形。为提高刀杆刚性，刀杆的直径尺寸应尽量大些，伸出长度应尽量短些，刀尖要略高于主轴旋转中心，以减小颤动和避免扎刀。

镗通孔时，在选截面尽可能大的刀杆的同时，应防止镗刀下部碰伤已加工的表面。镗盲孔时，则要使刀尖至刀背面的距离小于孔径的一半，否则无法车平不通孔底的端面。

镗孔操作与车外圆操作基本相同，但应注意以下几点。

a）开车前先使车刀在孔内手动试走一遍，确认车刀不与孔干涉后，再开车镗孔。

b）粗镗时，切削用量（f、a_p）要比车外圆时略小。刀杆越细，背吃刀量 a_p 也应越小。

c）镗孔的切深方向和退刀方向与车外圆正好相反。

d）由于刀杆刚性差，会产生“让刀”而使内孔成为锥孔，这时须降低切削用量，采取多次镗孔方式。镗孔刀磨损严重时，也会产生锥孔，这时须重磨车刀后再进行镗孔。

（2）镗孔尺寸的控制和测量。内孔的孔深可用如图 7-53 所示的方法初步控制镗孔深度后，再用游标卡尺或深度千分尺测量来控制孔深。

内径的测量：精度较高的孔径，用游标卡尺测量；精度高的孔径则用内径千分尺或内径百分表测量，如图 7-54 所示。对于标准孔径，可用塞规检验，如图 7-55 所示。过端能进入孔内，止端不能进入孔内，说明工件的孔径合格，这是内孔尺寸和形状的综合测量方法，适合成批加工时的检验。

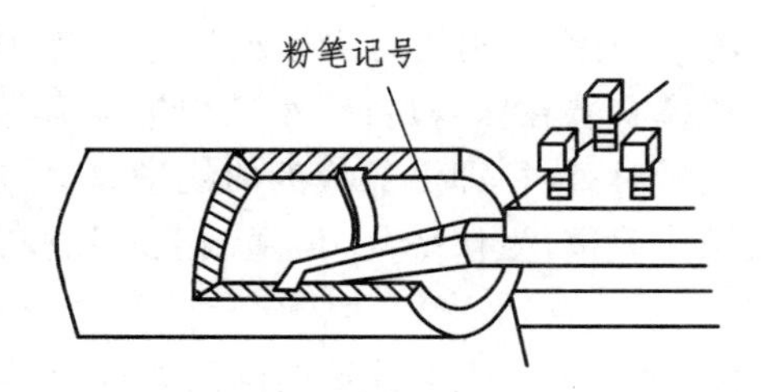

图 7-53 控制车孔深度的方法

4. 铰　孔

铰孔是高效率成批精加工孔的方法,孔的加工质量稳定。钻-扩-铰连用是孔加工的典型方法之一,多用于成批生产或用于单件小批细长孔的加工。

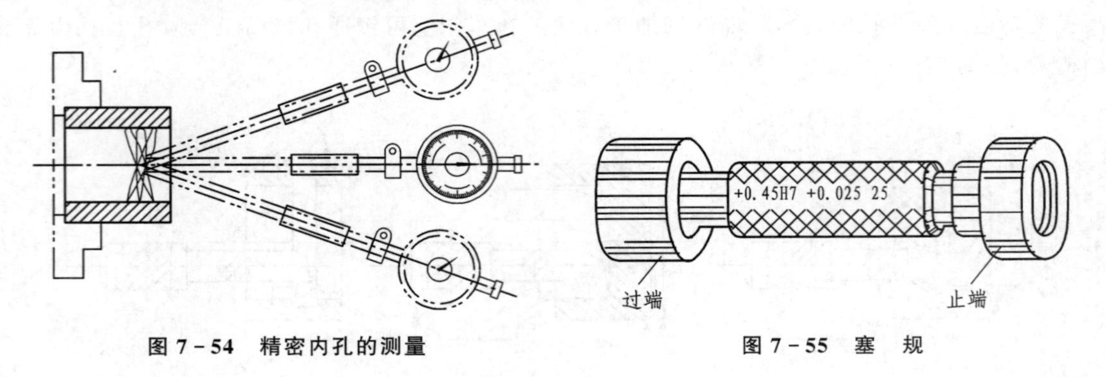

图 7-54　精密内孔的测量　　　　图 7-55　塞　规

7.5.7　其他车削加工

在车床上,还可车成形面、偏心件、滚花、盘弹簧等。

1. 车成形面

手柄、手轮、圆球等成形表面可以在车床上车削出来。成形面车削方法有以下几种。

① 成形车刀法。用类似工件轮廓线的成形车刀车出所需工件的轮廓线,如图 7-56 所示。车刀与工件接触面较大,易振动,应选用较低的转速和小进给量。车床的刚度和功率应较大,成形面精度要求低,成形刀应磨出前角。在使用成形车刀以前,应先用普通车刀把工件车到接近成形面的形状,再用成形车刀精车。此法生产率较高,但刀具刃磨困难,故适用于批量较大、刚性较好、轴向长度短、且较简单的成形面零件。

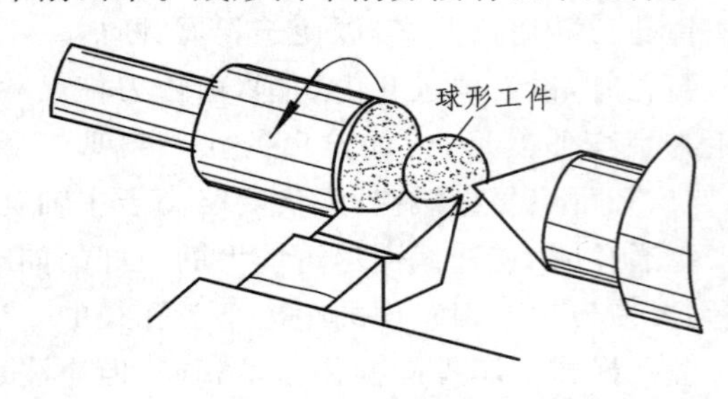

图 7-56　成形车刀法

② 双手操纵法。单件、小批量的成形面零件可用双手同时操纵纵向和横向手动进给进行车削,使刀尖的运动轨迹与工件成形面母线轨迹一致,如图 7-57 所示。右手摇小拖板手柄,左手摇中拖板手柄,也可在工件对面放一个样板,来对照所车工件的曲线轮廓。所用刀具为普通车刀,用样板反复检验,最后用锉刀和砂纸修整、抛光。该方法要求熟练的操作技术,并且生产效率低。

③ 靠模法。利用刀尖运动轨迹与靠模形状完全相同的方法车出成形面,如图 7-58 所示。靠模安装在床身后面,车床中拖板需与其丝杠脱开。其前端连接板上装有滚柱,当大拖板纵向进给时,滚柱即沿靠模的曲线槽移动,从而带动中拖板和车刀作曲线走刀而车出成形面。此法操作简单,生产率高,但须制造专用模具,适用于批量生产、车削较长和形状简单的成形面零件。

④ 数控法。按工件轴向剖面的成形母线轨迹编制成数控程序,输入数控车床,车成形面。此法车出的成形面质量高,生产率也高,还可车复杂形状的零件。

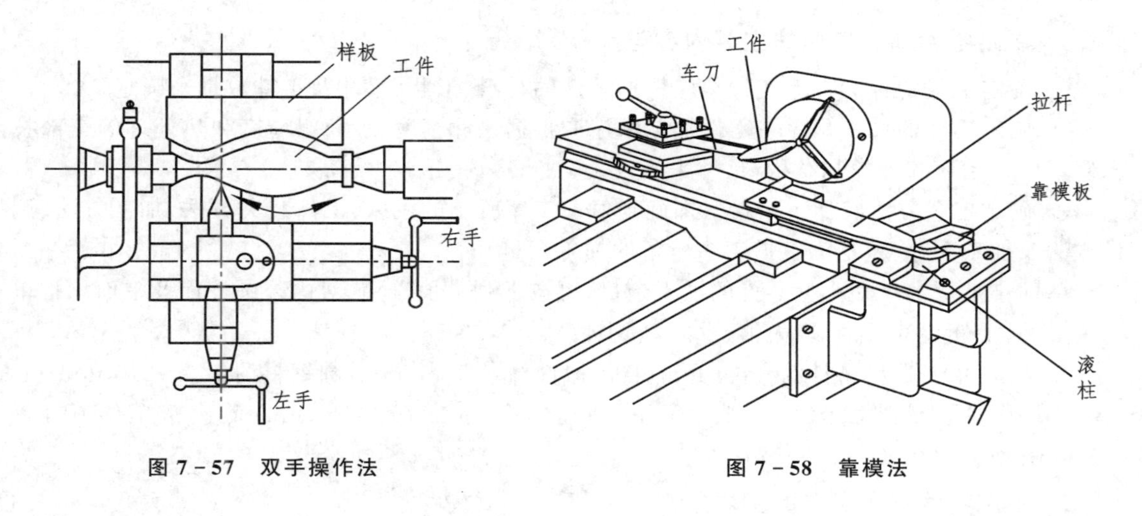

图 7－57 双手操作法　　图 7－58 靠模法

2. 滚 花

用滚花刀将工件表面压出直线或网纹的方法称为滚花，如图 7－59 所示。滚花刀按花纹分有直纹和网纹两种类型，按花纹的粗细也可分多种类型，按滚花轮的数量又将滚花刀分为单轮滚花刀、双轮滚花刀和三轮滚花刀三种。

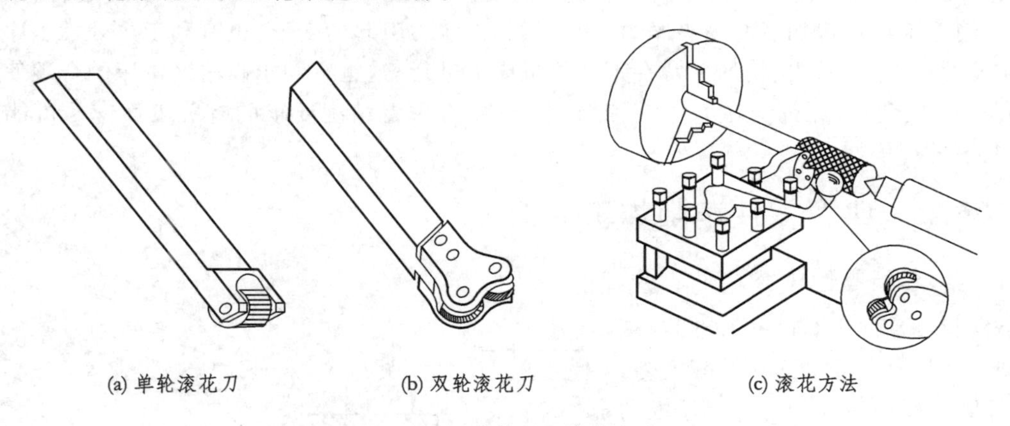

(a) 单轮滚花刀　(b) 双轮滚花刀　(c) 滚花方法

图 7－59 滚花刀及滚花方法

滚花时，工件以低速旋转，滚轮柄装夹在刀架上，横向进给，压紧工件表面。花纹深度与滚花轮压紧工件表面的程度有关，但不能一次压得太紧，应边滚边加深。为了避免破坏滚花刀和防止细屑滞塞在滚花刀内而产生乱纹，应充分供给切削液。

工件经滚花后，可增加美观程度，并便于握持，常用于螺纹环规、千分尺的套管、手拧螺母等。

7.6 典型零件车削工艺

7.6.1 制定零件加工工艺的要求

零件加工工艺是零件加工的方法和步骤。制定零件加工工艺必须保证该零件的全部技术要求，并使生产率最高、加工成本最低、加工过程安全可靠。

1. 制定零件加工工艺的主要内容与步骤

① 确定毛坯的种类。毛坯种类应根据零件的材料、形状、尺寸及工件数量来确定。

② 确定零件的加工顺序。零件加工顺序应根据尺寸精度、表面粗糙度和热处理等全部技术要求以及毛坯的种类和结构、尺寸来确定。

③ 确定工艺方法及加工余量。即确定每一工序所用的机床、工件装夹方法、加工方法、测量方法及加工尺寸(包括为下道工序所留的加工余量)。

单件小批量生产和小型零件的加工余量,可按下列数值选用(对内外圆柱面及平面均指单边余量)。毛坯尺寸大的,取大值;反之,取小值。

总余量:手工造型铸件约3～6 mm;自由锻件约3.5～7 mm;圆钢料约1.5～2.5 mm。

工序余量:半精车约0.8～1.5 mm;高速精车约0.4～0.5 mm;低速精车约0.1～0.3 mm;磨削约0.15～0.25 mm。

2. 制定零件加工工艺的基本原则

① 精基面先行原则。零件加工必须选合适的表面作为在机床或夹具上的定位基面。作为第一道工艺定位基面的毛坯面,称为粗基面;经过加工的表面作为定位基面的,称为精基面。主要的精基面应先行加工。

② 粗、精分开原则。对精度要求较高的表面,一般应在工件全部粗加工后再进行精加工。这样可消除工件在粗加工时因夹紧力、切削热和内应力引起的变形,也有利于热处理工序的安排;在大批量生产时,粗、精加工常在不同的机床上进行,这也有利于高精度机床的合理使用。

③ "一次装夹"原则。在单件、小批量生产中,有位置精度要求的有关表面应尽可能在一次装夹中进行精加工。

7.6.2 典型零件车削加工实例

1. 盘、套类零件

盘、套类零件主要由孔、外圆与端面组成,除尺寸精度、表面粗糙度外,一般外圆及端面对孔均有位置精度的要求。在工艺上,一般分为粗车和精车。精车时,尽可能把有位置精度要求的外圆、端面与孔在一次安装中加工出来。否则,通常先将孔精加工出来,再以孔定位安装在心轴上精加工外圆和端面,也可在平面磨床上磨削端面。

如图7-60所示的齿轮坯是一种典型的盘类零件。图中表面粗糙度要求的 Ra 为6.3～1.6 μm,故可用车削加工成形。根据齿轮坯的位置精度要求,车削时须保证大外圆及两端面对孔的跳动要求。其加工工艺过程如表7-2所列。

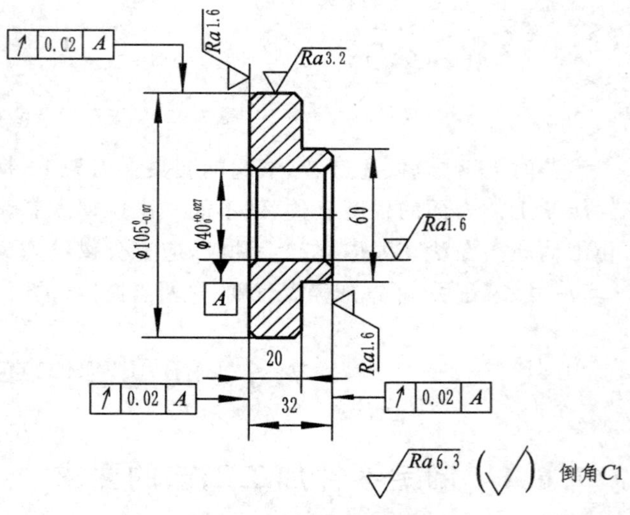

图7-60　齿轮坯的零件图

表 7-2　齿轮坯工序流程

序　号	工　种	工序内容	加工简图	刀　具	装夹方法
1	下　料	圆钢下料 $\phi110\times36$			
2	车	卡 $\phi110$ 外圆长 20 车端面见平，车外圆 $\phi63\times12$		右偏刀	三爪卡盘
3	车	卡 $\phi63$ 外圆，粗车端面，外圆至 $\phi107\times22$，钻孔 $\phi36$，粗、精镗孔 $\phi40^{\ 0}_{+0.027}$ 至尺寸，精车端面、保证总长 33，精车外圆 $\phi105^{\ 0}_{-0.07}$ 至尺寸，倒内角 $1\times45°$，外角 $2\times45°$		右偏刀、45°弯头刀、麻花钻、镗孔刀	三爪卡盘
4	车	卡 $\phi105$ 外圆、垫铜皮、找正，精车台肩面保证厚度 20，车小端面、保证总长 32.3，精车外圆 $\phi60$ 至尺寸，倒内角 $1\times45°$，外角 $2\times45°$		右偏刀、45°弯头刀	三爪卡盘
5	磨（或用心轴车端面）	以大端面为基准，磨小端面，保证总长 32		砂　轮	电磁吸盘

“神舟”飞船模型的“轨道舱”如图 7-61 所示，也是盘套类零件，与上述齿轮坯相比，其内孔尺寸较小，且因为与“返回舱”有配合要求，孔的精度要求较高，车削实习时用钻孔-铰孔方式加工孔。其加工工艺过程如表 7-3 所列。

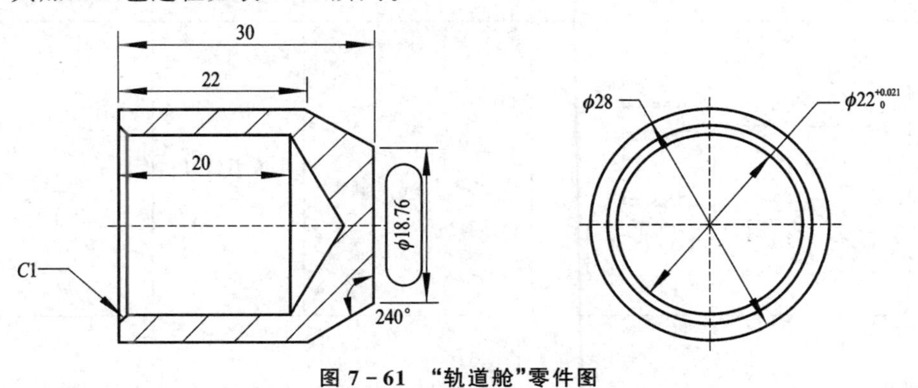

图 7-61　“轨道舱”零件图

表 7－3　“轨道舱”车削加工步骤及内容

工　步	图　样	加工内容	刀　具	切削用量 转速 $n/(\mathrm{r\cdot min^{-1}})$ 进给量 $f/(\mathrm{mm\cdot r^{-1}})$
1	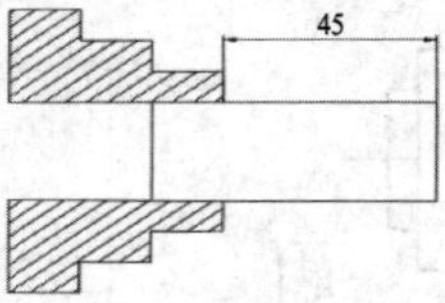	伸出 $45^{+0.1}_{-0.1}$ mm， 夹紧工件， 车端面	90°右偏刀	$n=710$ $f=0.1$
2	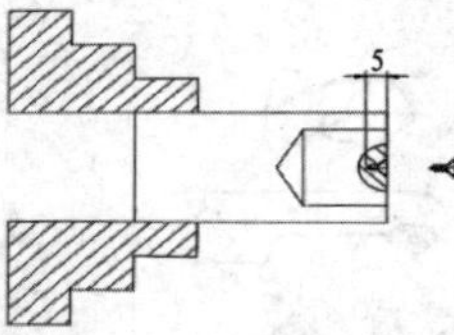	钻中心孔， 深度 $5^{+0.2}_{-0.2}$ mm	中心钻	$n=710$ $f=0.1$
3	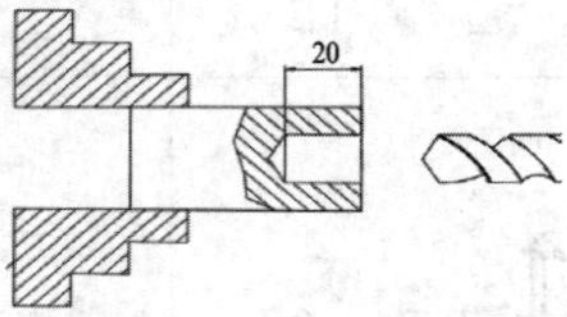	钻孔， 深度 $20^{+0.1}_{-0.1}$ mm	$\phi21.6$ 钻头	$n=320$ $f=0.1\sim0.2$
4	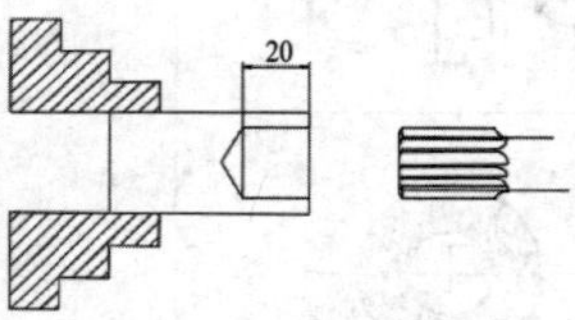	铰孔， 深度 $20^{+0.04}_{-0.1}$ mm	$\phi22$ 铰刀	$n=100$ $f=0.05\sim0.08$
5	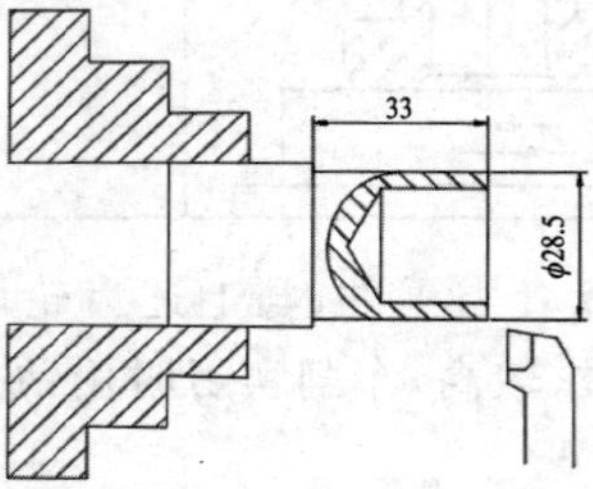	在 $33^{+0.1}_{0}$ mm 处划线， 将这段尺寸粗车至 $\phi28.5^{+0.2}_{-0.2}$	90°右偏刀	$n=560$ $f=0.15\sim0.25$
6	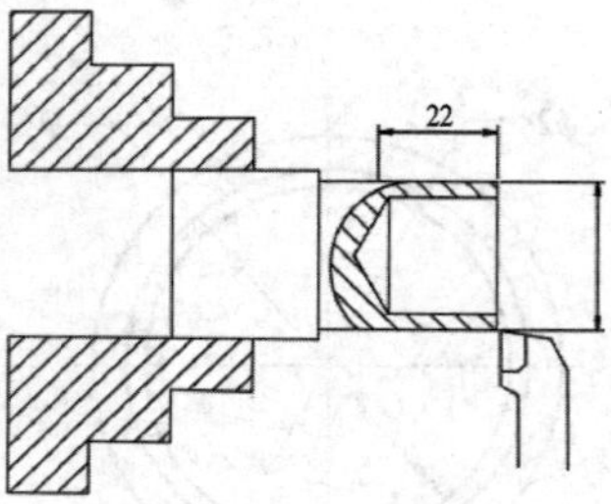	精车至 $\phi28^{0}_{-0.03}$， 在 $22^{+0.1}_{0}$ mm 处画线	90°右偏刀	$n=710$ $f=0.08\sim0.1$

续表 7－3

工　步	图　样	加工内容	刀　具	切削用量 转速 $n/(\mathrm{r \cdot min^{-1}})$ 进给量 $f/(\mathrm{mm \cdot r^{-1}})$
7		倒角	45°右偏刀	$n=710$ $f=0.1$
8		在 $30.5^{+0.1}_{-0.1}$ 处切断	切断刀	$n=320$ $f=0.1 \sim 0.15$
9		套工装，装夹工件，平端面至总长为 30，用仿形刀加工锥面	30°成形刀	$n=560$ $f=0.1$

2. 轴类零件

如图 7－62 所示为学生实习产品——榔头柄。图中表面粗糙度要求的 Ra 为 3.2～1.6 μm，可用车削加工成形。根据榔头柄的形状精度要求，车削时须保证 M10 螺纹处圆柱度

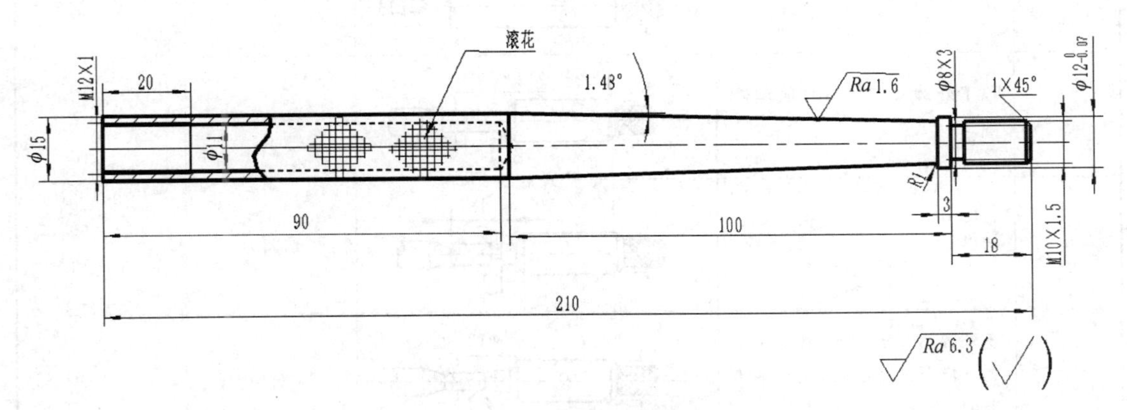

图 7－62　车工榔头柄零件图

的公差要求,以便磨削后与锤头孔配合。榔头柄的材料为45号钢,采用 ϕ18 棒料。榔头柄车工工序如表7-4所列。

表7-4 榔头柄车工工序工艺路线图表

工 步	加工内容	加工简图	刀 具	切削用量 $n/(r \cdot min^{-1})$ $f/(mm \cdot r^{-1})$
1	伸出长20夹紧,车两端面,车后长210	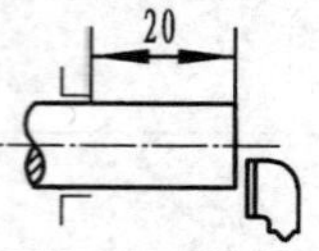 20	90°右偏刀	$n=477$ $f=0.08$
2	伸出长130夹紧,钻中心孔	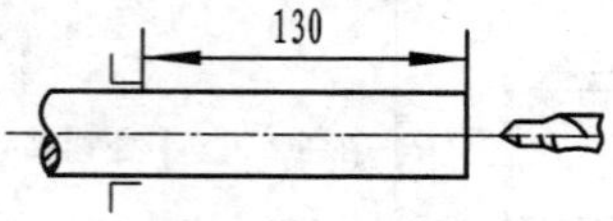 130	中心钻	$n=660$ 手 动
3	顶车外圆 $\phi15\times110$	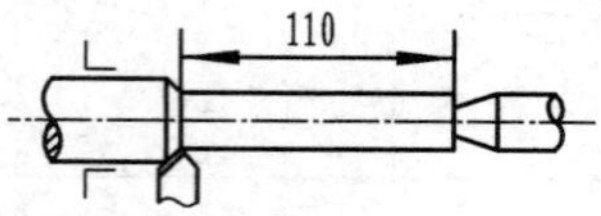 110	75°右偏刀	$n=477$ $f=0.08$
4	滚花长100	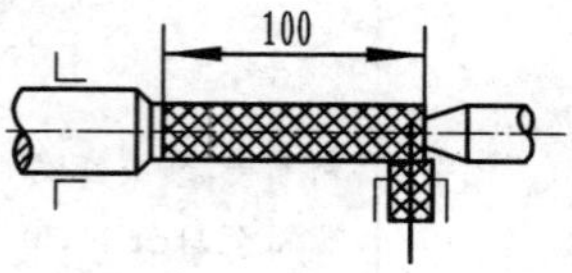 100	双轮滚花刀	$n=260$ $f=0.14$
5	钻孔深90	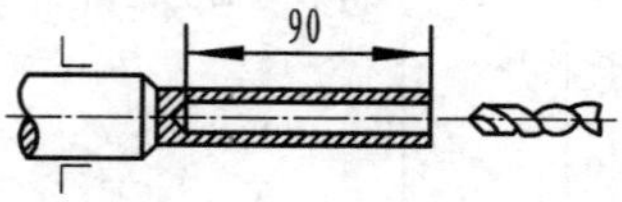 90	ϕ11 钻头	$n=260$ 手 动
6	攻 丝	 20	M12×1 丝锥	$n=40$ 手 动
7	伸出长140夹紧,钻中心孔	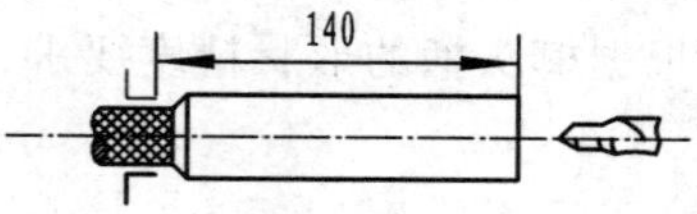 140	中心钻	$n=660$ 手 动
8	顶车外圆 $\phi16\times110$,顶车外圆 $\phi12_{-0.07}^{\ 0}\times30$	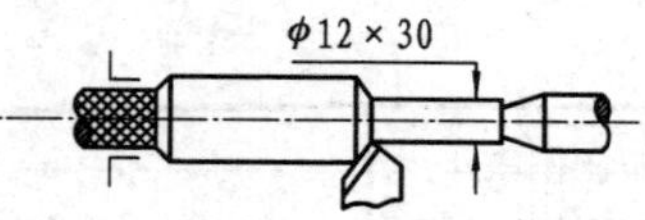 $\phi12\times30$	75°右偏刀	$n=477$ $f=0.08$
9	切槽 $\phi8\times3$	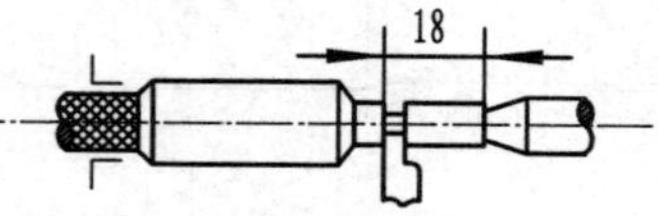 18	切断刀	$n=260$ 手 动
10	车外圆 $\phi9.8\times18$,倒角 1×45°(若为过盈配合,注意 ϕ10 处的公差)	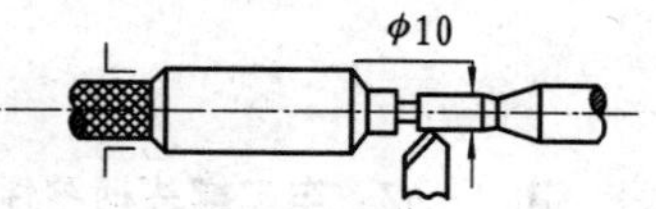 ϕ10	75°右偏刀	$n=477$ $f=0.08$

续表 7-4

工　步	加工内容	加工简图	刀　具	切削用量 $n/(r \cdot min^{-1})$ $f/(mm \cdot r^{-1})$
11	将小刀架扳成 1°28′车锥体	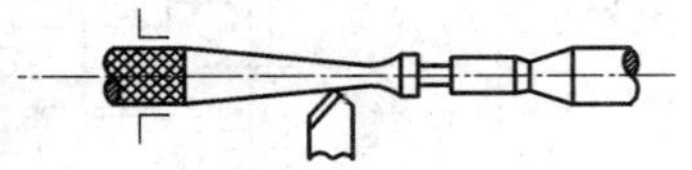	75°右偏刀（圆头）	$n=477$ 手　动
12	套扣（当榔头杆与锤头为螺纹连接时）	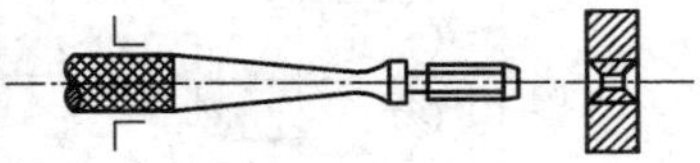	M10 板牙	$n=40$ 手　动

如图 7-63 所示为学生实习产品——榔头柄堵头。榔头柄堵头采用 $\phi 20$ 的铝合金(LY12)棒料，其加工工艺路线如表 7-5 所列。

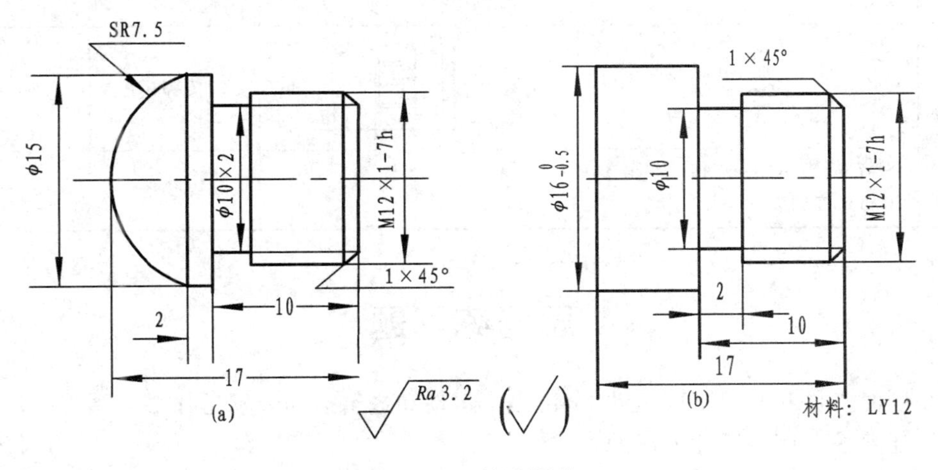

图 7-63　堵头零件

表 7-5　榔头柄堵头工序工艺路线图表

工　步	加工内容	加工简图	刀　具	切削用量 $n/(r \cdot min^{-1})$ $f/(mm \cdot r^{-1})$
1	伸出长 30 夹紧，车端面	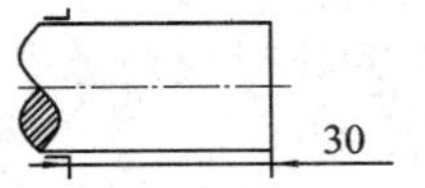	90°右偏刀	$n=660$
2	车外圆 $\phi 16_{-0.5}^{\ 0} \times 20$	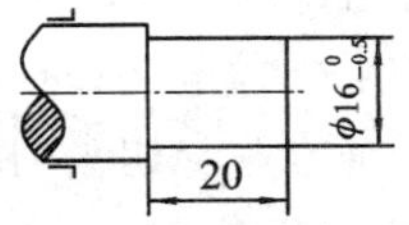	90°右偏刀	$n=660$
3	车外圆 $\phi 12_{-0.2}^{\ 0} \times 10$	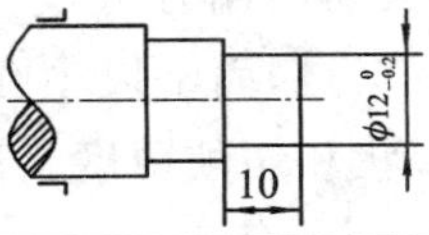	90°右偏刀	$n=660$

续表 7-5

工　步	加工内容	加工简图	刀　具	切削用量 $n/(r\cdot min^{-1})$ $f/(mm\cdot r^{-1})$
4	切槽 $\phi10$	$\phi10$	切断刀	$n=660$
5	倒角 1×45°	1×45°	45°右偏刀	$n=660$
6	套扣 M12×1	M12×1	M12×1 板牙	$n=40$
7	切断	17	切断刀	$n=660$
8	将堵头旋入榔头柄，伸出长 20 mm，车圆弧		成形刀	$n=660$

思考练习题

1. 车削时工件和车刀都要运动，试说出主运动和进给运动分别是什么。

2. 试述普通车床上所能完成的工作。

3. 车削的加工精度一般可达到几级？表面粗糙度 R_a 值可达到多少？

4. 普通车床有哪些主要组成部分？各有何功用？

5. 车床上丝杠和光杠都能使刀架作纵向运动，它们之间有什么区别？各适用在什么场合？为什么？

6. 车床主轴前端有中空的锥孔，它起什么作用？

7. 车床尾座起什么作用？

8. 安装工件、安装刀具及开车操作时应注意哪些事项？

9. 试述常用车刀的名称及其用途。

10. 车刀切削部分由哪些表面和切削刃组成？

11. 外圆车刀的主要角度有哪几个？定义如何，主要作用是什么？如何选取？

12. 切槽刀和切断刀的形状有何特点？切断刀容易折断的原因是什么？如何防止？

13. 车细长轴的外圆时，为什么要用偏刀？

14. 为什么车刀的刀尖不是一个点，而常以小圆弧或小直线来代替？

15. 图 7-64 表示弯头刀的形状和切削角度。试在图上标出车外圆和车端面时的主切削刃、副切削刃、前角、后角、主偏角和副偏角。

16. 车削时生产率与哪些因素有关？提高生产率应采用哪些手段？

17. 为了保证车削零件各表面之间的位置公差，常采用什么方法？

18. 试说出四种以上车床上装夹工件的方法。

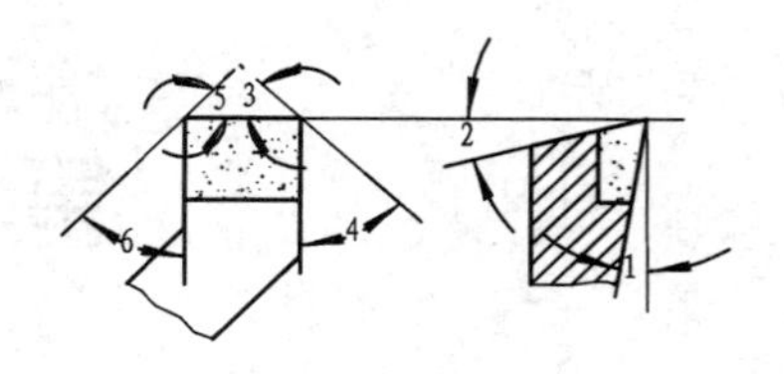

图7-64 弯头刀

19. 三爪卡盘和四爪卡盘的结构有何异同？分别用在什么场合？

20. 什么样的工件适宜于用顶尖安装？工件上的中心孔有何作用？如何加工中心孔？

21. 跟刀架、中心架和心轴各有何功用？

22. 采用心轴装夹的工件定位与夹紧是如何实现的？

23. 试从加工要求、刀具形状、切削用量、切削步骤等方面说明粗车和精车的区别。

24. 你在实习过程中用过哪些切削液？它们分别用在什么场合？

25. 在切削过程中进刻度时，若刻度盘手柄摇过了几格怎么办？为什么？

26. 为什么要对刀、试切？如果加工一批同样的工件，是否每件都必须试切？为什么？

27. 车锥面、车外圆和车内圆时，刀尖低于工件轴线，分别会导致什么现象发生？

28. 车螺纹时，拖板箱返回前如果车刀不退出螺纹，将产生什么现象？为什么？

29. 为什么车削时一般先车端面？为什么钻孔前也要先车端面？

30. 车外圆时，若前后顶尖轴线不重合，会出现什么现象？为什么？如何解决？

31. 车螺纹时为何必须用丝杠带动刀架移动？主轴转速与刀具移动速度有何关系？

32. 如何防止车螺纹时的“乱牙”现象？试说明车螺纹的步骤。

33. 在车床上加工圆锥面和成形面的方法有哪些？

34. 试分析车削外圆时产生锥度的原因。

35. 镗孔与车外圆相比较在切削特点、刀具结构、装刀要求、切削用量上有何不同？

36. 加工如图7-65所示零件中 $\phi18$ 的孔，若孔未注尺寸公差，表面粗糙度 Ra 为12.5 μm，则应采用何种方法加工？若尺寸公差等级为IT10，表面粗糙度值 Ra 为6.3 μm，则应如何加工？

37. 如图7-66所示，已知 $D=31.542$，$d=25.933$，$l=108$，$L=220$，求：(1) 锥度；(2) 用小滑板转位法车锥面时，小滑板应扳转多少角度？

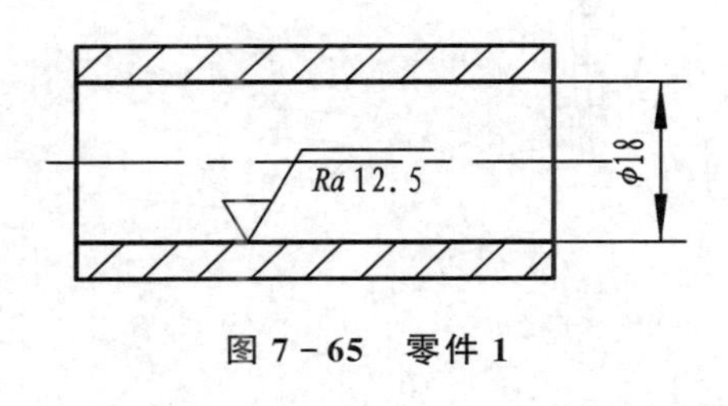

图7-65 零件1

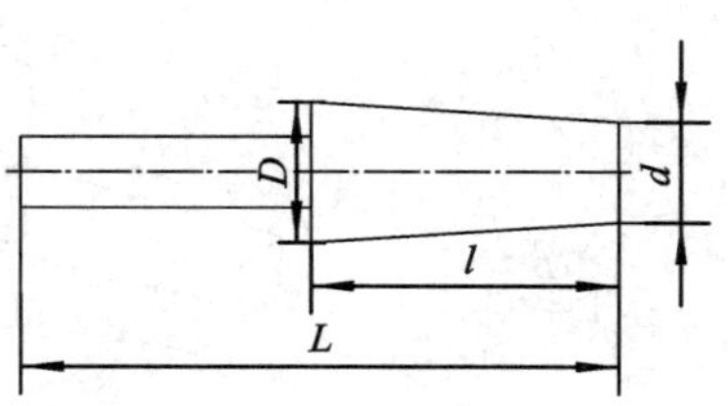

D
d
l
L

图7-66 零件2

38. 转塔车床和立式车床各有什么特点？

第8章 铣 工

8.1 概 述

在铣床上利用铣刀的旋转和工件的移动来完成零件切削加工的方法称为铣削加工。铣削主要用来加工平面、台阶、沟槽、成型表面、齿轮、切断和螺旋槽等，如图8-1所示。另外，利用铣床还可以钻孔和镗孔加工。铣削加工是机械制造业重要的加工方法。在我国大多数机加工车间，铣床约占机床总数的25%，仅次于车床的占有率。

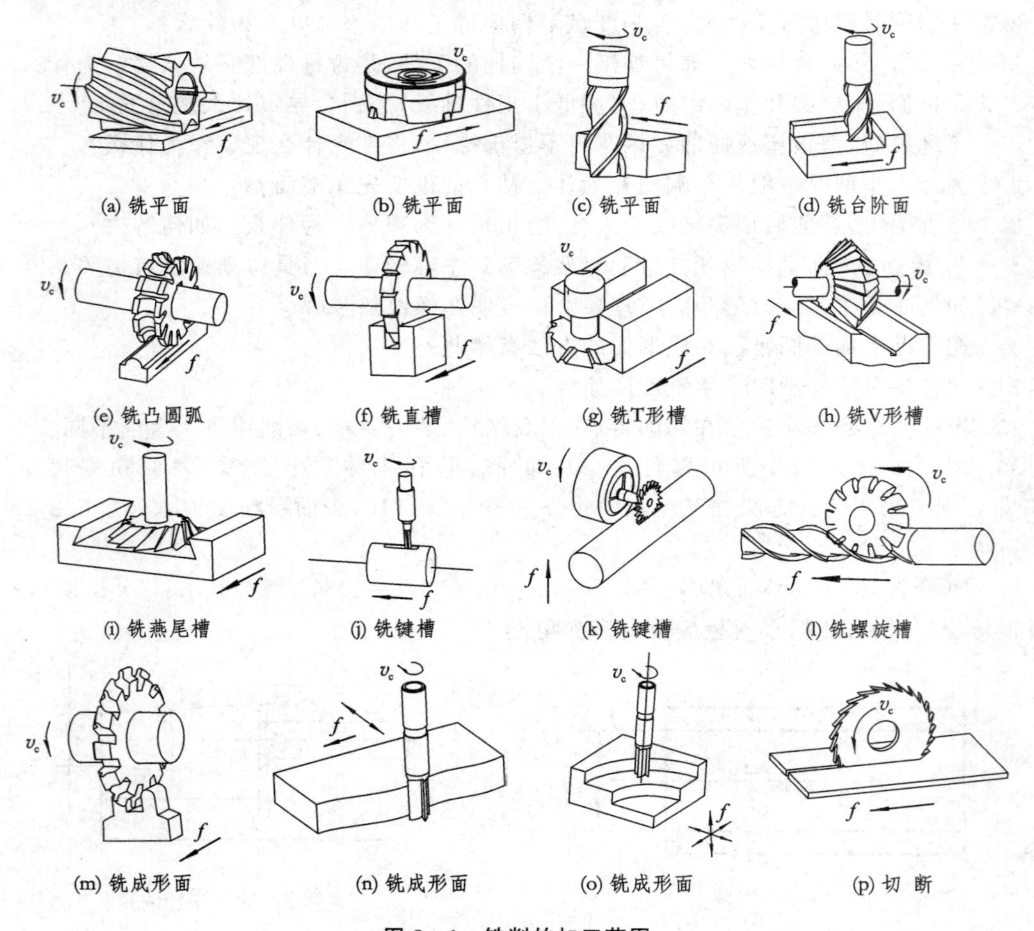

图8-1 铣削的加工范围

铣削加工可达到的精度一般为IT9～IT7级，可达到的表面粗糙度 Ra 为6.3～1.6 μm。铣削时，主运动为铣刀的快速旋转运动，进给运动多为工件的缓慢直线运动，如图8-2所示。

由于铣刀是旋转的多齿刀具，铣削时属于断续切削，因此铣刀的散热条件好，可以提高切

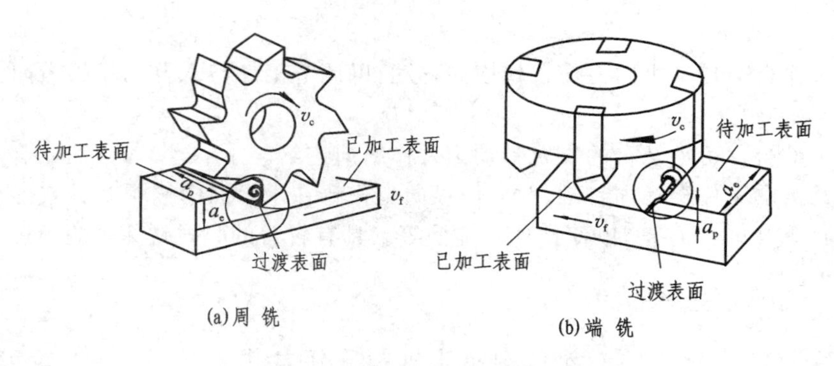

图 8-2 铣削运动及铣削要素

削速度，故生产效率较高。但由于铣刀刀齿的不断切入和切出，使切削力不断变化，因此会产生一定的冲击和振动。

8.2 铣床及主要附件

8.2.1 万能卧式铣床

在卧式铣床中，万能卧式铣床用得最多，图 8-3 所示为 X6132 型万能卧式铣床。

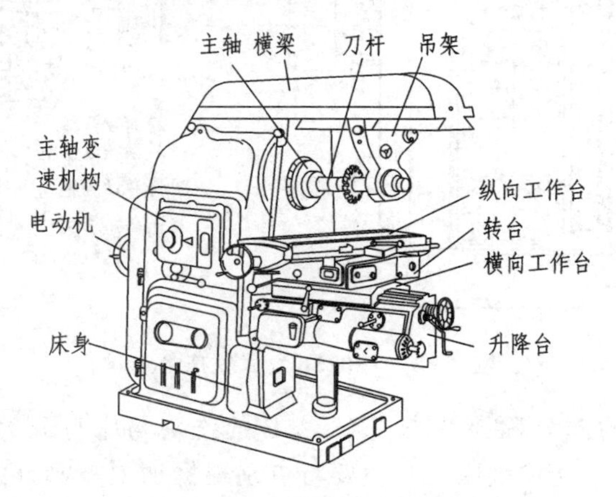

图 8-3 X6132 型万能卧式铣床

在编号 X6132 中，X 表示机床类别为铣床，6 表示卧式（5 为立式），1 表示万能升降台铣床（0 为普通升降台），32 表示工作台宽度为 320 mm。

该设备主要组成部分及作用如下。

① 床身。用来支承和固定铣床各部件。在其内部安装主轴及主轴变速机构等。

② 横梁。安装在床身上方燕尾导轨中，可安装吊架，用以支承刀杆以增加刀杆的刚性。横梁可根据工作要求沿燕尾槽导轨移动，以调节其伸出的长度。

③ 主轴。带动铣刀旋转。其前端有 7∶24 的精密锥孔，用以安装刀杆或直接安装带柄铣刀。

④ 升降台。可沿床身的垂直导轨上下移动，用来调节工作台面到铣刀的距离，并可作垂

直进给运动。

⑤ 横向工作台。带动纵向工作台作横向移动,以调节工件与铣刀之间的横向位置或获得横向进给。

⑥ 纵向工作台。可沿转台的导轨带动工件作纵向进给。

⑦ 转台。可随工作台横向移动,并可使纵向工作台在水平面内按顺时针或逆时针方向扳转一定的角度,获得斜向移动,以便铣削螺旋槽等。具有转台的卧式铣床称为万能铣床。

8.2.2 立式铣床

立式铣床与卧式铣床的主要区别是主轴与工作台相垂直,X5025B 立式铣床外形如图 8-4 所示。

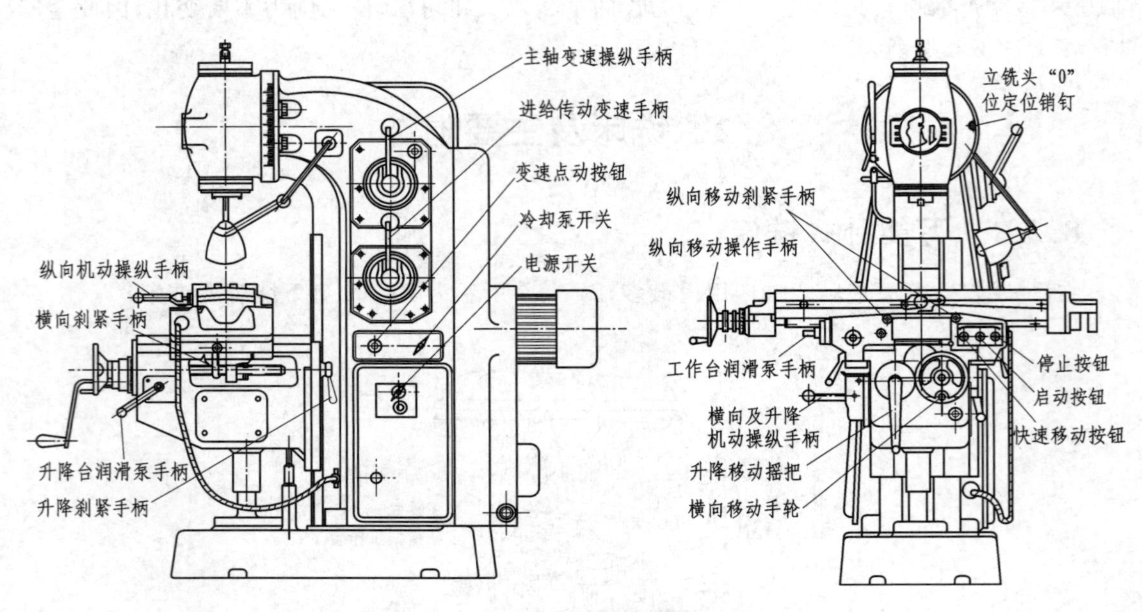

图 8-4 X5025B 立式铣床外形

立式铣床安装主轴的部分称为铣头。X5025B 的铣头与床身分为两部分,中间靠转盘相连接,这种铣床称为回转式立式铣床。其主要特点是根据加工需要,可将铣头主轴相对于工作台台面扳转一定的角度,使用灵活方便,生产中应用较广。立式铣床也是由床身、主轴、升降台、横向工作台及纵向工作台等几部分组成,其结构和功用与卧式铣床基本相同。

立式铣床的加工范围很广,可用端铣刀加工平面,还可加工键槽、T 形槽、燕尾槽等。

8.2.3 铣床附件及其使用和工件安装

常用铣床附件有万能分度头、万能铣头、平口钳、回转工作台等。

1. 平口钳

带转台的平口钳如图 8-5 所示,主要由底座、钳身、固定钳口、活动钳口、钳口铁以及螺杆组成。底座下通常镶有定位键。安装时,将定位键放在工作台的 T 形槽内即可在铣床上获得正确位置。松开钳身上的压紧螺母,钳身就可以在水平面内扳转到所需的角度。工作时,工件安放在固定钳口和活动钳口之间，找正后夹紧。钳口铁须经过淬硬，其平面上的斜纹可防止工件滑动。

平口钳主要用来安装小型较规则的零件，如板块类零件、盘套类零件、轴类零件和小型支架等，如图 8－6 和图 8－7 所示。

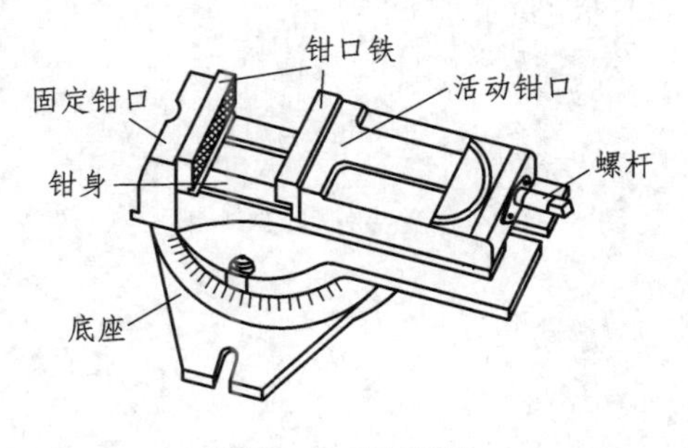

图 8－5 平口钳

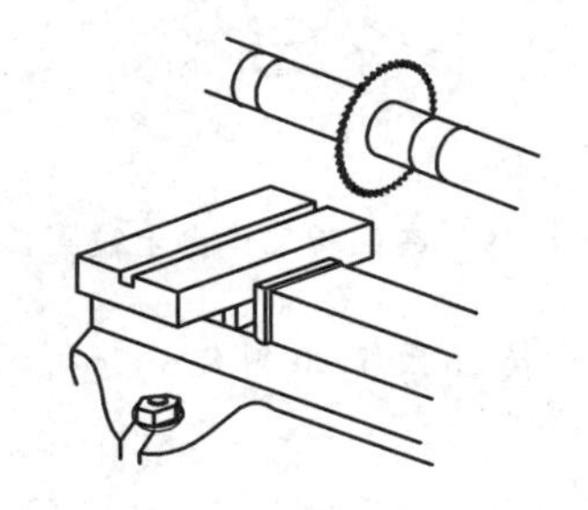

图 8－6 平口钳装夹铣直角槽

用平口钳安装工件应注意下列事项：

① 工件的被加工面应高出钳口，必要时可用垫铁垫高工件。

② 为防止铣削时工件松动，须将比较平整的表面紧贴固定钳口和垫铁。工件与垫铁间不应有间隙，故须一面夹紧，一面用手锤轻击工件上部。对于已加工的表面应用铜棒进行敲击。

③ 为保护钳口和工件已加工的表面，往往在钳口与工件之间垫软金属片。

2. 回转工作台

回转工作台如图 8－8 所示，其内部为蜗轮蜗杆传动，通过摇动蜗杆手轮使转台转动。转台周围有刻度，用以确定转台位置。转台中央的孔用以找正和确定工件的回转中心。

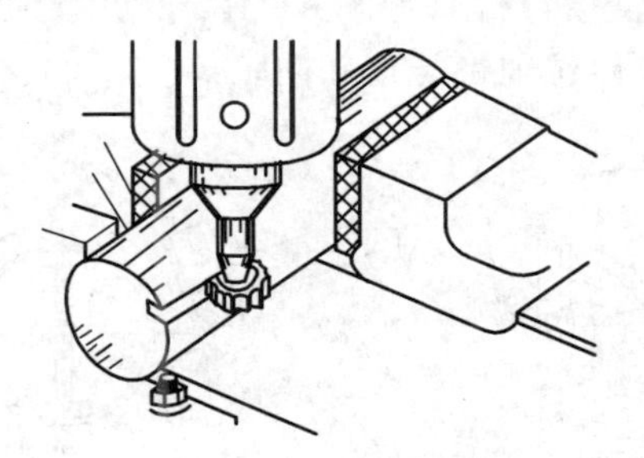

图 8－7 平口钳装夹铣键槽

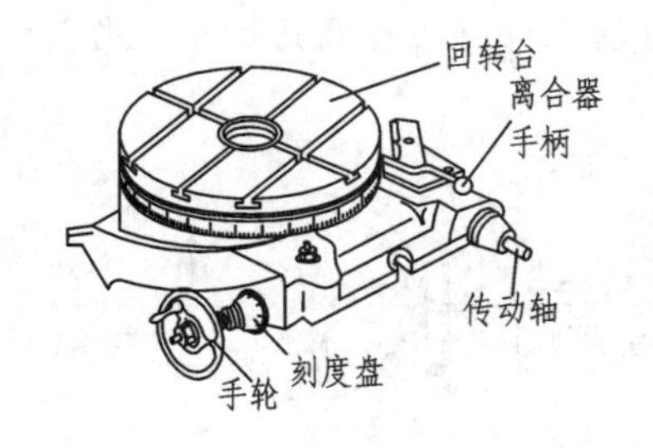

图 8－8 回转工作台

回转工作台一般用于较大零件的分度工作和非整圆弧面的加工。图 8－9 所示为铣圆弧槽示意图，用手均匀摇动手轮，使转台带动工件作缓慢的圆周进给，即可铣出圆弧槽。

3. 分度头

(1) 结构。分度头的外形结构如图 8－10 所示，由底座、转动体、分度盘、主轴及尾座顶尖等组成。底座上装有回转体，其内装有主轴。分度头主轴可随回转体在垂直平面内扳成水平、垂直或倾斜位置。分度时拔出定位销，摇动分度手柄，通过蜗杆蜗轮带动分度头主轴旋转进行分度。分度头常配有两块分度盘，其两面各有许多孔数不同的等分孔圈。第一块分度盘正面各圈孔数为：24，25，28，30，34，37；反面各圈孔数为：38，39，41，42，43。第二块分度盘正面各圈孔数为：46，47，49，51，53，54；反面各圈孔数为：57，58，59，62，66。分度时须利用分度盘，以解决分度手柄不是整数转的问题。

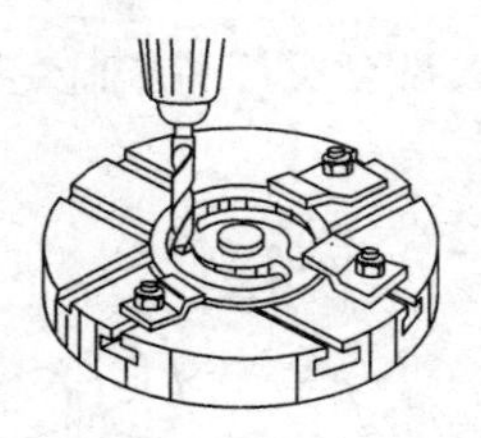

图 8-9　在回转工作台上铣圆弧槽

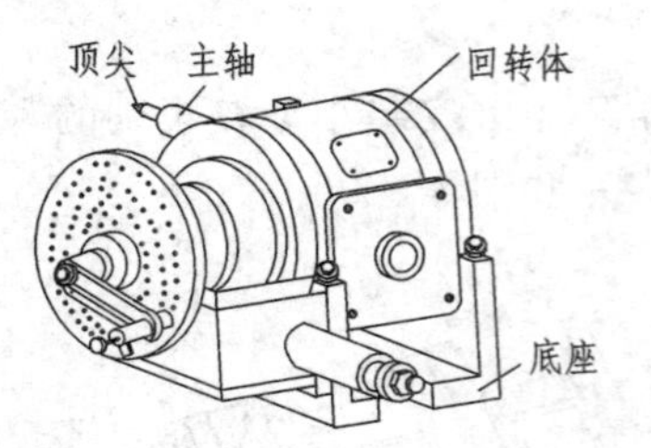

图 8-10　分度头外形结构

分度头传动系统如图 8-11 所示。

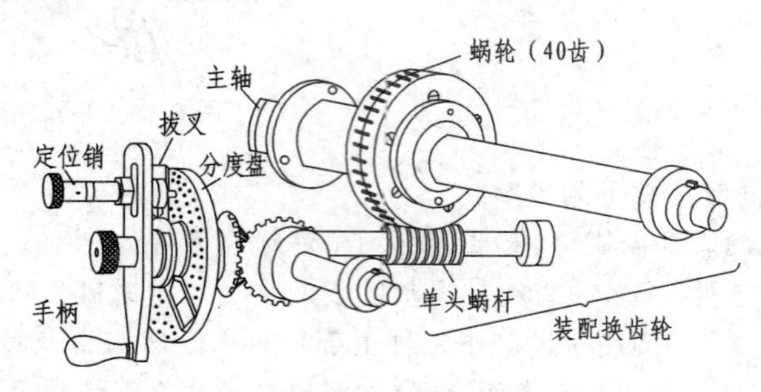

图 8-11　万能分度头传动系统

② 作用。万能分度头是铣床的重要附件，其主要功用是：

a）使工件绕本身的轴线进行分度，以便铣削六方、齿轮、花键等。

b）可把工件轴线装置成水平、垂直或倾斜位置进行铣削（见图 8-12）。

c）可使工件随工作台进给运动作连续旋转，以便铣削螺旋槽和凸轮等。

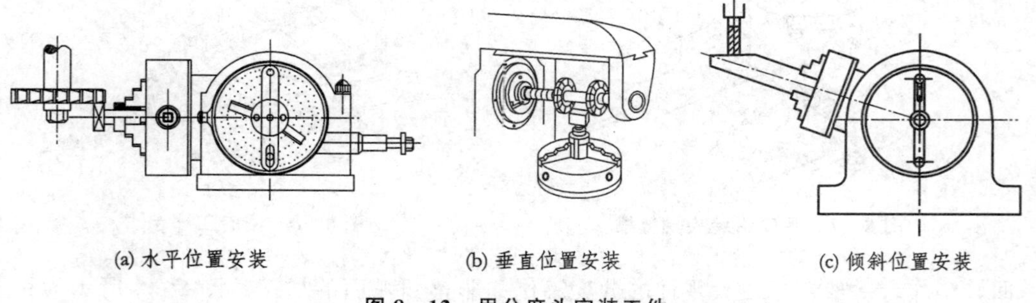

(a) 水平位置安装　　(b) 垂直位置安装　　(c) 倾斜位置安装

图 8-12　用分度头安装工件

4. 万能立铣头

在卧式铣床上装上万能立铣头可扩大卧式铣床的加工范围。立铣头的主轴可安装铣刀并根据铣削的需要在空间扳转成任意角度，使铣刀能在任意角度下进行铣削加工，如图 8-13 所示。

5. 工件其他安装方法

除了使用平口钳、分度头、回转工作台安装工件外，用抱钳安装轴类零件铣削加工时还可用螺钉压板压紧、用角铁或 V 形铁等将工件直接安装在铣床工作台上。

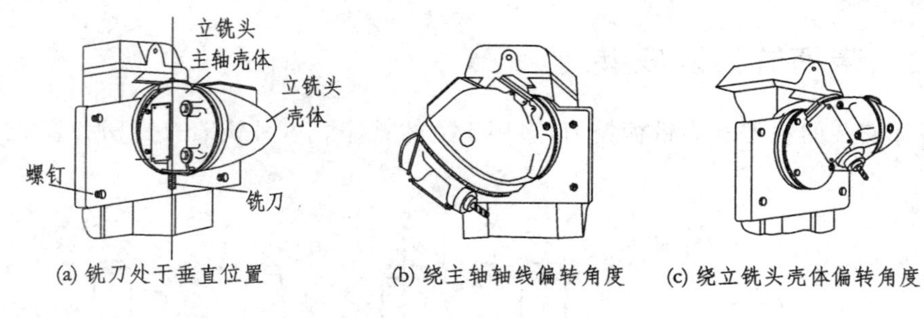

(a) 铣刀处于垂直位置 (b) 绕主轴轴线偏转角度 (c) 绕立铣头壳体偏转角度

图 8-13 万能立铣头

8.3 铣 刀

铣刀按其安装方式的不同可分为带孔铣刀和带柄铣刀两大类。

8.3.1 带孔铣刀及安装

采用孔安装的铣刀称为带孔铣刀，如图 8-14 所示，一般用于卧式铣床。

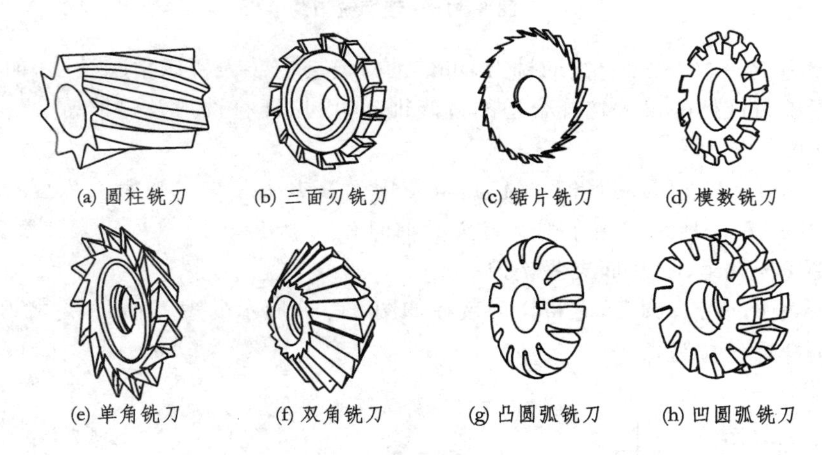
(a) 圆柱铣刀 (b) 三面刃铣刀 (c) 锯片铣刀 (d) 模数铣刀

(e) 单角铣刀 (f) 双角铣刀 (g) 凸圆弧铣刀 (h) 凹圆弧铣刀

图 8-14 带孔铣刀

带孔盘铣刀一般安装在卧式铣床的刀杆上，如图 8-15 所示。铣刀应尽可能靠近主轴或支架上以增加刚性；定位套筒的端面与铣刀的端面必须擦净，以减少安装后铣刀的端面跳动；在拧紧刀杆压紧螺母前，必须先装上支架。拉杆的作用是拉紧刀杆，保证其外锥面与主轴锥孔紧密配合。

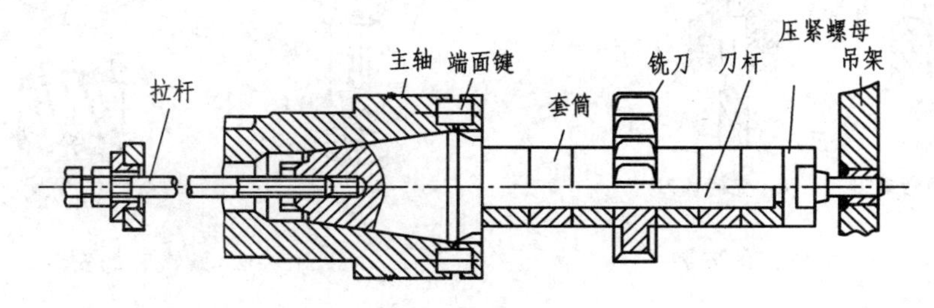

图 8-15 带孔盘铣刀的安装

8.3.2 带柄铣刀及安装

采用柄部安装的铣刀称为带柄铣刀,多用于立式铣床。该种铣刀有锥柄和直柄两种形式,如图8-16所示。

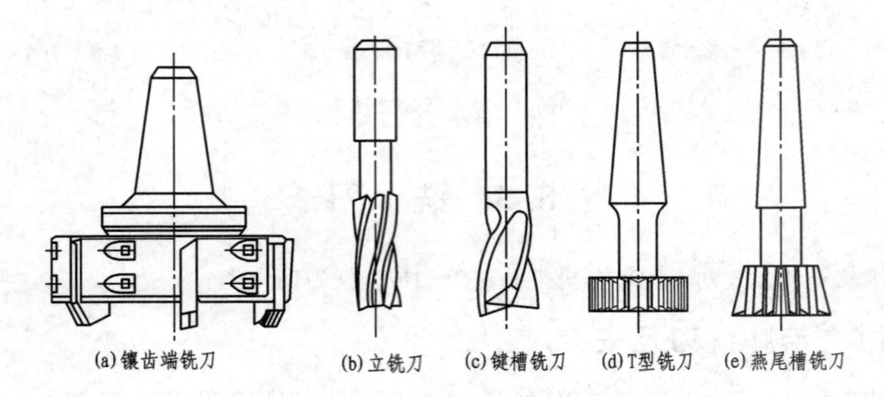

图8-16 带柄铣刀

对于直径为10~50 mm的锥柄铣刀,可借助过渡套筒装入机床主轴孔中,如图8-17(a)所示。应根据铣刀锥柄的尺寸选择合适的过渡锥套,用拉杆将铣刀及过渡锥套一起拉紧在主轴的端部锥孔内。

对于直径为3~20 mm的直柄立铣刀,可使用弹簧夹头装夹。弹簧夹头可装入机床的主轴孔中,如图8-17(b)所示。由于弹簧夹头沿轴向有三个开口,用螺母压紧弹簧夹头的端面,使其外锥面受压而孔缩小,从而夹紧铣刀。

端铣刀一般中间带有圆孔,先将铣刀装在如图8-18所示的短刀轴上,再将刀轴装入机床的主轴并用拉杆螺丝拉紧。

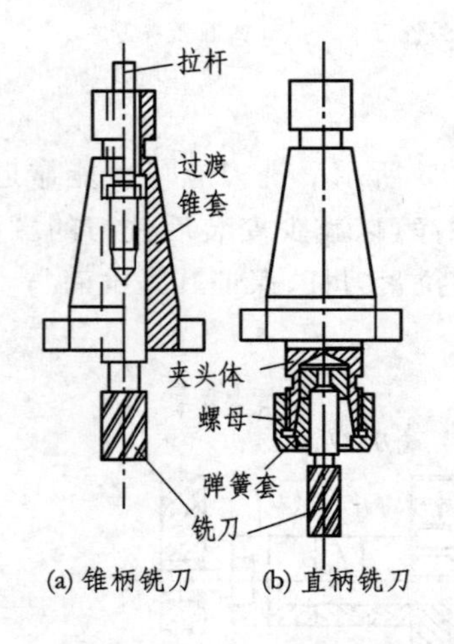

图8-17 立铣刀的安装

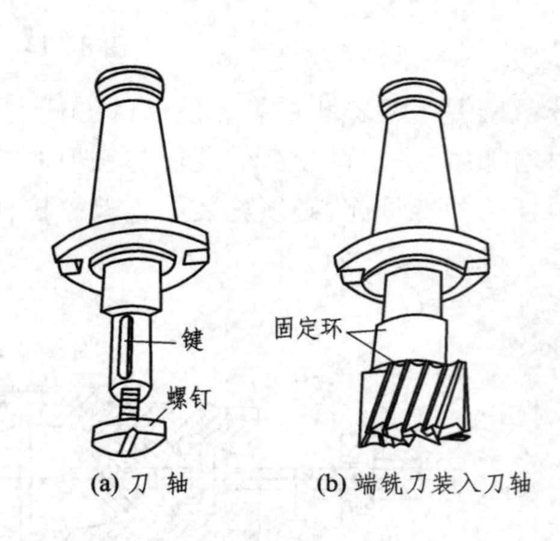

图8-18 端铣刀的安装

8.4 铣削加工

8.4.1 铣削用量

1. 铣削用量定义

铣削用量由铣削速度 v_c、铣削宽度 a_e、铣削深度 a_p 及进给量 f 组成，合称铣削加工四要素，如图 8-19 所示。

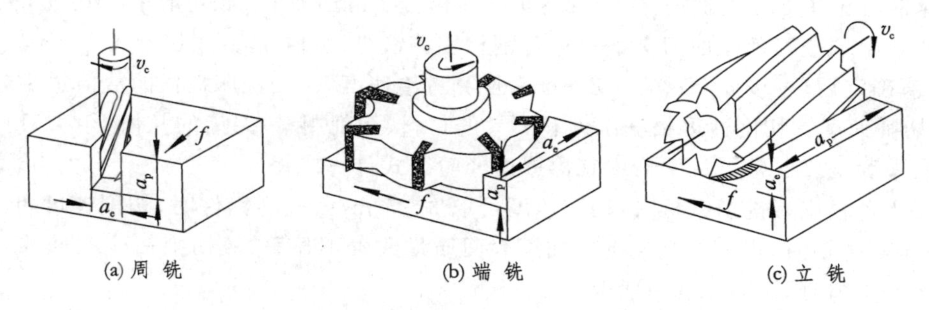

图 8-19　铣削用量

① 铣削速度 v_c。指铣刀最大直径处的线速度(m/s)，可用下式计算：

$$v_c = (\pi D\ n)/(1\ 000 \times 60)$$

式中，D 为铣刀直径(mm)；n 为铣刀每分钟转速(r/min)。

② 铣削深度 a_p。指平行于铣刀轴线方向上切削层的尺寸，单位：mm。

③ 铣削宽度 a_e。指垂直于铣刀轴线方向上切削层的尺寸，单位：mm。

④ 进给量 f。指铣削时工件在进给运动方向上相对刀具的移动量。由于铣刀为多刃刀具，计算时有三种度量方法。

a) 每分钟进给量 u_f 指每分钟内工件相对铣刀沿送给方向移动的距离，单位：mm/min。

b) 每转进给量 f 指铣刀每转过一转时，工件相对铣刀沿进给方向移动的距离，单位：mm/r。

c) 每齿进给量 f_Z 指铣刀每转过一个齿时，工件相对铣刀沿进给方向移动的距离，单位：mm/齿。

2. 三种进给量之间的关系

三种进给量之间关系如下：

$$u_f = f \cdot n = f_Z \cdot Z \cdot n$$

式中，n 为铣刀每分钟转速(r/min)；Z 为铣刀齿数。

3. 铣削用量选择

选择铣削用量时，首先应选用较大的铣削宽度和铣削深度，再选较大的每齿进给量，最后确定铣削速度。

① 切削深度。根据工件的加工余量、加工表面质量和机床功率等来选定。当机床的功率和刚度允许时，通常一次定刀切除全部加工余量较为经济。

对于圆柱铣刀,切削深度就是铣削宽度 a_e;对于端铣刀,切削深度就是铣削深度 a_p。当加工余量小于 5～6 mm 时,一次走刀就可铣去全部加工余量;若加工余量大于 5 mm 或加工精度要求较高或表面粗糙度 Ra 小于 6.3 μm 时,可分粗、精两次走刀,第二次走刀可取 0.5～1 mm。

② 进给量。由工件的表面粗糙度、加工精度以及刀具、机床、夹具的刚度等因素决定,通常可以采用下列数据:

高速钢圆柱铣刀,加工普通钢材时可取 $f_Z=0.04\sim0.15$ mm;加工铸铁时可取 $f_Z=0.06\sim0.5$ mm。

高速钢端铣刀,加工普通钢材时可取 $f_Z=0.04\sim0.3$ mm;加工铸铁可取 $f_Z=0.06\sim0.5$ mm。

硬质合金端铣刀及三面刃盘铣刀加工钢材和铸铁时,可取 $f_Z=0.08\sim0.3$ mm。

f_Z 值确定后,可按 $u_f = f_Z \cdot Z \cdot n$ 来换算进给速度,并按铣床提供的数值选用近似值。

③ 切削速度。切削速度根据工件和刀具的材料、切削用量、刀齿的几何形状、刀具的耐用度等因素来确定。通常可从手册中查出或由经验公式计算求得。

用硬质合金铣刀铣削钢材时,切削速度可取 3～5 m/s;铣削铝件时,切削速度可高达 6～10 m/s;铣削铸铁时,提高切削速度对加工表面质量改善不显著,故切削速度取低些。用高速钢圆柱铣刀铣削时,切削速度一般取 0.3～1 m/s。

实际选择机床转数 n 时,将所选定的切削速度 v_c 换算成相应的转数,再选取并调整成与之相近的机床实际转数值。

8.4.2　顺铣和逆铣

在卧式铣床上用圆柱铣刀的圆周刀齿铣削平面的方法称为周铣法。根据铣削运动的方式,又可分为顺铣和逆铣,如图 8-20 所示。在切削处刀齿的旋转方向和工件的进给方向相同时,为顺铣;相反时,为逆铣。

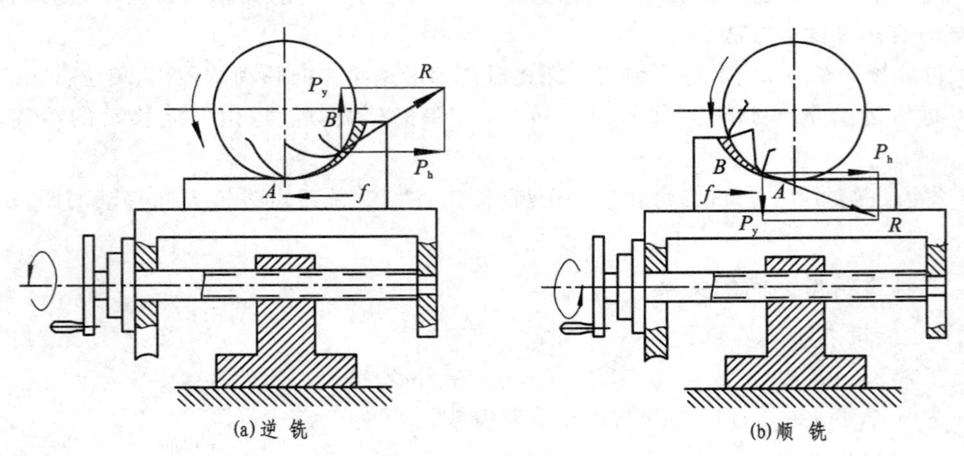

图 8-20　逆铣与顺铣

逆铣时,刀齿的载荷是逐渐增加的(切削厚度从零变到最大);刀齿在切入前有滑行现象,故加速了刀具磨损,降低了工件的表面质量;逆铣时的垂直分力 P_y 向上,对工件的夹固不利,还会引起振动。

顺铣时,刀齿切入时的切削厚度最大,然后逐渐减小到零,因而避免了在已加工表面冷硬层上的滑行过程,所以刀齿后面的磨损减小。实践证明:顺铣时刀具耐用度可以提高2～3倍;工件的表面质量也有改善,尤其在铣削一些难以加工的航空材料时,效果更为显著。此外顺铣时的垂直分力 P_y 向下,对工件夹固有利;水平分力 P_h 与进给方向一致,能节省机床动力。但顺铣在刀齿切入时承受最大的载荷,因而当工件有硬皮时,刀齿会受到很大的冲击和磨损,使刀具的耐用度降低。所以顺铣法不宜用来加工有硬皮的工件。

若要提高刀具耐用度和工件表面质量,节省动力消耗和有利于工件装夹,在加工无硬皮工件时,一般采用顺铣法为宜。

顺铣只能在进给丝杠螺母装有间隙消除机构的铣床工作台才能采用,因为逆铣时,切削过程所产生的水平分力 P_h 的大小虽有变化,但其方向与进给方向始终相反,即始终与摩擦力 P_f 同向,因此使工作台的传动丝杠与螺母之间始终在一边贴紧,如图8-21(a)所示,其丝杠与螺母之间的间隙不会影响加工过程的进行。但顺铣时,切削过程所产生的水平分力 P_h 的大小是变化的,其作用方向与工作台的进给方向相同,由于传动丝杠与螺母之间有一定的间隙存在,当水平分力 P_h 大于摩擦力 P_f 时,丝杠与螺母紧贴一边,如图8-21(b)所示;当 P_h 小于 P_f 时,丝杠与螺母之间又会贴在另一边,如图8-21(c)所示。因此会造成铣削过程中的振动和进给不均匀,工作台会消除间隙向前窜动,使进给量突然增大,造成啃刀现象,甚至引起刀杆弯曲、刀头折断,影响加工表面质量,且对刀具的耐用度不利,严重时会发生打刀现象。装有间隙消除机构的铣床则无上述情况。

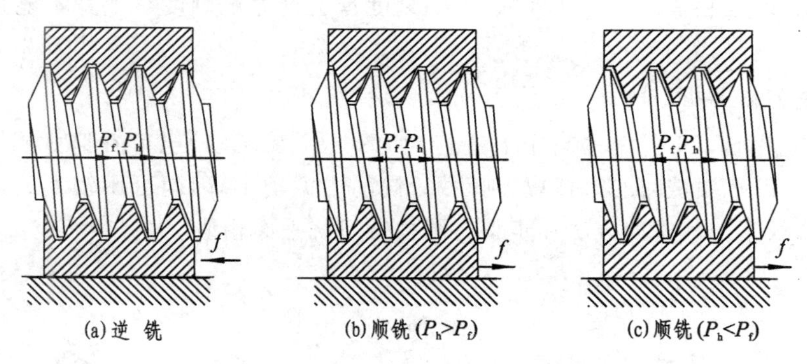

图8-21　铣削时传动丝杠、螺母之间的间隙

综上所述,顺铣有利于提高刀具耐用度和已加工表面质量以及增加工件夹持的稳定性,所以被广泛采用。采用顺铣的铣床必须具备工作台丝杠与螺母的间隙调整机构,并在间隙已调整为零时才能采用顺铣。

8.4.3　铣平面

卧式铣床和立式铣床均可进行平面铣削。

1. 用圆柱铣刀铣平面

用圆柱铣刀铣平面通常在卧式铣床上进行。

(1) 铣削步骤

① 根据工件的形状和加工部位选择合适的装夹方法并安装好工件。

② 选择并安装铣刀。采用排屑顺利、铣削平稳的螺旋齿圆柱铣刀。铣刀的宽度应大于工

件待加工表面的宽度,以减少走刀次数,并尽量选用小直径铣刀,以防止产生振动。

③ 选取铣削用量。根据工件材料、加工余量、工件宽度及表面粗糙度要求等确定合理的切削用量。粗铣时,铣削宽度 $a_e=2\sim8$ mm,每齿进给量 $f_z=0.03\sim0.16$ mm/齿,铣削速度 $v_c=15\sim140$ m/min。精铣时,铣削速度 $v_c<10$ m/min 或 $v_c>50$ m/min,每转进给量 $f=0.1\sim1.5$ mm/r,铣削宽度 $a_e=0.2\sim1$ mm。

④ 调整铣床工作台位置。开车,使铣刀旋转,升高工作台使工件与铣刀稍微接触;停车,将垂直丝杠刻度盘零线对准。将铣刀退离工件,利用手柄转动刻度盘将工作台升高到选定的铣削深度位置,固定升降和横向进给手柄,调整纵向工作台自动进给挡铁位置。

⑤ 铣削操作。先手动使工作台纵向进给,当工件被稍微切入后,改为自动进给,进行铣削。

(2) 铣削平面操作要点

① 粗铣时,铣削用量选择的顺序是:先选取较大的铣削宽度 a_e,再选取较大的进给量 a_f,最后选取合适的铣削速度 v_c。

② 精铣时,铣削用量选择的顺序是:先选取较低或较高的铣削速度 v_c,再选取较小的进给量 a_f,最后根据零件尺寸确定铣削宽度 a_e。

③ 当用手柄转动刻度盘调整工作台位置时,要注意"回间隙"的方法,即如果不小心把刻度盘多转了一些,要反转刻度盘时,必须把手柄倒转1周后,再重新仔细地将刻度盘转到原定位置。这是因为丝杠和螺母间存在间隙,仅把刻度盘退到原定刻度线上并不能带动工作台退回到所需的位置。

2. 用端铣刀铣平面

用端铣刀铣平面,可在立式铣床上进行,如图8-22所示,也可在卧式铣床上进行,如图8-23所示。由于端铣刀的刀杆短、刚性好、铣削中振动小,因而可用较大的切削用量铣平面,以提高生产效率。其铣削方法和步骤与圆柱铣刀铣平面相似。

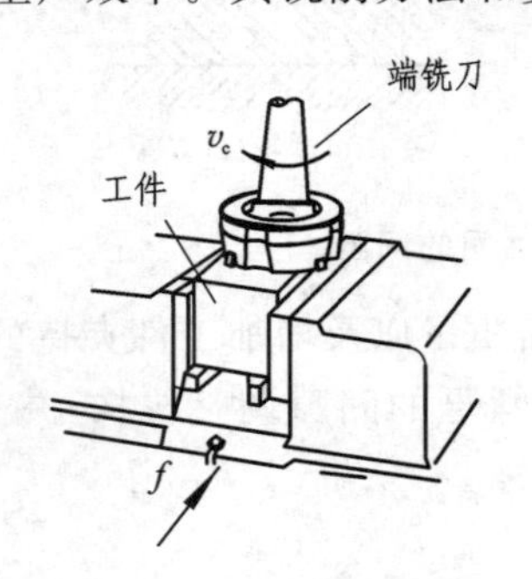

图8-22 在立式铣床上铣平面

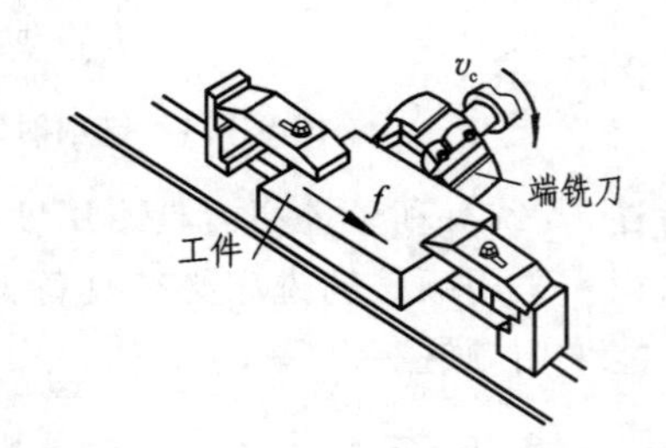

图8-23 在卧式铣床上铣侧面

3. 铣斜面

① 用倾斜垫铁铣斜面。按斜面的斜度选取合适的倾斜垫铁,将其垫在工件的基准面下,则铣出的平面就与基准面倾斜一定的角度,如图8-24所示。

② 用分度头铣斜面。用万能分度头将工件转到所需位置铣出斜面,常用于小型圆柱形工件的斜面铣削,如图8-25所示。

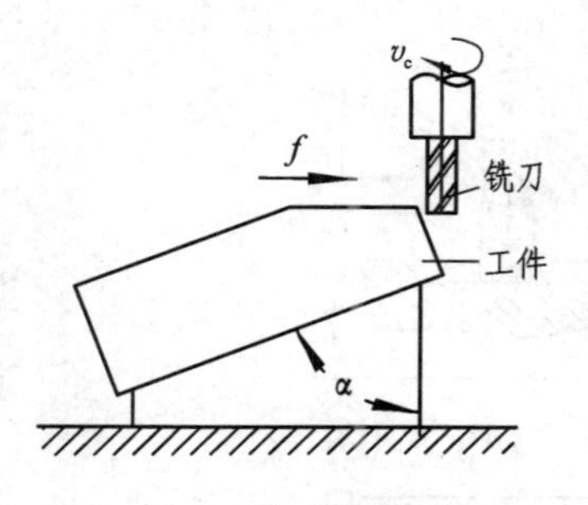

图 8-24 用倾斜垫铁铣斜面

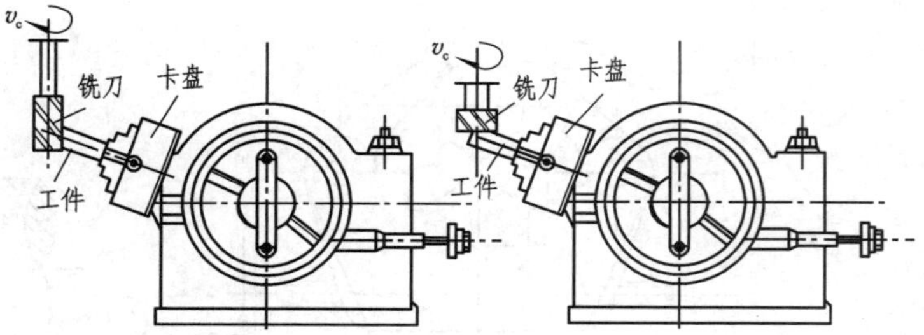

图 8-25 用分度头铣斜面

③ 用万能立铣头铣斜面。万能立铣头能方便地改变刀轴在空间的位置,可使铣刀相对工件倾斜一个角度来铣斜面,如图 8-26 所示。

④ 用角度铣刀铣斜面。较小的斜面可以用角度铣刀直接铣出,斜面的斜度由铣刀的角度保证,如图 8-27 所示。

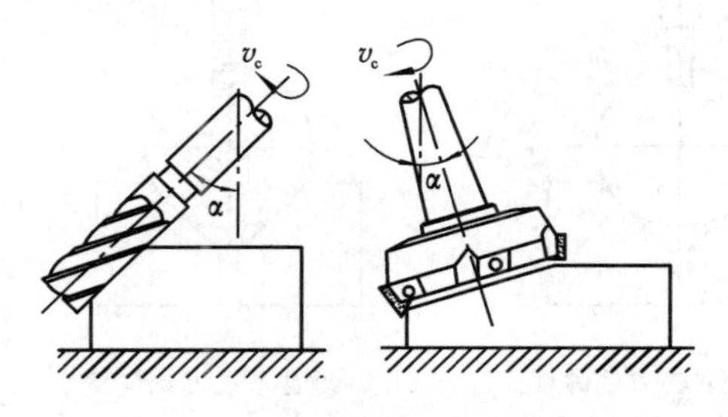

图 8-26 用万能立铣头铣斜面

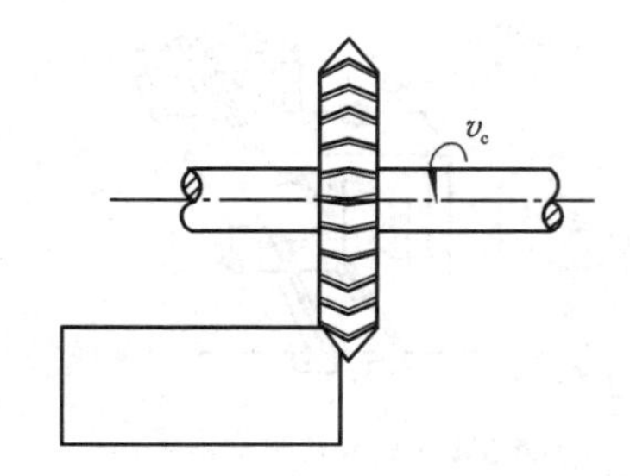

图 8-27 用角度铣刀铣斜面

⑤ 将工件位置直接安装成一定角度,按工件划线找正直接铣出斜面。

铣斜面时,通常出现的质量问题是倾斜角度不对,产生的主要原因是:工件垫衬不好,装夹不稳固,在铣削过程中产生移动;用万能分度头使工件倾斜的角度或用万能立铣头使铣刀倾斜的角度不准确。

8.4.4 铣沟槽

利用不同的铣刀在铣床上可加工直角槽、V 形槽、T 形槽、燕尾槽和键槽等多种沟槽。

1. 铣键槽

键槽有封闭式和敞开式两种。

(1) 铣削方法

① 用平口钳装夹,在立式铣床上用键槽铣刀铣封闭式键槽,如图 8-28 所示,适用于单件生产。

② 批量生产时,在键槽铣床上利用抱钳装夹工件,用键槽铣刀铣封闭式键槽,如图 8-29 所示。

③ 用 V 形铁和压板装夹,在立式铣床上铣封闭式键槽,如图 8-30 所示。

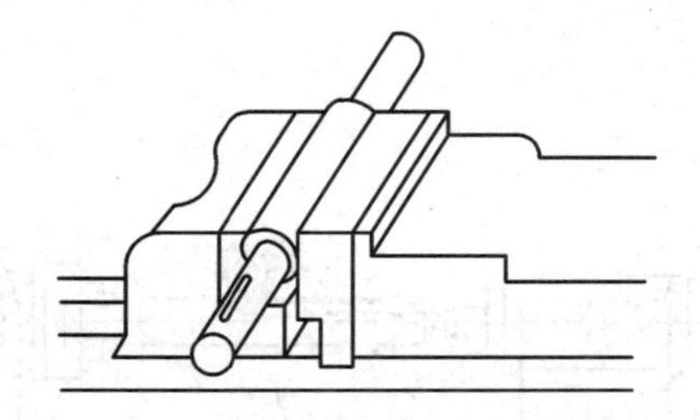
图 8-28 用平口钳安装铣封闭式键槽

④ 用分度头装夹,在卧式铣床上用三面刃铣刀铣敞开式键槽,如图 8-31 所示。

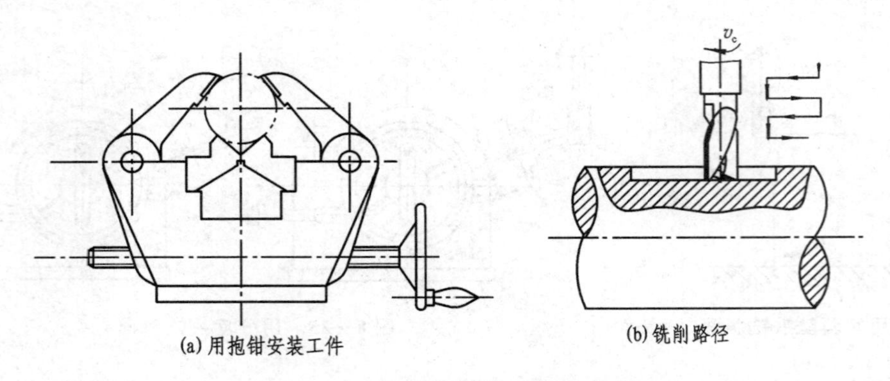

(a)用抱钳安装工件　　(b)铣削路径

图 8-29　用抱钳安装铣封闭式键槽

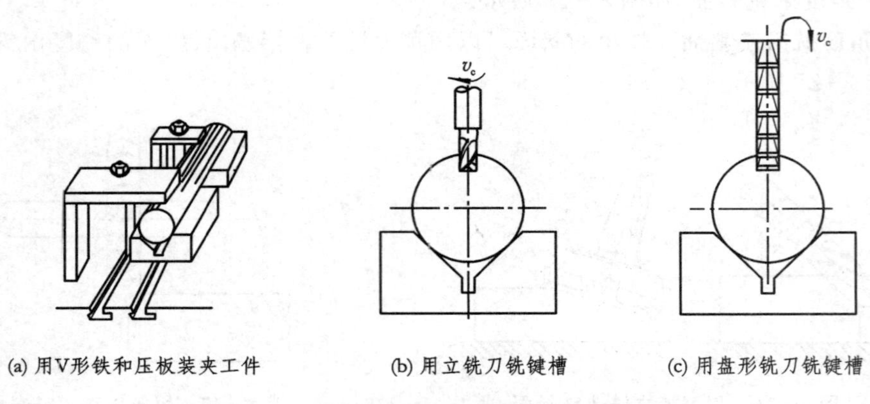

(a)用V形铁和压板装夹工件　　(b)用立铣刀铣键槽　　(c)用盘形铣刀铣键槽

图 8-30　用 V 形铁和压板装夹工件铣键槽

（2）铣键槽操作要点

① 为保证所铣键槽的对称性，在铣刀和工件安装好后，应仔细对刀，以调整铣刀与工件的相对位置，使工件轴线与铣刀中心平面对准。最常用的对刀方法是切痕对刀法，如图 8-32 所示。

② 为保证所铣键槽的两侧面和底面都平行于工件轴线，装夹工件时必须使工件轴线与工作台的进给方向一致并与工作台台面平行。

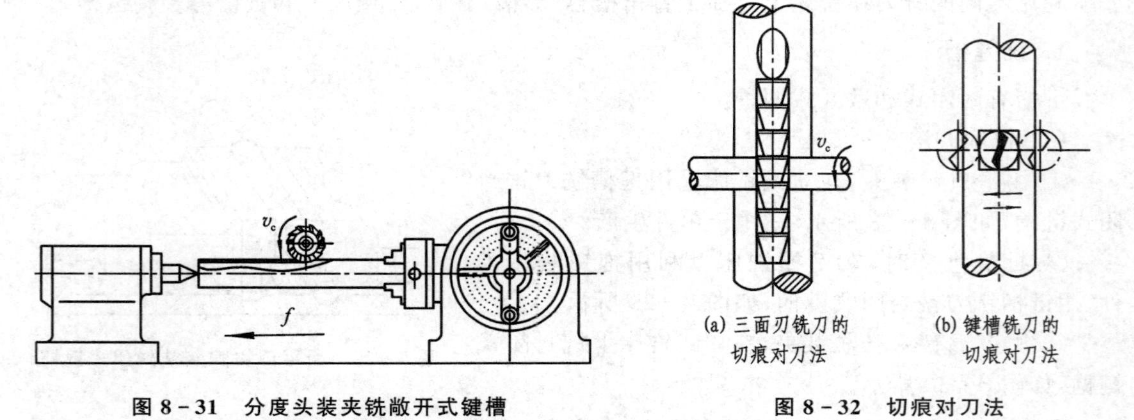

图 8-31　分度头装夹铣敞开式键槽

(a)三面刃铣刀的切痕对刀法　　(b)键槽铣刀的切痕对刀法

图 8-32　切痕对刀法

2. 铣 T 形槽

(1) 铣削步骤

① 在立式铣床上用立铣刀或在卧式铣床上用三面刃盘铣刀铣出直角槽,如图 8 - 33(a)所示。

② 在立式铣床上用 T 形槽铣刀铣出底槽,如图 8 - 33(b)所示。

③ 用倒角铣刀倒角,如图 8 - 33(c)所示。

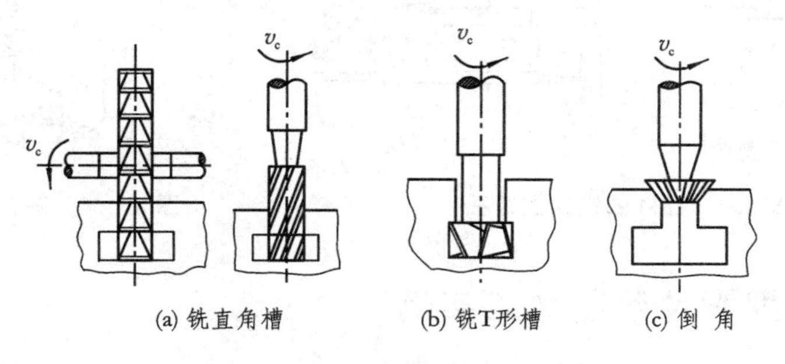

(a) 铣直角槽　(b) 铣T形槽　(c) 倒 角

图 8 - 33　T 形槽的加工

(2) 铣 T 形槽操作要点

① T 形槽的铣削条件差,排屑困难,因此加工过程中要经常清除切屑,以防阻塞,否则易造成铣刀折断。

② 由于排屑不畅,切削热量不易散发,铣刀容易发热而失去切削能力。所以铣削过程中应使用足够的冷却液。

③ T 形槽铣刀的颈部直径较小,强度较差,当受到过大的切削力时容易折断。因此应选取较小的切削用量加工 T 形槽。

8.4.5　其他铣削加工

1. 铣成形面

通常在铣床上用成形铣刀加工各种型面,如图 8 - 34 所示。

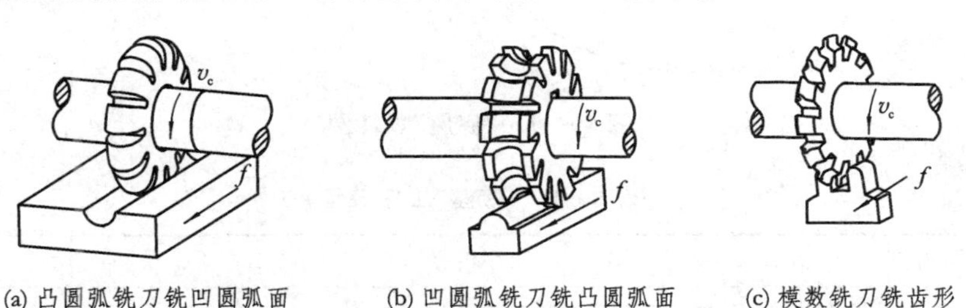

(a) 凸圆弧铣刀铣凹圆弧面　(b) 凹圆弧铣刀铣凸圆弧面　(c) 模数铣刀铣齿形

图 8 - 34　成形铣刀加工成形面

2. 铣床镗孔

镗孔通常在车床或镗床上进行,在铣床上只适宜镗削中小型工件上的孔,其尺寸公差可达 IT8～IT7,Ra 可达 3.2～1.6 μm。

在卧式铣床上镗孔的方法如图 8 - 35 所示,孔的轴线应与定位面平行。可将镗刀刀杆外锥面直接装入主轴锥孔内镗孔,如图 8－35(a)所示。若刀杆过长,可用吊架支承,如图 8－35(b)所示。

在立式铣床上镗孔,如图 8－36 所示,孔的轴线与定位面应相互垂直。

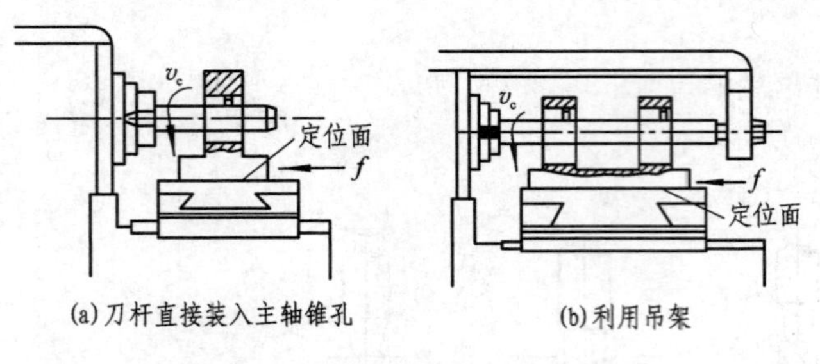

图 8－35 在卧式铣床上镗孔

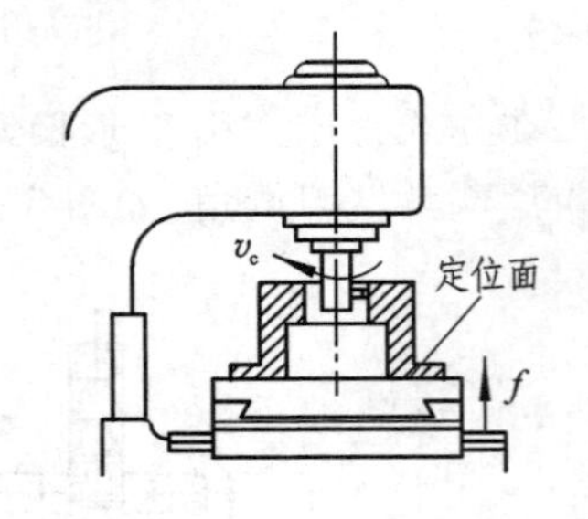

图 8－36 在立式铣床上镗孔

8.4.6 典型零件铣削加工实例

"神舟"飞船模型的"底座"为椭圆盘型零件(见图 8－37),此为典型的铣削加工零件,其毛坯为块状铝合金材料。在实习中,为了让学生体验铣削加工原理,直观体会传统加工与先进制造工艺的区别,"底座"的加工采用普通铣与数控铣结合的方式,在数控铣前用钳工加工出装配安装孔和数控铣的安装孔,其加工流程如表 8－1 所列。

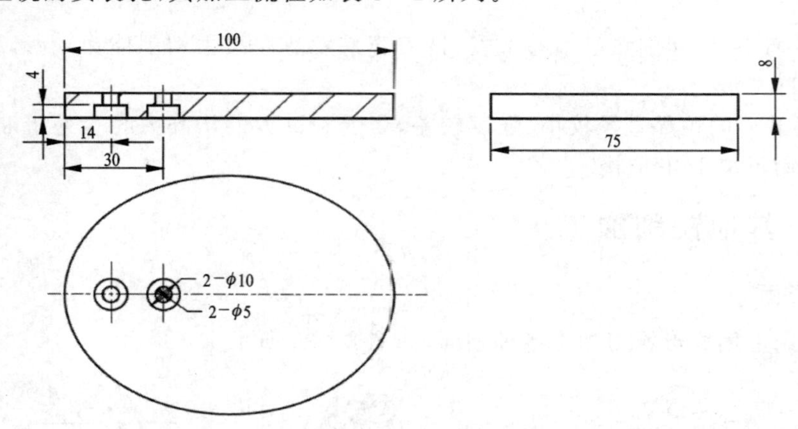

图 8－37 "底座"零件图

表 8－1 "底座"工序流程

序 号	工 种	工序内容	刀 具
1	下料	板状铝合金下料 115×90×10 mm	
2	铣	平口钳装夹,铣削 6 面,达成尺寸 110×85×10 mm	圆柱铣刀
3	钳工	划线,钻台阶孔,另外钻并攻丝,制作四个角上的盲孔螺纹孔用于数控铣安装	麻花钻,锪钻
4	数控铣	用钳工加工的螺纹孔安装,编制数控程序,铣削椭圆形外轮廓	圆柱铣刀
5	检验	按图纸检验	

如图 8－38 所示为铝制花瓶底座零件，该零件使用铸铝毛坯，其铣削步骤如表 8－2 所列。

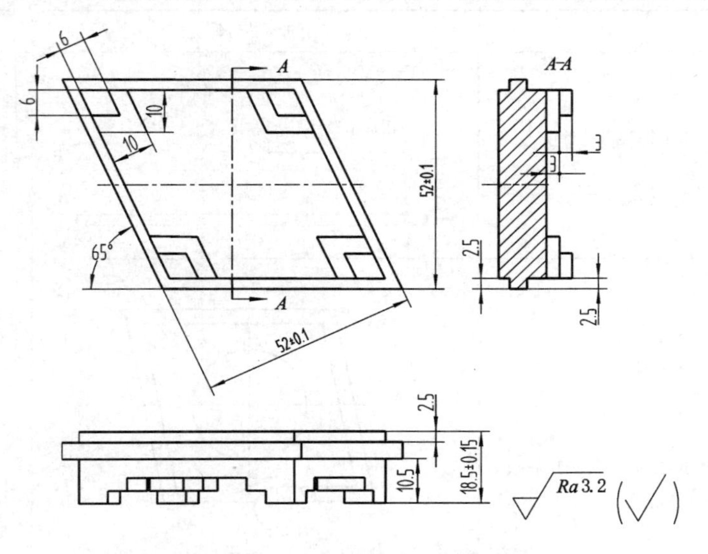

图 8－38　铝制花瓶底座零件图

表 8－2　花瓶底座铣削步骤

工序号	加工内容	加工简图	操作要点
1	用平口钳夹住 5～6 mm，加工四条边 52×52×65°(±0.1)	52 v_c 已加工面 未加工面 铣刀	装夹要稳固，平口锥角度基准及旋转角度要正确
2	加工上表面	v_c 已加工面 未加工面 f	注意走刀次数(效率)及表面质量
3	加工 2.5×2.5 台阶(四条边，公差为±0.1 mm)	2.5 v_c 已加工面 未加工面 铣刀 f	要正确测量，注意进刀的位置不能在中间

续表 8-2

工序号	加工内容	加工简图	操作要点
4	重新装夹加工厚度 18.5(±0.015)	已加工面；未加工面；18.5±0.15	注意测量方法
5	加工 10.5×2.5 台阶(四条边,公差为±0.1 mm)	2.5；v_c；已加工面；未加工面；铣刀；f；v_c；已加工面；10.5；未加工面；f	注意对刀方法
6	加工大支脚 10×10 mm 和小支脚 6×6 mm(公差为±0.1 mm)	6；6；10；10；铣刀	注意手柄旋向和工作台移动方向的关系

8.5 齿形加工

齿轮的种类很多,此处只限于渐开线齿轮。按加工原理的不同,齿轮加工可分为成形法和展成法两种。

1. 成形法

成形法是采用与被动齿轮的齿槽形状相似的成形铣刀在铣床上利用分度头逐槽加工而成。图 8-39 所示为在卧铣床上用成形法加工齿形的情况。

(1) 铣齿刀

由于渐开线形状与齿轮的模数 m、齿数 z 和压力角 α 有关,通常 $\alpha=20°$ 是标准值,因此,理论上每一种模数和齿数的渐开线形状都是不一样的,故在加工某

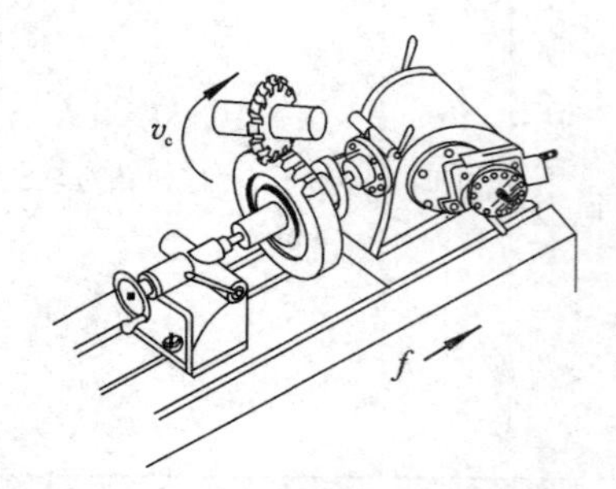

图 8-39　卧铣床上用成形法加工齿轮

一种模数和齿数的齿形时，都需要一把相应的成形模数铣刀。

生产中若每个齿数和模数都用各自的专用铣刀加工齿形是非常不经济的，所以齿轮铣刀在同一模数中分成 n 个号数，每号铣刀允许加工一定范围齿数的齿形，铣刀的形状是按该号范围中最小齿数的形状来制造的。最常用的是一组 8 把的模数铣刀，表 8 - 3 所列是一组 8 把铣刀号数及适用的齿数范围。选刀时，应先选择与工件模数相同的一组铣刀，再按所需铣齿轮齿数从表中查得铣刀号数即可。

表 8 - 3　模数铣刀的刀号及铣削加工范围

刀　号	1	2	3	4	5	6	7	8
加工齿数范围	12～13	14～16	17～20	21～25	26～34	35～54	55～134	135 以上及齿条

(2) 铣齿步骤

① 把齿轮坯套在心轴上并用螺母压紧，再安装于卧式铣床分度头与尾座顶尖之间，如图 8 - 39 所示。

② 选择铣刀。选择模数盘状铣刀时，除铣刀的模数和压力角必须与被切齿轮相同外，还要根据被切齿轮的齿数选用相应刀号的铣刀。

③ 调整铣削深度。齿槽的深度 H 可按下式计算：

$$H = 2.25\ m$$

式中，H 为齿深；m 为模数。铣削时工作台的升高量等于齿深。

④ 每铣好一个齿槽后，就利用万能分度头进行一次分度，直到铣完全部轮齿。

(3) 铣齿的特点及应用范围

铣齿的优点是在普通铣床上即可进行铣齿加工，不需要专门的机床和昂贵的展成刀具，加工成本低。缺点是由于使用一个刀号的模数盘状铣刀加工一定范围的不同齿数齿轮，必然会产生齿形误差，使加工出的齿轮精度较低，只能达到 IT11～IT9 级；另外，每切一齿都会因切入、切出、退出和分度而花费较长的辅助时间，生产效率低。因此，铣齿多用于修配或单件生产中加工一些精度要求不高的齿轮。

2. 展成法

展成法是利用齿轮刀具与被切齿轮的啮合运转切出齿形的方法，常用的如滚齿和插齿。

(1) 滚　齿

图 8 - 40 所示为滚齿加工原理图。滚齿时刀具为滚刀，其外形像一个蜗杆，在垂直于螺旋槽方向开出槽以形成切削刃，如图 8 - 40(a)所示。其法向剖面具有齿条形状，因此当滚刀连续旋转时，滚刀的刀齿可以看成是一个无限长的齿条 1 在移动，如图 8 - 40(b)所示。同时刀刃由上而下完成切削任务，只要齿条(滚刀)2 和齿坯(被加工工件)3 之间能严格保持齿轮与齿条的啮合运动关系，滚刀就可在齿坯上切出渐开线齿形，如图 8 - 40(c)所示。

滚齿加工是在滚齿机床上进行的，图 8 - 41 为滚床及其传动示意图。滚刀安装在滚刀杆上，工件则装在工件心轴上。滚齿时滚齿机必须有以下几个运动。

① 切削运动，亦称主运动，即滚刀的旋转运动 $n_{刀}$，其切削速度由变速齿轮的传动比 $i_{切}$ 来实现，如图 8 - 41(b)所示。

② 分齿运动，即工件的旋转运动。其运动的速度必须和滚刀的旋转速度保持齿轮与齿条

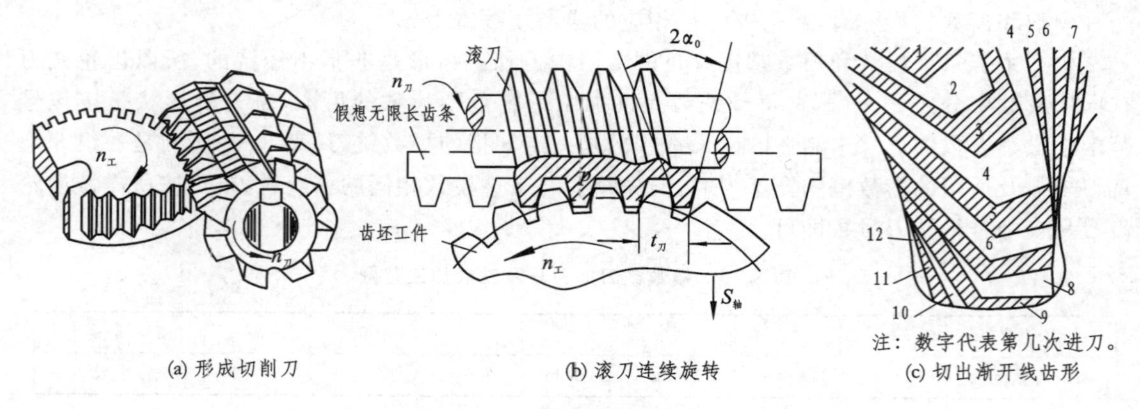

(a) 形成切削刀　　(b) 滚刀连续旋转　　(c) 切出渐开线齿形

图 8-40　滚齿加工原理

的啮合关系。对于单线滚刀，滚刀每转一周，被切齿坯须转过一个齿的相应角度，即 $1/Z$ 转(Z 为被加工齿轮的齿数)，其运动关系由分齿挂轮的传动比 $i_{齿}$ 来实现，如图 8-41(b)所示。

③ 垂直进给运动，即滚刀沿工件轴线的垂直方向移动，这是保证切出整个齿宽所必需的。如图 8-41(b)中为垂直向下的箭头所示，它的运动由进给挂轮的传动比 $i_{进}$ 再通过与滚刀架相连的丝杆螺母来实现。

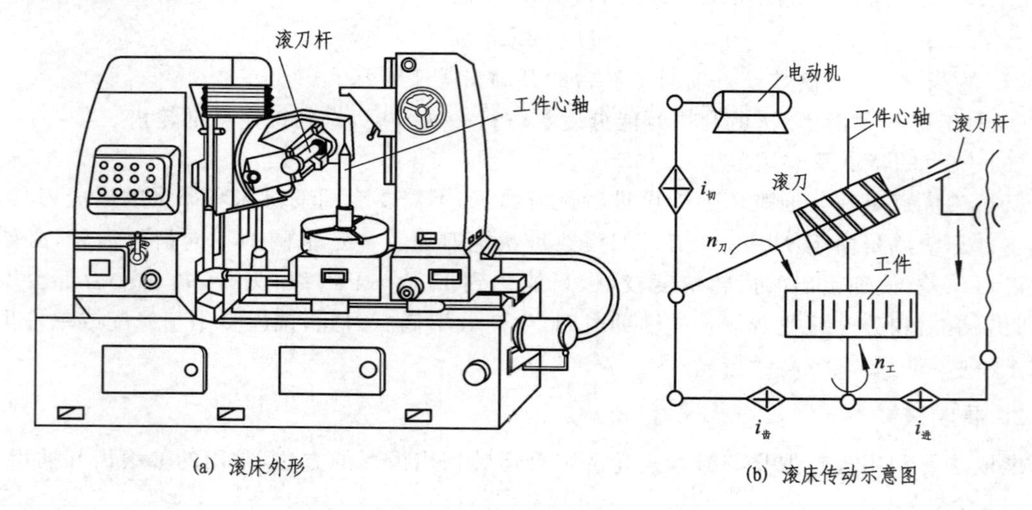

(a) 滚床外形　　(b) 滚床传动示意图

图 8-41　滚齿机床

滚齿加工精度一般为 IT8～IT7 级，表面粗糙度 Ra 为 3.2～1.6 μm。滚齿是连续切削，生产效率较高。因为齿条与同模数的任何齿数的渐开线齿轮都能正确啮合，所以用一把滚刀可加工出模数相同而齿数不同的渐开线齿轮。滚齿主要用于加工直齿和斜齿的外圆柱齿轮和蜗轮。

(2) 插　齿

图 8-42 所示为插齿机加工原理图。插齿机利用一对轴线相互平行的圆柱齿轮的啮合原理进行加工，插齿刀的外形像一个齿轮，在每一个齿上磨出前角和后角以形成刀刃，切削时刀具作上下往复运动，从工件上切除切屑。为了保证切出渐开线形状的齿形，在刀具上下作往复运动的同时，还要求刀具和被加工齿轮之间保持着一对渐开线齿轮的啮合传动关系。

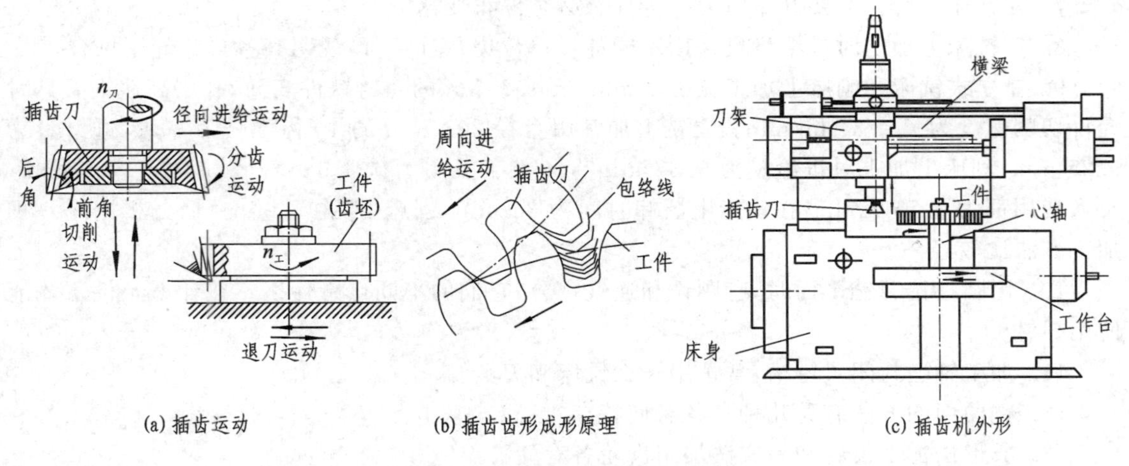

(a) 插齿运动　(b) 插齿齿形成形原理　(c) 插齿机外形

图 8-42　插齿机及其加工原理

插齿加工是在插齿机上进行的，图 8-42(c)所示为其外形图。插削圆柱直齿轮时，插齿机必须有以下几个运动。

① 切削运动，即主运动，由插齿刀的往复运动来实现，如图 8-42(a)所示。通过改变机床上不同齿轮的搭配可获得不同的切削速度。

② 周向进给运动，又称圆周进给运动，控制插齿刀转动速度。

③ 分齿运动，是完成渐开线啮合原理的展成运动，应保证工件转过一齿时刀具亦相应转过一齿，以使插齿刀的刀刃包络成齿形的轮廓。

假定插齿刀齿数为 Z_0，被切齿轮齿数为 Z_w，插齿刀的转数为 n_0(r/min)，被切齿轮转数为 n_w(r/min)，则它们之间应保证如下传动关系：

$$n_w/n_0 = Z_0/Z_w$$

④ 径向进给运动。插齿时，插齿刀不能一开始就切至齿的全深，需要逐步切入，故在分齿运动的同时，插齿刀须沿工件的半径方向作进给运动，径向进给是由专用凸轮控制的。

⑤ 退刀运动。为了避免插齿刀在回程中与工件的齿面发生摩擦，故由工作台带动工件作退让运动。当插齿刀工作行程开始前，工件又恢复原位的运动。

插齿加工精度一般为 IT8～IT7 级，表面粗糙度 *Ra* 约为 1.6 μm。插齿可用于加工直齿圆柱齿轮和多联齿轮以及内齿轮。

思考练习题

1. 铣床的主轴和车床主轴一样都作旋转运动。试举出两种以上既能在车床上又能在铣床上加工表面的例子，并分析各自的主运动和进给运动。

2. 铣削加工的精度一般可达到几级？表面粗糙度值 *Ra* 为多少？

3. 为什么用端铣刀铣平面比用圆柱铣刀铣平面好？

4. 利用卧式铣床和立式铣床都能加工平面，试比较其优缺点和各自的适用场合。

5. 铣床上工件的主要安装方法有哪几种？

6. 试说出 4 种常用铣床附件名称，并举例加工内容。

7. 在铣床上为什么要开车对刀？为什么必须停车变速？

8. 在铣床上加工时进给量可采用不同计量单位进行计算，请说明其各自的使用场合。

9. 在立式铣床和刨床上加工宽 152 mm、长 457 mm 的灰铸铁件表面，利用高速钢刀具时允许切削速度为 $v_c=34$ m/min。立铣上加工用直径 203 mm 的 10 齿端铣刀，每齿进给量为 0.25 mm；刨床上加工时进给量为 0.38 mm/str；加工费用为铣床 14.5 元/h，刨床 6.5 元/h；工人费用都为 8.75 元/h。在铣床上装卸时间为 34 min，刨床上为 14 min。请分析用哪一种加工方法比较经济？

10. 用圆柱铣刀铣平面时，有顺铣和逆铣之分，它们的不同点是什么？在什么条件下才能使用顺铣？

11. 加工轴上封闭式键槽，常选用什么铣床和刀具？

12. 铣曲面的方法有哪几种？各有何特点？

13. 成形法加工齿轮和展成法加工齿轮各有何特点？

14. 插齿和滚齿的工作原理有什么不同？各适用于加工什么样的齿轮？

15. 为什么滚齿和插齿均能用一把刀具加工同一模数任意齿数的齿轮？

第9章 磨 工

9.1 概 述

在磨床上用砂轮等磨具以较高线速度对工件进行切削加工的方法称为磨削加工。磨削加工是零件精加工的主要方法。磨削时可采用砂轮、油石、磨头、砂带等作磨具,其中最常用的是用磨料与结合剂制成的砂轮。通常磨削能达到的精度为IT7～IT5,表面粗糙度 Ra 一般为0.8～0.2 μm。采用超精磨削或研磨,工件的尺寸精度可达到IT5～IT3级,表面粗糙度 Ra 为0.1～0.05 μm。

磨削的加工范围很广,可用于零件的内孔、外圆、平面、螺纹、花键轴、曲轴、齿轮以及叶片等特殊成形表面的精加工,还可以代替车削、铣削、刨削作粗加工和半精加工用。常见的磨削方法如图9-1所示。

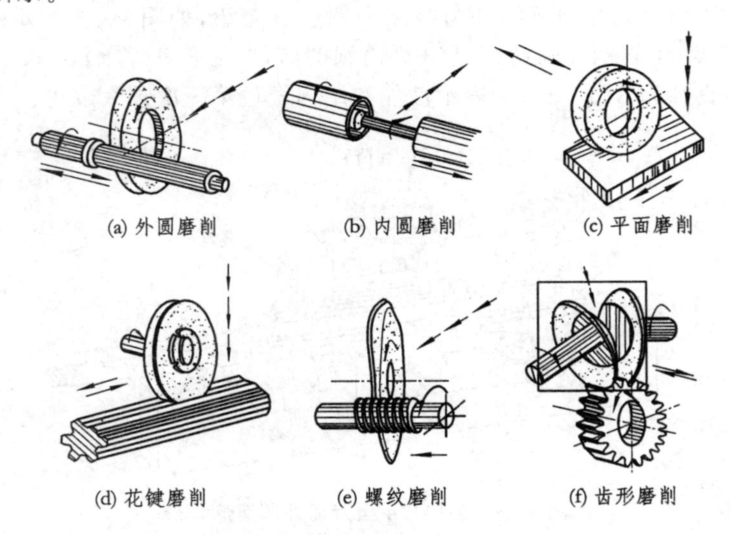

图9-1 常见的磨削方法

从本质上来说,磨削也是一种切削加工,它和通常的车削、铣削相比有以下的特点:

① 砂轮上每个磨粒相当于一把小铣刀,所以磨削相当于多刀刃的高速铣削。图9-2所示为磨粒切削示意图。

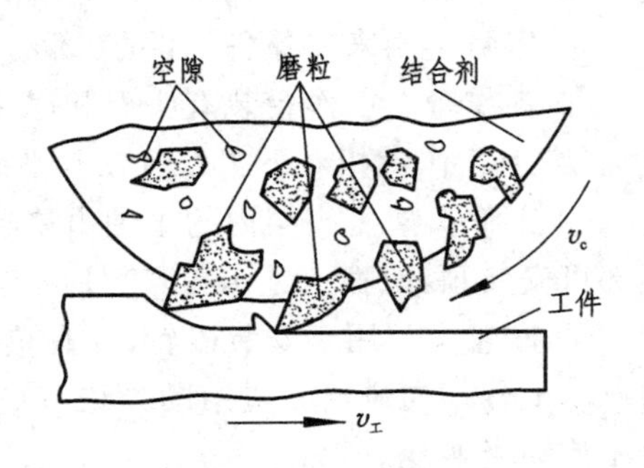

图9-2 磨粒切削示意图

② 磨削属于微刃切削,每个磨粒切削厚度极薄,可获得高质量的加工表面。

③ 速度快、效率高,尤其是外圆磨和平面磨,砂轮线速度可达3 000～12 000 m/min。高速切削导

致磨削区的瞬时高温可达近千摄氏度。因此,磨削时通常都使用切削液,以散热降温并冲走磨屑。

④ 由于磨粒硬度很高,因此磨削可以加工普通刀具难以加工的高硬度、高脆性材料,如淬火钢、硬质合金、不锈钢、陶瓷和玻璃等。但磨削不适宜加工硬度低而塑性很好的有色金属材料,因为砂轮空隙易被软材料堵塞。

9.2 磨　床

1. 磨床类型与型号

磨床有外圆磨床、内圆磨床、平面磨床、齿轮磨床、导轨磨床、无心磨床和工具磨床等多种。常用的是外圆磨床和平面磨床。

2. 外圆磨床的主要组成

外圆磨床又分普通外圆磨床和万能外圆磨床。两者的主要区别是:万能外圆磨床的头架和砂轮架下面都装有转盘,能绕垂直轴线偏转较大角度,并增加了内圆磨头等附件。因此,万能外圆磨床不仅可以磨外圆柱面、端面及外圆锥面,还可以磨内圆柱面、内台阶面及锥度较大的内圆锥面。现以M1432A型万能外圆磨床为例进行介绍,如图9-3所示。在M1432A型号中,M表示磨床类,1表示外圆磨床组(2为内圆磨床,7为平面磨床),4表示万能外圆磨床,32表示最大磨削直径为320 mm,A表示性能和结构做过第一次重大改进。

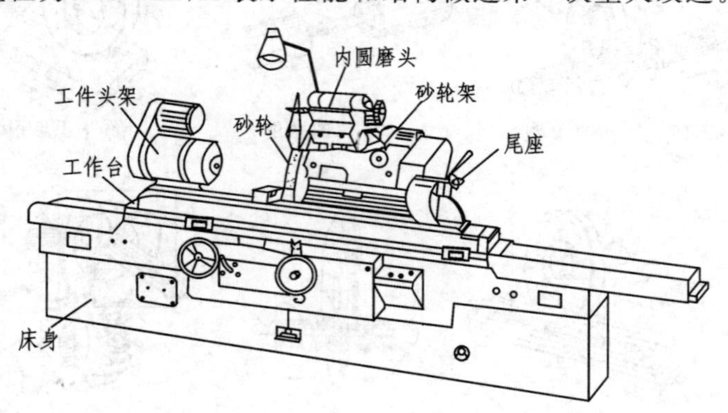

图9-3　M1432A型万能外圆磨床外形

(1) 外圆磨床主要组成部分及作用

① 床身。用来支撑各部件,上部有工作台和砂轮架,内部装有液压传动系统。

② 工作台。工作台装有头架和尾座。工作台有两层,下工作台可在床身导轨上作纵向往复运动;上工作台相对下工作台在水平面内能偏转一定的角度,以便磨削圆锥面。

③ 工作头架。头架内的主轴由单独的电动机经变速机构带动旋转,可得6种转速。主轴端部可安装顶针、拨盘或卡盘,工件可支撑在头架顶针和尾架顶针之间,也可用卡盘装夹。

④ 砂轮架。用于安装砂轮,并有单独的电动机带动砂轮高速旋转;砂轮架可在床身后部的导轨上作横向进给。进给的方法有自动周期进给、快速引进或退出、手动三种,前两种是靠液压传动来实现。

⑤ 尾座。用于支撑工件。

3. 内圆磨床

图 9－4 所示为 M2120 内圆磨床，它由床身、头架、磨具架和砂轮修整器等部件组成。头架可绕垂直轴转动角度，以便磨锥孔。工作台的往复运动也使用液压传动。

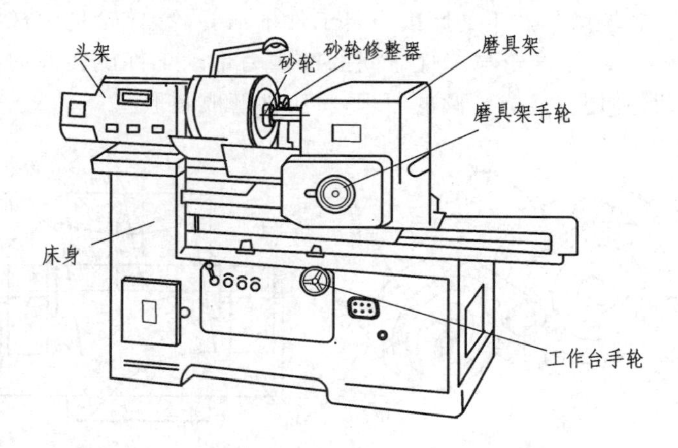

图 9－4 M2120 内圆磨床

4. 平面磨床

平面磨床分为立轴式和卧轴式两类。立轴式平面磨床用砂轮的端面磨削平面；卧轴式平面磨床用砂轮的圆周面磨削平面。图 9－5 所示为 M7120A 卧轴式矩形平面磨床，它由床身、工作台、立柱、滑鞍、磨具架和砂轮修整器等部件组成。

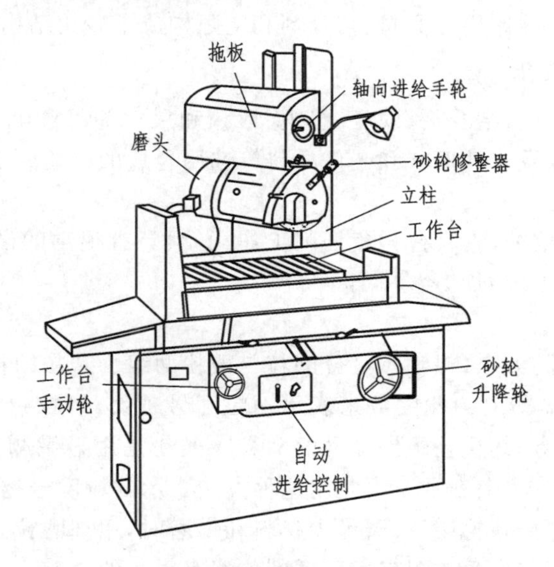

图 9－5 M7120A 卧轴式矩形平面磨床

矩形工作台装在床身的水平纵向导轨上，其上有安装工件用的电磁吸盘。工作台的往复运动使用液压传动，也可用手轮操纵。砂轮装在磨头上，由电动机直接驱动旋转。磨头沿拖板的水平导轨作横向进给运动，由液压驱动或手轮操纵。拖板可沿立柱的垂直导轨移动，以调整磨头的高低位置及作垂直进给运动，该运动通过手轮操纵可实现快速移动。

5. 无心磨床

无心外圆磨削是一种高生产率、易于实现自动化的磨削方法。无心磨削原理如图 9-6 所示,工件不用顶尖支撑,也不用卡盘装夹,而是置于砂轮与导轮之间的托板上。工件的待加工表面就是定位基准。砂轮磨削产生的磨削力将工件推向导轮,导轮是由橡胶结合剂制成的砂轮,它的轴线稍后倾一些,靠导轮与工件之间的摩擦力带动工件旋转并向前推进。工件在砂轮、托板、导轮间转动,利用三点成一圆的原理,将工件磨成圆形。

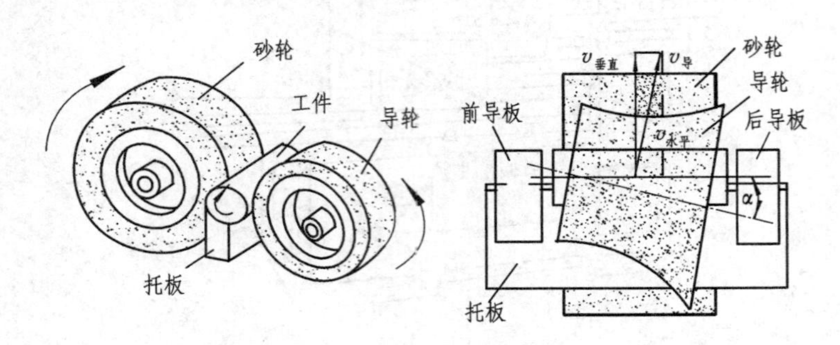

图 9-6　无心外圆磨削原理

9.3　砂　轮

砂轮是把许多极硬的磨粒用结合剂黏结而成的切削工具。磨料和结合剂之间有许多空隙,起着散热和容纳磨屑的作用。磨料、结合剂和空隙构成了砂轮结构的三要素。

1. 砂轮的特性与选用

砂轮特性受磨料、粒度、结合剂、硬度、组织、形状和尺寸等的影响。应根据工件的加工精度、表面粗糙度的要求以及工件形状和工件材料等选用合适的砂轮。

(1) 磨　料

磨料是砂轮的主要成分,它直接担负切削工作,必须具有很高的硬度、耐热性和一定的韧性,常用的磨料如表 9-1 所列。

(2) 粒　度

粒度是指磨料颗粒的大小(粗细),可分磨粒与微粉两组。磨粒的粒度用筛选法分类,并用 1 英寸(25.4 mm)长的筛子上的孔网数来表示。粒度号越大,磨粒越细。如 60 粒度,表示恰好能通过每英寸长度内有 60 个孔眼的筛网的磨粒。微粉是用显微测量法实际量到的磨粒尺寸,通常在磨粒尺寸前加 W 来表示。因此用这种方法表示的粒度号越小,磨粒越细。通常,磨软材料时用粗磨粒,以防止砂轮堵塞;磨脆硬材料和精磨时,用细磨粒。

粒度大小对加工精度、表面的粗糙度和磨削效率有很大的影响。

(3) 结合剂

结合剂的种类与性质将影响砂轮的强度、耐热性、耐冲击性和耐腐蚀性等,对磨削温度和表面的粗糙度也有影响。常用的结合剂有陶瓷结合剂(V 型)、树脂结合剂(B 型)、橡胶结合剂(R 型)和金属结合剂(M 型)等。

表 9-1 常用磨料的代号、性能及用途

类别	名称	代号	颜色	特性	用途
刚玉类	棕刚玉	A	棕色	含91%～96%氧化铝,硬度高,韧性好,便宜	磨碳钢、合金钢、可锻铸铁、青铜
	白刚玉	WA	白色	含97%～99%氧化铝,硬度比棕刚玉高,韧性低,磨削发热少	精磨淬火钢、高碳钢、高速钢、易变形的钢件(如刀具、细长轴)
	铬刚玉	PA	粉红色	硬度与白刚玉相近,韧性比白刚玉好	磨高速钢和不锈钢、成形磨削、刀具刃磨和高表面质量磨削
碳化硅	黑色碳化硅	C	黑色或深蓝色	含95%以上的碳化硅,有光泽,硬度比白刚玉高,性脆而锋利,导热性能好	磨铸铁、黄铜、铝及非金属材料
	绿色碳化硅	GC	绿色	含97%以上的碳化硅,硬度和脆性比黑色碳化硅高,导热导电性能好	磨硬质合金、玻璃、宝石、玉石、陶瓷、钛合金等
高硬磨料	人造金刚石	MBD *	无色透明或淡黄色	性脆,硬度极高,价格贵	磨硬质合金、玻璃、宝石、难加工的高硬材料等
	立方氮化硼	CBN	黑色或淡白色	立方晶体,硬度略低于人造金刚石,耐磨,发热量小	磨高温合金,高钼、高钒、高钴合金,不锈钢等

* 人造金刚石的代号根据粒度范围不同有6种,此处只列出一种。

(4) 硬　度

砂轮硬度是指砂轮上的磨粒受外力作用时脱落的难易程度。砂轮硬度较低的,磨粒易脱落;反之,不易脱落。所以,砂轮的硬度与磨粒的硬度不是一个概念。砂轮的硬度对磨削生产效率和加工的表面质量影响极大。

砂轮硬度常用代号表示,如E(超软)、H(软)、L(中软)、M(中)、Q(中硬)、T(硬)、Y(超硬)等。

一般情况下,工件材料越硬,砂轮的硬度应选得低些,这样可使磨钝的砂粒及时脱落,以便露出有尖锐棱角的新磨粒,防止磨削温度过高而产生“烧伤”。工件材料越软时,砂轮的硬度应选得高些,以便充分发挥磨粒的切削作用。

(5) 组　织

砂轮中磨粒、结合剂和气孔三者的比例关系称为砂轮组织。砂轮的组织号是以磨粒所占砂轮体积的百分比来确定的,组织号越大,砂轮组织越松,磨削时不易堵塞,磨削效率高;但由于磨刃少,磨削后工件表面粗糙度较高。

(6) 形状与尺寸

为了适应在不同类型的磨床上磨削各种形状和尺寸的工件,砂轮也须制成各种形状和尺寸。表9-2所列为常用砂轮的形状和代号。

2. 砂轮的检查、平衡、安装和修整

由于砂轮在高速运转下工作,因此,在安装前应先对砂轮进行外观检查,然后敲击听其响声,以此判断砂轮是否有裂纹。安装砂轮时,砂轮内孔与砂轮轴配合间隙要适当,过松会使

表 9-2　常用砂轮的形状、代号及用途(GB/T 2484—2018)

砂轮名称	新代号	旧代号	简　图	主要用途
平形砂轮	1	P		用于磨外圆、内圆、平面、螺纹及无心磨等
双斜边形砂轮	4	PXX_1		用于磨削齿轮和螺纹
平行切割砂轮	41	PB		主要用于切断和开槽等
杯形砂轮	6	B		用于磨平面、内圆及刃磨刀具(铣刀、绞刀、拉刀)
碗形砂轮	11	BW		用于导轨磨及刃磨刀具(铣刀、绞刀、拉刀、车刀)
碟形砂轮	12a			用于磨铣刀、铰刀、拉刀等,大尺寸的用于磨齿轮端面

砂轮旋转时偏向一边而产生振动,过紧则磨削时受热膨胀易将砂轮胀裂,一般配合间隙为 0.1～0.8 mm。砂轮可用法兰盘与螺母紧固,在砂轮与法兰盘之间垫 0.3～3 mm 厚的皮革或耐油橡胶制成的垫片,如图 9-7 所示。

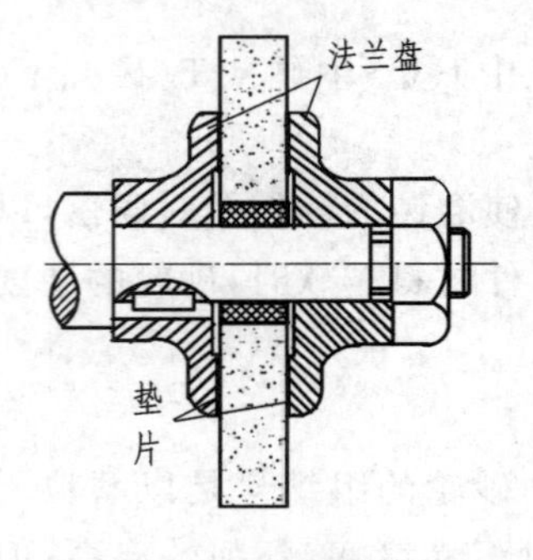

图 9-7　砂轮的安装

砂轮工作一段时间后,磨粒逐渐变钝,砂轮表面空隙堵塞,砂轮几何形状会失准,使磨削质量和生产效率下降,这时需要对砂轮进行修整。修整砂轮通常用金刚石刀进行。修整时,金刚石刀水平倾斜 5°～15°,垂直倾斜 20°～30°,刀尖低于砂轮中心 1～2 mm 以减少振动,如图 9-8 所示。修整时要用切削液充分冷却或干脆不用切削液,不可在点滴切削液下修整,以防止金刚石刀忽冷忽热而碎裂。

为了使砂轮平稳工作,必须对砂轮进行静平衡,如图 9-9 所示,步骤是:

① 砂轮进行静平衡前,必须把砂轮法兰盘内孔、环形槽内、平衡块、平衡心轴和平衡架导轨等擦干净。

② 平衡架的两根圆柱导轨应事先校正到水平位置;砂轮进行静平衡时,平衡心轴轴线应与平衡架导轨轴线垂直。

③ 不断调整平衡块,如将砂轮转到任意位置砂轮都能停住,则砂轮的静平衡完毕。

④ 安装新砂轮时,砂轮要进行两次静平衡,第一次粗平衡后装上磨床,使用金刚石刀修整砂轮外圆和端面,卸下后再进行精平衡。

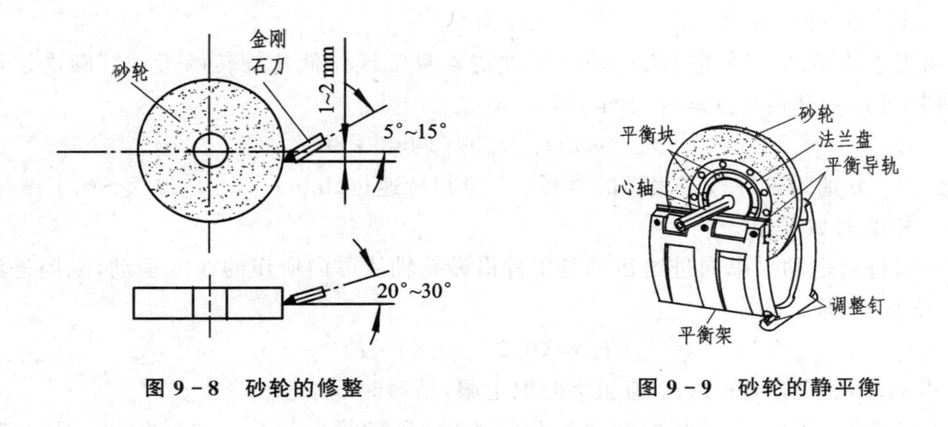

图 9-8　砂轮的修整　　　　图 9-9　砂轮的静平衡

9.4　磨削加工

9.4.1　磨削运动

磨削时，一般有一个主运动和三个进给运动。这四个运动参数即为磨削用量，如图 9-10 所示。

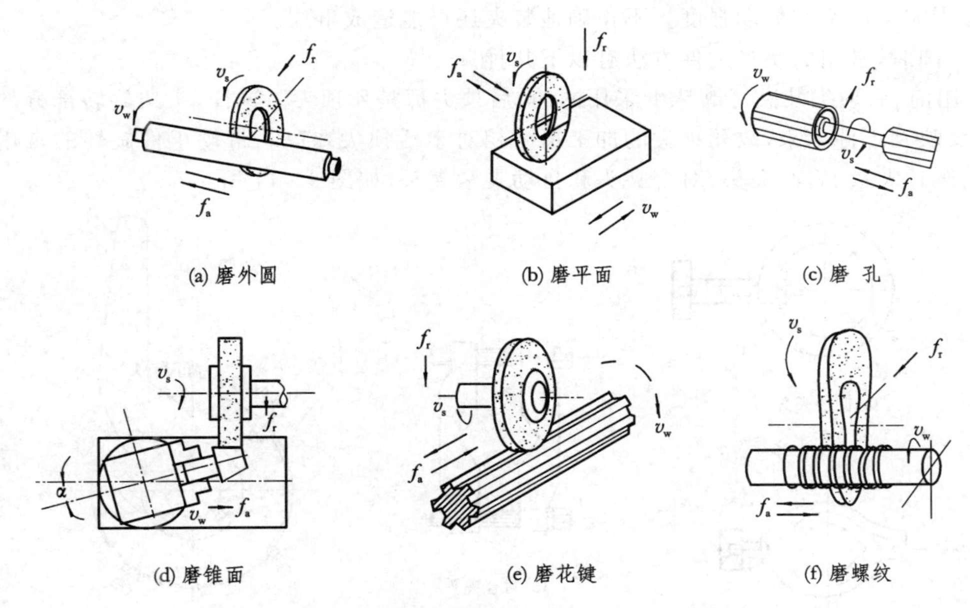

v_c—主运动速度；v_w—圆周进给速度；f_a—纵向进给量；f_r—横向进给量。

图 9-10　磨削加工示例

① 主运动。主运动是砂轮的高速旋转运动。主运动速度用砂轮外圆处的线速度 v_s (m/s)表示，即

$$v_s = (\pi D_s n_s)/(1\ 000 \cdot 60)$$

式中，D_s，n_s 分别为砂轮的外径(mm)和转速(r/min)。一般磨削时，v_s 取 30～35 m/s；高速

磨削时,v_s 取 60～100 m/s。

② 圆周进给运动。圆周进给运动是工件绕本身轴线作低速旋转的运动。圆周进给速度用工件外圆处的线速度 v_w(m/s)表示,即

$$v_w = (\pi D_w N_w)/(1\,000 \cdot 60)$$

式中,D_w,N_w 分别为工件被磨表面的直径(mm)和转速(r/min)。v_w 取 0.2～0.4 m/s,粗磨时取上限,精磨时取下限。

③ 纵向进给运动。纵向进给运动是工件沿砂轮轴线方向所作的往复运动,纵向进给量用 f_a(mm/r)表示,即

$$f_a = (0.2 \sim 0.8) \cdot B$$

式中,B 表示砂轮宽度(mm);f_a 值粗磨时取上限,精磨时取下限。

④ 横向进给运动。工件每次往复行程结束时,砂轮径向切入工件的运动,即磨削深度。横向进给量用 f_r(mm/L 或 mm/2L)表示,其中 L 表示单行程,2L 表示往复双行程。一般 f_r=0.005～0.05 mm,粗磨时取上限,精磨时取下限。

9.4.2 磨外圆

1. 工件的装夹

磨削加工时,工件装夹是否正确、稳固、迅速和方便,不但影响工件的加工精度和表面粗糙度,还会影响生产率和劳动强度。不正确地装夹还可能造成事故。

磨外圆时,常用的装夹工件方法有以下几种。

① 用前、后顶尖装夹。磨床上采用的前、后顶尖都是死顶尖。这样,头架旋转部分的偏摆就不会反映到工件上来,故死顶尖的加工精度相对于活顶尖要高。带动工件旋转的常用夹头有4种:圆环夹头、鸡心夹头、对合夹头和自动夹紧夹头,如图9-11所示。

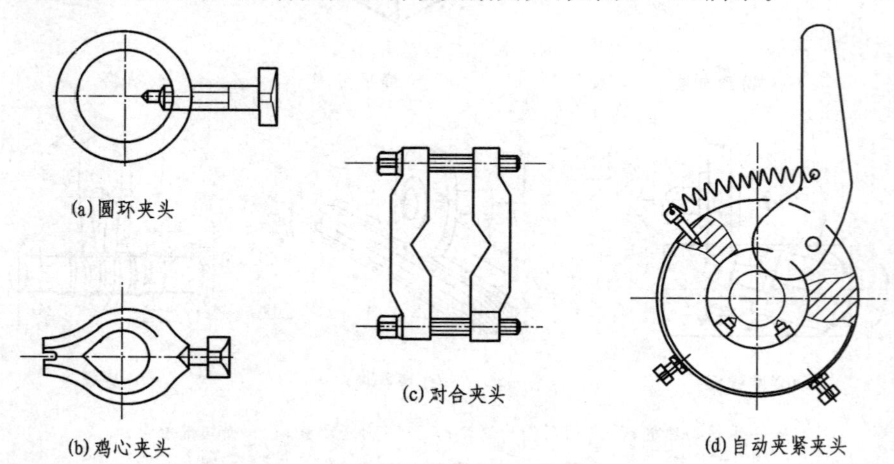

图9-11　常用的夹头

② 用心轴装夹。磨削套筒类零件时,常以内孔为定位基准,把零件套在心轴上,心轴再夹在磨床的前、后顶尖上。常用的有锥形心轴、带台肩圆柱心轴、带台肩可胀心轴等,如图9-12所示。

③ 用三爪卡盘或四爪卡盘装夹。磨削端面上不能打中心孔的短工件时,可用三爪卡盘或

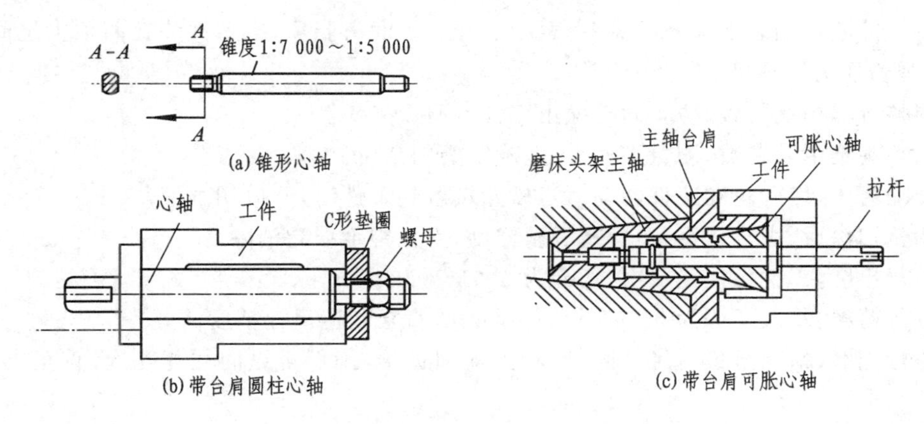

图 9-12　常用的心轴

四爪卡盘装夹。四爪卡盘特别适于夹持表面不规则的工件。

④ 用卡盘和顶尖装夹。当工件较长且只有一端能打中心孔时,可一端用卡盘,一端用顶尖装夹工件。

2. 磨外圆的方法

在外圆磨床上磨外圆的方法有纵磨法和横磨法,如图 9-13 所示。

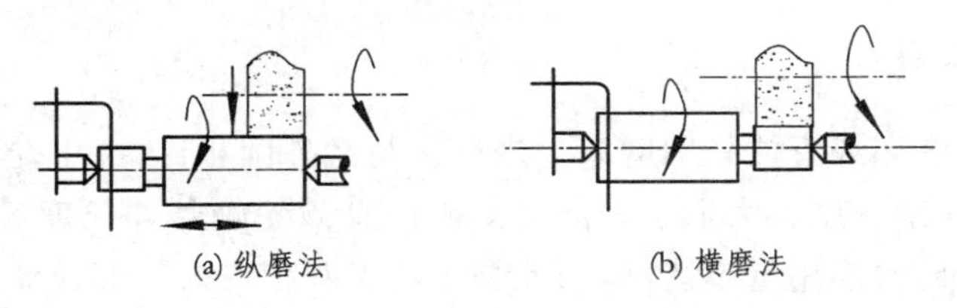

图 9-13　磨外圆的方法

① 纵磨法。磨削时工件作圆周进给运动,同时随工作台作纵向(轴向)进给运动,每一纵向行程或往复行程结束后,砂轮作一次小量的横向进给。当工件磨削至最终尺寸时,无横向进给地纵向往复几次,至火花消失为止。纵磨时磨削深度小,磨削力小,磨削温度低以及最后几次无横向进给的光磨,能逐步消除由于机床、工件和夹具弹性变形而产生的误差,所以其磨削精度较高。

纵磨法是最通用的一种磨削方法,其特点是可用同一砂轮磨削长度不同的工件,且加工质量好。纵磨法在单件、小批量生产以及精磨时被广泛使用。

② 横磨法(切入磨法)。横磨法磨削时工件无纵向进给运动,采用比被磨表面宽(或等宽)的砂轮连续或间断地向工件作横向(径向)进给运动,直至磨掉全部加工余量,此法又称径向磨削法或切入磨法。横磨法生产率高,但由于工件相对砂轮无纵向进给运动,相当于成形磨削,故砂轮的形状误差直接影响工件的形状精度。另外,砂轮与工件的接触宽度大,故磨削力大,磨削温度高,因此,砂轮要勤修整,切削液供应要充分,工件刚性要好。

横磨法主要用于磨削短外圆表面、阶梯轴的轴颈和粗磨等。

3. 用纵磨法磨外圆的操作步骤

① 擦净工件两端的中心孔,检查中心孔是否圆整光滑,否则须经过研磨。

② 调整头、尾座位置,使前、后顶尖间的距离与工件长度相适应。

③ 在工件的一端装上适当的夹头,两中心孔加入润滑脂后,把工件装在两顶尖之间,调整尾座顶尖弹簧压力至适度。

④ 调整行程挡块位置,防止砂轮撞击工件台肩或夹头。

⑤ 调整头架主轴转数,测量工件尺寸,确定磨削余量。

⑥ 开动磨床,使砂轮和工件转动。当砂轮接触到工件时,开放切削液。

⑦ 调整切深后,进行试磨,边磨边调整锥度,直至锥度误差消除。

⑧ 进行粗磨,工件每往复一次,切深为 0.01~0.025 mm。

⑨ 进行精磨,每次切深为 0.005~0.015 mm,直至到达尺寸精度。

⑩ 进行光磨,精确至最后尺寸时,砂轮无横向进给,工件再纵向往复几次,直至火花消失为止。

⑪ 检验工件尺寸及表面粗糙度。

4. 磨外圆操作要点

① 注意启动砂轮步骤。

② 对接触点时,砂轮要慢慢靠近工件。

③ 精磨前一般要修整砂轮。

④ 磨削过程中,工件的温度会有所提高,测量时应考虑热膨胀对工件尺寸的影响。

9.4.3 磨内孔

磨内孔可在内圆磨床或万能外圆磨床上进行。与磨外圆相比,由于受到工件孔径的限制,砂轮直径一般较小,切削速度大大低于外圆磨削。而且砂轮轴悬伸长度又大,刚性较差,加上磨削时散热、排屑困难,磨削用量不能高,因此加工精度和生产效率都较低。

1. 工件的装夹

在内圆磨床上磨工件的内孔,如工件为圆柱体且外圆柱体面已经过精加工,则可用三爪卡盘或四爪卡盘找正外圆装夹。如工件外表面较粗糙或形状不规则,则以内圆本身定位找正安装。

2. 磨内孔的方法

磨削内孔一般采用纵向磨和切入磨两种方法,如图 9-14 所示。磨削时,工件和砂轮按相反的方向旋转。砂轮在工件孔中的磨削位置有前接触和后接触两种,如图 9-15 所示。一般在万能外圆磨床上采用前接触,在内圆磨床上采用后接触。

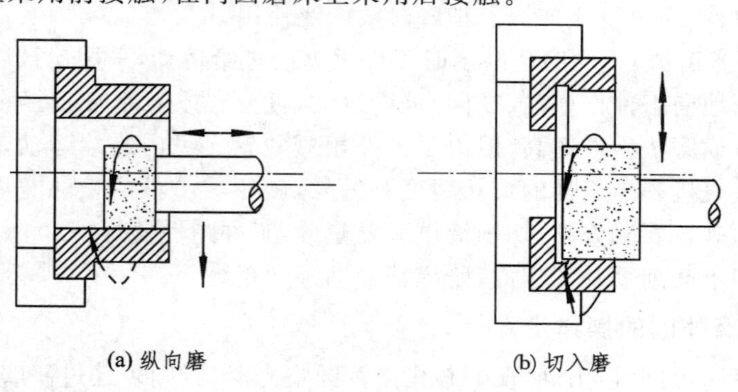

(a) 纵向磨　　(b) 切入磨

图 9-14 磨内孔的方法

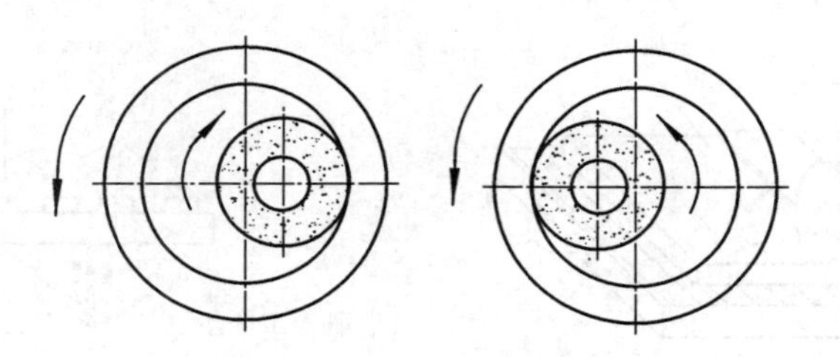

图 9-15　砂轮在工件孔中的磨削位置

9.4.4　磨圆锥面

1. 工件的装夹

圆锥面有外圆锥面和内圆锥面两种，这里只介绍磨外圆锥面的方法。工件的装夹方式可参照磨外圆和内圆的装夹。

2. 磨外圆锥面的方法

在万能外圆磨床上磨外圆锥面有三种方法。

① 转动工作台。适合磨削锥度小而长度较长的工件，如图 9-16(a)所示。

② 转动头架。适合磨削锥度大而长度短的工件，如图 9-16(b)所示。

③ 转动砂轮架。适合磨削长工件上锥度较大的圆锥面，如图 9-16(c)所示。

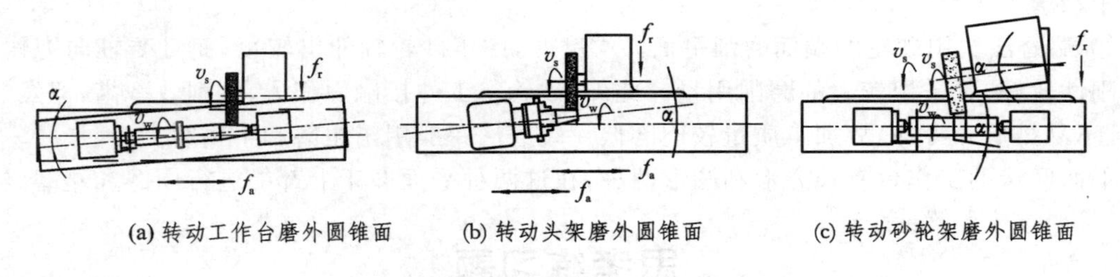

(a) 转动工作台磨外圆锥面　(b) 转动头架磨外圆锥面　(c) 转动砂轮架磨外圆锥面

图 9-16　磨外圆锥面方法

9.4.5　磨平面

1. 工件的装夹

磨平面使用的是平面磨床。平面磨床工作台常用电磁吸盘来安装工件，对于钢、铸铁等导磁性工件可直接安装在工作台上，对于铜、铝等非导磁性工件，要通过精密平口钳等装夹。电磁吸盘是根据电磁铁的磁效应原理设计制造的。工件安放在电磁吸盘上通过磁力作用将工件吸住，如图 9-17 所示。

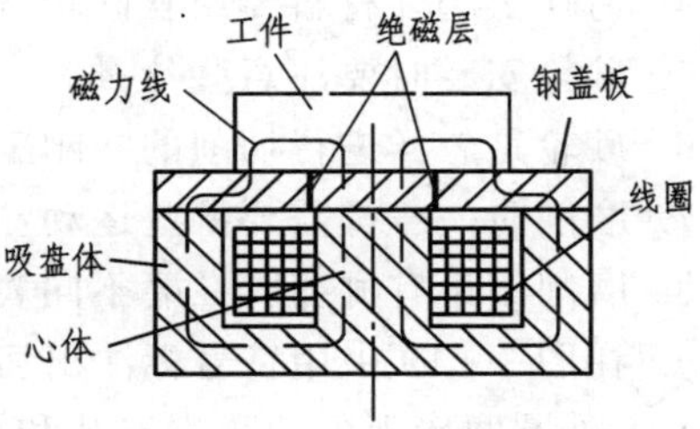

图 9-17　电磁吸盘

2. 磨平面的方法

根据磨削时砂轮工作表面的不同，磨平面的方法可分为两种，即周磨法和端磨法，如图 9-18 所示。

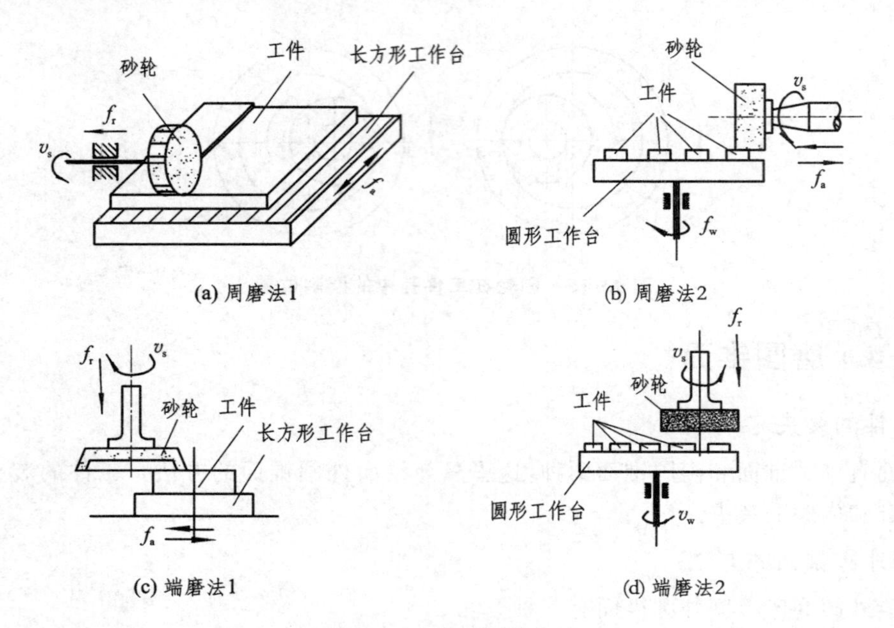

图 9-18　磨平面的方法

① 周磨法。用砂轮的圆周面磨削平面。周磨时砂轮与工件接触面积小,排屑和冷却条件好,工件发热量少,因此磨削易翘曲变形的薄片工件能获得较好的加工质量,但磨削效率低,一般用于精磨。

② 端磨法。用砂轮的端面磨削平面。端磨时,由于砂轮轴伸出较短,而且受轴向力作用,因而刚性较好,可采用较大的磨削用量。此外,砂轮与工件接触面积大,磨削效率高,但发热量大,且不易排屑和冷却,故加工质量较周磨低。端磨法一般用于粗磨和半精磨。

平面磨床的工作台有长方形和圆形两种,在这两种平面磨床上都能进行周磨和端磨。

思考练习题

1. 磨削加工的精度一般可达到几级?表面粗糙度 Ra 可达到多少?
2. 磨削加工有什么特点?适用于加工哪类零件?
3. 万能外圆磨床由哪几部分组成?各有何功用?
4. 为什么磨硬材料要用软砂轮,而磨软材料要用硬砂轮?
5. 砂轮安装时要注意些什么?
6. 砂轮是怎样进行切削的?刚玉类砂轮和碳化硅砂轮各适用于磨削哪些金属材料?
7. 磨削时一般都需要哪些运动?请指出主运动和进给运动。
8. 磨削用量有哪些?在磨不同表面时,砂轮的转速是否需要改变?为什么?
9. 在图 9-19 中用符号标注出切削用量。
10. 外圆磨床上的两顶尖安装和车床上的两顶尖安装是否有区别?
11. 外圆磨削方法有哪些?各有什么特点?现有一淬火钢销轴,要求两端不能有顶尖孔,应选择何种方法磨削?
12. 为什么要对中心孔进行修研?怎样修研?

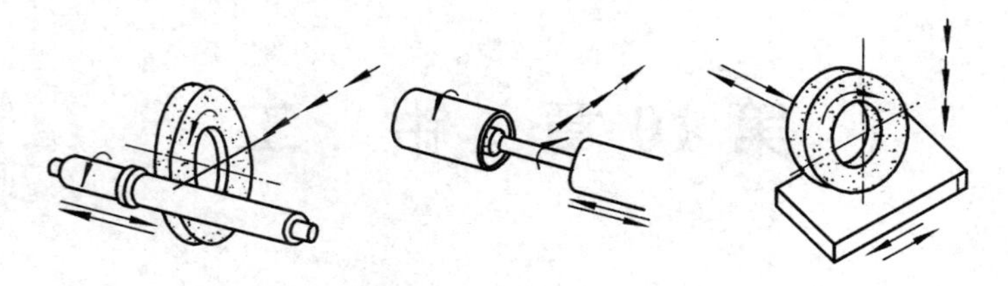

图 9 - 19　切削加工

13. 磨内圆与磨外圆相比，有什么不同之处？为什么？

14. 平面端磨法和周磨法各有何优缺点？

15. 常采用什么方法磨削外圆锥面？

16. 平面磨削中工件的装夹方法有什么特点？

第10章 钳 工

10.1 概 述

1. 钳工的作用

钳工是使用各种手动工具进行零件加工及完成机器装配、调试和维修等工作的工种。钳工的基本操作有划线、錾削、锯削、锉削、钻孔、扩孔、铰孔、锪孔、攻丝、套丝、矫正、弯曲、铆接、刮削、研磨、装配、调试、维修及基本测量等。

根据工作内容的不同,钳工可以分为普通钳工、划线钳工、模具钳工、装配钳工和维修钳工等。

钳工的工作范围很广,主要的工作有:

① 零件加工前的准备工作,如毛坯的清理、划线;

② 机器装配前对零件进行钻孔、铰孔、攻丝、套丝等;

③ 对精密零件的加工,如刮研零件、量具的配合表面和制作模具、锉制样板等;

④ 机器设备的装配、调试和维修等。

在机械生产过程中,从毛坯下料、生产加工到机器装配调试等,通常都由钳工连接各个工序和工种,起着不可替代的重要作用。虽然现在有了先进的加工设备,但仍不能全部代替钳工手工操作。这不但因为钳工使用的工具简单、操作灵活方便、能完成一般机械加工无法或不适宜加工的工作,而且零件加工之前的划线和精密零件的配钻、刮削、研磨等也都是由钳工来完成。因此钳工在机械制造和维修工作中占有很重要的地位。但是钳工劳动强度大,生产率低,对工人技术要求较高。随着工业技术的发展,钳工操作也正朝着半机械化和机械化方向发展,以降低劳动强度和提高生产率。

2. 钳工台和虎钳

钳工台和装在钳工台上用以夹持工件的虎钳是钳工工作岗位必需的主要设备。虎钳的规格通常用钳口的宽度表示,常用的有 100 mm、125 mm 和 150 mm 等几种。虎钳的结构如图 10-1 所示。

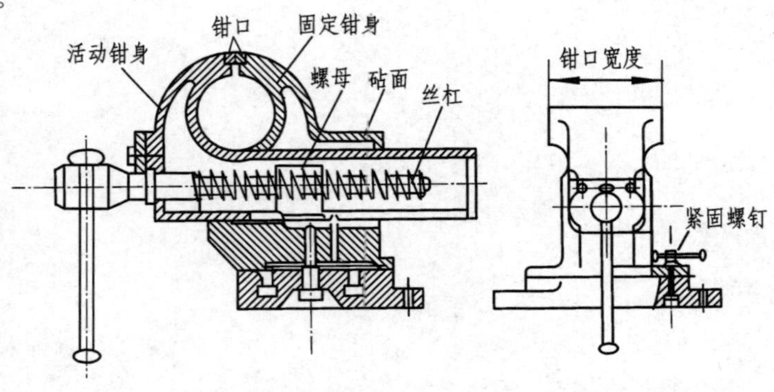

图 10-1 虎 钳

安装工件时转动手柄，使活动钳口开合，工件尽可能放在钳口中部，使钳口受力均匀。顺时针扳动手柄将工件夹紧，逆时针方向扳动为松开。夹紧时用力要适当，若夹持太紧，丝杠螺母易被损坏。钳口部分经过淬火，硬度很高，装夹铝、铜等软材料时，钳口要护上软金属（如铜片等）防止夹伤工件。

10.2 划 线

10.2.1 划线概念

根据图样的要求，在毛坯或半成品上划出加工界线的操作称为划线。

1. 划线的作用

① 明确地表示出加工余量、加工位置，使机械加工有明确的尺寸界线。

② 便于复杂工件在机床上安装，可以按划线找正定位。

③ 用来检查毛坯尺寸和形状是否合乎要求，避免不合格的毛坯投入后续机械加工而造成损失。

④ 采用借料划线可以使加工余量不大的毛坯得到补救，使加工后的零件仍能符合要求。

2. 划线的种类

划线分平面划线和立体划线两种，如图10－2所示。

① 平面划线。只需要在工件的一个表面上划线后即能明确表示加工界线的，称为平面划线。

② 立体划线。在工件上几个互成不同角度（通常是互相垂直）的表面上划线，才能明确表示加工界线的，称为立体划线。

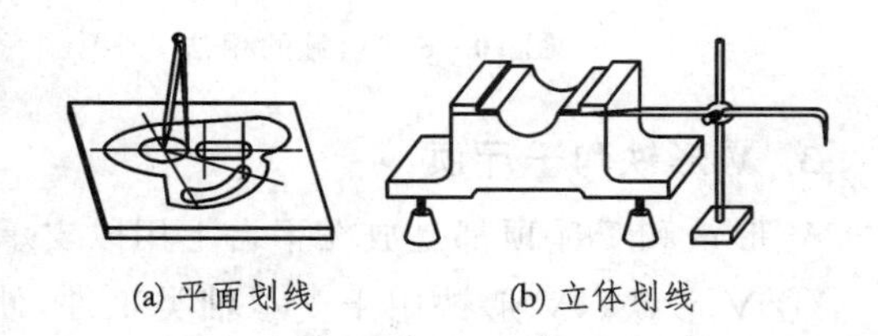

(a) 平面划线　(b) 立体划线

图10－2　划线种类

3. 划线要求及精度

划线要求：线条清晰均匀、尺寸准确、粗细一致、样冲眼分布均匀。划线精度：能达到0.25～0.5 mm。通常不能依靠划线直接确定加工时的最后尺寸，必须在加工过程中通过测量来保证尺寸的准确度。

10.2.2 划线工具

1. 划线平台

划线平台是划线的基准工具，如图10－3所示。划线平台通常用铸铁制成，表面经过刮削，平面度较好，用以放置划线的零件或划线工具。划线平台是划线的基准平面，应该保持该平面的清洁，严禁敲击、碰撞。

2. 划针和划针盘

① 划针。划针是在工件上划线的工具，用弹簧钢丝或高速钢制成，如图10－4所示。划线时划针针尖应紧贴钢尺移动，尽量使线条一次划出，使线条清晰、准确，如图10－5所示。

② 划针盘。划针盘是划线和校正工件位置时用的工具,如图10-6所示。划线时划针盘上的划针装夹要牢固,伸出长度要适中,底座应紧贴划线平台,移动平稳,不能摇晃。

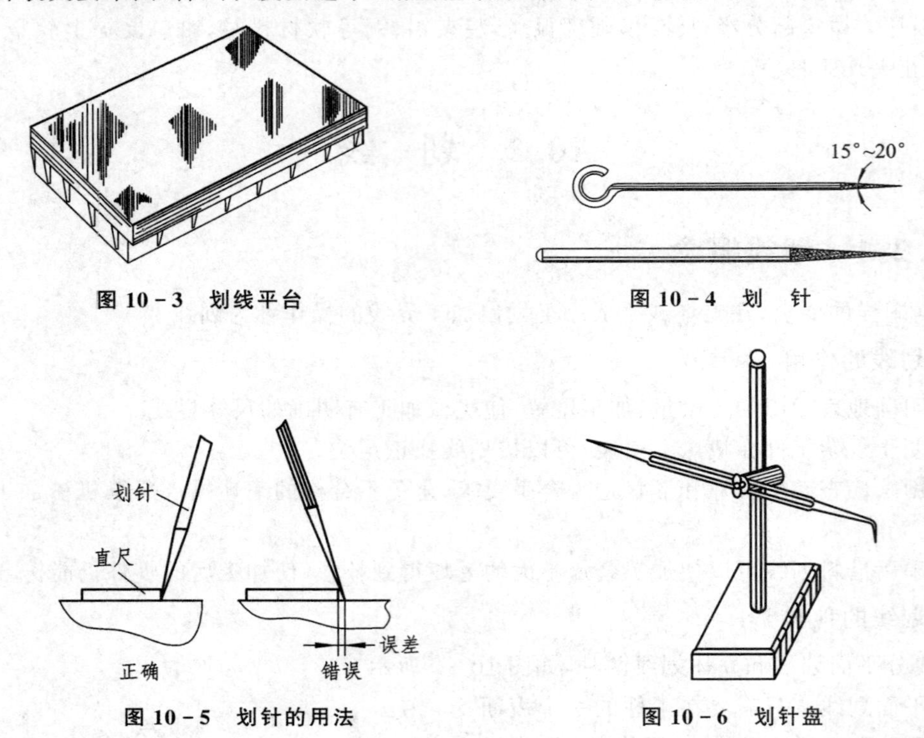

图10-3　划线平台

图10-4　划　针

图10-5　划针的用法

图10-6　划针盘

3. V形铁和千斤顶

V形铁和千斤顶都是放在平台上用以支承工件的工具。

① V形铁。V形铁用于支承轴类工件,使工件轴线与平台平行,便于找出中心和划出中心线。较长的工件可放在两个等高的V形铁上,如图10-7所示。

② 千斤顶。用于支承较大或不规则的工件,如图10-8所示。一般3个千斤顶为一组,分别调节它们的高度,对工件进行调正,如图10-2(b)所示。

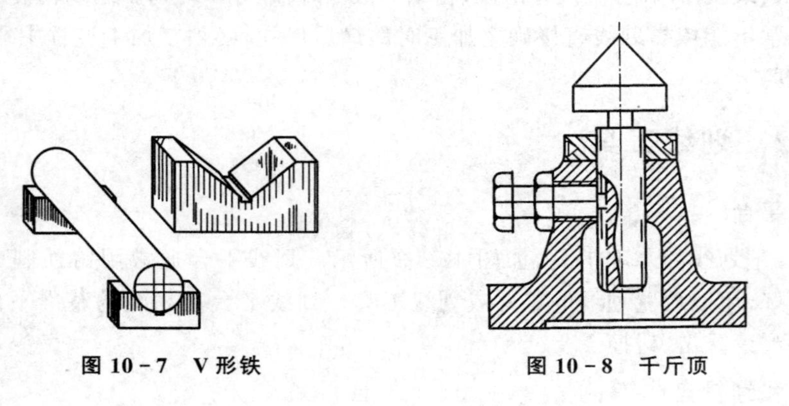

图10-7　V形铁

图10-8　千斤顶

4. 方　箱

划线用的方箱是一个空心箱体,相邻表面相互垂直,相对表面相互平行,其中一个平面有

V形槽和压紧装置，如图10-9所示。方箱用于夹持较小且需要在表面划线较多的工件，通过翻转方箱，可在工件表面划出互相垂直或平行的线条。轴类工件可夹持在V形槽内，翻转方箱便可划出中心线或找出工件中心。

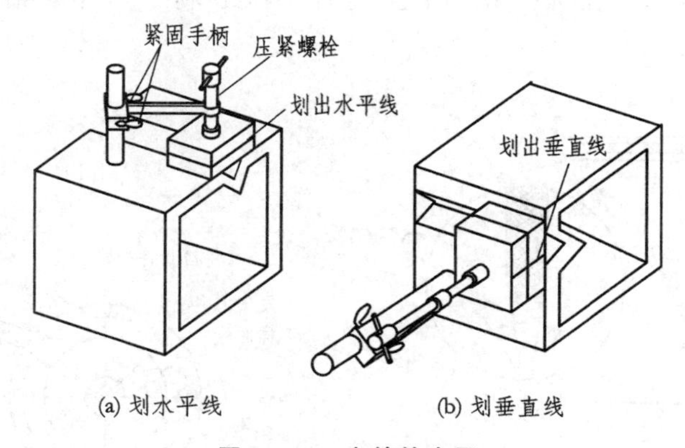

图10-9　方箱的应用

5. 划线量具

① 钢尺。钢尺是长度量具，用于测量工件尺寸和划直线。

② 直角尺。用于划垂直线及检查工件的垂直度。

③ 高度游标尺。是附有硬质合金划线脚的精密工具，如图10-10所示。既可测量零件高度，也可用于半成品的精密划线。测量精度有0.02 mm、0.05 mm两种，不能对锻铸等毛坯零件进行测量及划线。

6. 划规和划卡

① 划规。是划圆、圆弧和等分线段的平面划线工具。划规分普通划规、定距划规等几种，如图10-11所示。

② 划卡。又称单脚规，是用于确定轴和孔中心位置的工具，如图10-12所示。使用划卡时，弯脚到工件端面的距离应保持一致。

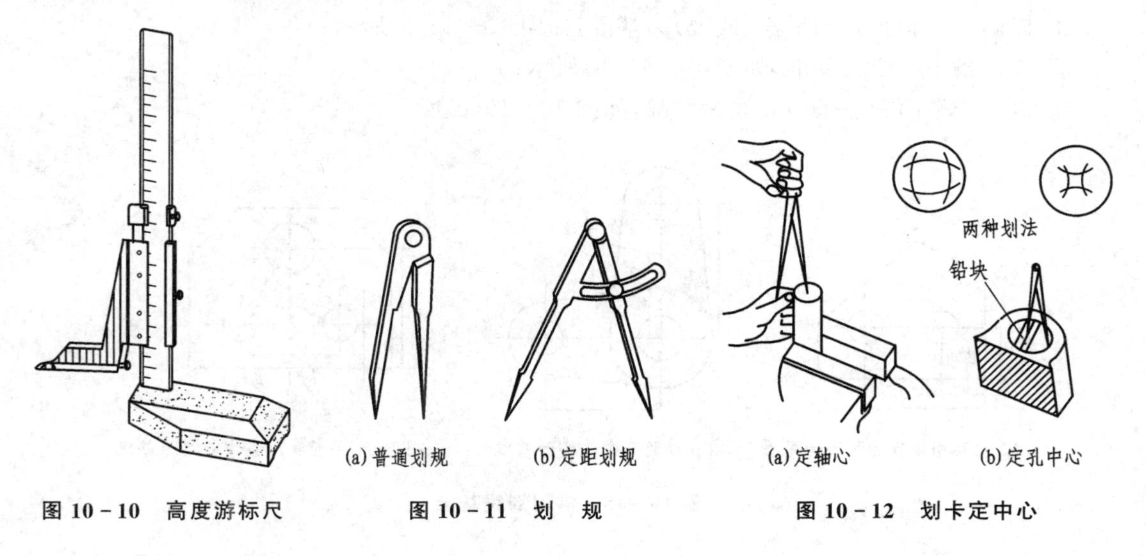

图10-10　高度游标尺　　图10-11　划　规　　图10-12　划卡定中心

7. 样　冲

样冲是在划出的线条上打出样冲眼的工具。样冲眼使划出的线条留下不会被擦掉的位置标记,如图10-13所示。在圆弧和圆心上打样冲眼有利于钻孔时钻头的定心和找正,如图10-14所示。

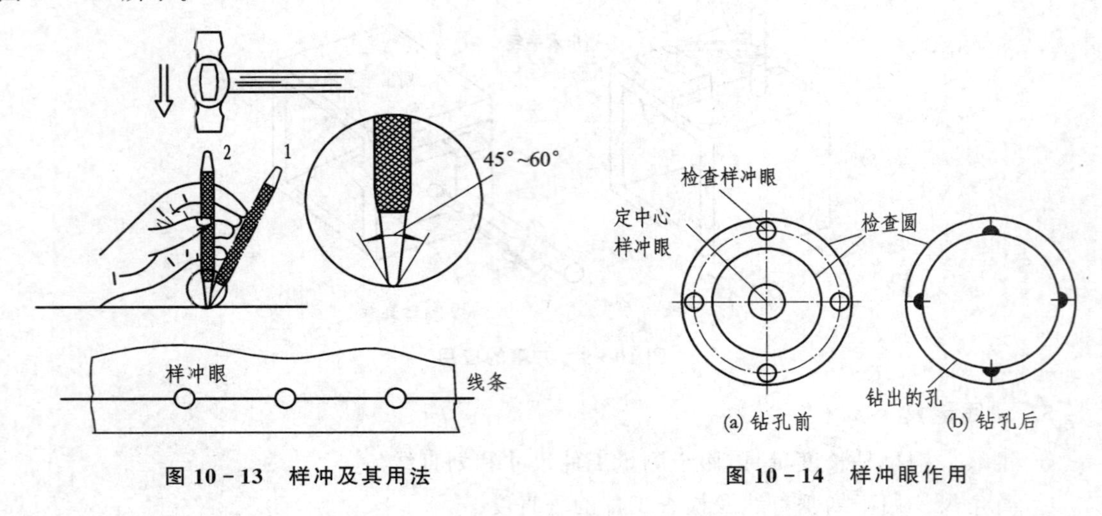

图10-13　样冲及其用法　　　　图10-14　样冲眼作用

10.2.3　划线基准及其选择

1. 划线基准

设计基准:在零件图上用来确定其他点、线、面位置的基准。

划线基准:在划线时选择工件上的某个点、线、面作为依据,用它来确定工件的各部分尺寸、几何形状及工件上各要素的相对位置。

2. 常用划线基准及选择

常用划线基准有:

① 以两个互相垂直的平面(或线)为基准,如图10-15(a)所示;

② 以两条中心线为基准,如图10-15(b)所示;

③ 以一个平面和一条中心线为基准,如图10-15(c)所示。

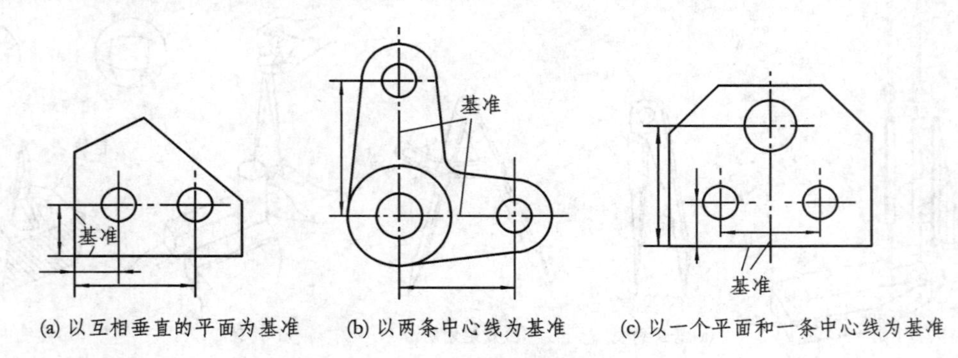

(a) 以互相垂直的平面为基准　(b) 以两条中心线为基准　(c) 以一个平面和一条中心线为基准

图10-15　常用划线基准

合理地选择划线基准是做好划线工作的关键。

划线基准选择应遵循以下几个方面：

① 划线基准与设计基准尽量一致，这样能够直接量取划线尺寸，简化换算过程。

② 尽量选用工件上已加工过的表面，如图10-16(a)所示。

③ 工件为毛坯时，应选用重要孔的中心线为基准，如图10-16(b)所示。

④ 毛坯上没有重要孔时，可选用较大的平面为基准。

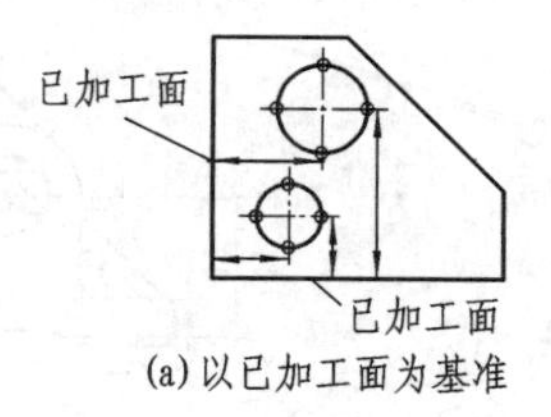

(a) 以已加工面为基准

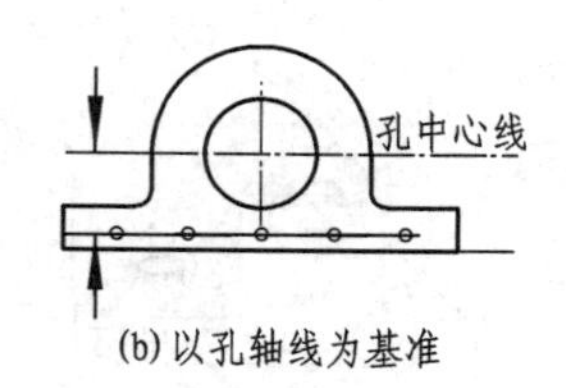

(b) 以孔轴线为基准

图10-16 划线基准选择

10.2.4 划线步骤和示例

1. 划线一般步骤

① 熟悉图样并选择划线基准。

② 检查和清理毛坯并在划线部位表面涂涂料，如铸锻件毛坯用石灰水或防锈漆，半成品件用蓝油(孔雀绿加虫胶和酒精)，以保证划线清晰。

③ 工件上有孔时，可用木块或铅块塞孔，找出孔中心。

④ 正确安放工件并选择划线工具。

⑤ 进行划线。首先划出基准线，然后划出水平线、垂直线、斜线，最后划出圆、圆弧和曲线等。

⑥ 根据图纸检查划线的正确性。

⑦ 在线条上打出样冲眼。

2. 划线示例

(1) 平面划线

平面划线与机械制图相似，但划线工具不同。图10-17所示为在齿坯上划键槽的示例。它属于半成品划线，步骤如下：

① 先划出基准线 A—A；

② 在 A—A 线两边间隔2 mm划出两条平行线，该线为键槽宽度界线；

③ 从 B 点量取16.3 mm划与 A—A 线的垂直线，该线为键槽的深度界线；

④ 校对尺寸无误后，打上样冲眼。

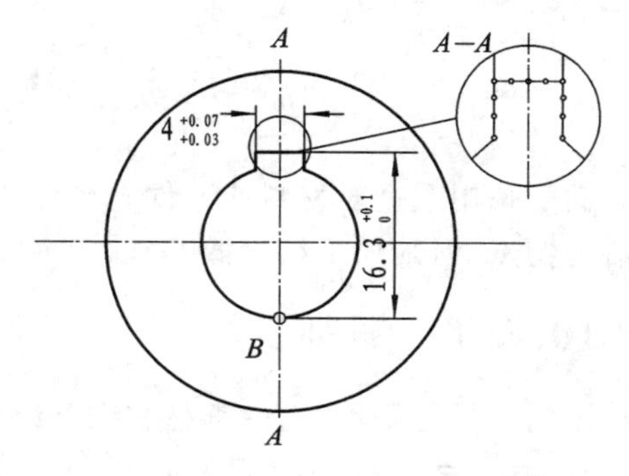

图10-17 平面划线(齿坯键槽)

(2) 立体划线

划线时注意工件支承要牢固、稳当，以防滑倒或移动。同时尽量做到在一次支承中，把需要划出的平行线划全，以免补划时费工、费时，并带来误差。

图 10-18(a)所示是轴承座的零件图。由图可知,该零件的底面、轴承座内孔及其两个大端面、两螺栓孔及其孔口须加工。加工这些部位的界限线和找正线需要划出。这些线条分布在三个互相垂直的表面上,所以是立体划线。

划线步骤如图 10-18(b)～(f)所示。

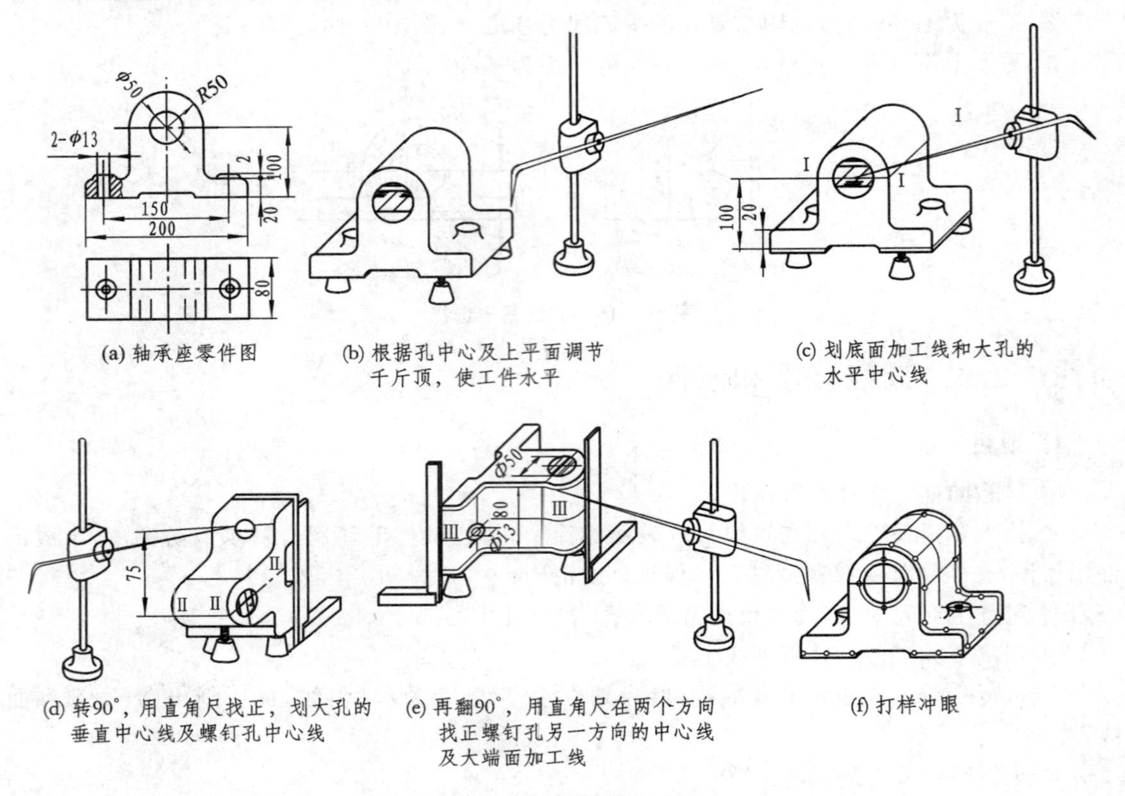

(a) 轴承座零件图

(b) 根据孔中心及上平面调节千斤顶,使工件水平

(c) 划底面加工线和大孔的水平中心线

(d) 转90°,用直角尺找正,划大孔的垂直中心线及螺钉孔中心线

(e) 再翻90°,用直角尺在两个方向找正螺钉孔另一方向的中心线及大端面加工线

(f) 打样冲眼

图 10-18　轴承座的立体划线

10.3　锯　削

锯削是用手锯对材料或工件进行切断或切槽等操作的加工方法。锯削具有方便、简单和灵活的特点,但其加工精度低。

10.3.1　锯削工具

锯削工具是手锯,它由锯弓和锯条组成。

1. 锯　弓

锯弓是用来夹持和张紧锯条的工具,有固定式和可调式两种。可调式锯弓的弓架分前后两段,如图 10-19 所示。由于前段在后段套内可以伸缩,因此可以安装规格不同的锯条。

2. 锯条及选用

锯条由碳素工具钢(T10A、T12A)制成,热处理后其锯齿部分硬度达 HRC62 以上,但两端装夹部分硬度低,韧性好,装夹时不致断裂。

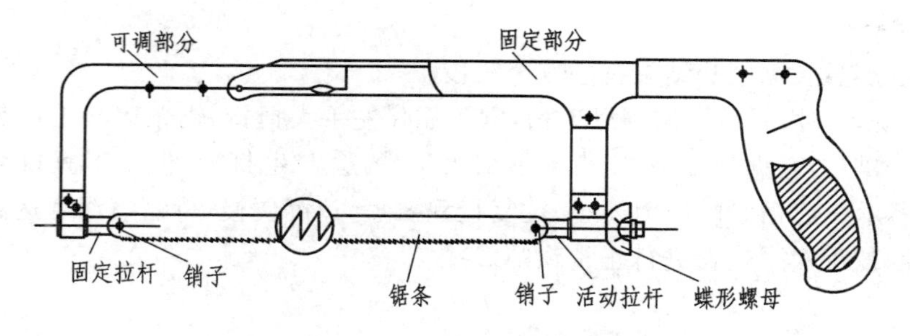

图 10-19　可调试锯弓

锯条规格以锯条两端安装孔中心距来表示。常用的锯条长 300 mm、宽 12 mm、厚 0.8 mm。锯条由许多锯齿组成，每个锯齿相当于一把切割刀（车刀），如图 10-20 所示。锯齿按左右错开形成交叉或波浪形排列（见图 10-21）用来形成锯路。锯路在锯削时，可以避免锯条卡在锯缝里和减少锯条与锯缝间的摩擦，以提高锯条的使用寿命。锯条按齿距大小可分为粗齿、中齿、细齿三种，各自的用途如表 10-1 所列。

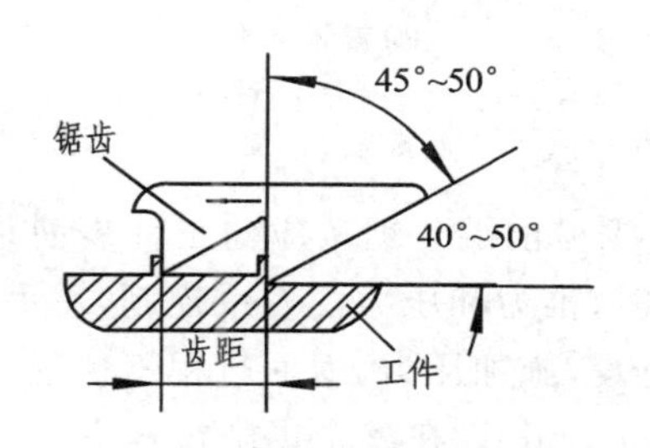

图 10-20　锯齿的切削作用机理

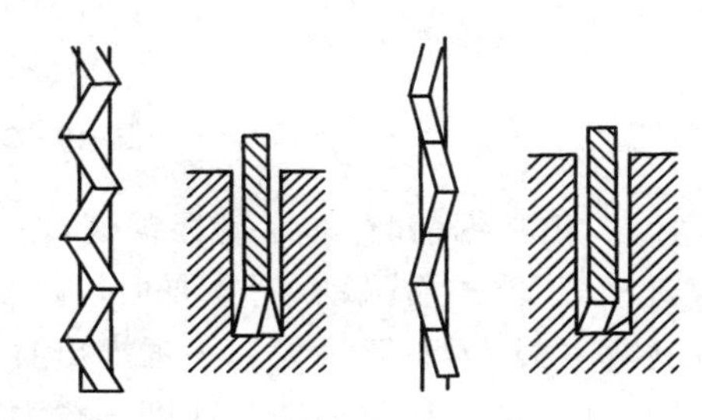

图 10-21　锯齿排列

表 10-1　锯条种类及用途

锯齿粗细	每 25 mm 长度内含齿数	用　途
粗齿	14～18	锯割铝、铜等软金属及厚件
中齿	24	锯割普通钢、铸铁及中厚度工件
细齿	32	锯割硬钢、板料及薄壁管件

3. 锯条安装

手锯是在向前推时起切削作用，因此锯条安装在锯弓上时，锯齿齿尖的方向朝前。锯条安装后，要保证锯条平面与锯弓中心平面平行，不得倾斜和扭曲。锯条的松紧应适中，否则锯切时易折断锯条或锯偏。

10.3.2　锯削方法和示例

1. 锯削方法

(1) 工件安装

工件安装时工件伸出钳口部分应尽量短，约为 10～20 mm，以防止锯削时产生振动。工件要夹紧，但要防止变形，对已加工表面，可在钳口上衬垫软金属。

(2) 锯削操作

锯削操作分起锯、锯削和结束锯削三个阶段。

① 起锯。起锯时,右手满握锯弓手柄,锯条靠住左手大拇指,锯条应与工件表面倾斜一定锯角(约10°～15°)。起锯角太小,锯齿不易切入工件,会产生打滑;但也不宜过大,以免崩齿,如图10-22所示。起锯时的压力要小,往复行程要短,速度要慢,待锯痕深度达到2 mm左右时,将手锯逐渐处于水平位置进行正常锯削。

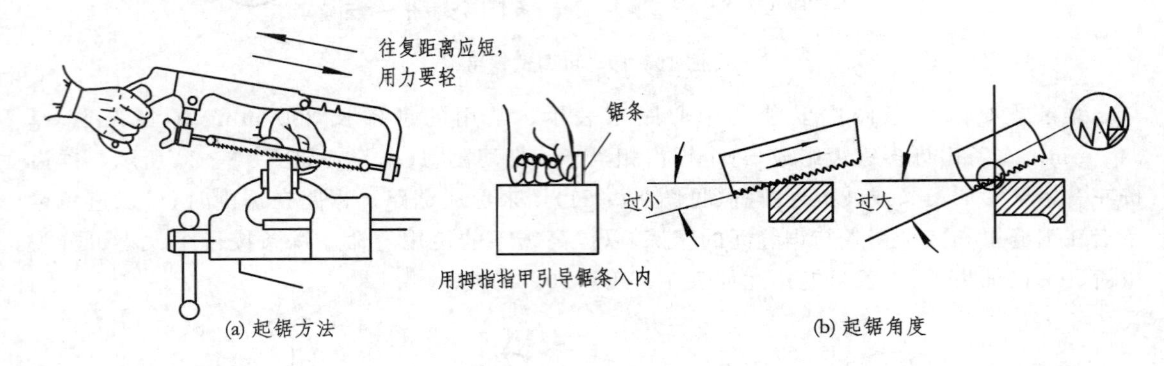

图10-22　起　锯

② 锯削。正常锯削时,右手满握锯柄,左手轻扶在锯弓前端。锯条应与工件表面垂直,作直线往复运动,不能左右晃动,用力要均匀。锯割运动时,推力和压力由右手控制,左手主要配合右手扶正锯弓,压力不要过大。手锯推出时为切削行程,施加压力,返回行程不切削,不加压力,作自然拉回。锯削往复运动的速度一般为40～60 str/min。在整个锯削过程中,应尽量用锯条全长(至少占全长2/3)进行工作,以防锯条局部发热和磨损。

③ 结束锯削。当锯削临结束时,用力要小,速度要慢,行程要短,以免突然锯断,碰伤手臂和折断锯条。

2. 锯削示例

(1) 锯圆管

锯圆管时,先在一个方向锯到圆管内壁处,然后把圆管向推锯的方向转过一定角度,并从原锯缝下锯锯到圆管内壁处,依次不断转动,直至锯断,如图10-23(a)所示。如不转动圆管,则是错误的锯法,如图10-23(b)所示,因为当锯条切入圆管内壁后,锯齿在薄壁上锯削应力集中,极易被管壁勾住而产生崩齿或折断锯条。

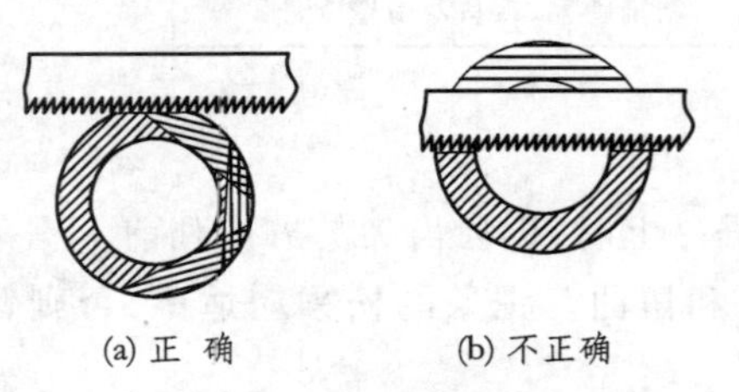

图10-23　锯圆管方法

(2) 锯厚件

① 锯削厚件时,当锯缝深度超过锯弓高度时,如图10-24(a)所示,应将锯条转过90°安装,如图10-24(b)所示。

② 当锯削部分宽度超过锯弓高度时,锯条可转过180°安装,如图10-24(c)所示。

(3) 锯薄件

① 从薄件宽面起锯,以使锯缝浅而整齐,如图10-25(a)所示。

② 从薄件窄面锯削时,薄件应夹在两木板当中,以增加薄件刚性,减少振动,并避免锯齿

被卡住而崩齿或崩断，如图 10－25(b)所示。

③ 薄件太宽，虎钳夹持不便时，可采用横向斜锯削，如图 10－25(c)所示。

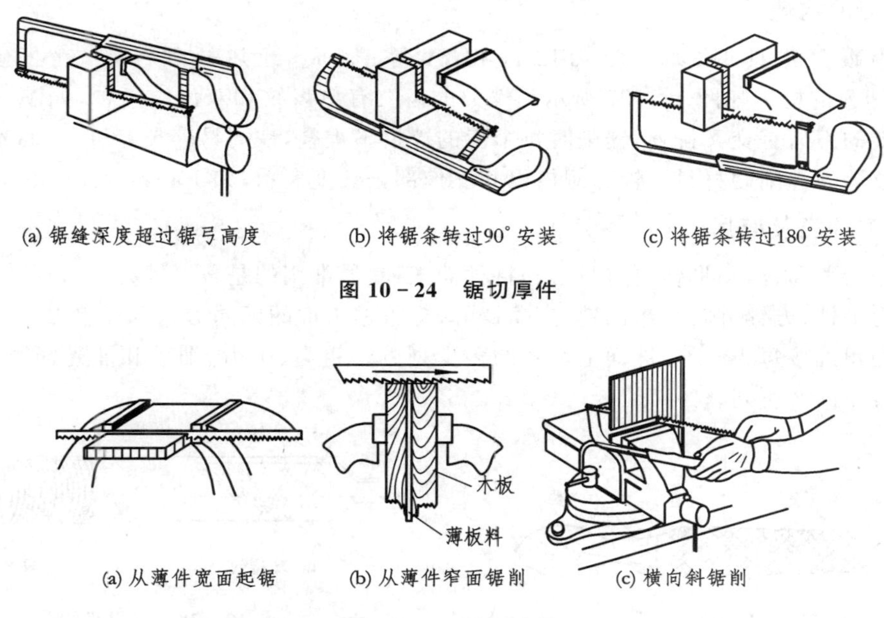

(a) 锯缝深度超过锯弓高度　(b) 将锯条转过90°安装　(c) 将锯条转过180°安装

图 10－24　锯切厚件

(a) 从薄件宽面起锯　(b) 从薄件窄面锯削　(c) 横向斜锯削

图 10－25　锯切薄件

10.4　锉　削

锉削是用锉刀对工件进行切削加工，使工件达到所要求的尺寸、形状和表面粗糙度的操作。一般用于錾削和锯削等之后的进一步加工或在机器装配时对工件的修整。锉削能够提高工件的精度和减小表面粗糙度值。锉削是钳工的基本操作，应用广泛，可以加工平面、曲面、内外圆弧面和沟槽等，如图 10－26 所示。

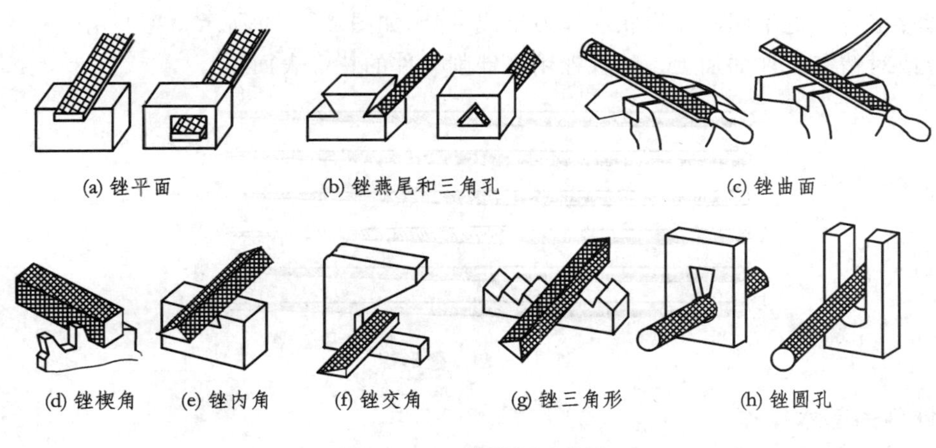

(a) 锉平面　(b) 锉燕尾和三角孔　(c) 锉曲面

(d) 锉楔角　(e) 锉内角　(f) 锉交角　(g) 锉三角形　(h) 锉圆孔

图 10－26　锉削加工范围

10.4.1 锉　刀

1. 锉刀的构造

锉刀用碳素工具钢(如 T12,T12A,T13A 等)制成,经热处理淬硬,锉齿硬度可达62HRC。锉刀的构造如图10-27所示。锉刀的齿纹有单齿纹和双齿纹两种,如图10-28所示。双齿纹的刀齿是交叉排列,锉削时每个齿的锉痕不重叠,铁屑易碎裂,工件表面光滑,所以常用双齿纹锉刀锉削硬材料。锉刀规格以其工作部分长度表示,如100 mm、150 mm等。

2. 锉刀种类及应用

锉刀分为普通锉、整形锉(什锦锉)和特种锉三种,最常用的是普通锉刀。普通锉刀按其断面形状分为平锉、方锉、圆锉、半圆锉、三角锉等,应根据工件的不同形状选择锉刀。

锉刀的粗细按每10 mm锉面上齿数的多少划分。粗齿、中齿、细齿和油光锉及各自特点和应用如表10-2所列。

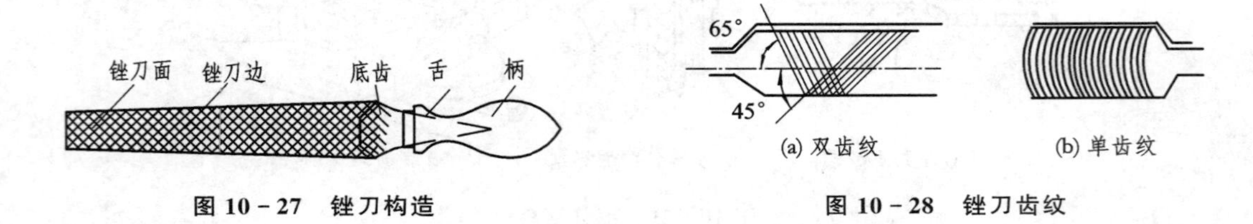

图10-27　锉刀构造

图10-28　锉刀齿纹

表10-2　锉刀刀齿粗细及特点和应用

锉齿粗细	10 mm长度内齿数	特点和应用
粗　齿	4～12	齿间大,不易堵塞,适宜粗加工或锉铜、铝等有色金属
中　齿	13～24	齿间适中,适于在粗锉之后加工
细　齿	30～40	锉光表面、锉硬金属或半精加工
油光锉	50～62	精加工时,修光表面

整形锉由若干把不同断面形状的锉刀组成一套,如图10-29所示。主要用于修整工件的细小部位或对精密工件的加工。特种锉用来锉削工件的特殊表面。

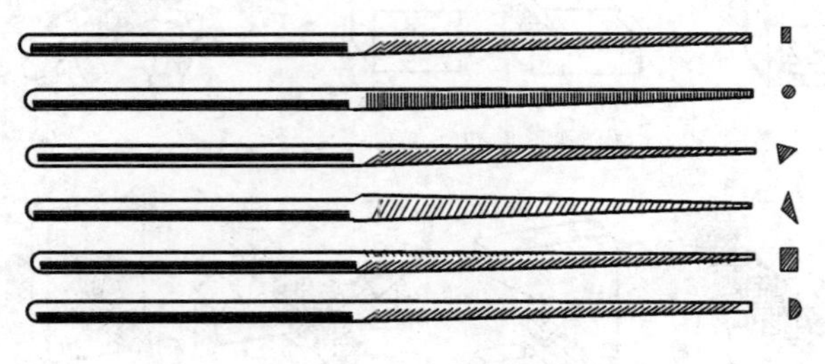

图10-29　整形锉

3. 锉削的基本操作

① 锉刀的握法。大锉刀的握法如图10-30(a)所示。右手掌心抵住锉刀柄的端部,大拇指放在锉刀木柄上面,其余四指放在下面,配合大拇指握住锉刀木柄。左手拇指根部肌肉压在

锉刀头上，拇指自然伸直，其余四指弯向手心，用中指、无名指捏住锉刀前端。

中锉刀的握法如图10-30(b)所示。右手握法与大锉刀的握法相同，左手用大拇指和食指握住锉刀的前端。

小锉刀的握法如图10-30(c)所示。右手拇指和食指伸直，拇指放在锉刀木柄上面，食指靠在锉刀的刀边，左手几个手指压在锉刀中部。

什锦锉刀的握法如图10-30(d)所示。一般只用右手拿着锉刀，食指放在锉刀上面，拇指放在锉刀的左侧。

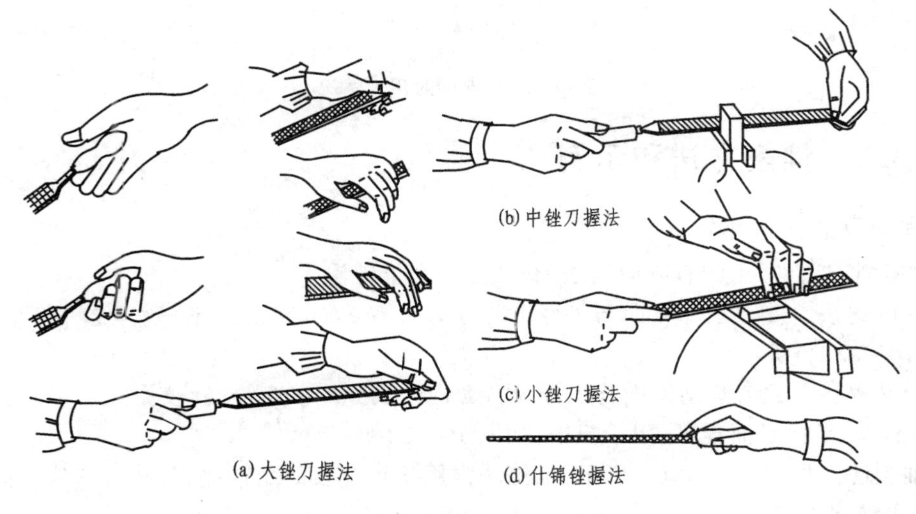

图10-30 锉刀的握法

② 锉削姿势。锉削时的姿势如图10-31所示。两手握住锉刀放在工件上面，左臂弯曲，手腕与工件锉削平面的左右方向保持基本平行，右小臂要与工件锉削面的前后方向保持基本平行，但要自然，身体应与锉刀一起向前，右腿伸直并且稍向前倾，重心在左脚，左膝部呈弯曲状态；锉刀前行锉至约3/4行程时，身体停止前进，两臂则继续将锉刀向前锉到头，同时左腿自然伸直并随着锉削时的反作用力将身体重心后移，使身体恢复原位，并顺势将锉刀收回；当锉刀收回将近结束时，身体又开始前倾，作第二次锉削的向前运动。

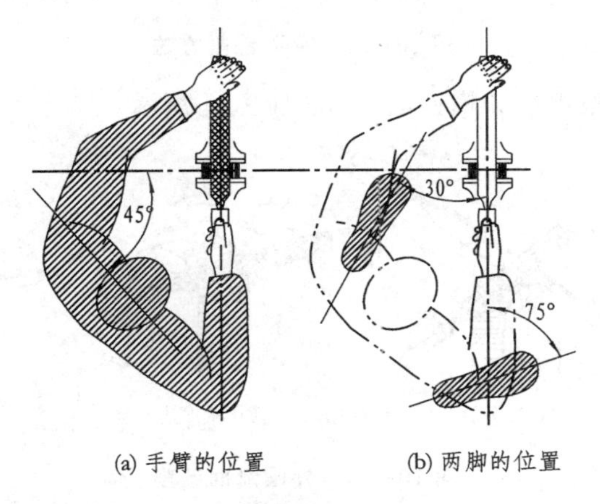

图10-31 锉削时的站立步位和姿势

③ 锉削时的用力。锉削时,两手用力是变化的。推锉开始时左手压力大,右手压力小,但右手推力要大;推到中间时两手的压力相同;继续推进时左手压力逐渐减小,右手压力逐渐增大,如图 10-32 所示。锉刀在任意位置时,都应保持水平,否则工件就会出现两边低中间高的现象。锉刀返回时不加压,以免磨钝锉齿和损伤工件已加工表面。

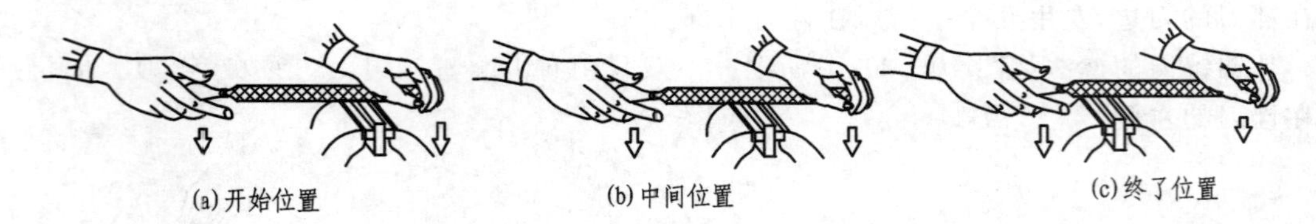

图 10-32　锉削时用力情况

10.4.2　锉削方法和示例

1. 锉削方法

平面锉削方法,常用的有顺向锉法、交叉锉法和推锉法。

① 顺向锉法。锉刀运动方向与工件夹持方向始终一致,锉纹整齐一致,比较美观,用于精锉,如图 10-33(a)所示。

② 交叉锉法。锉刀运动方向与工件夹持方向约成 30°～40°,且锉纹交叉。由于锉刀与工件的接触面大,易把平面锉平,用于粗锉,如图 10-33(b)所示。

③ 推锉法。如图 10-33(c)所示,推锉法常用于较窄表面的精锉、有凸台的狭平面及圆弧面顺锉纹等精锉加工。

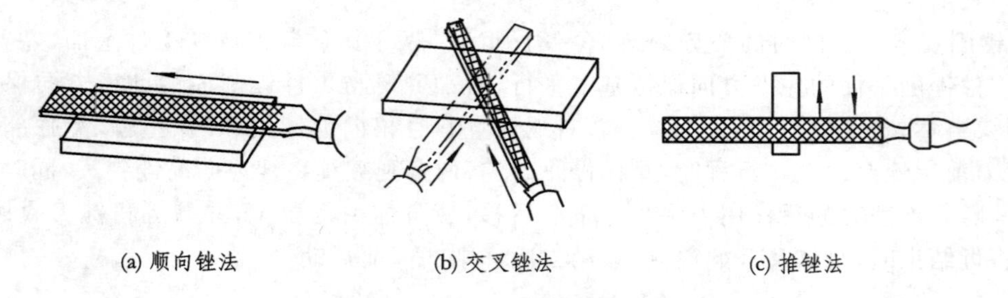

图 10-33　平面锉削方法

曲面锉削方法,常用滚锉法和横锉法,如图 10-34 所示。

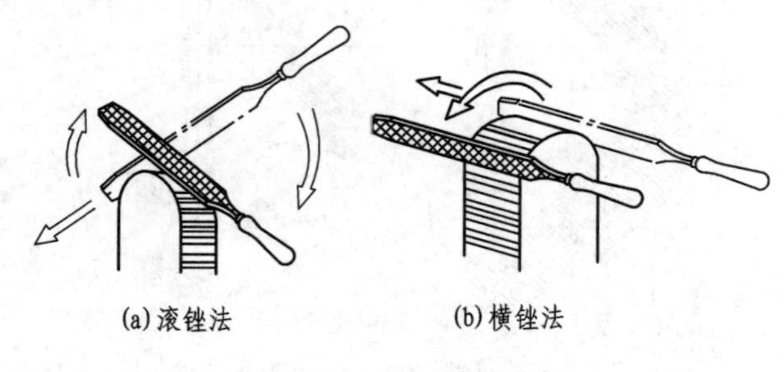

图 10-34　外圆弧面锉削

2. 工件的夹持

工件夹持是否正确，直接影响锉削的质量。工件夹持应符合下列要求：

① 工件最好夹在台虎钳的中部。

② 工件夹持要牢固，但不能使工件变形。

③ 工件伸出钳口不要太高，左右伸出不宜太长，以免锉削时工件产生振动。

④ 表面形状不规则的工件，夹持时要加衬垫。如夹长薄板时用两块较厚铁板夹紧，圆形工件用V型铁或弧型木块衬垫。

⑤ 夹持已加工面工件和精密工件时，台虎钳钳口要衬以铜钳口或较软材料，以免夹伤表面。

3. 锉削示例

(1) 平面锉削

① 用平锉刀，以交叉锉法进行粗锉，将平面基本锉平。

② 用顺向锉法将工件表面锉平、锉光。

③ 用推锉法对较窄或前端有凸台的平面进行光整或修正。

(2) 外圆弧面锉削

① 用滚锉法进行锉削如图10－34(a)所示。用平锉刀顺着圆弧面向前推进的同时，绕圆弧面中心转动。锉刀前推是完成锉削，转动是保证锉出圆弧面形状。

② 用横锉法进行锉削，如图10－34(b)所示。用平锉刀沿着圆弧面的横向进行锉削，这种锉削方法适用锉削余量较大的外圆弧面。

(3) 内圆弧面锉削

用圆锉、半圆锉或椭圆锉进行内圆弧面锉削。锉削时，锉刀要同时完成三个运动：前推运动、左右移动和自身转动，如图10－35(a)所示。圆弧面可用样板检验。

(4) 锉通孔

锉通孔时应根据工件通孔的形状、工件材料、加工余量、表面粗糙度来选择所需的锉刀。通孔的锉削方法如图10－35(b)所示。

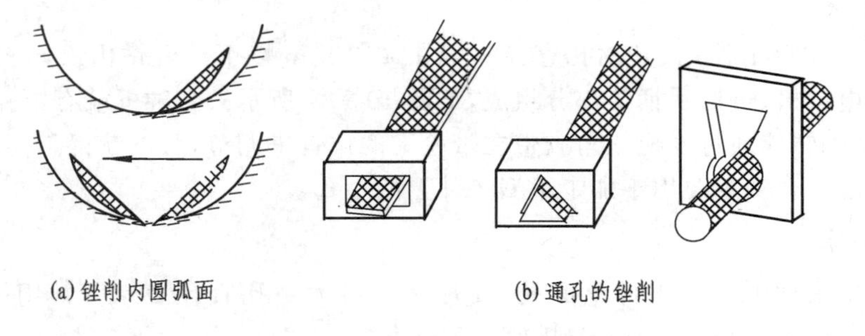

(a) 锉削内圆弧面　　(b) 通孔的锉削

图10－35　内圆弧面锉削和通孔的锉削

4. 锉削操作注意事项

① 锉削铸件、锻件毛坯上的硬皮、砂粒等，应预先用旧锉刀或用锉刀有齿侧边锉掉，再进行锉削，以免锉齿磨损过快。

② 不要用手去摸加工表面，手上的汗水、油污等会使锉削时打滑。

③ 发现锉刀被锉屑堵塞后,要及时用锉刷清除。

④ 要注意安全,不能用手清理锉屑,不能用口去吹铁屑,锉刀上的柄要装紧。

10.4.3 锉削质量分析

① 直线度检查。用刀口尺、直角尺通过透光法检查,如图10-36(a)所示。

② 垂直度检查。用直角尺通过透光法检查,如图10-36(b)所示。

③ 尺寸检查。用钢直尺、游标卡尺、千分尺等测量各部分尺寸。

④ 表面粗糙度检查。用表面粗糙度仪测量或样板对照等。

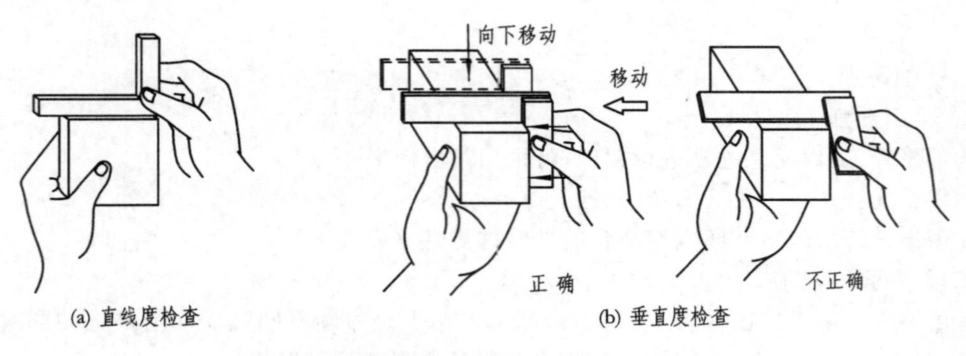

(a) 直线度检查　　(b) 垂直度检查

图10-36 平面质量检查

10.5 孔加工

钳工使用各种钻床和孔加工刀具完成钻孔、扩孔、铰孔和锪孔等加工。

10.5.1 钻床种类和用途

钳工常用的钻床种类有台式钻床、立式钻床和摇臂钻床。

1. 台式钻床

台钻放在工作台上使用,其钻孔直径一般在ϕ13 mm以下。台钻由底座、工作台、立柱、变速箱、主轴、电动机、进给手柄等部分组成,如图10-37所示。主轴下端有锥孔,用以安装钻夹头或钻套,主轴转速通过变换三角胶带在带轮上的位置来调节,可以获得不同的转速。进给运动由手动实现。台钻主要用于加工小型工件上的小孔。

2. 立式钻床

立钻一般用来钻中小型工件上的孔,其规格以最大钻孔直径表示。常用的立钻规格有25 mm、35 mm、40 mm和50 mm等几种。

立钻由机座、工作台、立柱、主轴、主轴变速箱和进给箱等部分组成,如图10-38所示。主轴变速箱和进给箱,分别用于改变主轴的转速和进给速度。立钻主轴的轴向进给为自动进给,也可作手动进给。在立钻上加工多孔工件可通过移动工件来完成。立钻也可用于扩孔、锪孔、铰孔和攻螺纹等加工。

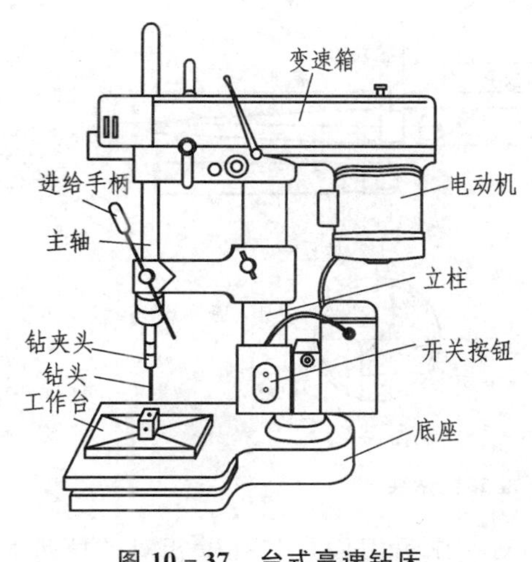

图 10－37　台式高速钻床

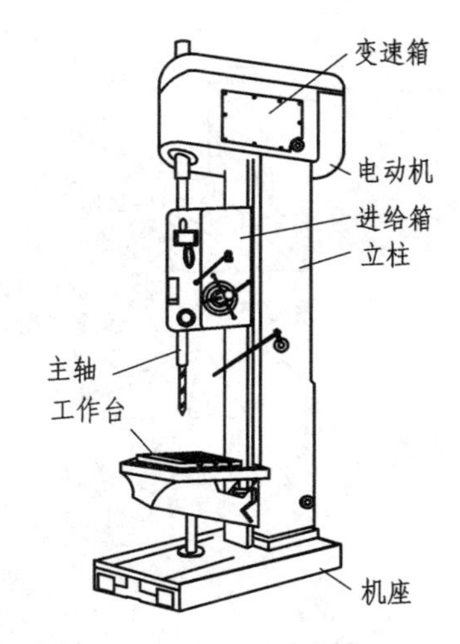

图 10－38　立式钻床

3. 摇臂钻床

摇臂钻床一般用于大型工件或多孔工件上的各种孔加工，如图 10－39 所示。它有一个能绕立柱旋转 360°的摇臂，摇臂上装有主轴箱，可随摇臂一起沿立柱上下移动，并能在摇臂上作横向移动，可以方便地将刀具调整到所需的位置对工件进行加工。

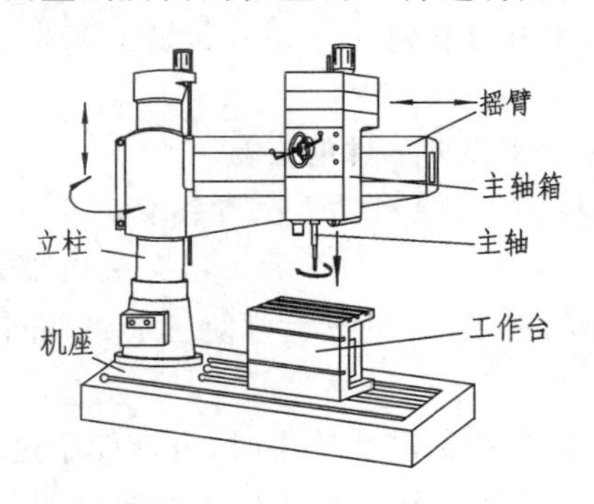

图 10－39　摇臂钻床

10.5.2　孔加工

通常孔加工包括钻孔、扩孔、铰孔和锪孔等。

1. 钻孔

在实心工件上加工出孔的方法。钻孔加工精度低，一般为 IT10 级以下，表面粗糙度 Ra 为 50～25 μm。

（1）钻　头

钻头（俗称麻花钻）是由工作部分、颈部和柄部（尾部）组成，如图 10－40 所示。麻花钻通常由高速钢制造，经热处理后工作部分硬度达 62HRC 以上。

钻头工作部分包括切削和导向两部分。切削部分由前刀面、主后刀面、副后刀面、主切削刃、副切削刃和横刃等五刃六面组成。前刀面是两条螺旋槽表面，切屑沿此表面排出。主后刀

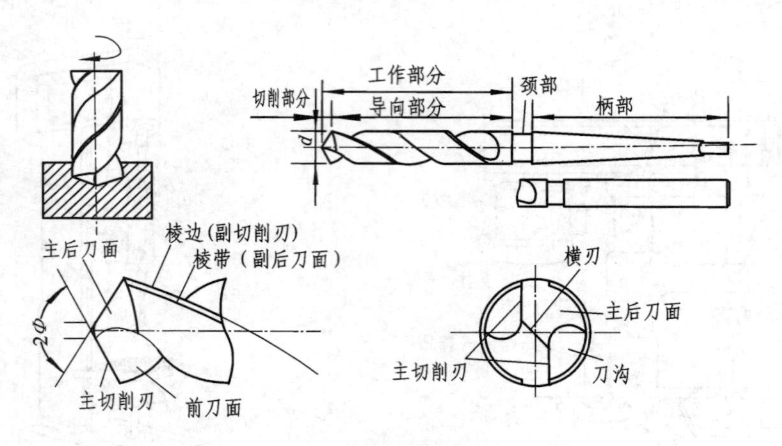

图 10-40　标准麻花钻头

面是切削部分顶端的两个曲面,与工件的孔底相对。副后刀面是与孔壁相对的棱带表面。主切削刃是前刀面和后刀面的交线。副切削刃是前刀面和副后刀面的交线。横刃是两个后刀面的交线。标准钻头切削部分共有五条刀刃:两条对称的主切削刃和一条横刃分别起切削作用和挤压作用,两条副切削刃起修光孔壁及导向作用。两条主切削刃之间的夹角称为顶角,其值为 118°±2°。

导向部分除在钻孔时起引导方向作用外,又是切削部分的后备部分。它的直径由切削部分向柄部逐渐减小,呈倒锥形,倒锥量在每 100 mm 长度上减小 0.03～0.12 mm。

(2) 钻孔用夹具

钻孔夹具包括装夹钻头夹具和装夹工件的夹具。

① 钻头夹具。常用装夹钻头的夹具有钻夹头和钻套。

钻夹头用于装夹直柄钻头,如图 10-41 所示。钻夹头尾部是圆锥面,可装在钻床主轴的锥孔里。头部有三个自动定心的夹爪,通过扳手可使三个夹爪同时合拢或张开,起到夹紧和松开钻头的作用。

钻套又称过渡套筒。锥柄钻头柄部尺寸较小时,可借助于过渡套筒进行安装,如图 10-42 所示。若用一个钻套仍不适宜,可用两个以上钻套作过渡连接。钻套有 5 种规格(1～5 号),例如 1 号钻套其内锥孔为 1 号莫氏锥度,而外锥面为 2 号莫氏锥度。选用时可根据麻花钻锥柄及钻床主轴内锥孔锥度来选择。

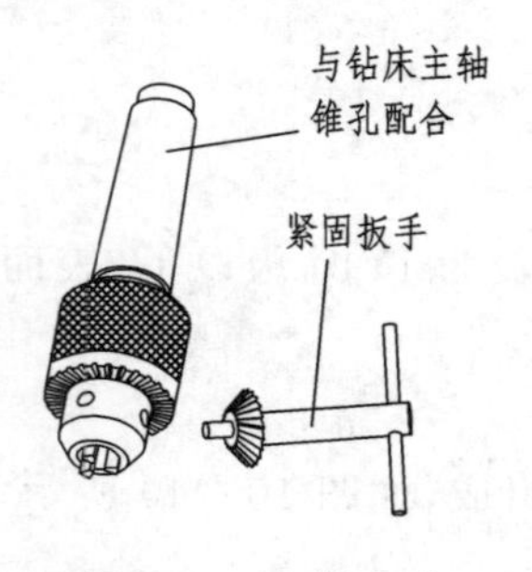

图 10-41　钻夹头

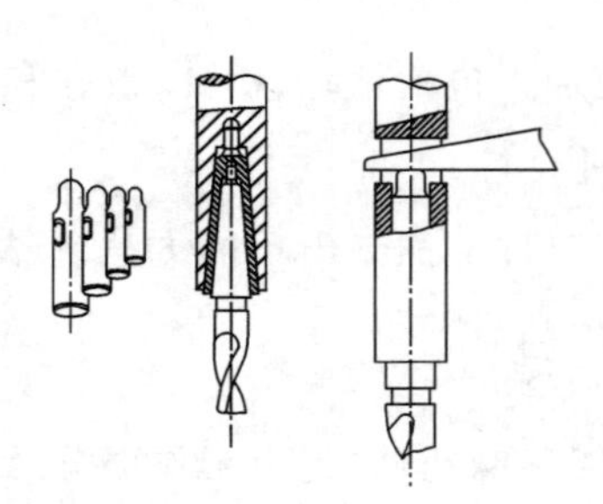

图 10-42　钻套及其安装和拆卸

② 工件的装夹。装夹工件的夹具常用有手虎钳、平口钳、压板等,如图 10-43 所示。按

钻孔直径、工件形状和大小等合理选择。选用的夹具必须使工件装夹牢固可靠，不能影响钻孔质量。

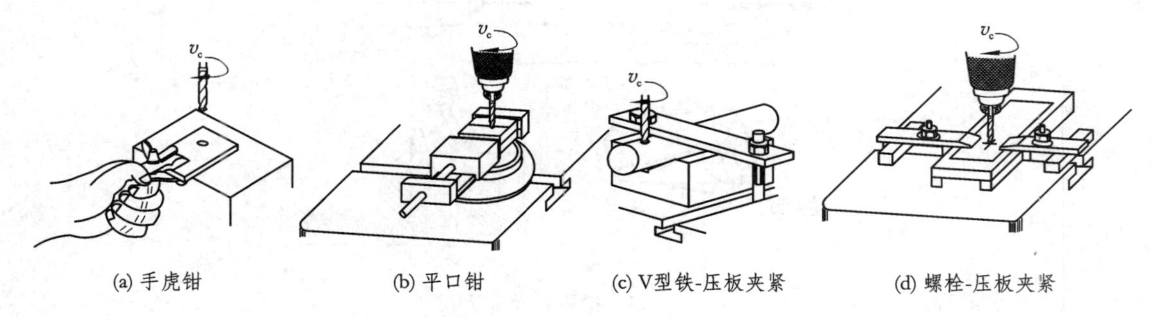

(a) 手虎钳　(b) 平口钳　(c) V型铁-压板夹紧　(d) 螺栓-压板夹紧

图 10－43　工件的装夹方法

薄壁小件可用手虎钳夹持；中小型平整工件用平口钳夹持；大件用压板和螺栓直接装夹在钻床工作台上。

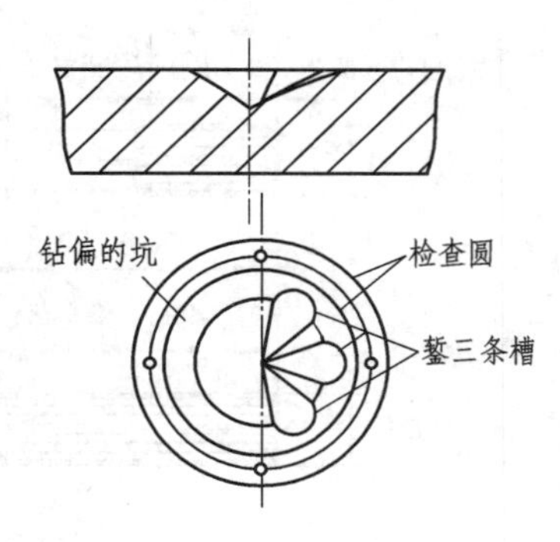

图 10－44　钻偏的纠正方法

（3）钻孔操作要点

① 钻孔前要划线定心，划出加工圆和检查圆，在加工圆和孔中心打出样冲眼，孔中心眼要打得大一些，可使起钻时不易偏心。

② 根据工件确定装夹方式，装夹时要使孔中心线与钻床工作台垂直，安装要稳固。

③ 先对准样冲眼钻一浅孔，如有偏位，可用样冲重新打中心孔纠正或用錾子錾几条槽来纠正，如图 10－44 所示。

④ 钻深孔时（孔深与直径之比大于 5），钻头必须经常退出排屑，防止切屑堵塞、卡断钻头或使钻头头部温度过高而烧损。

⑤ 孔将被钻穿时，进给量要减小。如果是自动进给，这时要改成手动进给，以免工件旋转甩出、卡钻或折断钻头。

⑥ 注意安全。钻孔时不准戴手套，不准手拿棉纱头等物品。钻床主轴未停稳前不准用手去捏钻夹头。不准用手去拉切屑或用口去吹碎屑。清除切屑应停车后用钩子或刷子完成。

2. 扩孔、铰孔和锪孔

（1）扩　孔

用扩孔钻将已有的孔（铸出、锻出或钻出的孔）扩大的加工方法称为扩孔，如图 10－45 所示。

扩孔钻的形状和钻头相似，但前端为平面，无横刃，有三条或四条切削刃，螺旋槽较浅，钻芯粗大，刚性好，扩孔时不易弯曲，导向性好，切削稳定。扩孔可以适当地校正孔轴线的偏斜，获得较好的几何形状和较低的表面粗糙度，加工精度可达到 IT10～IT9，表面粗糙度 Ra 为 25～6.3 μm。扩孔可以作为孔加工的最后工序或铰孔前的准备工序。

（2）铰　孔

铰孔是用铰刀对工件上已有的孔进行精加工，如图 10－46 所示。铰孔的加工精度一般可达到 IT9～IT7，表面粗糙度 Ra 为 1.6 μm。

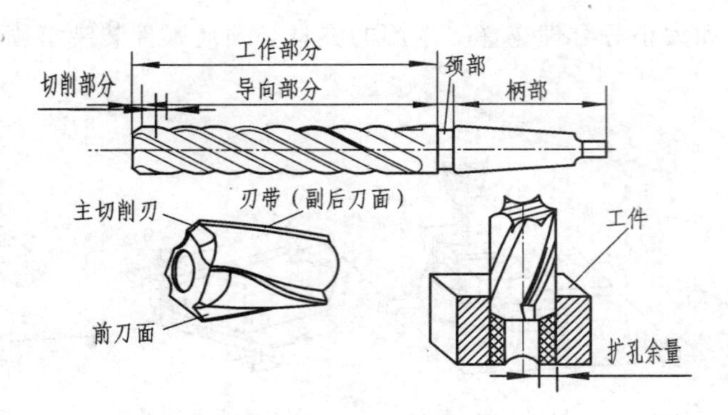

图 10-45　扩孔钻及其应用

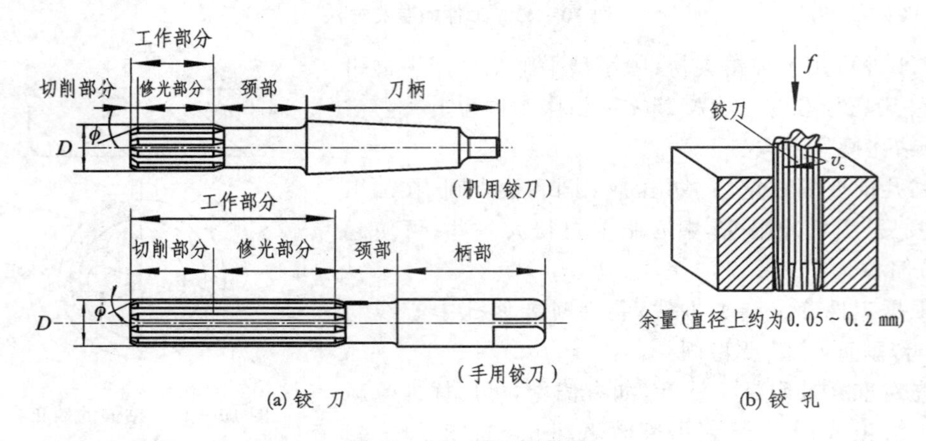

图 10-46　铰刀和铰孔

① 铰刀。铰孔用的刀具称为铰刀,铰刀切削刃有 6～12 个,容屑槽较浅,横截面大,因此铰刀刚性和导向性好。铰刀有手用和机用两种。手用铰刀柄部是直柄带方榫,工作部分较长;机用铰刀工作部分较短。手工铰孔时,将铰刀的方榫夹在铰杠的方孔内,转动铰杠带动铰刀旋转进行铰孔。铰杠是用来夹持手用铰刀的工具。常用有固定式和活动式两种,如图 10-47 所示。活动式铰杠可以转动一边的手柄或螺钉调节方孔大小,以便夹紧各种尺寸的铰刀。铰孔余量要合适,太大会增加铰孔次数;太小会使上道工序留下的加工误差不能纠正。一般粗铰时,铰孔余量为 0.15～0.5 mm,精铰时为 0.05～0.25 mm。

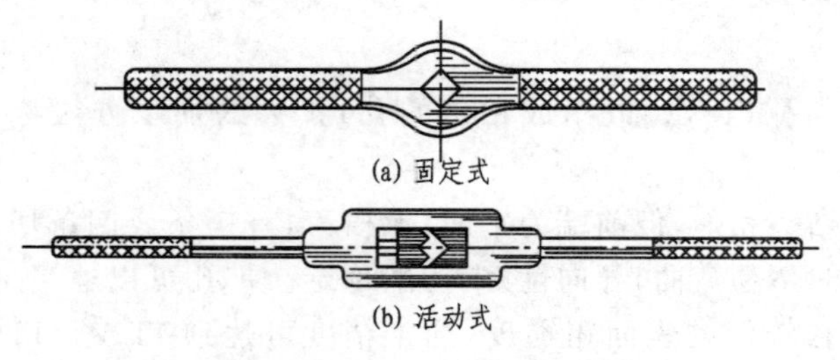

图 10-47　铰　杠

② 铰孔操作要点包括以下几个方面。

- 铰杠只能顺时针方向带动铰刀转动,绝对不能倒转,否则切屑会嵌在铰刀后刀面和孔壁之间,划伤孔壁或使刀刃崩裂。

- 手工铰孔过程中，两手用力要一致，发现铰杠转不动或感到很紧时，不应强行转动和倒转，应慢慢地在顺转的同时向上提出铰刀。检查铰刀是否被切屑卡住或碰到硬质点，在排除切屑后，再慢慢铰下去，铰完后仍须顺时针旋转退出铰刀。
- 铰孔时，应选用合适的切削液（铰铸铁用煤油，铰钢件用乳化液）。

(3) 锪 孔

锪孔是对工件上的已有孔进行孔口型面的加工，如图10－48所示。锪孔用的刀具称为锪钻，它的形式很多，常用的有圆柱形埋头锪钻、锥形锪钻和端面锪钻等。

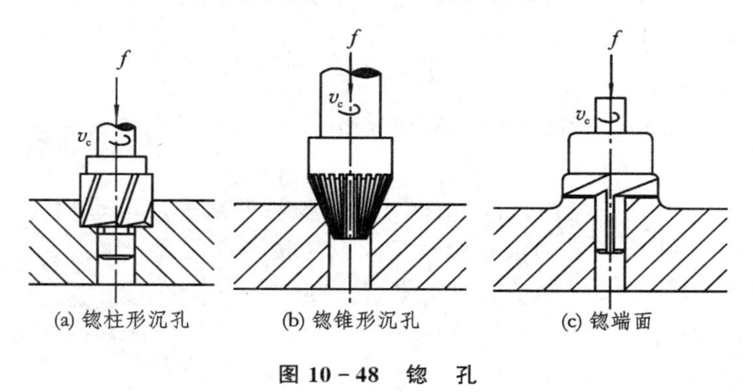

图10－48 锪 孔

10.6 攻丝和套丝

钳工中的螺纹加工是指攻丝（或称攻螺纹）和套丝（或称套螺纹、套扣）。

10.6.1 攻 丝

攻丝是用丝锥在孔中加工出内螺纹的操作。

1. 攻丝工具

丝锥是加工内螺纹的标准刀具，手用丝锥材料通常是T12A或9SiCr。丝锥的结构如图10－49所示，它由工作部分和柄部组成。柄部带有方榫可以与铰杠配合传递扭矩。工作部分由带锥度的切削部分和不带锥度的校准部分组成。切削部分主要起切削作用，其顶部磨成圆锥形使切削负荷由若干个刀齿分担。校准部分有完整的齿形，主要起修光和引导作用。丝锥上有三条或四条容屑槽，起容屑和排屑作用。通常M6～M24的丝锥一组有两个；M6以下及M24以上的手用丝锥一组有三个，分别称为头锥、二锥和三锥。这样分组是由于小丝锥强度不高，容易折断，大丝锥切削量大，需要几次逐步切削，减小切削力。每组丝锥的外径、中径

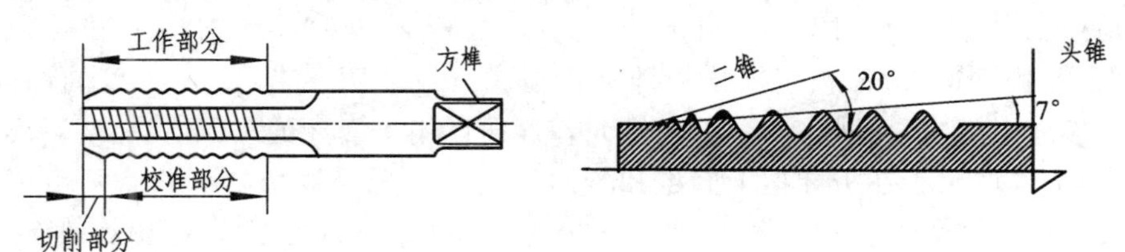

图10－49 丝 锥

和内径相同，只是切削部分长度和锥角不同。头锥切削部分稍长，锥角较小；二锥和三锥切削部分稍短，锥角较大。

2. 螺纹底孔直径的确定

攻丝前需要钻孔。攻丝时，除了切削金属外，还有挤压金属的作用。材料塑性越大，挤压作用越明显。被挤出的金属嵌入丝锥刀齿间，甚至会接触到丝锥内径将丝锥卡住。因此螺纹底孔的直径应大于螺纹标准规定的螺纹小径。确定螺纹底孔直径 d_0 可用下列经验公式计算：

钢材及其他塑性材料： $d_0=D-P$

铸铁及其他脆性材料： $d_0=D-(1.05\sim1.1)P$

式中，d_0 为底孔直径(mm)；D 为螺纹公称直径(mm)，内螺纹的公称直径为其大径；P 为螺距(mm)。

攻盲孔(不通孔)时，由于丝锥顶部带有锥度，使螺纹孔底部不能形成完整的螺纹，为了得到所需的螺纹长度，钻孔深度 h 应大于螺纹长度 l，可按下列公式计算：

$$h=l+0.7D$$

式中，h 为钻孔深度(mm)；l 为所需螺纹长度(mm)；D 为螺纹公称直径(mm)。

3. 攻丝操作要点

① 螺纹底孔孔口应倒角，以便于丝锥切入工件。

② 将头锥垂直放入螺纹底孔内，用目测或直角尺校正后，用铰杠轻压旋入。丝锥切削部分切入底孔后，则转动铰杠不再加压。丝锥每转一圈应反转1/4～1/2圈，便于断屑，如图10-50所示。

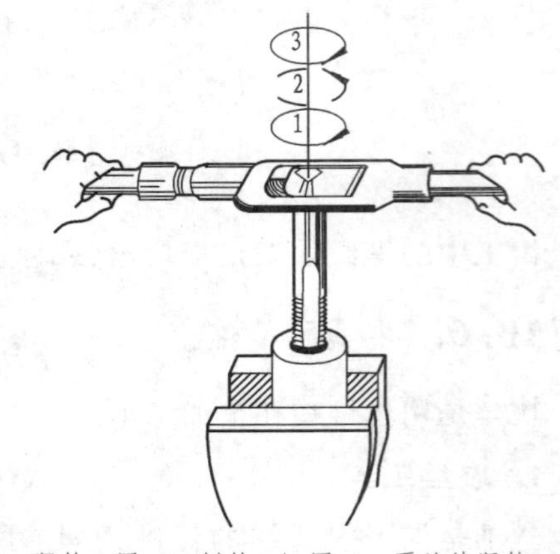

1—顺转1圈；2—倒转1/4圈；3—再继续顺转。

图10-50 攻丝操作

③ 头锥攻完退出用二锥和三锥时，应先用手将丝锥旋入螺孔1～2圈后，再用铰杠转动，此时不需加压，直到完毕。

④ 攻丝时，要用切削液润滑，以减少摩擦，延长丝锥寿命，并能提高螺纹的加工质量。加工塑性材料用机油润滑，脆性材料用煤油润滑。

⑤ 攻盲孔时，底孔要钻深些，以保证攻出的螺孔有足够的有效深度。

10.6.2 套 丝

1. 套丝工具

板牙是加工外螺纹的刀具，有固定板牙和开缝板牙两种。其结构形状像圆螺母(见图10-51(a))，由切削部分、校正部分和排屑孔组成。板牙两端带有60°锥度的切削部分，起切削作用。板牙中间一段是校正部分，起修光和导向作用。板牙的外圆有一条V形槽和四个锥坑，下面两个锥坑用于在板牙架上固定和传递扭矩。板牙一端切削部分磨损后可翻转使用另一端。板牙校正部分磨损使螺纹尺寸超出公差时，可用锯片砂轮沿板牙V形槽将板牙锯开，利用上面两个锥坑，靠板牙架上的两个调整螺钉将板牙缩小。

板牙架是装夹板牙并带动板牙旋转的工具，如图10-51(b)所示。

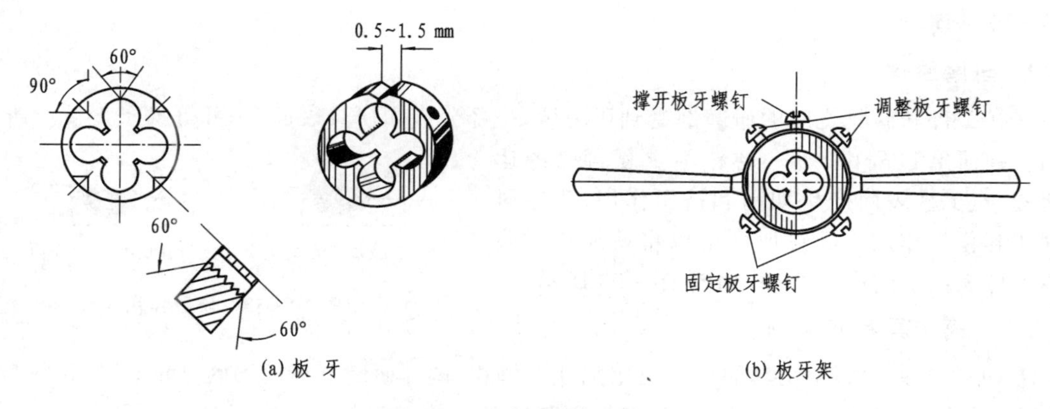

(a) 板　牙　　(b) 板牙架

图 10-51　板牙与板牙架

2. 套丝操作要点

① 套丝前，先确定圆杆直径，直径太大，板牙不易套入；太小，套丝后螺纹牙型不完整。圆杆直径可按以下经验公式计算：

$$d_0 = D - 0.13P$$

式中，d_0 为圆杆直径(mm)；D 为螺纹公称直径(mm)，即外螺纹的大径；P 为螺距(mm)。

② 圆杆端部倒角 60°左右，使板牙容易对准中心和切入，如图 10-52(a)所示。

③ 将板牙端面垂直放入圆杆顶端。为使板牙切入工件，开始施加的压力要大，转动要慢。套入几牙后，可只转动板牙架不再加压，但要经常反转来断屑，如图 10-52(b)所示。

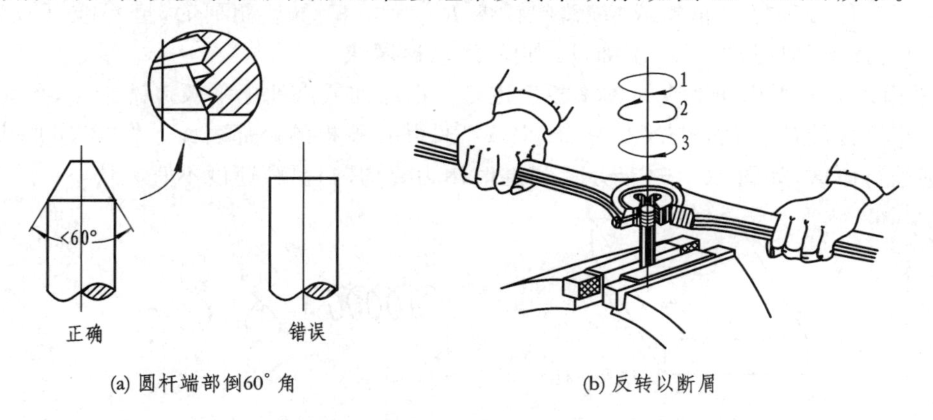

(a) 圆杆端部倒60°角　　(b) 反转以断屑

图 10-52　套　丝

④ 套丝部分离钳口应尽量近些，圆杆要夹紧。为了不损坏圆杆已加工的表面，可用硬木或铜片做衬垫。在钢制件上套丝须加切削液，以提高螺纹加工质量和延长板牙寿命。

10.7　研　磨

用研磨工具和研磨剂从机械加工过的工件表面上磨去一层极微薄的金属，称为研磨。研磨是精密加工，它能使工件达到精确的尺寸、准确的几何形状和很小的表面粗糙度(一般 Ra = 1.6～0.1 μm，最小可达 0.012 μm)。研磨能用于碳钢、铸铁、铜等金属材料，也能用于玻璃、水晶等非金属材料。

1. 研磨原理

夹在工件和研具之间的研磨剂受到压力后,一部分嵌入研具表面,一部分处于工件与研具之间。在研磨过程中,每一磨粒不重复自己的运动轨迹,对工件表面产生切削和挤压作用,某些研磨剂还起化学作用。经过研磨可以将精加工后残留在工件表面上的高点磨掉,如图10-53所示。

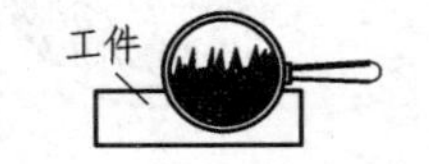

(a) 机械加工后的表面

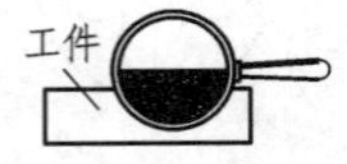

(b) 研磨后的表面

图10-53　研磨作用

2. 研磨工具和研磨剂

① 研磨工具。研磨工具的材料应比工件材料软,这样研磨剂里的磨粒才能嵌入研磨工具的表面,不致刮伤工件。研磨淬硬工件时,用灰铸铁或软钢等制成研磨工具。不同形状的工件用不同类型的研磨工具,常用的有研磨平板、研磨环和研磨棒等。

② 研磨剂。研磨剂是由磨料和研磨液调和而成的混合剂。磨料在研磨中起切削作用,常用的磨料有氧化物磨料(氧化铝)、碳化物磨料(碳化硅等)和金刚石磨料(人造金刚石)等。常用研磨液有煤油、汽油和机油等。目前,工厂大都使用研磨膏,它是在磨料中加入黏结剂和润滑剂调制而成,使用时应用油稀释。

3. 研磨方法

① 研磨余量。研磨属于微量切削,每研磨一遍,磨去的金属层不超过0.002 mm,研磨的余量很小,一般控制在0.005～0.030 mm。有时研磨余量直接留在工件的公差范围内。

研磨前工件必须经过精镗或精磨,粗糙度 Ra 为0.8 μm。粗研时,磨料粒度较粗,压力重,运动速度慢;精研时,磨料粒度细,压力轻,运动速度快。

② 平面研磨。平面研磨在研磨平板上进行。用煤油或汽油把平板擦洗干净,再涂上适量研磨剂。将工件的被研表面与平板贴合,手按工件并在平板的全部表面上作"8"字形或螺旋形运动轨迹进行研磨,如图10-54所示。研磨时用力要均匀,研磨速度不宜太快。

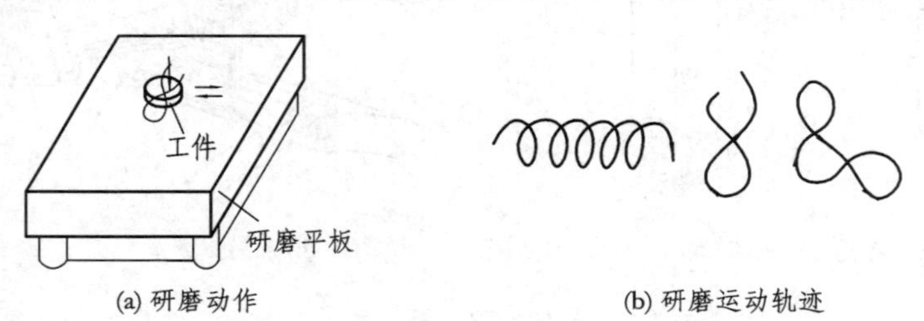

(a) 研磨动作　　(b) 研磨运动轨迹

图10-54　平面研磨

10.8　装　配

10.8.1　装配基础知识

1. 装配的概念

装配是指把已加工好的并且检验合格的单个零件,按照装配图纸和装配工艺的规程,依次组合成组件、部件和整台机器的过程。

单个零件通常包括基础零件(如床身、床座、机壳、轴等)、标准零件(如螺钉、螺母、销子、垫圈等)和外购零件(如滚动轴承、密封圈、电器元件等)。

一般按先下后上,先内后外,先难后易,先精密后一般,先重后轻的顺序进行装配。

2. 装配工作的重要性

装配是机器生产过程的最后一道工序,对产品质量起着重要的作用。一台机器质量好坏,固然很大程度上取决于零件的加工质量,但是如果装配方法不正确或工作者责任心不强,即使有高质量的零件,也装不出高质量的产品,甚至会导致产品工作精度低、性能差、消耗大、易磨损、使用寿命缩短等缺陷。航空产品如果装配不合格会造成机毁人亡的事故。

3. 常用的装配方法

装配常用的方法有以下几种。

① 完全互换法。在同类零件中,任选一个装配零件,不经修配,并能达到规定的装配要求,这种装配方法称为完全互换法。完全互换法的优点是装配操作简便,生产效率高,适用于组成环数少、精度要求不高或大批量生产。

② 选择装配法。将零件的制造公差适当放大到经济可行的程度,然后选择合适的零件进行装配,以保证规定的装配精度。并按公差范围把零件分成若干组,然后一组一组地进行装配,以达到规定的配合要求。选择装配法的优点是降低加工成本,分组选择后零件的配合精度高。常用于大批量生产中装配精度要求很高、组成环数较少的场合。

③ 修配法。修去指定零件上预留修配量以达到装配精度的装配方法。修配法的优点是可降低对零件的制造精度要求,适用于单件小批量生产以及装配精度要求高的场合。

④ 调配法。调整某个零件的位置或尺寸以达到装配精度的装配方法,如调换垫片、垫圈、套筒等控制调整件的尺寸。调配法的优点是零件可按经济公差精度加工零件。适用于除必须采用分组选配的精密配件外的各种装配场合。

10.8.2 装配工艺

1. 装配工艺过程

(1) 装配前的准备工作

装配前的准备工作包括熟悉装配图,确定装配方法和顺序,准备所用工具和零件清洗等。

(2) 装配工作

装配按组件装配→部件装配→总装配的次序进行。

① 组件装配。指将若干零件安装在一个基础零件上的工作。如机床主轴箱内的各个轴系组件。

② 部件装配。指将两个以上的零件、组件安装在另一个基础零件上的工作。部件应是一个独立的结构,如减速箱部件。

③ 总装配。将零件和部件结合成一台完整的产品过程。

(3) 调整、检验和试车阶段

① 调整是指调节零件或机构的相互位置、配合间隙等,目的是使机构或机器工作协调,如轴承间隙、镶条位置的调整。

② 精度检验包括几何精度检验和工作精度检验等。

③ 试车是试验机构或机器运转的灵活性、振动、工作温升、噪音、转速和功率等性能是否符合要求。

(4) 涂油、装箱。

2. 装配时应注意的几项要求

① 检查装配所用零件是否合格,有无变形和损坏等。

② 固定连接的零、部件之间不允许有间隙,活动连接件能在正常的间隙下灵活地按指定方向运动。

③ 检查各运动部件是否有充足的润滑油,并做到油路畅通。密封件是否漏油,如有漏油查明原因,及时补救。

④ 高速运转的零部件外壳连接后,零部件不能突出工作面,如螺钉头和销钉头。

⑤ 装配全部完成后应按一定的程序试车,先检查电路是否畅通,手柄操纵是否灵活、位置是否准确。在确保安全的前提下进行试车,试车时应做到:运行速度要先慢后快,启动电路要运转灵活,工作状态要噪音小,工作温度正常,振动小,密封不渗油。

10.8.3 常见部件的装配

1. 螺纹连接的装配

螺纹连接是可拆的固定连接,具有结构简单、连接可靠、装拆方便等优点,在机械中应用广泛。

螺钉和螺母装配有以下几项要求:

① 螺母配合应能用手自由旋入,然后用扳手拧紧。

② 螺母端面应与螺纹轴线垂直,使其受力均匀。

③ 零件与螺母的贴合面应平整,否则螺纹连接易松动。

④ 装配一组螺纹连接时,应根据被连接件的形状、螺栓分布等情况,按一定顺序逐次拧紧。在拧紧长方形布置的成组螺母时,应从中间开始,逐渐向两边对称地扩展;在拧紧圆形或方形布置的成组螺母时,必须对称地进行。即按照对称性、对角线和分次序等原则逐渐加力拧紧,如图10-55所示。以防止螺栓受力不均而产生变形。

对于在振动、冲击、交变载荷作用下的螺纹连接,为防止螺钉或螺母松动,必须装有可靠的防松装置,如开口销、弹簧垫圈等。

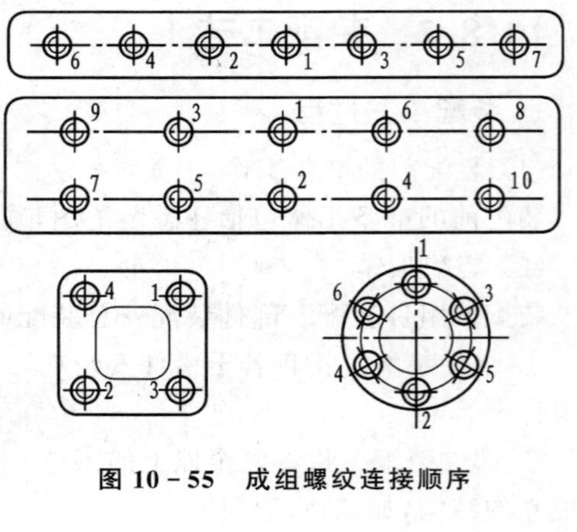

图10-55 成组螺纹连接顺序

2. 滚动轴承的装配及拆卸

(1) 滚动轴承的装配

滚动轴承具有摩擦小、效率高、周向尺寸小、装拆方便等优点。滚动轴承一般由外圈、内圈、滚动体和保持架组成。由于滚动轴承的精度一般比较高,在装配时注意压力应直接加在待配合的套圈端面上，绝不能通过滚动体传递压力。不能直接用手锤击打滚动轴承的内、外圈，而应使用垫套或铜棒，防止引起局部变形等损伤。

轴承座圈压入方法及所用工具的选择应由配合过盈量的大小而定：

① 若配合过盈量较小，可用小铜锤或铜垫棒轻敲就位。

② 若配合过盈量较大，可用压力机压入，在轴承与压头间应垫套筒，如图 10－56 所示。

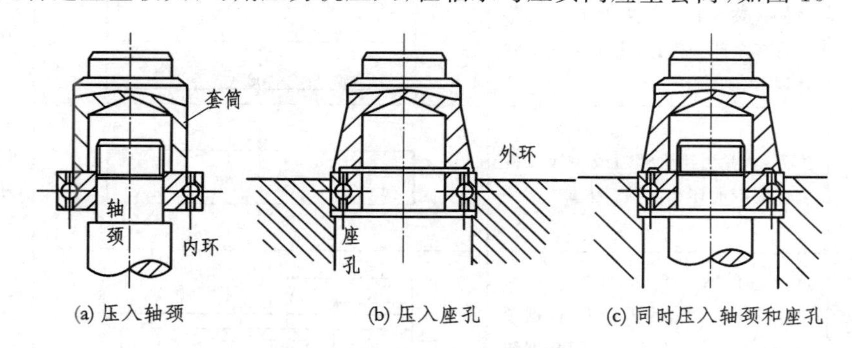

图 10－56　用套筒装配轴承

③ 若过盈量很大，可用温差法装配。即将轴承加热，待加热至 80～100 ℃时与常温轴配合。

(2) 滚动轴承的拆卸

对于拆卸后还要重复使用的轴承，拆卸时不能损坏轴承的配合面，不能将拆卸的作用力加在滚动体上。圆柱孔轴承的拆卸，可以用压力机，也可用拉出器。

10.9　典型工件——钳工实例

1. 手锤头的制作

手锤头零件图如图 10－57 所示。手锤头制作步骤如表 10－3 所列。

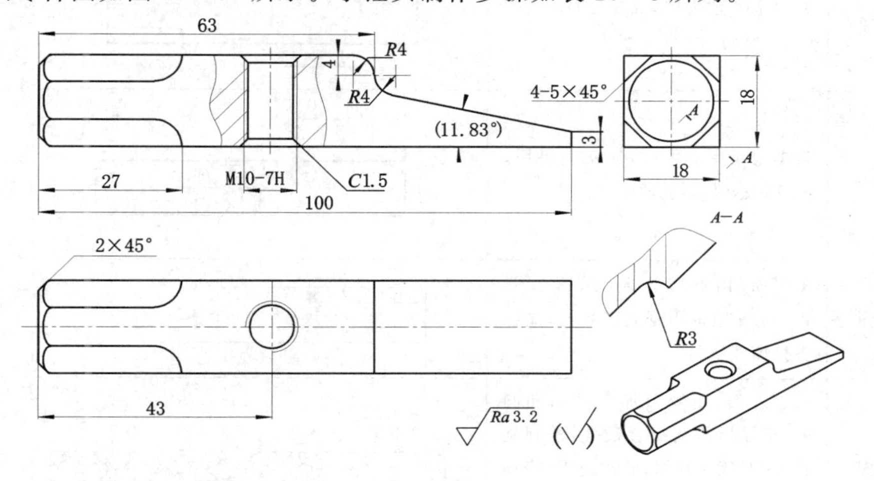

技术要求：1. 两端淬火 49～56HRC(深 4～5 mm)；2. 发黑或电镀。

图 10－57　手锤头零件

表10-3　手锤头制作步骤

序　号	工　种	工序内容	加工简图	设　备
1	下料	100×18×18　45号钢		
2	测量	测量毛坯的长宽高是否满足要求(100×18×18),如果大于100,需要将多余部分锯掉,小于100不做处理。	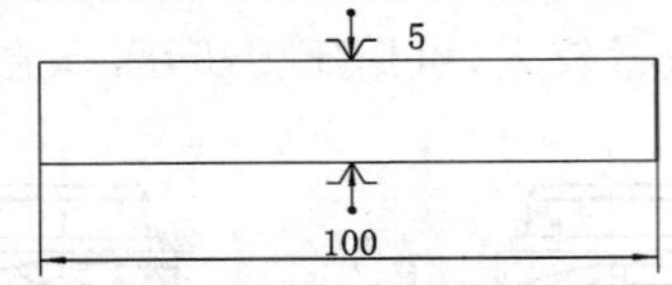 5 100	钢板尺,锯条
3	钳	去毛刺,先后用大锉刀或中锉刀将毛坯周围的坯锋(毛刺)去掉	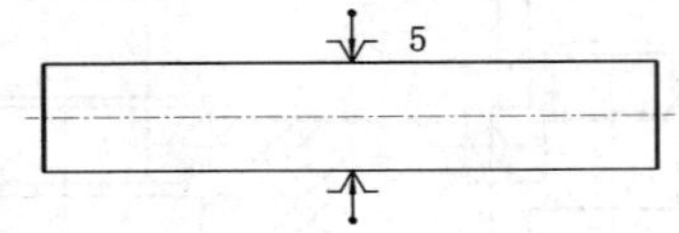 5	虎钳、大锉刀、中锉刀
4	划线	选定一个18×18与100×18的面为基准面放到划线平台上,根据图纸的尺寸要求,在毛坯上用高度游标卡尺划出相应的尺寸界线	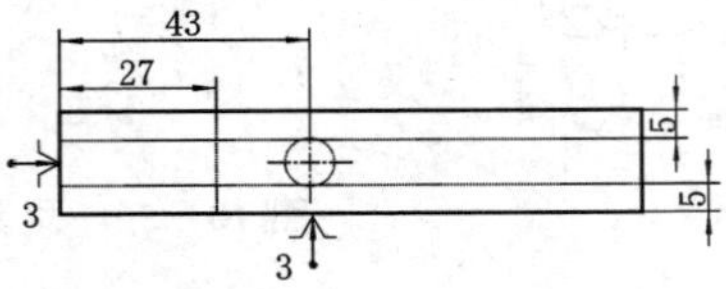 43 27 5 5 3 3	高度游标卡尺,划线平台
5	钳	根据划出的线,在27处先用大锉开V形槽,用圆锉在V形槽上面来回加工,直至圆弧与图纸27相切,锉相应倒角的平面,大锉锉到距尺寸线0.1 mm处,用中锉锉到与尺寸线相切,换小锉精锉辅修	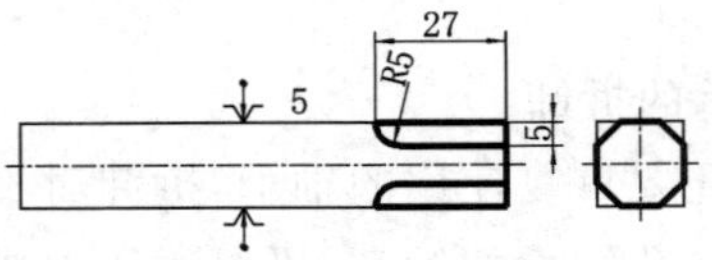 27 R5 5 5	虎钳、大锉、中锉、小锉、圆锉
6	钳	根据划线在钻孔的中心处打冲眼,用自制的定位装置定位,用ϕ8.5钻头钻通	43 ϕ8.5 5 9	台式钻床,ϕ8.5钻头
7	钳	并用ϕ12钻头在ϕ8.5孔的两端锪C1.5倒角	5 1.5×45°	台式钻床,ϕ12钻头
8	钳	根据划线在钻孔的中心处打冲眼,ϕ8钻头开排料孔	33 ϕ8 4 5	台式钻床,ϕ8钻头,
9	钳	锯斜面,沿斜线方向(保留余量1 mm)垂直向下锯到排料孔,用锤头打掉锯下料	5 3	锯、锤头、虎钳
10	钳	加工外形:用锉刀加工平面和圆弧,至样板与线重合最佳,锉到旋转45°与棱边相切,动作连贯,绕顶端划线圆弧的轨迹锉削,顶端是圆便正确	2×45° ϕ14 5	大锉,小锉

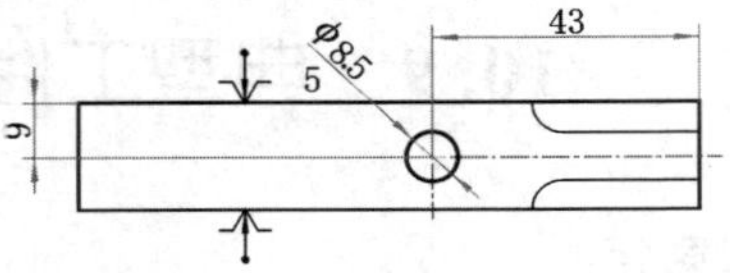

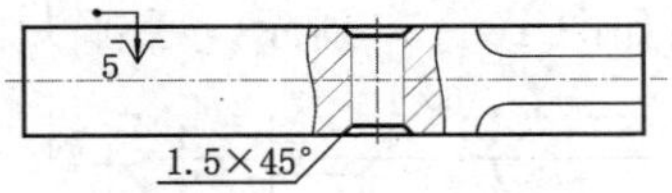

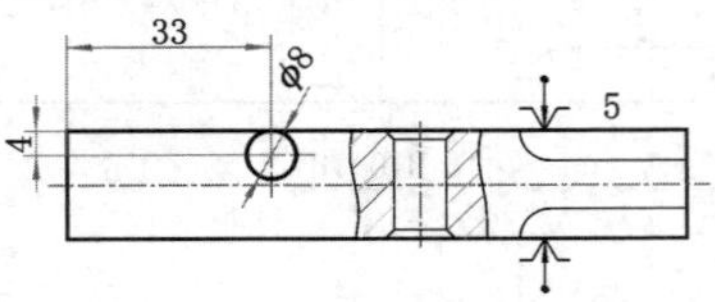

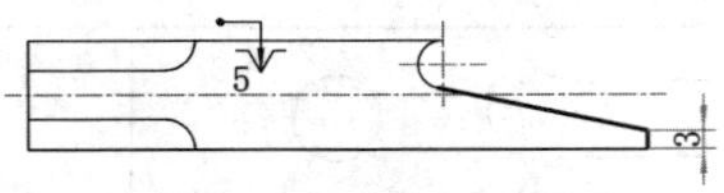

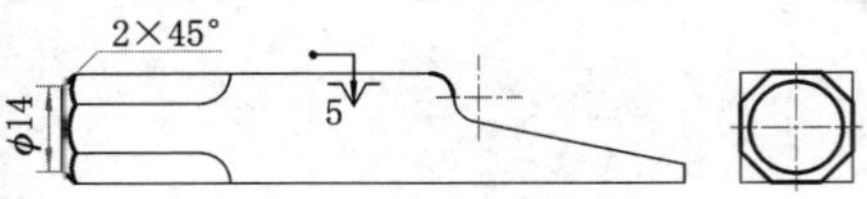

续表 10-3

序　号	工　种	工序内容	加工简图	设　备
11	钳	攻丝：找正，垂直于孔轴心，顺时向里，转一圈退 1/4 圈，直至贯穿并且切力变小即可	5 M10	M10 丝锥
12	热处理	淬火：840 ℃炉中保温 20 分钟，200 ℃低温回火		
13	磨	用砂纸将工件表面进行打磨，去氧化层		砂纸
14	检	检验		

2. “神舟”飞船模型的“支架”制作

“支架”毛坯为铸铝铸造而成，如图 10-58 所示为其铸造毛坯。精度低、表面质量差。为了提高铸造工艺性，其顶端做成了长方体，需用钳工将其加工成圆柱形。底面与“底座”有配合要求，还有安装用螺纹孔，再者外表面需美观，这些工作均由钳工完成。该零件的钳工制作流程，如表 10-4 所列。

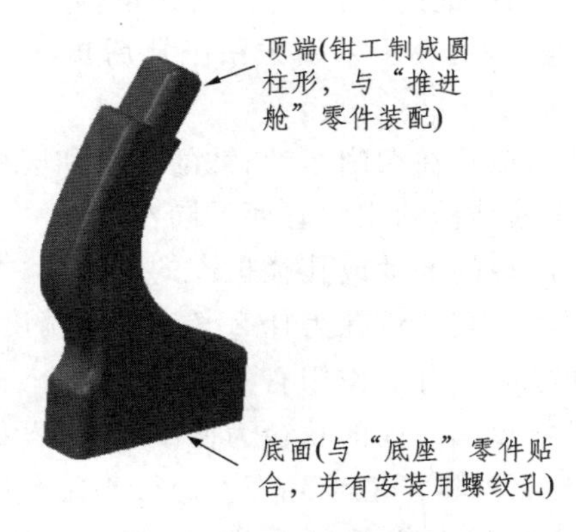

图 10-58　“支架”毛坯

表 10-4　“支架”钳工流程

序　号	工　步	工步内容	工　具
1	去毛刺	把毛坯上的毛刺去掉，避免影响划线精度	锉刀，台虎钳
2	测量	检查毛坯，预计余量	游标卡尺，刀口尺
3	划线	按照图样规定划出加工边界和孔的位置，打样冲孔	样冲、手锤、划规、钢板尺
4	锉削	主要锉削顶端和底面满足图纸要求，其他外表面去掉毛坯粗糙面即可	锉刀，台虎钳
5	钻孔	钻底面上 2 个 ϕ3.5 深 4 的螺纹底孔	钻头，台钻
6	攻丝	攻 2 个 M4 螺纹孔	丝锥
7	装配	与“底座”用沉头螺钉装配	螺丝刀

思考练习题

1. 为什么划线能使某些加工余量不均匀的毛坯免于报废？在哪些情况下可以不划线？

2. 用V形铁支持圆柱形工件有何优点？

3. 什么叫作划线基准？如何选择划线基准？

4. 试述零件的立体划线过程。

5. 方箱、划针盘、V形铁和千斤顶的用途有何不同？

6. 什么叫锯条的锯路？它起什么作用？

7. 试分析锯削时锯条崩齿和折断的原因。

8. 锯软材料应选用粗齿锯条，为什么？推锯速度为什么不宜太快或太慢？

9. 根据什么原则选用锉刀的粗细、大小和形状？

10. 从施力情况来看，为什么锉削的平面经常产生中凸的缺陷？应如何克服？

11. 试说明平面锉削法及其特点。

12. 为什么孔端钻通时容易产生钻头轧住不转或折断的现象？如何克服？

13. 为什么钻头在斜面上不好钻孔？应采用哪些办法来解决？

14. 试钻后，发现浅坑中心偏离准确位置，应如何纠正？

15. 为什么直径大于 ϕ30 mm 的孔多采用先钻小孔后扩成大孔的办法，而不用大钻头一次钻孔？

16. 试分析车床钻孔和钻床钻孔在切削运动、钻削特点和应用上的差别。

17. 台钻、立钻和摇臂钻床的结构和用途有何不同？

18. 试分析在钻削时经常出现的颤动或孔径扩大的原因。

19. 扩孔为什么比钻孔的精度高？铰孔为什么又比扩孔精度高？

20. 麻花钻的切削部分和导向部分的作用有何不同？

21. 对塑性材料和脆性材料攻螺纹前的孔径为何不一样？

22. 攻不通孔螺纹时，为什么丝锥不能攻到底？怎样确定孔的深度？

23. 攻通孔与不通孔螺纹时是否都要用头锥、二锥？为什么？如何区别丝锥的头锥、二锥？

24. 用头锥攻螺纹时，为什么要轻压旋转？而丝锥攻入后，为什么可不加压，且应时常反转？

25. 在一件材料为45号钢的零件图上有M6、M10×1及M16×1.5三个螺孔，试问加工底孔应该选多大直径的钻头？

26. 如果要套制M16的地脚螺钉，杆坯应该制成多大直径？

27. 什么是装配？装配的过程有哪几步？

28. 试述如何装配滚珠轴承，应注意哪些事项。

29. 装配成组螺钉、螺母时应注意什么？

30. 参照表10-3所列写出“支架”零件的钳工详细制作步骤。

第11章 其他切削加工方法及设备

11.1 刨削类机床

1. 刨削加工特点

刨削加工主要用来加工水平面、垂直面、斜面、台阶,燕尾槽、直角沟槽、T形槽和V形槽等,如图11-1所示。

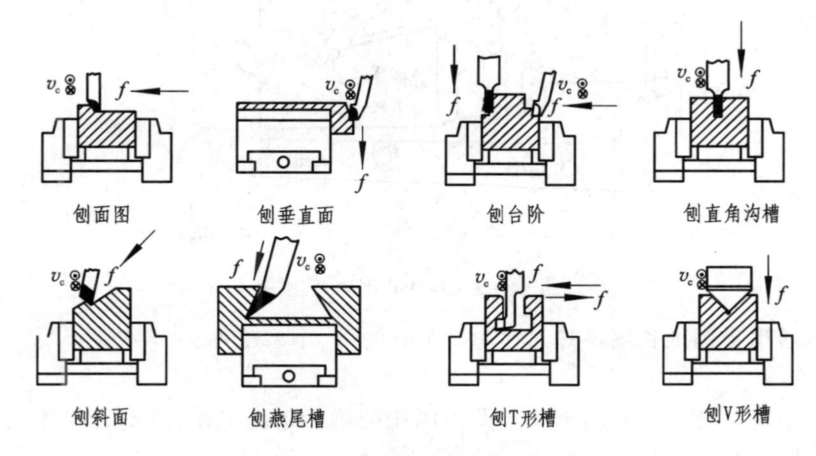

图11-1 刨削加工范围

牛头刨床的刨削运动如图11-2所示,刨刀的直线往复运动为主运动,刨刀回程时工作台(工件)作横向水平或垂直的间歇移动为进给运动。

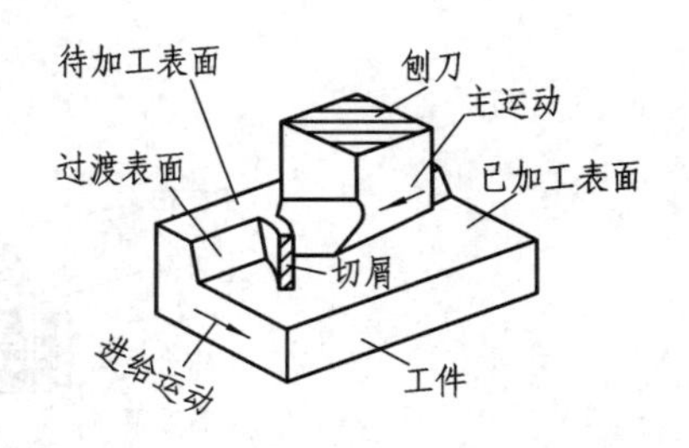

图11-2 牛头刨床的刨削运动

刨削加工有以下几个特点:

① 生产率较低。刨削加工一般只用一把刀,且回程不切削,为了减少惯性力和减少刨刀切入和切出时产生的冲击和振动,往往用较低的切削速度(一般为13~50 m/min),故刨削的生产效率较低。但在龙门刨床上进行多刀或多件刨削时,不但生产率较高,并且可保证有较好的平面度。

② 精度和表面粗糙度。刨削加工精度可达IT7~IT9,表面粗糙度 Ra 为6.3~1.6 μm,可满足一般平面加工要求。

③ 通用性较好。刨削加工主要用来加工如机座、箱体、床身、导轨等零件的平面。如将机床稍加调整或增加某些附件,也可用来加工齿轮、键槽、花键等母线是直线的成形表面。

2. 刨 床

刨削类机床有牛头刨床、龙门刨床和插床等。

(1) 牛头刨床

牛头刨床的组成如图 11－3 所示，主要由滑枕和摇臂机构、工作台和进给机构、变速机构、刀架、床身、底座等部分组成。工作时刨刀装在刀架上由滑枕带动作直线往复运动，刨刀向前运动时进行切削，称为工作行程；退回时不切削称为空行程。工件安装在工作台上作间歇的进给运动。

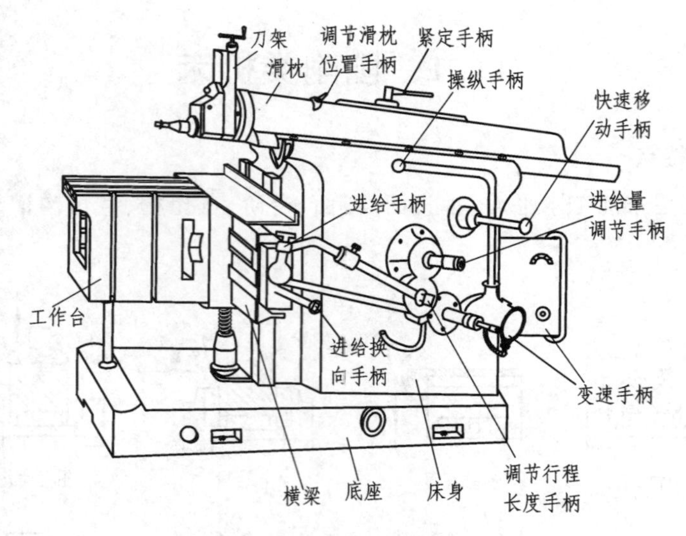

图 11－3　B6050 型牛头刨床

牛头刨床适用于刨削长度不超过 1 000 mm 的中、小型工件。

(2) 龙门刨床

如图 11－4 所示为双柱龙门刨床。龙门刨床的主运动是工作台(安装工件)的直线往复运动，进给运动是刀架(刀具)的移动。

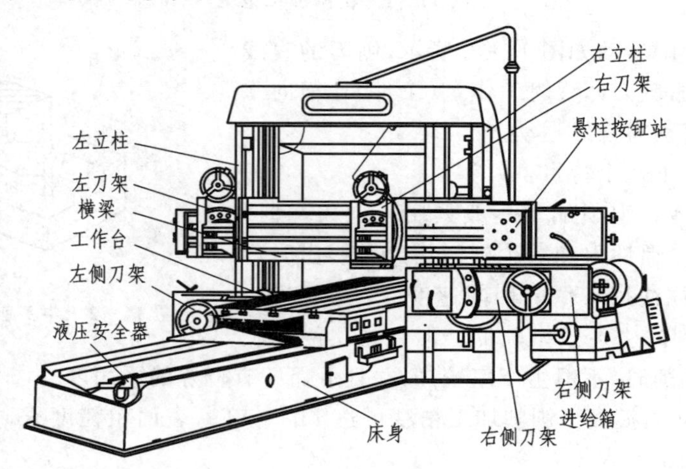

图 11－4　双柱龙门刨床

机床上两个垂直刀架可在横梁上作横向进给运动，以刨削水平面；两个侧刀架可沿立柱作垂直进给运动，以刨削垂直面。各个刀架均可扳转一定的角度以刨削斜面。横梁可沿立柱导轨升降，以适应不同高度的工件。为减少刨刀与工件的冲击，工作台采用无级调速，使工件以慢速接近刨刀，切入工件后增速，然后工件再慢速离开刨刀，工作台则快速退回。

龙门刨床的刚度好、功率大，且有 2～4 个刀架同时进行工作，因此适合加工大型零件上的窄长表面或多件同时刨削，故也用于批量生产。

(3) 插　床

插床又称立式刨床，如图 11－5 所示。加工时滑枕(安装插刀)在垂直方向上作直线往复运动(主运动)，工作台(安装工件)可沿纵向、横向或圆周作间歇进给运动。

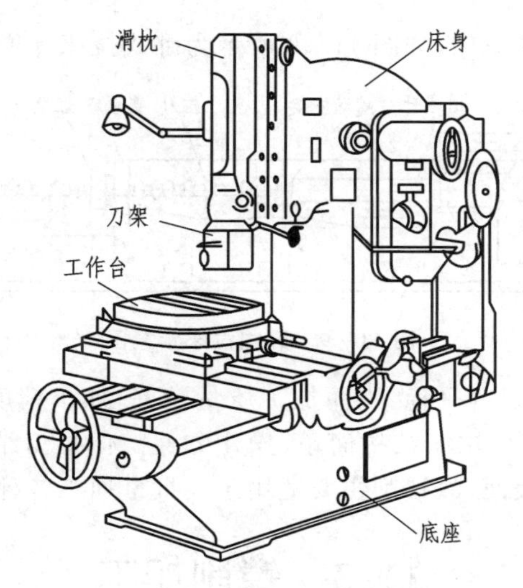

图 11－5　插床外形图

插床主要用于加工单件、小批量生产中零件的内表面，如多边形孔、孔内键槽等，特别适合加工不通孔或有障碍台阶的内表面。

11.2　拉削加工

拉削是指用拉刀加工零件的方法。如图 11－6 所示为拉削加工的两种方式。

拉刀的切削部分由一列高度依次递增(齿升量)的刀齿组成，拉刀相对工件做直线运动(主运动)时，拉刀的每个刀齿依次从工件上切下一层薄的切屑(相当于进给运动)，如图 11－7 所示。当全部刀齿通过工件后，就完成了工件的粗、精加工。因此拉削是一种高效率、低成本的加工方法，应用较为广泛，如图 11－8 所示。

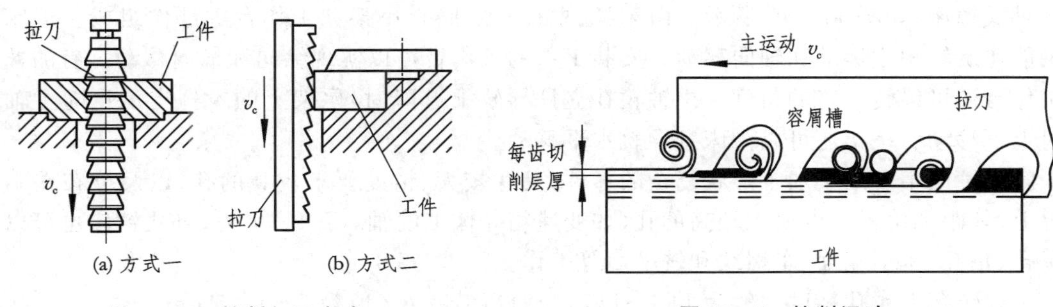

图 11－6　拉削加工方式　　图 11－7　拉削运动

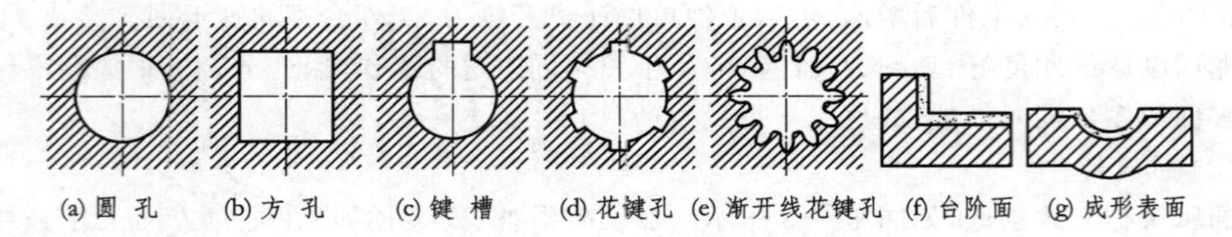

图 11-8　拉削的加工范围

拉床有立式拉床和卧式拉床,如图 11-9 所示为卧式拉床外形图。

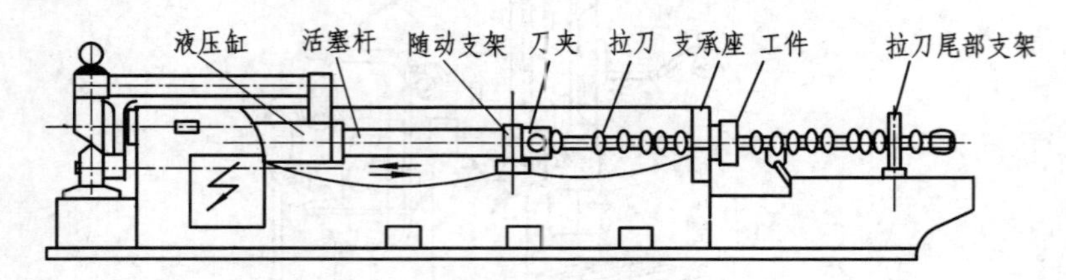

图 11-9　卧式拉床示意图

拉削的速度较低,拉削过程平稳,因而加工质量较好,加工精度可达 IT9～IT7,表面粗糙度 Ra 一般为 1.6～0.8 μm。拉床结构简单、操作方便。但拉刀结构复杂,价格昂贵,且一把拉刀只能加工一种尺寸的表面,故拉削主要适用于大批量加工各种形状的内、外表面。

11.3　镗削加工

虽然在车床和铣床上也可进行镗孔,但主要用来加工简单零件上的单一轴线的孔。镗床主要用来加工不同平面上的孔系和复杂零件上的孔。

镗床镗孔时使用镗刀,镗刀由刀杆和刀头组成,如图 11-10 所示。

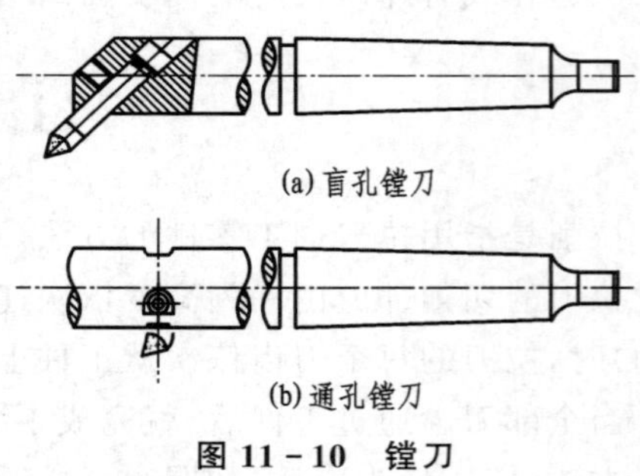

图 11-10　镗刀

镗孔加工的精度范围较宽,一般可达 IT9～IT5,表面粗糙度可达 6.3～0.16 μm。镗孔能修正上一道工序所留下的轴线偏斜等位置误差。对 100 mm 以上的孔,镗孔几乎是唯一的高效率加工方法。受镗杆或刀杆结构限制,所镗孔径不能太小,孔径一般大于 12 mm。

卧式镗床,如图 11-11 所示。由床身、立柱、主轴箱、尾架和工作台等部件组成。镗床的主轴能作旋转的主运动和轴向移动。安装工件的工作台可以实现纵向和横向移动。有的镗床的工作台还可以转一定的角度。主轴箱在立柱导轨上升降时,尾架上的镗杆支承也随主轴箱同时上下移动。尾架还可以沿床身导轨水平移动。

卧式镗床主要用于加工形状复杂的零件,尺寸较大、精度要求较高的孔,以及分布在不同位置上,轴距和位置精度要求较高的孔(如变速箱壳体上的轴承孔)。另外,卧式镗床也可以进行镗孔、钻孔、车削端面、车螺纹和铣平面等工作。

卧式镗床上镗孔精度一般为 IT9～IT7,表面粗糙度 Ra 值为 5～1.25 μm。

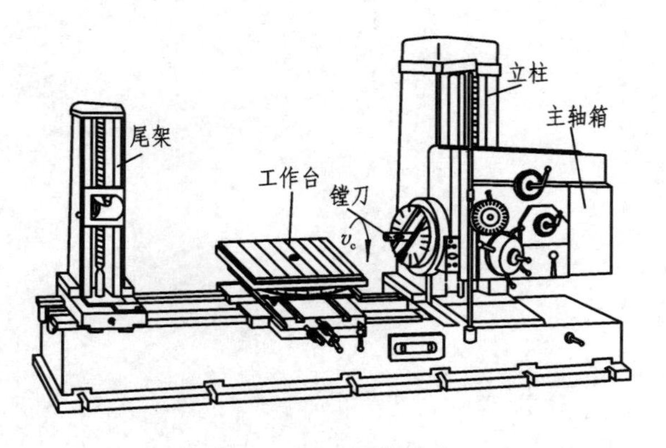

图 11-11　卧式镗床

思考练习题

1. 为什么将插床称为立式刨床?
2. 为什么牛头刨床的使用比过去少了?
3. 拉削加工有什么特点? 在哪些制造领域应用较多?
4. 镗床加工的特点是什么? 除了镗削外,还有哪些加工孔的方法?

第 4 篇

先进制造及特种加工

第12章　数控加工基础

12.1　概　论

数控即数字控制(Numerical Control,NC),在机床领域指用数字化信号对机床运动及其加工过程进行控制的一种方法。数控机床即采用了数控技术的机床。数控机床是一种灵活性极强的、高效能的自动化加工机床。

12.1.1　数控机床的组成

数控机床主要由控制介质、数控装置、伺服系统、检测反馈系统和机床五部分组成。

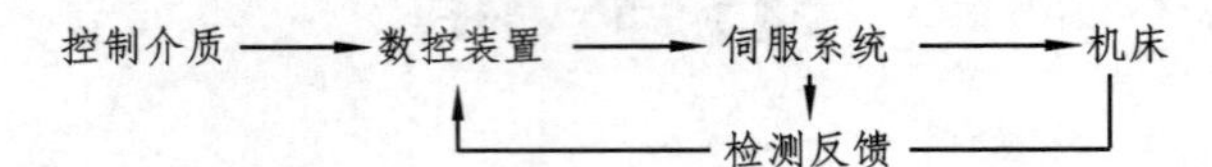

程序介质用于记载各种加工信息,常用的有磁带、磁盘、优盘和网络硬盘等。

数控装置是控制机床运动的中枢系统,它的功能是按照规定的控制算法进行插补运算,并将结果经输出装置送到各坐标控制的伺服系统。

伺服系统是数控系统的执行部分,包括驱动主轴运动的控制单元、主轴电动机、驱动进给运动的控制单元及进给电动机,它按照数控装置的输出指令控制机床上的移动部件作相应的移动,并对定位精度和速度进行控制。

输出指令通常以脉冲信号形式发出,每一个脉冲信号使机床移动部件产生一个最小单位的移动量,称为脉冲当量。

检测反馈装置的作用是对机床进行直接测量或对伺服执行机构进行间接测量,对其实际运动速度、方向、位移量以及加工状态进行检测,并把检测结果反馈给数控装置。

12.1.2　数控加工的特点

① 自动化程度高。数控机床不但可以减轻工人的体力劳动强度和改善劳动条件,也是计算机辅助制造系统的基础。

② 加工精度高、加工质量稳定可靠,加工误差一般能控制在0.01 mm左右。数控机床进给传动链的反向间隙与丝杠螺距误差等均可由数控装置进行补偿,数控机床的传动系统与机床结构都具有很高的刚度和热稳定性。

③ 加工生产率高。数控机床能够有效地减少换刀、试切、测量、计算等的辅助时间,因而加工生产率比普通机床高得多。

④ 对零件加工的适应性强、灵活性高,能加工形状复杂的零件。

目前,在机械行业中,随着市场经济的发展,产品更新周期越来越短,中小批量的生产所占有的比例越来越大,对机械产品的精度和质量要求也在不断地提高。所以,普通机床越来越难以满足加工的要求。同时，由于技术水平的提高，数控机床的价格在不断下降，数控机床在机械行业中的使用将越来越普遍。

12.1.3　数控机床的分类

数控机床的种类很多，功能各异，分类方法也不同。一般按机械运动的轨迹可分为点位控制系统、直线控制系统和连续控制系统。按伺服系统的类型可分为开环伺服系统、闭环伺服系统和半闭环伺服系统。按控制坐标数可分为两坐标数控机床、三坐标数控机床和多坐标数控机床等。

但人们更习惯的是按机床加工方式或能完成的主要加工工序来分类，可分为以下几种类型。

① 切削类。属于此类的有数控车床、铣床、钻床、镗床、磨床、齿轮加工机床和加工中心等。

② 成形类。属于此类的有数控折弯机、弯管机、冲床、旋压机等。

③ 特种加工类。属于此类的有数控线切割机、电火花加工机床以及激光切割机等。

④ 其他类。如数控火焰切割机床、数控激光热处理机床、三坐标测量机等。

12.1.4　数控机床的结构特点

① 应有较高的静动刚度。数控机床为了提高生产率和效益，其切削速度和刀具移动速度快、机床负载大、运转时间长，所以要求数控机床比普通机床有更高的静动刚度。

② 应有很小的热变形。数控机床的切削用量大于传统机床的切削用量，长时间连续加工，产生的热量也比传统机床多。因此要采取措施减少热变形对加工精度的影响。

③ 运动件之间的摩擦要小。数控机床在对刀、工件找正时常常要求速度很低，这就要求工作台对数控装置发出的指令要作出准确响应，而不允许工作台发生窜动，为此数控机床普遍采用滚动导轨、静压导轨、滚珠丝杠等。

④ 进给系统应无间隙传动。由于加工的需要，数控机床各坐标轴的运动都是双向的，传动元件之间的间隙无疑会影响机床的定位精度及重复定位精度。因此，必须采取措施消除进给传动系统中的间隙，如齿轮副、丝杠螺母的间隙。

12.2　数控机床控制原理和伺服系统

12.2.1　数控系统插补原理

1. 概　述

机床数控系统轮廓控制的主要问题，就是怎样控制刀具或工件的运动轨迹。一般情况是已知运动轨迹的起点坐标、终点坐标、曲线类型和走向，由数控系统实时地算出各个中间点的坐标，即需要“插入、补上”运动轨迹各个中间点的坐标，通常将这个过程称为“插补”。

插补结果是输出运动轨迹的中间点坐标值，机床伺服系统根据此坐标值控制各坐标轴的相互协调地运动，走出预定的轨迹。

由于插补功能直接影响系统的控制精度和速度，是系统的主要技术性能指标，因此插补软件是 CNC 系统的核心软件之一。

2. 逐点比较插补法

逐点比较插补法是一种逐点计算、判别偏差并纠正刀具与所需插补曲线(理论轨迹)的方法,在插补过程中每走一步要完成以下4个工作节拍。

① 偏差判别。判别当前动点偏离理论曲线的位置。

② 进给控制。确定刀具进给坐标及进给方向。

③ 新偏差计算。刀具进给后到达新位置,计算出新偏差值,作为下一步判别的依据。

④ 终点判别。查询一次,终点是否到达。

逐点比较插补法常用于直线插补和圆弧插补,如图12-1所示。

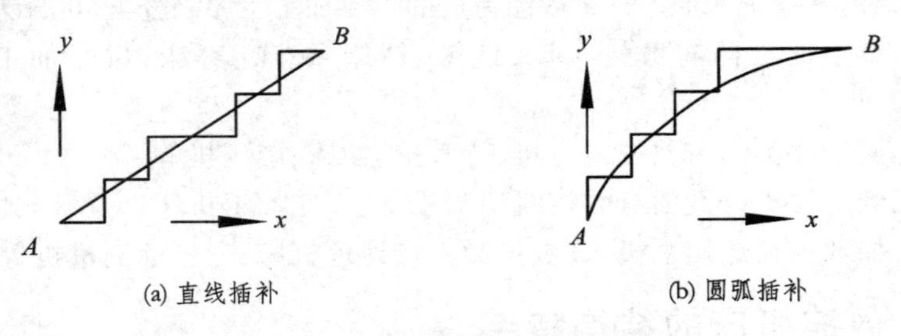

图 12-1　直线插补和圆弧插补

3. 数字积分插补法

数字积分插补法,又称数字微分分析器(DDA),是利用数字积分运算的方法,计算刀具沿各坐标轴的位移,使得刀具沿着所加工的曲线运动。数字积分法具有运算速度快、脉冲分配均匀、易实现多坐标联动、可实现直线、二次曲线和其他函数的插补运算等优点。因此,数字积分法在轮廓控制数控系统中应用广泛。

12.2.2　刀具半径补偿

用铣刀铣削或线切割的金属丝切割工件的轮廓时,刀具中心或金属丝中心的运动轨迹并不是加工工件的实际轮廓。如图12-2所示,加工内轮廓时,刀具中心要向工件的内侧偏移一定距离;而加工外轮廓时,同样,刀具中心也要向工件的外侧偏移一定距离,这个偏移,就是所谓的刀具半径补偿,或称刀具中心偏移。图中粗实线为工件轮廓,虚线为刀具中心轨迹,图中偏移量为刀具的半径值。而在粗加工和半精加工时,偏移量则为刀具半径与加工余量之和。这种根据程序中的工件轮廓编制程序和预先设定偏置参数,实现自动计算出刀具轨迹的功能称为刀具半径补偿功能。

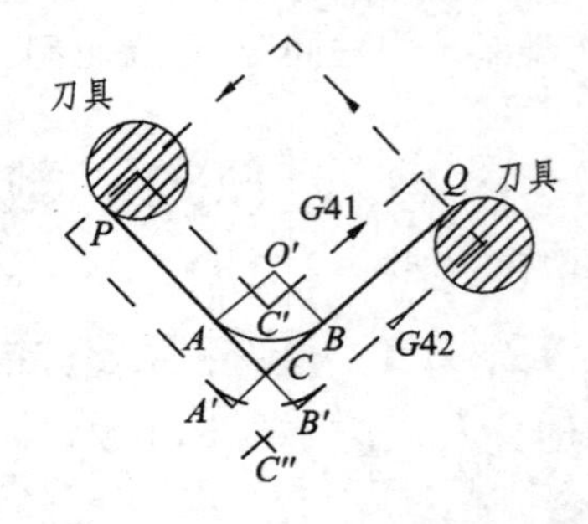

图 12-2　刀具半径补偿原理

12.2.3　伺服系统

伺服系统是数控机床的重要组成部分。其主要功能是接受来自数控装置的指令来控制电动机驱动机床的各运动部件,从而准确地控制它们的速度和位置,达到加工出所需工件的形状和尺寸的最终目标。

按伺服系统调节理论，伺服系统可分为开环、闭环和半闭环系统，如图 12－3 所示。开环型系统中无检测元件，也无反馈回路，控制方式虽然简单，但精度难以保证，仅在要求不高的经济型数控机床上得到广泛应用。半闭环型系统是从电动机轴上进行位置检测，因此它能够有效地控制电动机的转速和电动机的轴位移，其优点是环路短、刚度好、间隙小，所以稳定性好、反应速度快、动态精度高。其缺点是如果机械传动部分误差过大或其误差值又不稳定，那么就难以补偿，所以半闭环系统只适于中小型机床。闭环型系统是从机床工作台上进行位置检测，从而消除了进给传动系统的全部误差。从理论上说，其精度取决于检测装置的测量精度。闭环系统结构复杂，价格贵，一般在大型精密数控机床上采用。

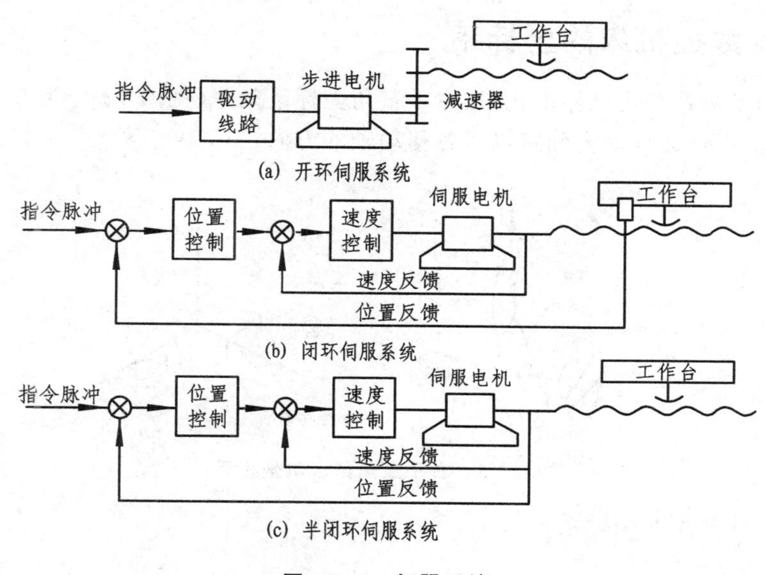

图 12－3　伺服系统

12.3　数控机床程序编制中的工艺处理

在编制数控加工程序前，必须对所加工的零件进行工艺分析、拟定加工方案、选择合适的刀具和夹具、确定切削用量等。在编程中，还需进行工艺处理，如确定对刀点等。

数控机床编程内容与步骤如图 12－4 所示。

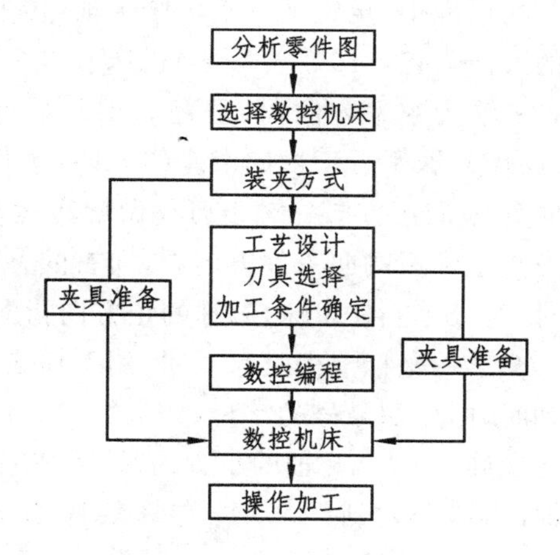

图 12－4　数控编程步骤

在通用机床上加工零件时，很多工艺问题都是由操作人员确定并手工操作完成的。而在数控机床加工时，整个过程是预先编程并自动进行的，因而形成了以下的工艺特点：

① 数控加工工艺的内容要具体详细，各种具体工艺问题如工步的划分、对刀点、换刀点、走刀路线等必须正确地选择并编入加工程序。

② 数控加工的工艺处理要严密精确,在进行数控加工的工艺处理时,必须注意到加工过程中的每一个细节,考虑要十分严密。实践证明,数控加工中出现差错或失误的主要原因多为工艺方面考虑不周或计算与编程时粗心大意。

③ 数控加工工艺要求特殊,如工序集中、首件试切等。

具体的工艺处理要求见本书数控铣和数控车的有关章节。

12.4 数控加工的程序编制

12.4.1 数控机床的坐标系

数控机床的坐标系规定已标准化,按右手直角坐标系确定(见图 12-5),一般假设工件静止,通过刀具相对工件的移动来确定机床各移动轴的方向。

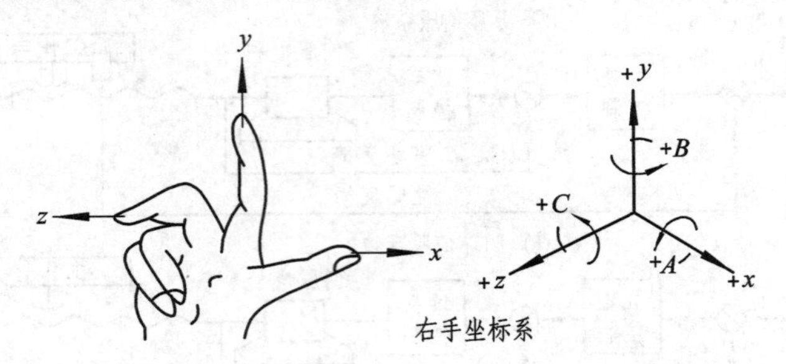

图 12-5　右手直角笛卡尔坐标系

下面介绍几种常用的坐标系。

1. 机床坐标系

机床坐标系是机床上固有的坐标系,机床坐标系的方位是参考机床上的一些基准确定的。机床上有一些固定的基准线(如主轴中心线)和固定的基准面(如工作台面、主轴端面、工作台侧面、导轨面等),不同的机床有不同的坐标系。

在标准中,规定平行于机床主轴(传递切削力)的刀具运动坐标轴为 z 轴,取刀具远离工件的方向为正方向($+z$)。当机床有多个主轴时,则选一个垂直于工件装夹面的主轴为 z 轴。

x 轴为水平方向,且垂直 z 轴并平行于工件的装夹面。对于工件做旋转运动的机床(车床、磨床),取平行于横向滑座的方向(工件径向)为刀具运动的 x 轴坐标,取刀具远离工件的方向为 x 的正方向。对于刀具做旋转运动的机床(如铣床、镗床、钻床等),当 z 轴为水平时,沿刀具主轴后端向工件方向看,向右的方向为 x 的正方向;如 z 轴是垂直的,则从主轴向立柱看时,对于单立柱机床,x 轴的正方向指向右边。上述正方向都是刀具相对工件运动而言。

当某一坐标上刀具移动时,用不加撇号的字母表示该轴运动的正方向;当某一坐标上工件移动时,则用加撇号的字母(如 w'、x'等)表示。加与不加撇号所表示的运动方向正好相反。

在确定了 x,z 轴的正方向后,可按右手直角笛卡尔坐标系确定 y 轴的正方向,即在 $z-x$ 平面内,从 $+z$ 到 $+x$ 时,右螺旋应沿 $+y$ 方向前进,常见机床的坐标方向如图 12-6、图 12-7、图 12-8 所示。

由于工件与刀具是一对相对运动物体,所以在数控编程中,为使编程方便,一律假定工件固定不动，全部用刀具运动的坐标系来编程，即用标准坐标系 x，y，z 和 A，B，C 进行编程。这样，即使编程人员不知是刀具运动还是工件运动，也能编出正确的程序。实际编程时，正号可省略，负号不可省且紧跟在字母之后。

机床原点（机械原点）是机床坐标系的原点，它的位置是在各坐标轴的正向最大极限处，如图 12－9 所示。

机床坐标系不能直接用来供用户编程，它是帮助机床生产厂家确定机床参考点（原点）的。机床参考点由厂家设定后，用户不得随意改变，否则会影响机床的精度。

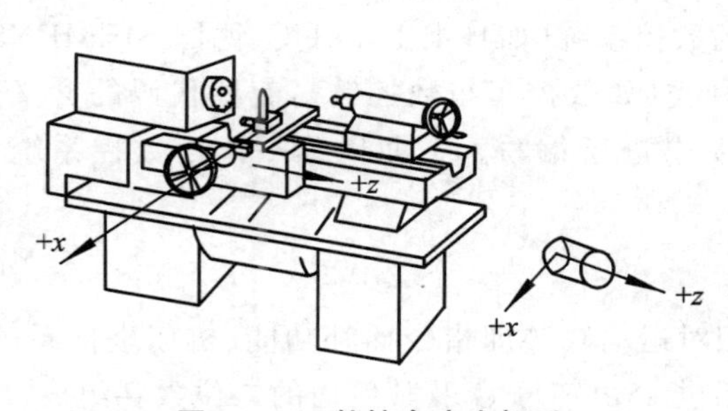

图 12－6　数控车床坐标系

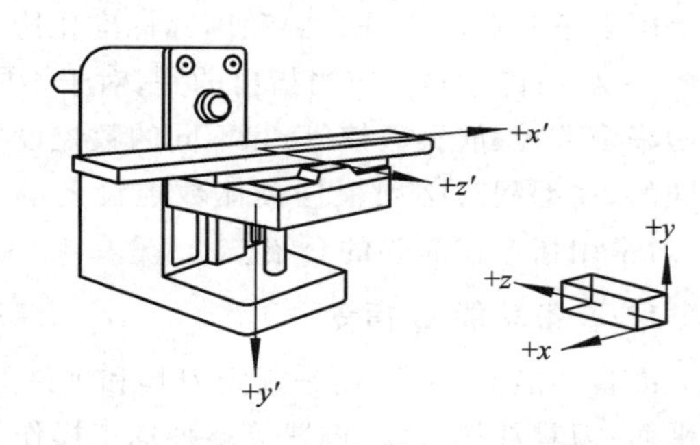

图 12－7　卧式数控铣床坐标系

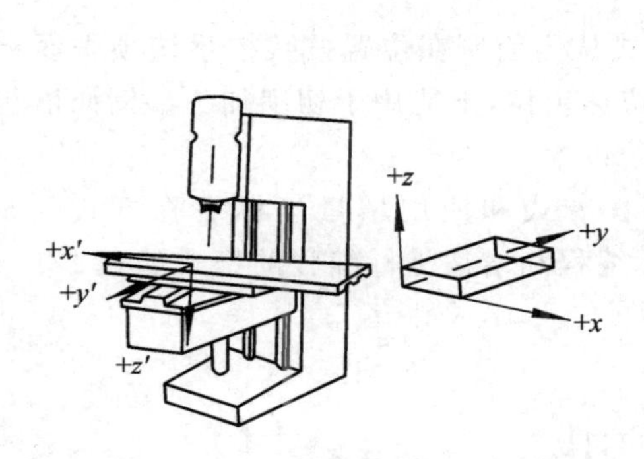

图 12－8　立式数控铣床坐标系

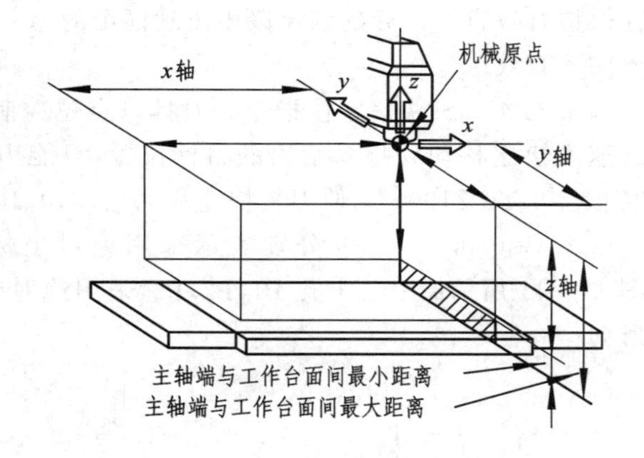

图 12－9　立式铣床机床原点

2. 工件坐标系

工件坐标系是编程人员在编程和加工时使用的坐标系，是程序的参考坐标系，故也称编程坐标系。工件坐标系和机床坐标系通过机床零点发生联系，一般在一个机床中可以设定 6 个工件坐标系。编程人员以工件图样上的某点为工件坐标系的原点，称工作原点。而编程时的刀具轨迹坐标点是按工件轮廓在工作坐标系中的坐标确定。在加工时，工件随夹具安装在机床上，这时工件原点与机床原点间的距离，称作工件原点偏置，如图 12－10 所示。该偏置值需预存到数控系统中，

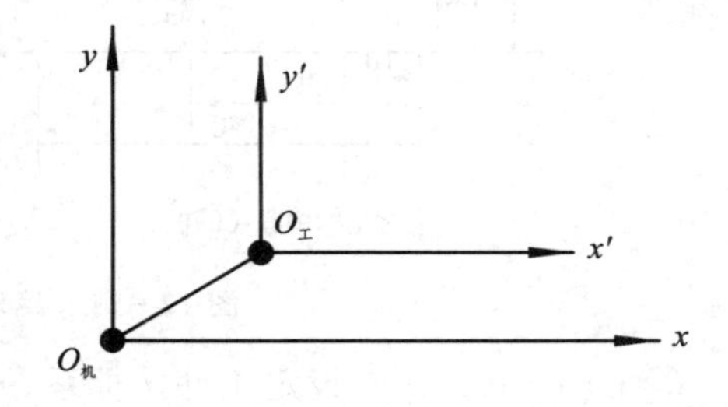

图 12－10　工件坐标系与机床坐标系

在加工时,工件原点偏置便能自动加到工件坐标系上,使数控系统可按机床坐标系确定加工时的绝对坐标值。因此,编程人员可以不考虑工件在机床上的实际安装位置和安装精度,而利用数控系统的原点偏置功能,通过工件原点偏置值,补偿工件在工作台上的位置误差。

12.4.2 常用指令的含义

国际标准化组织(ISO)在数控技术方面制定了一系列相应的国际标准,各国也都根据各国的实际情况制定了各自的国家标准,这些标准是数控加工编程的基本原则。国际上通用的有美国电子工业协会(ELA)和国际标准化协会(ISO)两种代码,代码中有数字码(0～9)、文字码(A～Z)和符号码。应当指出的是,对于不同的数控系统(如日本FANUC、德国SIEMENS、中国华中数控、航天数控等)和不同的数控设备种类(如数控车与数控铣),有些代码的含义是不同的,在编程时必须根据具体数控设备的说明书进行编写。下面以FANUC数控系统为例,对常用指令作简要的介绍。

1. 准备功能G指令

准备功能G指令,用来规定刀具和工件的相对运动轨迹即指令插补功能、机床坐标系、坐标平面、刀具补偿、坐标偏置等多种加工操作。G指令由字母G及其后面的二位数字组成。

G指令有模态和非模态两种类型。模态指令(又称续效指令)一旦在一个程序段中指定,便保持有效直到以后的程序段中出现同组的另一代码。非模态指令,即只有书写了该指令的语句才有效。

① G00——快速定位指令。刀具以点位控制方式从当前所在位置按数控系统预先设定的速度快速移动到指令给出的目标位置,只能用于快速定位,不能用于切削加工。例如语句“G00 X0 Y0 Z100;”,使刀具快速移动到(0,0,100)的位置。

② G90和G91——分别表示采用绝对坐标编程方式和使用增量坐标编程方式。如图12-11所示加工三个孔P1,P2,P3,采用绝对坐标编程和增量坐标编程的格式如表12-1所列。

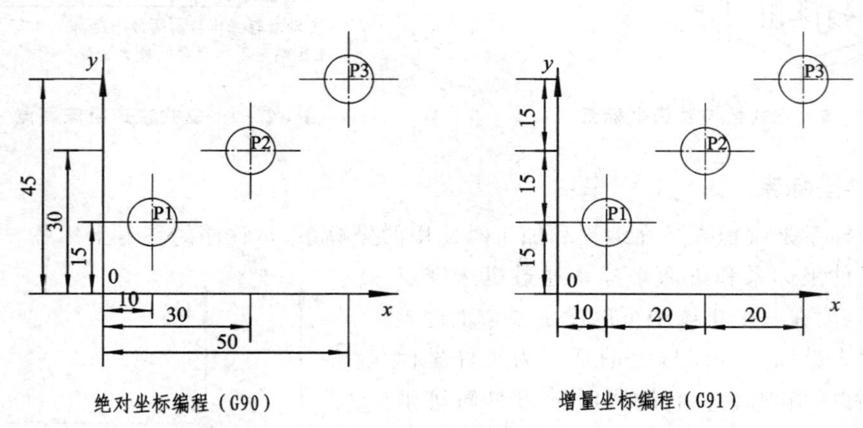

图12-11 绝对坐标编程和增量坐标编程

③ G54～G59——设定工件坐标系。一般数控机床可以预先设定6个(G54～G59)工件坐标系,这些坐标系的坐标原点在机床坐标系中的值可预先设置,存储在机床存储器内,在机床重开机时仍然存在,在程序中可以分别选取其中之一使用。一旦指定了G54～G59之一,则

表 12-1 采用 G90 和 G91 编程的格式

加工时的移动路线	使用 G90 时的语句	使用 G91 时的语句
O 点至 P1	G90 G00 X10.0 Y15.0	G91 G00 X10.0 Y15.0
P1 至 P2	G90 G00 X30.0 Y30.0	G91 G00 X20.0 Y15.0
P2 至 P3	G90 G00 X50.0 Y45.0	G91 G00 X20.0 Y15.0

该工件坐标系原点即为当前程序原点，后续程序段中的工件绝对坐标均为相对此程序原点的值。例如：在图 12-12 所示的坐标系中，先取 G54 为当前工件坐标系快速移动到 A 点，再取 G59 为工件坐标系快速移动到 B 点，其程序为

```
N01 G54 G00 G90 X40 Y40;
N02 G59;
N03 G00 X30 Y30;
...
```

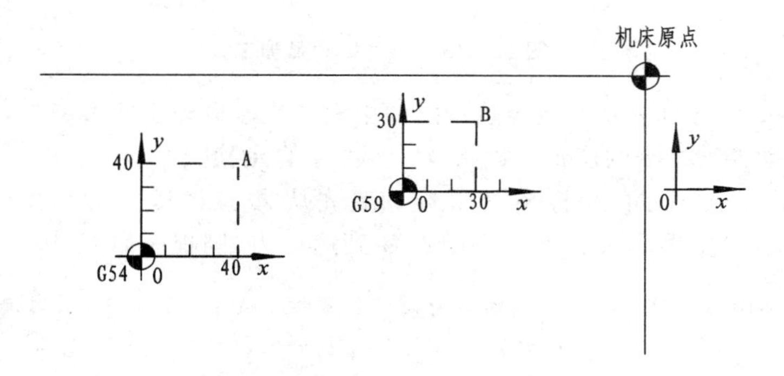

图 12-12 设定工件坐标系

④ G01——刀具以指定的进给速率进行直线插补式运动。例如语句“G01 X10 Y20 Z20 F80;”，使刀具从当前位置以 80 mm/min 的进给速度沿直线运动到(10,20,20)的位置。

⑤ G02，G03——刀具在指定的坐标平面内以指定的进给速度进行圆弧插补运动：从当前位置(圆弧的起点)沿圆弧移动到指令给出的目标位置，切削出圆弧轮廓。G02 为圆弧顺时针插补，G03 为圆弧逆时针插补。圆弧插补有用圆心坐标表示和用半径表示两种格式，用半径 R 其格式如下。

在 xOy 平面(铣床工作台平面)内：G02(或 G03) X__ Y__ R__ F__

在 xOz 平面(数控车常用平面)内：G02(或 G03) X__ Z__ R__ F__

格式中：X、Y、Z 为圆弧终点坐标，在 G90 方式下为绝对坐标尺寸；在 G91 方式下，是相对于圆弧起点的增量坐标值。R 为圆弧半径，F 为进给量。

为了避免误加工，规定如果圆心角≤180°，用“+R”表示，如果圆心角 >180°，用“-R 表示”。

例如：刀具加工轨迹如图 12-13 所示，圆弧为逆时针方向，图中采用英制单位，绝对坐标编程，则加工程序如下：

```
…
N50 G01 X－0.6875 F0.15；          直线加工到位置 2
N60 Y0.5；                         直线加工到位置 3
N70 G03 Y1.0625 X－1.25 R0.5625；  加工 R0.5 圆弧到点 4
N80 G01 X－1.5；                   直线加工到位置 5
…
```

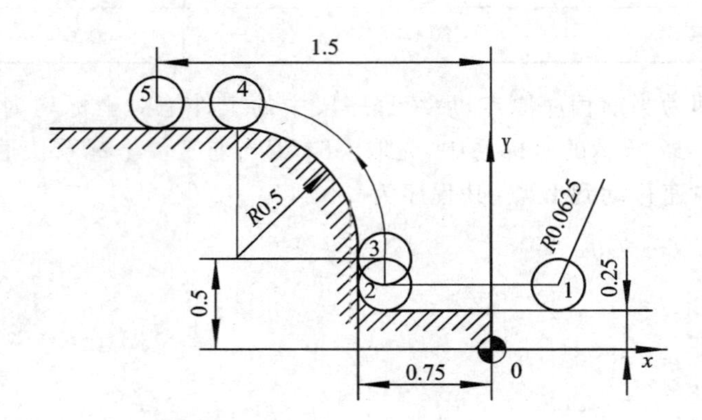

图 12－13　逆时针圆弧加工

⑥ G28,G29——分别表示刀具经过指定的中间点快速自动返回参考点,刀具从参考点经过中间点快速移动到被指令的位置。该指令一般用于自动换刀。

例如,在图 12－14 所示的坐标系中,指定刀具先从 A 点经过中间点 B 到达参考点 R,换刀(M06 为换刀指令)后再从 R 点经过中间点 B 到达 C 点,则程序如下:

```
N10 G91 G28 X1000.0 Y200.0；由 A 到 B,并返回参考点(注意:参考点的位置可根据换刀方便而预先
                            设定)
N20 M06；                   换刀
N30 G29 X500.0 Y－400.0；   从参考点经由 B 到 C(C 点相对于 B 点的增量坐标)
```

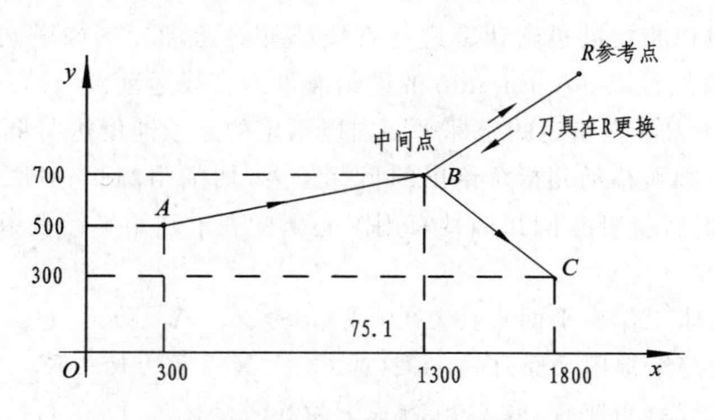

图 12－14　返回机床参考点指令

⑦ G20,G21——分别为英制单位和公制单位。系统在通电开机时默认为 G21。

⑧ G41,G42,G40——分别为刀具半径左补偿、刀具半径右补偿和刀具半径补偿取消指令(在数控铣章节将详细介绍)。

2. 辅助功能M指令

M指令也有续效指令与非续效指令之分。现介绍几个常用的M指令。

① M02——程序结束指令。当全部程序结束后，用此指令使主轴、进给、冷却全部停止，并使机床复位。该指令必须出现在程序的最后一个程序段中。

② M03，M05——分别为主轴正向（顺时针）旋转和主轴停止指令。

③ M08，M09——分别为冷却液打开和关闭指令。

④ M30——程序结束指令。与M02不同的是M30执行后使程序返回到开始状态。

⑤ M98，M99——分别为调用子程序指令和子程序返回指令。

3. 其他指令

① F——进给速度指令。该指令为续效指令，如F100表示进给速度为100 mm/min。

② S——主轴转速指令。该指令是续效指令，如S100表示主轴转速为100 r/min。

③ T——刀具号指令。该指令用来选择所需的刀具，如T××，“××”表示刀具编号。

④ P，X——暂停时间指令，如P1000表示暂停时间为1 000 ms，P1.0表示暂停1秒。

⑤ O，P——分别为主程序号指令和子程序号指令。

⑥ D，H——偏置号指令，常用来表示刀具半径补偿和刀具长度补偿。

12.4.3　手工编程和自动编程

1. 手工编程

手工编程步骤包括确定工艺过程（如选定机床、刀具、夹具、工序、切削用量等）、计算加工轨迹和加工尺寸（如几何要素的起点、终点、圆心、交点或切点等）、编制加工程序及初步校验、制备控制介质（或直接键盘输入）、程序校验和试切削。

手工编程完成后，必须经过校验和试切削才能用于正式加工，通常的方法是空运转检查。对于平面工件可用笔代替刀具在坐标纸空运行绘图；对于空间曲面零件，可用木料或塑料工件进行试切。在具有图形显示的机床上，用图形的静态显示（在机床闭锁的状态下形成的运动轨迹）或动态显示（模拟刀具和工件的加工过程）则更为方便，但这些方法只能检查运动轨迹的正确性，无法检查工件的加工误差。首件试切发现错误时，应分析错误的性质，或修改程序单，或调整刀具补偿尺寸，直到符合图纸规定的精度要求为止。

由于数控系统（如FANUC、SIEMENS、华中数控、广州数控等）的不同和数控设备种类的不同，手工编程的差异很大，在编程时应参考设备说明书。

2. 自动编程

手工编程效率低、易出错，加工对象较为简单，限制并影响了数控机床的应用。自动编程正逐渐成为主要编程方式。

自动编程的过程为，将零件设计信息和加工参数输入工程软件，由软件自动生成数控装置能读取和执行的指令。

思考练习题

1. 什么是数控？数控机床的加工原理是什么？

2. 数控机床由哪几个部分组成？各有什么作用？

3. 什么是开环、闭环、半闭环数控机床？它们之间有什么区别？

4. 数控机床对结构的要求有哪些？

5. 数控编程的工艺处理内容是什么？

6. 简述数控编程的基本内容和步骤。

7. 什么是工件零点，工件零点如何选定？

8. 机床坐标系与工件坐标系的区别是什么？

9. 常用的准备功能 G 有哪几种？

10. G00　X20　Y15 与 G91　X20　Y15 有什么区别？

11. 试说明 G00,G01,G02,G03 的使用特点。

12. 用 G02,G03 编程时，什么时候用＋R，什么时候用－R，整圆编程为什么不能用 R？

13. 试说明采用增量式测量的数控机床在打开数控机床后回参考点的意义。

14. 在数控加工中若采用 ϕ10 mm 的 4 刃立铣刀，S＝800 r/min，F＝96 mm/min，则单刃切削量应为多少？

15. 编制图 12－15 所示的加工程序，设 F＝100 mm/min，S＝800 r/min(使用绝对坐标)。

16. 编制图 12－16 所示的加工程序，设 F＝100 mm/min，S＝900 r/min(使用增量坐标)。

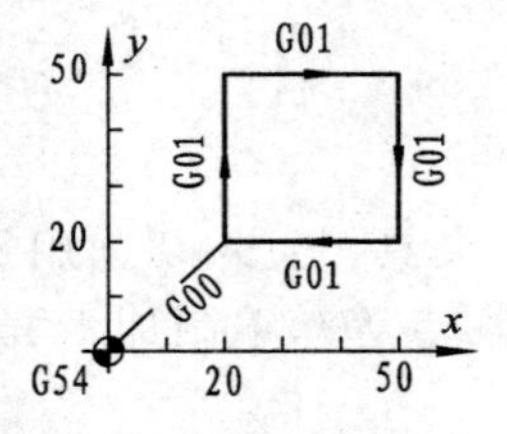

图 12－15　加工轨迹

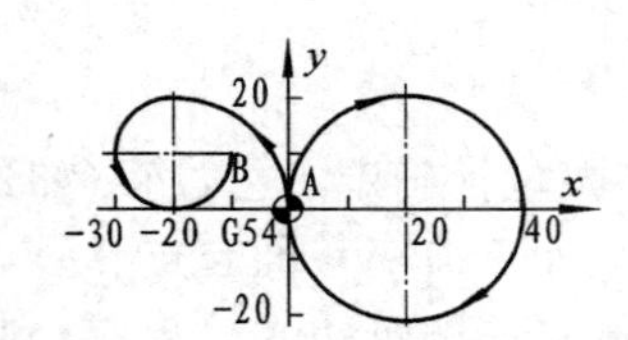

图 12－16　加工轨迹

第 13 章　数控铣

13.1　数控铣床和数控加工中心简介

13.1.1　一般数控铣床

一般数控铣床的主要组成部分由床身、电器部分、变速箱、铣头、工作台、升降台、润滑及冷却装置等组成。图 13－1 所示为 XK6325B 型数控铣床外形图，表 13－1 是其主要技术参数。

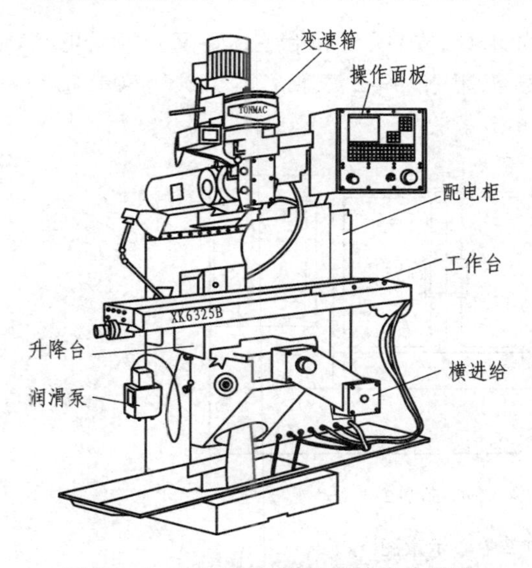

图 13－1　XK6325B 型数控铣床外形图

表 13－1　XK6325B 型数控铣床主要技术参数

项　目	技术参数
工作台最大行程	680 mm×350 mm
工作最大重量	250 kg
主轴套筒行程	100 mm
主轴转速	65～4 760 r/min
进给速度	铣削进给速度范围 0～1 m/min
	快速移动速度 2 m/min
数控方式	三坐标联动，半闭环控制
插补方式	直线插补、圆弧插补
最小输入单位	0.001 mm
定位精度	X 轴 0.06 mm Y 轴 0.05 mm Z 轴 0.04 mm

XK6325B 型数控铣床的主要特点是操作方便、编程简单、重复定位精度高、能加工较复杂的零件。机床铣头具有两个机械式旋转自由度，比较灵活。该机床的数控系统为北京凯恩帝(KND)数控系统(与 FANUC 数控系统相近)。适用于多品种小批量零件的生产，对各种复杂曲线的凸轮、样板、弧形槽等零件的加工效能尤为显著。

13.1.2　数控加工中心

数控加工中心是由机械加工设备与数控系统组成的适用于加工复杂零件的高效率自动化机床，是从数控铣床发展而来的。

1. 加工中心的特点

加工中心与普通数控机床相比，具有以下几个突出的特点。

①具有刀库和自动换刀装置，能够自动更换刀具，在一次装夹中完成铣、镗、钻、扩、铰、攻丝等加工，工序高度集中。

② 加工中心通常具有多个进给轴(三轴以上),甚至多个主轴。因此能够自动完成多个平面和多个角度位置的加工,实现复杂零件的高精度定位和精确加工。

③ 加工中心上如果带有自动交换工作台,一个工件在加工的同时,另一个工作台可以实现工件的装夹,从而大大缩短辅助时间,提高加工效率。

加工中心适用于复杂、工序多、精度要求高、需用多种类型普通机床和繁多刀具、工装,经过多次装夹和调整才能完成加工的零件,如汽车的发动机缸体(见图13-2(a))、变速箱体、主轴箱、航空发动机叶轮(见图13-2(b))、船用螺旋桨、各种曲面成型模具等。

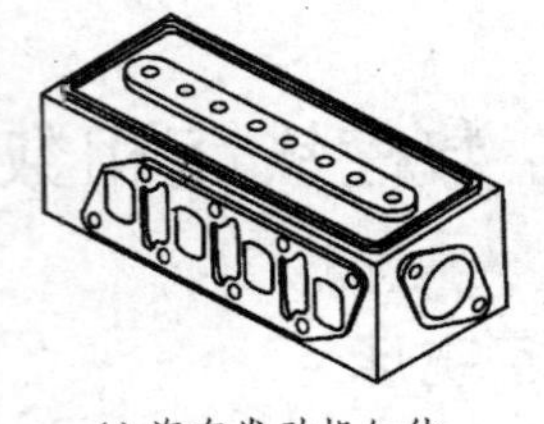

(a) 汽车发动机缸体

(b) 航空发动机叶轮

图13-2 用加工中心加工的零件

2. VMC850立式加工中心

VMC850立式加工中心是镗铣加工中心,机床由床身、立柱、工作台、主轴箱、刀库、电气柜、控制箱等几大主要部分组成,如图13-3所示。该机床 X、Y、Z 三轴行程:800×500×500(mm),主轴转速10 000 r/min,定位精度达±0.008 mm。

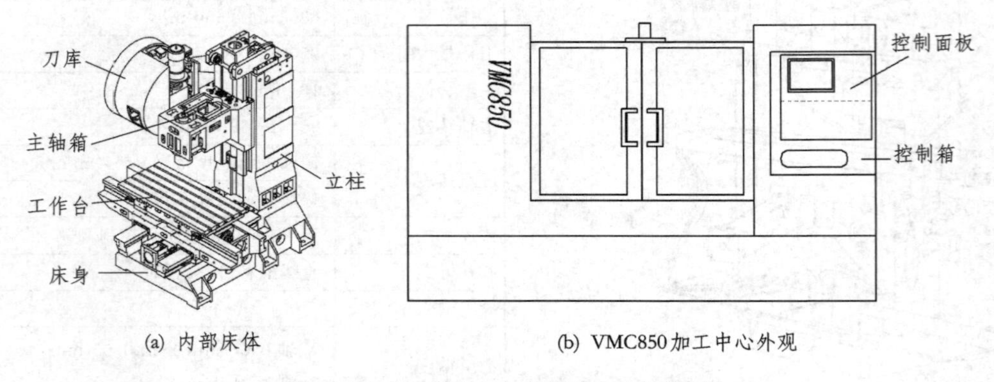

(a) 内部床体 (b) VMC850加工中心外观

图13-3 VMC850立式加工中心示意图

机床采用日本产FANUC数控系统控制,三轴联动,可进行各种铣削、钻孔、镗孔、攻丝、铰加工、旋切大螺纹孔和各种曲面加工。该机床采用单盘式刀库自动换刀系统。VMC850e为四轴三联动,可加工更复杂的曲面。

13.2 数控加工工序的设计

数控加工工序设计的主要任务是进一步确定具体加工内容、切削用量、工艺装备、定位夹紧方式及刀具运动轨迹等,为编制加工程序作好准备。

13.2.1 确定走刀路线和安排工步顺序

走刀路线是刀具在整个加工工序中的运动轨迹,它不但包括了工步的内容,也反映出工步的顺序。走刀路线是编写程序的依据之一。在确定走刀路线时,主要遵循下列原则。

① 确定的加工路线应能保证零件的加工精度和表面粗糙度要求。

当铣削平面零件外轮廓时，一般采用立铣刀侧刃切削。刀具切入工件时，应避免沿零件外廓的法向切入，而应沿外廓曲线延长线的切向切入，以避免在切入处产生刀具的刻痕，保证零件曲线平滑过渡，如图 13－4 所示。同理，在切离工件时，也应避免在工件的轮廓处直接退刀，要沿零件轮廓延长线的切向逐渐切离工件。

铣削封闭的内轮廓表面时，如图 13－5 所示，因内轮廓曲线不允许外延，刀具只能沿轮廓曲线的法向切入和切出，此时刀具的切入点和切出点应尽量选在内轮廓曲线两几何元素的交点处。

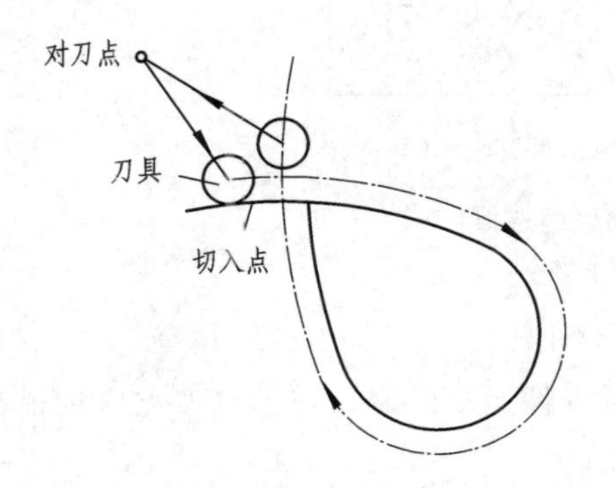

图 13－4　刀具的切入和切出过渡

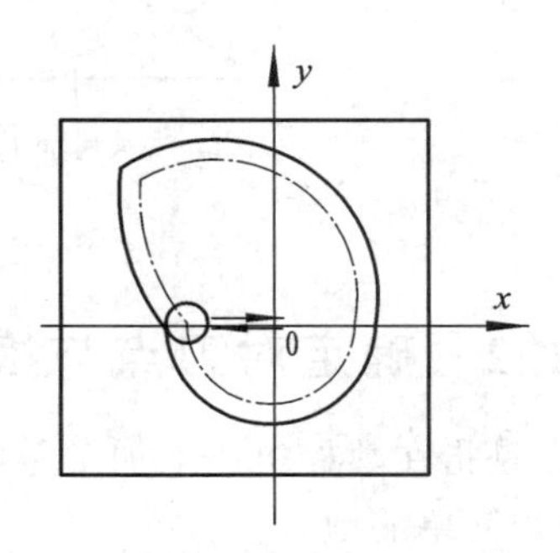

图 13－5　内轮廓加工刀具的切入和切出过渡

用圆弧插补方式铣削外整圆时，如图 13－6 所示，当整圆加工完毕，不要在切点处直接退刀，要让刀具多运动一段距离，最好是沿切线方向，以免取消刀具补偿时，刀具与工件表面碰撞，造成工件报废。铣削内圆弧时，也要遵守从切向切入的原则。最好安排从圆弧过渡到圆弧的加工路线，如图 13－7 所示，以提高内孔表面的加工精度和表面质量。

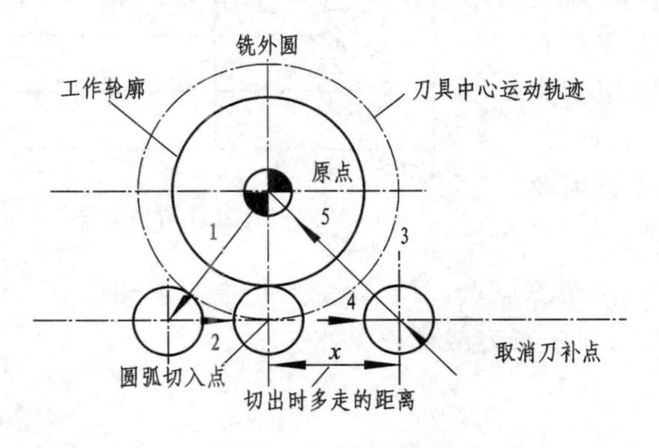

图 13－6　铣削外圆

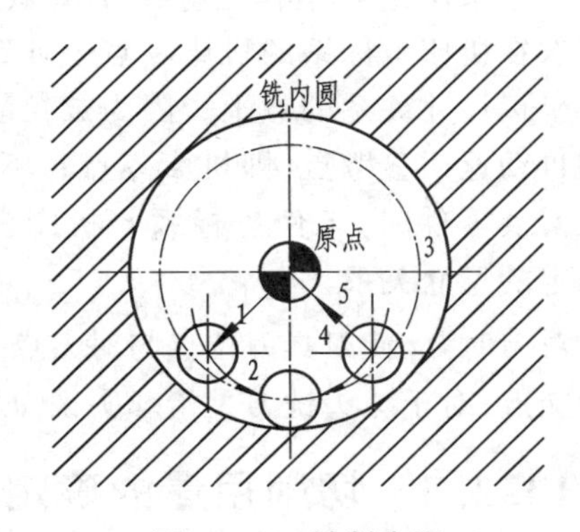

图 13－7　铣削内圆

此外，轮廓加工中应避免进给停顿。因为加工过程中会引起工件、刀具、机床系统的相对变形。进给停顿，切削力减小，刀具会在进给停顿处的零件轮廓处留下划痕。

为了提高铣削表面质量和精度，可以采用多次走刀的方法，使最后精加工余量较少。一般以 0.20～0.50 mm 为宜。精铣时应尽量用顺铣，以提高被加工零件表面的光洁度。

② 为提高生产效率，应尽量缩短加工路线，减少刀具空行程时间。图 13－8 是正确选择钻孔加工路线的例子。按照一般习惯，应先加工均布于同一圆周上的 8 个孔，再加工另一圆周上的孔，如图 13－8(a)所示。但对点位控制的数控机床，这并不是最短的加工路线，应按如

图13-8(b)所示的加工路线进行加工,使各孔间距离的总和最小,以节省加工时间。

③ 为减少编程工作量,还应使数值计算简单,程序段数量少,程序短。

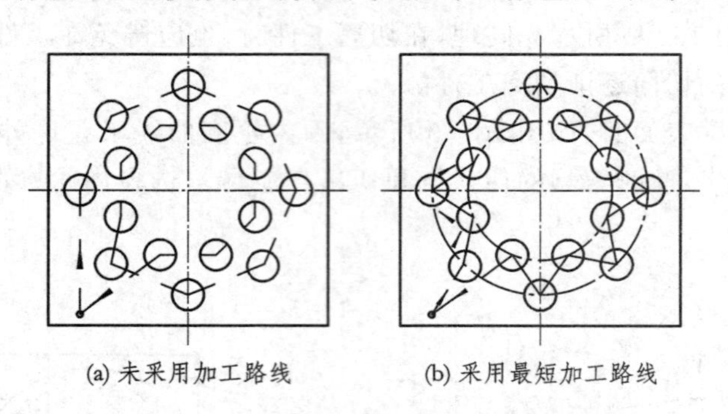

(a) 未采用加工路线
(b) 采用最短加工路线

图13-8　最短加工路线的选择

13.2.2　确定对刀点与换刀点

对刀点是指在数控机床上加工零件时,刀具相对零件运动的起始点。对刀点应选择在对刀方便、编程简单的地方。

对于采用增量编程坐标系统的数控机床,对刀点可选在零件孔的中心上及夹具上的专用对刀孔上,或两垂直平面(定位基面)的交线(即工件零点)上,但所选的对刀点必须与零件定位基准有一定的坐标尺寸关系,这样才能确定机床坐标系与工件坐标系的关系,如图13-9所示。

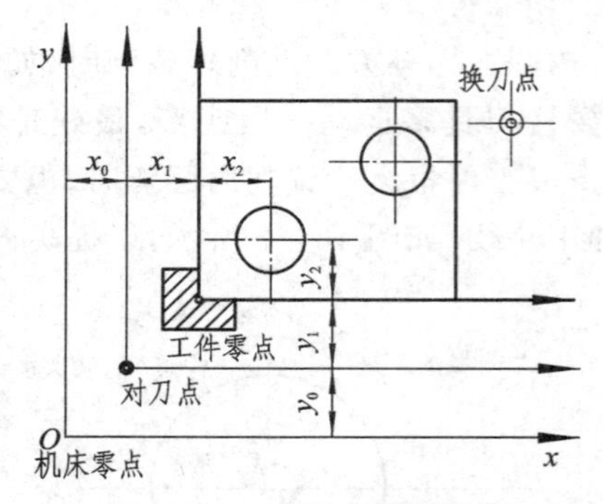

图13-9　对刀点和换刀点

对于采用绝对编程坐标系统的数控机床,对刀点可选在机床坐标系的机床零点上或距机床零点有确定坐标尺寸关系的点上。因为数控装置可用指令控制自动返回参考点(即机床零点),不需人工对刀。但在安装零件时,工件坐标系与机床坐标系必须要有确定的尺寸关系。

对刀时,应使刀具刀位点与对刀点重合。所谓刀位点,对于立铣刀是指刀具轴线与刀具底面的交点;对于球头铣刀是指球头铣刀的球心;对于车刀或镗刀是指刀尖。

13.2.3　切削用量的确定

数控加工中切削用量的确定,要根据机床说明书中规定的允许值,再按刀具耐用度允许的切削用量复核。也可按切削原理中规定的方法计算,并结合实践经验确定。

13.3　数控铣编程

13.3.1　数控铣加工工艺过程

① 工艺分析。参照机床坐标系,建立工件坐标系(参见第12章)。程序零点可设置在工

件上任意一点，用 G92 X__Y__Z__来建立；而 X0 Y0 Z0 即程序零点，X__Y__Z__为程序起点。程序零点的选择以安装方便、编程计算简便为原则。有对称性元素的零件，程序零点选在对称轴上；有旋转性元素的零件，程序零点选在旋转中心。

② 制定加工路线。选择合理的加工起点、终点和加工方向。

③ 确定线弧的点坐标及半径。根据工件坐标系，计算零件图中每条直线和圆弧的端点坐标及圆弧半径。

④ 填写点坐标及指令。按照程序格式，沿加工路线依次填写各点坐标和控制指令。

13.3.2 常用指令介绍

在第 12 章已经对一些数控指令做了介绍，下面再介绍几个数控铣加工编程常用指令。

① G41，G42，G40——分别为刀具半径左补偿、刀具半径右补偿和取消刀具半径补偿指令，属模态指令，默认为 G40。

在 xOy 平面的编程格式为： G41(或 G42) G01 X Y D# # F

建立和取消刀具半径补偿必须与 G01 或 G00 指令组合来完成，实际编程时建议与 G01 组合。D 以及后面的数字表示刀具半径补偿代号，具体刀具半径数值可预先输入到代号为 D# # 的地址中。F 为进给速度指令。

② G17，G18，G19——分别为选择 Oxy 平面、Oxz 平面和 Oyz 平面。圆弧插补指令和刀具半径补偿指令均与选择坐标平面有关。

③ G92——工件坐标系设定指令(与 G54～G59 相似)。

④ G81——孔加工指令。在加工孔时，孔加工循环的 6 个动作，如图 13-10 所示，分别为：① $A\to B$，刀具快速定位到孔加工循环起始点 $B(x,y)$；② $B\to R$，刀具沿 z 方向快速运动到参考平面 R；③ $R\to E$，孔加工过程，如钻孔、镗孔、攻螺纹等；④ E 点，孔底动作，如进给暂停、主轴停止、主轴准停、刀具偏移等；⑤ $E\to R$，刀具快速退回到参考平面 R；⑥ $R\to B$，刀具快速退回到起始点 B。

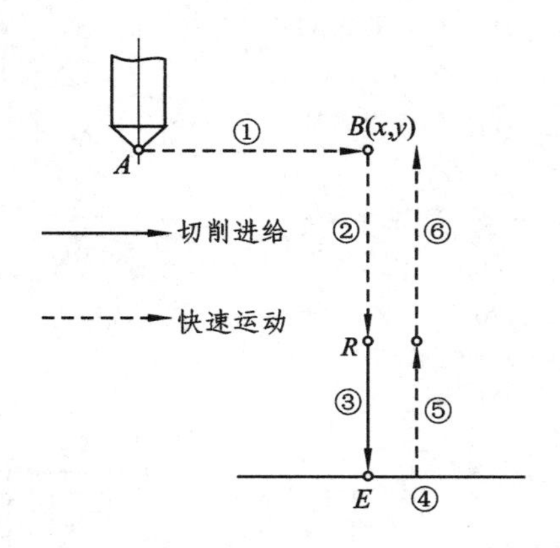

图 13-10 钻孔循环动作

G81 可以实现的功能有主轴正转、刀具以进给速度向下运动钻孔、到达孔底位置后和快速退回(无孔底动作如暂停等)。

G81 钻孔加工循环指令格式为：G81 X Y Z F R K ；

其中：X，Y 为孔的中心位置坐标，Z 为孔底位置坐标，F 为进给速度，R 为参考平面位置，K 为重复次数。

13.3.3 编程举例

实例：

有一矩形零件尺寸为 130 mm×80 mm×20 mm，坐标原点在零件上表面对称中心，如图 13-11 所示。加工四周和 4 个孔，孔深 10 mm，使用刀具为 T01 ϕ20 立铣刀，T02 ϕ4.2 钻头。加工程序编写如下。

O4321

程序	说明
N10 M06 T1；	换 ϕ20 立铣刀
N20 G90 G54 G00 X0.0 Y0.0 M03 S500；	采用绝对坐标,取工件坐标系,快速移动到原点,主轴正转,转速 500 r/min
N30 Z100.0 M08；	接近工件,开冷却液
N40 X－80.0 Y－60.0；	刀具快速运动到矩形零件边缘
N50 Z5.0；	刀具快速降到离工件上表面 5 mm 处
N60 G01 Z－20.0 F100；	以 100 mm/min 进给率沿 z 向下降到工件底面(尚未切削)
N70 G41 X－65.0 Y－50.0 D01 F50；	刀补,沿顺时针方向以 50 mm/min 速率切入轮廓左下角
N80 Y40.0；	进给速率保持不变切削轮廓左侧
N90 X65.0；	切削轮廓长边
N100 Y－40.0；	切削轮廓右侧
N110 X－75.0；	切削轮廓另一长边
N120 G40 X－80.0 Y－60.0；	取消刀补,刀具仍以进给速率回到点(－80.0,－60.0,－10.0)
N130 G00 Z100.0；	抬刀到点(－80.0,－60.0,100.0)
N140 M06 T2；	换 ϕ4.2 钻头
N150 G90 G55 G00 X0.0 Y0.0 S500 M03；	(含义同前)
N160 Z100.0 M08；	抬刀,开冷却液
N170 G81 X－50.0 Y－25.0 R5.0 Z－10.0 F30；	以 30 mm/min 进给速率钻左下角孔,然后离开表面 5 mm
N180 Y25.0；	钻第二个孔
N190 X50.0；	钻第三个孔
N200 Y－25.0；	钻第四个孔
N210 M30；	程序结束

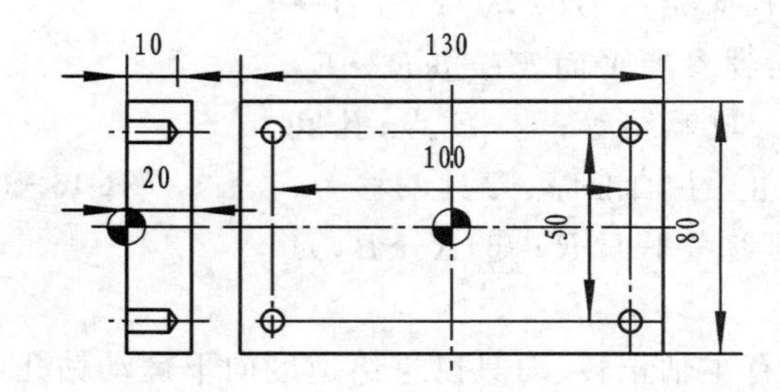

图 13-11　矩形零件轮廓和孔加工

13.4　数控铣加工操作

1. 操作面板

VMC850 数控加工中心控制面板如图 13-12 所示。

2. 注意事项

① 机床的设定数值不得任意改动。

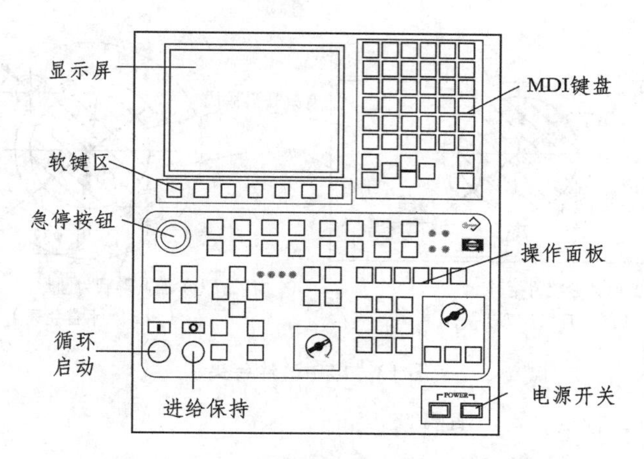

图 13－12　VMC850 型数控加工中心控制面板

② 在多人共同工作时，所有人员应保持良好的合作和沟通。

③ 注意不要按错按钮。操作按钮前，检查和熟悉操作面板上的按钮开关。

④ 装夹工件之前，必须将工件和刀具上的切屑和异物清除干净。

⑤ 自动运行前，检查所有开关和运动部件是否处于正确位置。

⑥ 首次运行新程序前，先从头至尾检查一下该程序，纠正程序中出现的错误，然后采用单段操作方式逐段运行程序。如一切正常无误，再采用自动方式运行。

⑦ 自动运行时，不要碰动任何开关。

⑧ 发生故障时，按紧急停止开关迅速停止机床运行。

13.5　加工实例

13.5.1　在平面上铣图案

在一个直径为 40 mm 的圆片上铣刻图案，如图 13－13 所示。

(1) 零件图工艺分析

这个零件是在一个直径为 40 mm 的圆片上刻图案，工艺上无特殊要求。刀具选用 $\phi1.5$ 的中心钻，铣刀半径忽略为零，编程时不考虑刀具半径补偿和尖角过渡(暂不使用 G41，G42，G39，G40)。

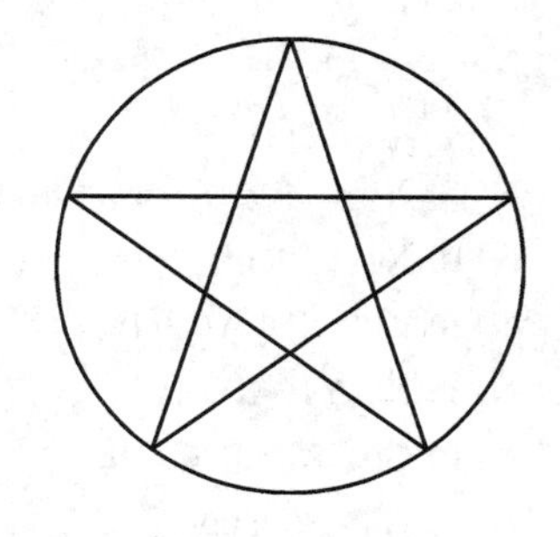

图 13－13　简单图案

(2) 确定装夹方案

零件必须固定并且使加工部位敞开，因为零件是个薄板圆片，装夹时须制作专用胎具才能满足加工要求。胎具可为矩形(用平口钳装夹)或圆柱形(三爪卡盘固定装夹)，在胎具的上表面铣出一个 $\phi40.2\times1$ 的凹坑，使圆片能够放入，再用两个半圆头螺钉将圆片固定在胎具上，如图 13－14 所示。

(3) 选择加工参数

① 加工顺序：以最短路径依次加工出图形。

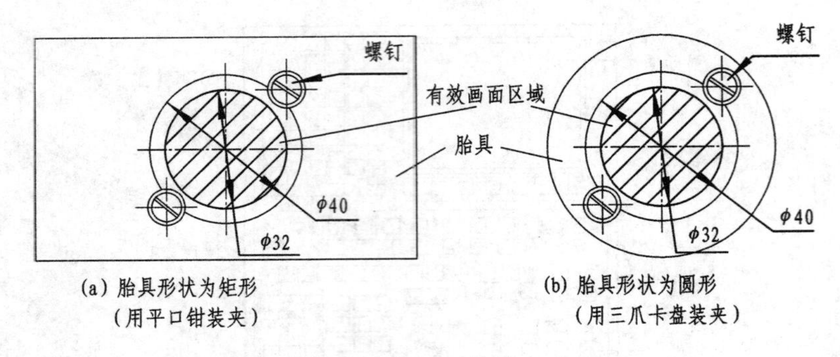

(a) 胎具形状为矩形
(用平口钳装夹)

(b) 胎具形状为圆形
(用三爪卡盘装夹)

图 13-14　工件装夹

② 选择刀具:用一把 ϕ1.5 的中心钻。

③ 切削用量:如表 13-2 所列。

表 13-2　切削用量

速度/(mm · min^{-1})		高度/mm	
接近速度	150	起止高度	60
切削速度	260	安全高度	15
退刀速度	5 000	慢速下刀相对高度	5

(4) 编写加工程序

```
O0001;                         程序名
N10 G90 G54 G00 Z30 ;          调用G54坐标系主轴快速移动到起止高度Z30
N20 M03 S2000;                 主轴启动
N30 X0 Y16 ;                   快速移动到(0,16)
N40 Z10 ;                      z轴快速下降到安全高度Z10
N50 Z1. ;                      z轴快速下降到距切削平面3 mm位置,即Z1(-2+3)
N60 G01 Z-0.1 F400 ;           z轴以接近速度下刀到Z-0.1
N70 X9.404 Y-12.944 F500;
N80 X-15.217 Y4.944 ;
N90 X15.217 ;
N100 X-9.404 Y-12.944 ;
N110 X0 Y16 ;
N120 G02 X16 Y0 R16 ;
N130 X0 Y16 R-16 ;
N140 G01 Z10 F2000 ;           z轴以退刀速度移动到Z10
N150 G00 Z30.000 ;             z轴快速移动到起止高度Z30
N160 M05 ;                     主轴停转
N170 M30 ;                     程序结束
```

(5) 开机回参考点,并以圆片中心为原点设立 G54 工件坐标系

(6) 安装刀具装夹零件

(7) 加工零件

13.5.2　有刀具半径补偿的平面轮廓加工

加工出一个厚度为 5 mm，形状如图 13－15 所示的样板零件。

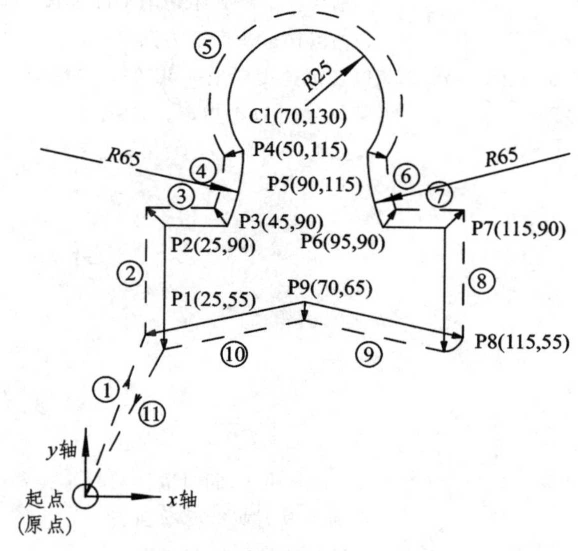

图 13－15　编程练习用样板

(1) 零件图工艺分析

考虑要加工出零件如图 13－16 所示的实线轮廓，为了保证零件的形状，刀具中心距离零件的实际轮廓应偏离出一个刀具半径，即刀具中心沿虚线加工（鉴于编程需要，暂不考虑无法加工出的内尖角）。

(2) 确定装夹方案

已知板厚 5 mm，为了使零件固定并且使加工部位敞开，根据零件形状需要，在工件中间钻 3 个工艺孔，使工件固定在一个矩形铝块上，再用平口钳夹紧铝块。

(3) 选择加工参数

① 加工顺序：考虑顺铣切削，刀具半径补偿采用左补偿，即 G41。补偿开始后，工件形状编成如 P1→P2……P8→P9→P1，刀具半径补偿自动执行。

② 选择刀具：用一把 $\phi10$ 的铣刀。

③ 切削用量，如表 13－3 所列。

表 13－3　切削用量

速度值/(mm · min^{-1})		高度值/mm	
接近速度	500	起止高度	30
切削速度	200	安全高度	10
退刀速度	2 000	慢速下刀相对高度	8

(4) 编写加工程序

```
O0002 ;                      程序名
N10 G90 G00 G55 Z30 ;        调用 G55 坐标系主轴快速移动到起止高度 Z30
```

```
N20 M03 S2000；                 主轴启动
N30 X0 Y0 ；                    快速移动到(0,0)
N40 Z10 ；                      z 轴快速下降到安全高度 Z10
N50 Z3 ；                       z 轴快速下降到距切削平面 8 mm 位置,即 Z3(－5＋8)
N60 G01 Z－5 F500 ；            z 轴以接近速度下刀到 Z－5
N70 G41 D01 X25 Y55 F200 ；     以切削速度向坐标点(25,55)移动,同时建立刀具半径左补偿,
                                补偿号用 D01 指定。
N80 Y90 ；
N90 X45 ；
N100 G03 X50 Y115 R65 ；
N110 G02 X90 R－25 ；
N120 G03 X95 Y90 R65 ；
N130 G01 X115 ；
N140 Y55 ；
N150 X70 Y65 ；
N160 X25 Y55 ；
N170 G01 G40 X0 Y0 ；           向(0,0)移动,同时取消刀具半径补偿  ⑪
N140 Z10 F2000 ；               z 轴以退刀速度移动到 Z10
N150 G00 Z30 ；                 z 轴快速移动到起止高度 Z30
N160 M05 ；                     主轴停转
N170 M30 ；                     程序结束
```

(5) 开机回参考点,并设立 G55 工件坐标系,将 D01 赋值为 5(刀具半径)

(6) 安装刀具装夹零件

(7) 加工零件

13.5.3 平面区域加工

加工一个容器端盖零件,如图 13-16(a)所示,其中三个通孔暂不加工。给定半成品件,如图 13-16(b)所示。

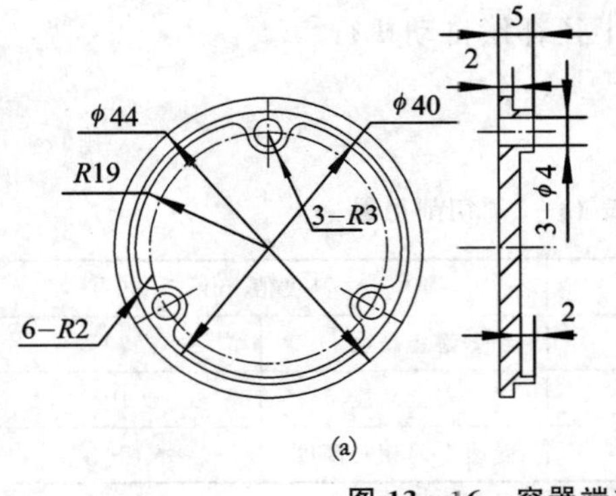

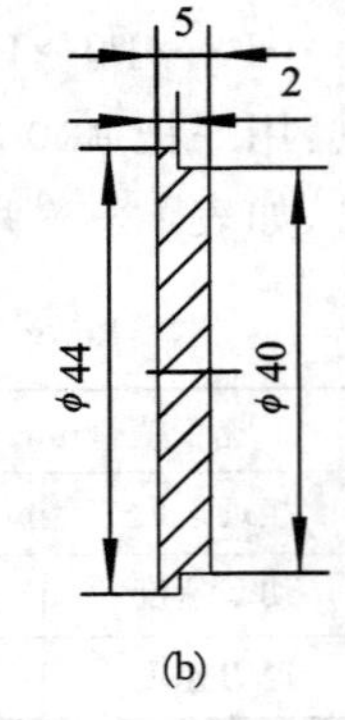

图 13-16 容器端盖

(1) 零件图工艺分析

① 工件加工部位须敞开,夹紧力适当,不使工件产生变形即可。

② 零件的最小内圆角为 $R2$,因此,用一把 $\phi 4$ 的键槽铣刀。

(2) 确定装夹方案

使用三爪卡盘装夹工件,工件需放平,并使工件上表面高出三爪端面。

(3) 选择加工参数

本例采用 CAXA 制造工程师软件编制程序。选择下拉菜单栏中的“应用”→“轨迹生成”→“平面区域加工”,随之会弹出“平面区域加工参数表”对话框,如图 13-17 所示。参数表中有六个选项,具体填写如下。

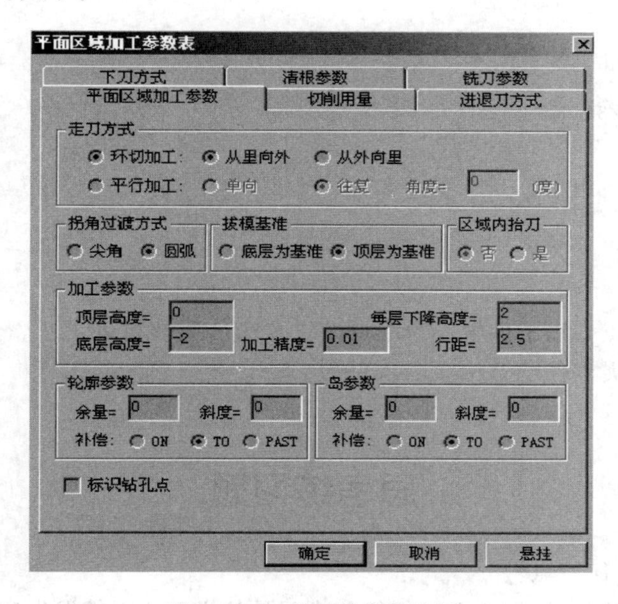

图 13-17　数控铣参数选择

① “平面区域加工参数”按图 13-17 所示填写。

② “进退刀方式”选择垂直进刀和垂直退刀。

③ “下刀方式”下刀的切入方式选择垂直。

④ “清根参数”轮廓和岛均不清根。

⑤ “铣刀参数”相应的刀具表中刀具的参数如下:当前刀具名,T01;刀具号,1;刀具补偿号,1;刀具半径,2;刀角半径,0;刀刃长度,15;刀杆长度,25。

6) “切削用量”参数如表 13-4 所列。

表 13-4　切削用量

速度值		高度值/mm	
主轴转速/(r·m^{-1})	2 000	起止高度	30
接近速度/(mm·min^{-1})	60	安全高度	10
切削速度/(mm·min^{-1})	400	慢速下刀相对高度	5
退刀速度/(mm·min^{-1})	3 000		
行间连接速度/(mm·min^{-1})	60		

参数表全部填写完成之后,单击“确定”按钮。按照操作提示“拾取轮廓”→“确定链搜索方向”→“拾取岛屿”,刀具轨迹便形成了。

(4) 生成加工程序

具体操作是:选择下拉菜单栏中的“应用”→“后置处理”→“生成G代码”,随之会弹出“选择后置文件”对话框。

在对话框中给出文件名后保存,按照提示拾取刀具轨迹,单击选取已经生成的刀具轨迹,单击鼠标右键结束后,加工代码便产生了。被保存的程序默认为记事本格式。

生成的HT1程序单格式如下(在生成刀具轨迹时已经考虑了刀具半径,因此程序单中不出现G41、G42、G40)。

```
%
N10 G90 G56 G00 Z30.000
N12 S2000 M03
:
N94 M05
N96 M30
%
```

(5) 开机回参考点并以工件中心为原点设立G56工件坐标系

(6) 安装刀具装夹零件

(7) 加工零件

思考练习题

1. 数控铣加工有何特点?

2. 数控铣操作有哪些注意要点?如何防止刀具与机床或工件发生碰撞?

3. 试说明刀具半径补偿的意义。

4. 加工中心与一般数控机床相比有什么特点?

5. 已知某外形轮廓的零件图要求精铣其外形轮廓。刀具使用ϕ10 mm立铣刀。安全面高度为50 mm。进刀/退刀方式:离开工件20 mm,直线/圆弧引入切向进刀,直线退刀,如图13-18所示。

6. 编制程序完成如图13-19所示型腔的加工,型腔长60 mm,宽40 mm,圆角半径8 mm,型腔深度17.5 mm,精加工余量为0.75 mm,深度为0.5 mm,安全距离为0.5 mm,最大深度进给量4 mm,型腔中心位于(X60 Y40),使用端刃不过圆心的刀具。

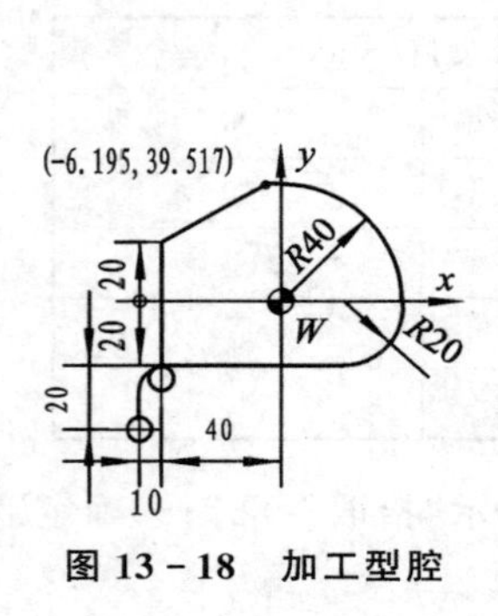

图13-18　加工型腔

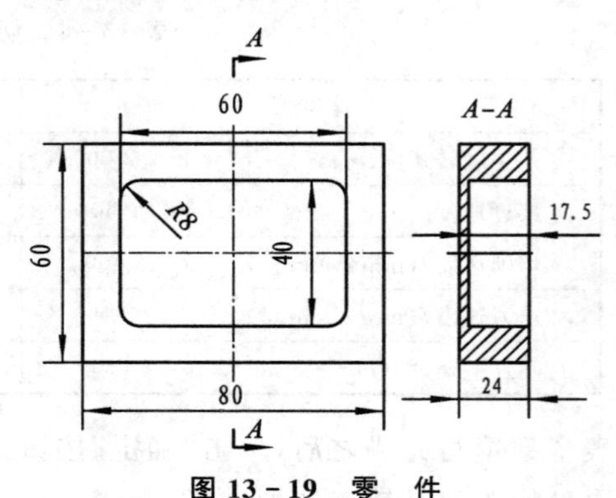

图13-19　零　件

第 14 章　数控车

14.1　数控车床简介

数控车床作为当今使用最广泛的数控机床之一，主要加工轴类、盘套类等回转体零件。

数控车种类很多，按数控系统的功能和机械构成可分为简易数控车床（经济型数控车床）、多功能数控车床和数控车削中心。

HTC2050 是一种卧式车削中心，如图 14－1 所示。它采用闭环控制系统，带有 8 把刀的自动换刀刀库，能够加工各种轴类、盘类零件，可以车削螺纹、圆弧、圆锥及回转体的内外曲面。特别适合汽车、摩托车、电子、航天、军工等行业对旋转体类零件进行高效、大批量、高精度的加工。

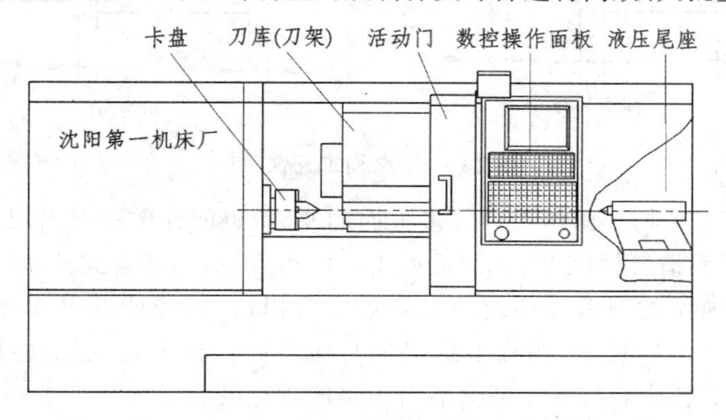

图 14－1　HTC2050 数控车削中心外形图

HTC2050 含义为：H（Horizontal 卧式）、T（Turning 车削）、C（Center 中心）；20 为机床主参数，表示最大回转直径，即 480 mm（20 为英制单位）；50 表示最大加工长度为 500 mm。

表 14－1 为 HTC2050 数控车床的主要技术指标。

表 14－1　HTC2050 数控车削中心主要技术指标

项　目	技术指标
床身上最大回转直径/mm	480
最大车削直径/mm	260
拖板上最大回转直径/mm	200
最大车削长度/mm	500
刀架最大 x 向行程/mm	152
刀架最大 z 向行程/mm	530
精度	IT6
重复精度/mm	X 轴 0.007，Z 轴 0.008
主轴转速/$(r \cdot min^{-1})$	无级，50～4 000
尾座套筒直径/mm	80

14.2 数控车加工工艺

14.2.1 零件图工艺分析

分析零件图是工艺制定中的首要工作,它主要包括以下内容:

① 结构工艺性分析。在数控车床上加工零件时,应根据数控车削的特点,认真审视零件结构的合理性。如图14-2(a)所示的零件,需用三把不同宽度的切槽刀切槽,如无特殊需要,这显然是不合理的。若改成图14-2(b)所示的结构,只需一把刀即可切出三个槽,既减少了刀具数量,少占了刀架刀位,又节省了换刀时间。

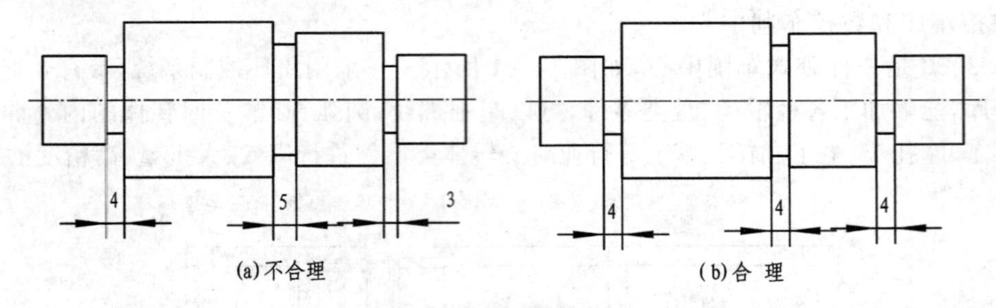

图14-2 结构工艺性示例

② 轮廓几何要素分析。由于设计等多方面的原因,可能在图样上出现构成加工轮廓的条件不充分,尺寸模糊不清等缺陷,增加了编程工作的难度,有的甚至无法编程。

如图14-3(a)所示的圆弧与斜线的关系要求为相切,但经计算得知却是相交关系,而并非相切。又如图14-3(b)所示,图样上给定的几何条件自相矛盾,图上各段长度之和不等于其总长。存在几何要素缺陷的零件是编不出正确的程序的。

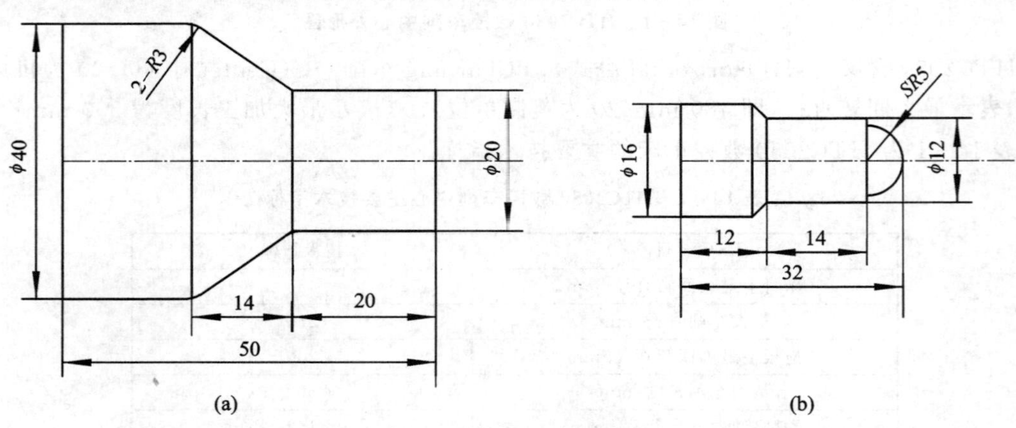

图14-3 几何要素的缺陷

③ 精度及技术要求分析。精度及技术要求分析的主要内容包括:精度及各项技术要求是否齐全、是否合理;本工序的数控车削加工精度能否达到图样要求,若达不到,须采取其他措施(如磨削)弥补的话,则应给后续工序留有加工余量;找出图样上有位置精度要求的表面,这些表面应在一次安装下完成;对表面光洁度要求较高的表面,应确定用恒线速切削。

14.2.2　工序和装夹方式的确定

在数控车床上加工零件时，应按工序集中的原则划分工序，在一次安装下尽可能完成大部分甚至全部表面的加工。根据零件的结构形状的不同，通常选择外圆-端面或内孔-端面装夹，并力求设计基准、工艺基准和编程原点的统一。

如图 14-4(a)所示的手柄零件，所用坯料为 $\phi 32$ mm 的棒料，批量生产，加工时用一台数控车床。其工序的划分及装夹方式如下。

第一道工序，如图 14-4(b)所示。夹住棒料外圆柱面。先车出 $\phi 12$ mm 和 $\phi 20$ mm 两圆柱面和圆锥面(粗车掉 $R42$ mm 圆锥的部分余量)。转刀后再按总长要求留下加工余量切断。

第二道工序，如图 14-4(c)所示，用 $\phi 12$ mm 外圆及 $\phi 20$ mm 端面装夹。先车削包络 SR7 mm 球面的 30°圆锥面，然后对全部圆弧表面半精车，留少量的精车余量，最后换精车刀将全部圆弧表面一刀精车成形。

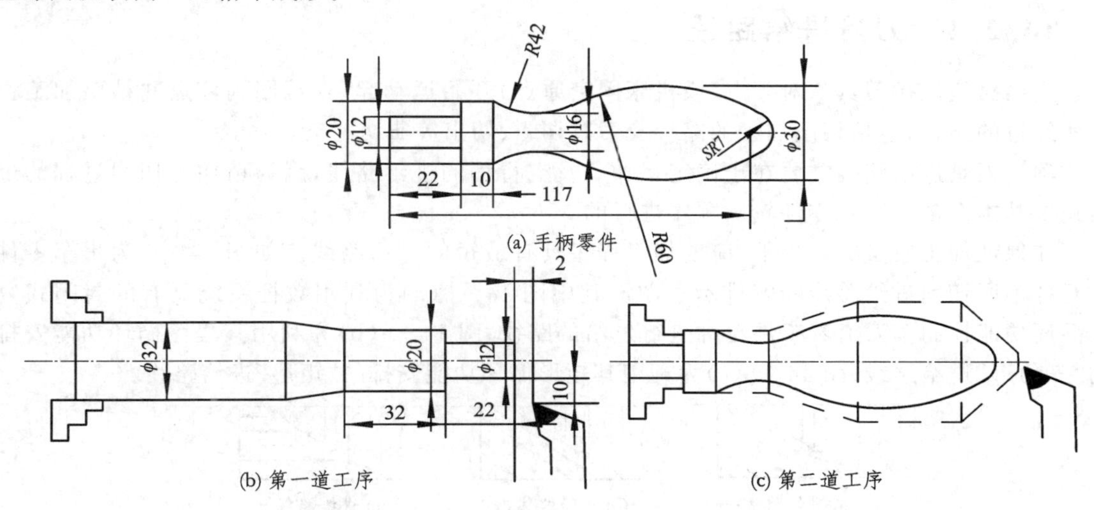

图 14-4　手柄车削工序安排示意图

14.2.3　加工顺序的确定

在分析了零件图样和确定了工序、装夹方式之后，接下来确定零件的加工顺序。制定零件车削加工顺序应遵循下列一般性原则：

① 先粗后精。按照粗车→半精车→精车的顺序进行，逐步提高加工精度。粗车可在较短的时间内将工件表面上的大部分加工余量切掉，一方面可以提高金属的切除率，另一方面满足精车的余量均匀性要求。若粗车后所留余量的均匀性满足不了精加工的要求时，则要安排半精车，以此为精车作准备。精车要保证加工精度，按图样尺寸，一刀切出零件轮廓。

② 先近后远。这里所说的远与近，是按加工部位相对于对刀点的距离大小而言的。在一般情况下，离对刀点远的部位后加工，以便缩短刀具移动距离，减少空行程时间。对于车削而言，先近后远还有利于保持坯件或半成品的刚性，改善其切削条件。例如，当加工如图 14-5 所示零件时，如果按 $\phi 38$ mm→$\phi 36$ mm→$\phi 34$ mm 的次序安排车削，不仅会增加刀具返回对刀点所需的空行程时间，而且一开始就削弱了工件的刚性，还可能使台阶的外直角处产生毛刺

(飞边)。对于这类直径相差不大的台阶轴,当第一刀的背吃刀量(图中最大背吃刀量可为3 mm左右)未超限时,宜按ϕ34 mm→ϕ36 mm→ϕ38 mm的次序先近后远地安排车削。

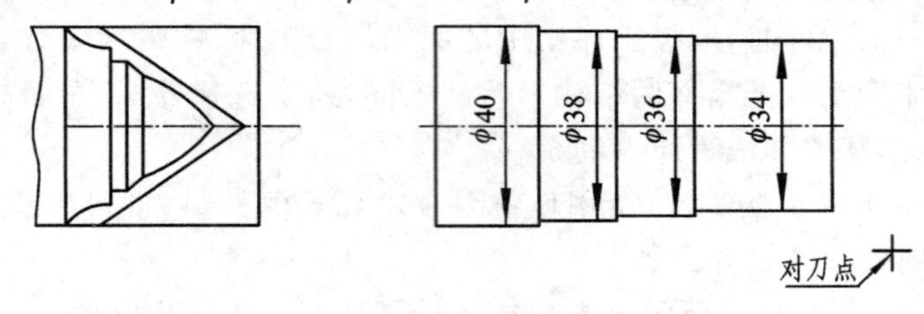

图14-5　先近后远加工

(3) 内外交叉。对既有内表面(内型腔)又有外表面须加工的零件,安排加工顺序时,应先进行内外表面粗加工,后进行内外表面精加工。切不可将零件上一部分表面(外表面或内表面)加工完毕后,再加工其他表面(内表面或外表面)。

14.2.4　刀具进给路线

进给路线泛指刀具从对刀点(或机床固定原点)开始运动起,直至回到该点并结束加工程序所经过的路径,包括切削加工的路径及刀具切入、切出等非切削空行程。

确定刀具进给路线主要在于确定粗加工及空行程的进给路线,因为精加工切削过程的进给路线基本上都是沿其零件轮廓顺序进行的。

在保证加工质量的前提下,应使加工程序具有最短的进给路线。如图14-6为粗车零件时几种不同切削进给路线的安排示意图。其中图14-6(a)为利用数控系统具有的封闭式复合循环功能控制车刀沿着工件轮廓进行进给的路线;图14-6(b)为利用其程序循环功能安排的"三角形"进给路线;图14-6(c)为利用其矩形循环功能安排的"矩形"进给路线。

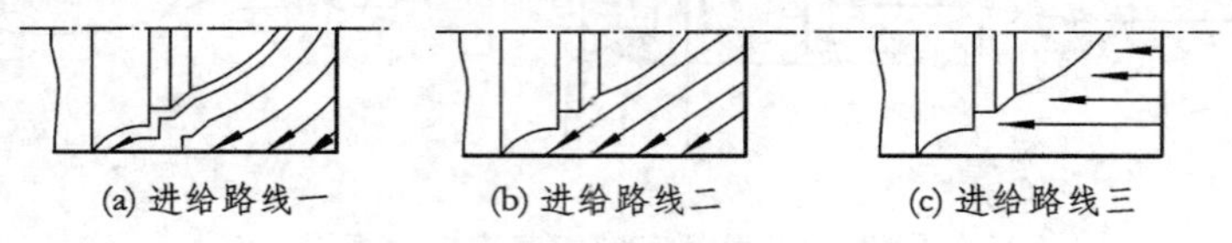

(a) 进给路线一　　(b) 进给路线二　　(c) 进给路线三

图14-6　粗车进给路线示例

对以上三种切削进给路线,经分析和判断后可知矩形循环进给路线的进给长度总和最短。因此,在同等条件下,其切削所需时间(不含空行程)最短,刀具的损耗最少。

14.2.5　数控车刀具和切削用量的选用

1. 刀具的选用

与传统的车削方法相比,数控车削对刀具的要求更高。不仅要求精度高、刚度好、耐用度高,而且要求尺寸稳定、安装调整方便。

2. 切削用量的选用

① 背吃刀量的确定。在机床刚性和功率允许的条件下,尽可能选取较大的背吃刀量,以减少进给次数。当零件的精度要求较高时,则应考虑适当留出精车余量,其所留精车余量一般比普通车削时所留余量少,常取0.1～0.5 mm。

② 主轴转速的确定。表14-2所列为硬质合金外圆车刀切削速度的选用参考值。

表 14-2　硬质合金外圆车刀切削速度的参考值　　m/min

工件材料	热处理状态	a_p=0.3～2 mm	a_p=2～6 mm	a_p=6～10 mm
		f=0.08～0.3 mm/r	f=0.3～0.6 mm/r	f=0.6～1 mm/r
低碳钢　易切钢	热轧	140～180	100～120	70～90
中碳钢	热轧	130～160	90～110	60～80
	调质	100～130	70～90	50～70
合金结构钢	热轧	100～130	70～90	50～70
	调质	80～110	50～70	40～60
铝及铝合金	—	300～600	200～400	150～200

注：切削钢及灰铸铁时刀具耐用度约为 60 min。

车螺纹时的主轴转速为：$n<(1\ 200/p)-k$。
式中，P 为工件螺纹的螺距或导程，单位为 mm；k 为保险系数，一般取 80。

③ 进给速度的确定。粗车时一般取 0.3～0.8 mm/r；精车时常取 0.1～0.3 mm/r；切断时常取 0.05～0.2 mm/r。

14.3　数控车编程

数控车编程基本内容参见第 12 章有关部分，下面介绍一些与 HTC2050 有关的特殊内容。

14.3.1　编程特点

在实际编程以前，应根据机床特点和工艺分析来确定加工方案，保证车床能正确运转，然后再进一步决定各工序详细的切削方法，其内容如图 14-7 所示。

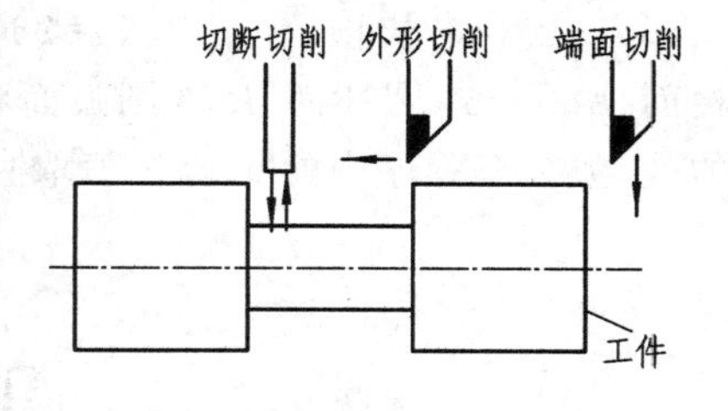

图 14-7　切削编程前的准备内容

14.3.2　设置参考点和建立工件坐标系

对于数控车的坐标系，按有关规定，车床主轴中心线是 z 轴，垂直于 z 轴的为 x 轴，车刀远离工件的方向为两轴的正方向，可参见图 12-10。

在数控车床上设定一个特定的机械位置，通常在此位置进行刀具交换以及设定坐标系，这一位置称作参考点。

图 14-8 和图 14-9 所示为在同一位置上建立两个坐标系的方法。

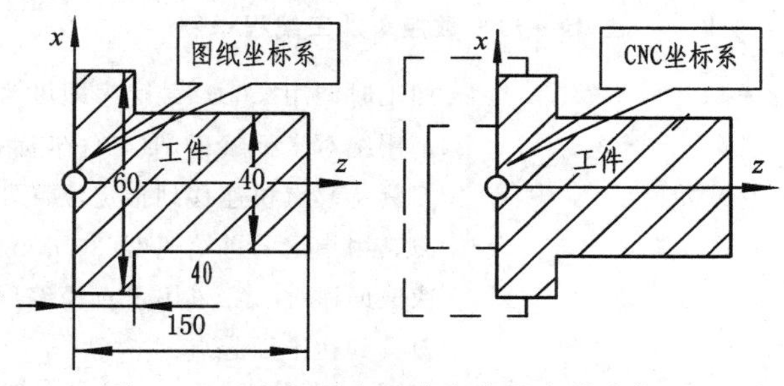

图 14-8　坐标原点设在卡盘面上的坐标系

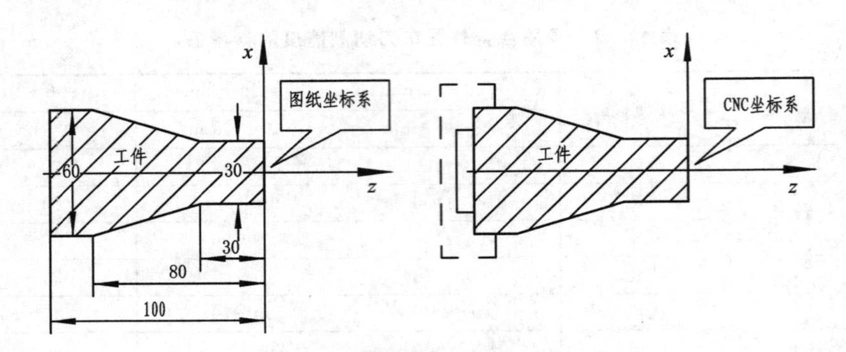

图 14-9　坐标原点设在工件端面上的坐标系

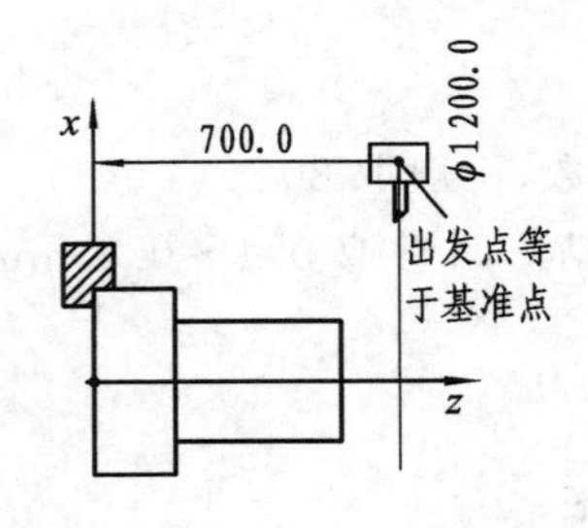

图 14-10　用 G50 X1200.0 Z700.0;
指令设定坐标系

建立工件坐标系除了可以使用第 12 章介绍的 G54～G59 外,还可以使用 G50。

指令格式为:G50 IP－;

若 IP 为绝对指令,就可直接得到刀具在当前设定工件坐标系中的位置,如图 14-10 所示;若 IP 为增量指令,则用指令前的刀具坐标值和当前的指令值相加所得的坐标值作为刀具在该工作坐标系中的位置。

2. 数控车加工编程举例

半精加工如图 14-11 所示的零件,工件坐标系选在 $\phi50$ 端面中心,刀具运动轨迹是:刀具从起点(10,40)快移至 $z=0$、$x=26$ 点,然后平端面,再从右向左依次加工圆锥面、$\phi62\times10$ 圆柱面、$\phi80\times20$ 圆柱面、$R70$ 圆弧面和 $\phi80\times10$ 圆柱面,最后刀具快移到刀具起点。需要说明的是,数控车程序中的 x 坐标值取直径,即直径编程方式。用绝对坐标编程,程序如下:

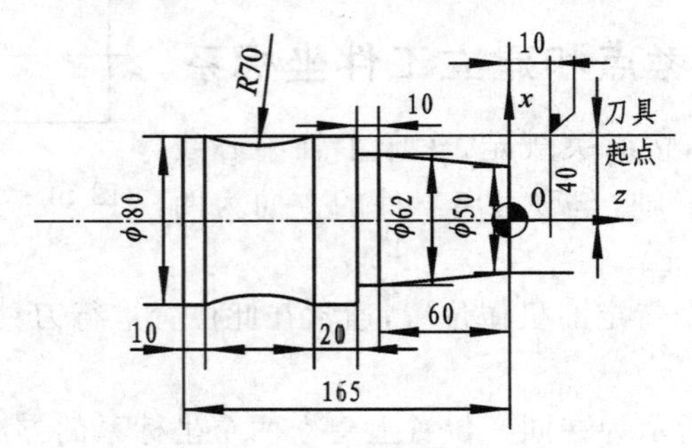

图 14-11　数控车加工编程举例

o001	加工时调用"o001"号程序即可执行加工
N10 G90 G54;	采用绝对坐标编程,取工件坐标系
N20 G00 X52.0 Z0 S550 M03;	刀具从起点快速移到指定位置处,同时主轴启动
N30 G01 X0 F30;	刀具用指定的进给速度(30 mm/min)平端面
N40 G00 X50.0 Z2.0;	快速回退(注意:采用了直径编程方式)
N50 Z0;	刀具到达锥面起点
N60 G01 X62.0 Z－60.0 F30;	用指定的进给速度(30 mm/min)加工锥面

N70 Z－70.0；	加工 ϕ62×10 圆柱面
N80 X80.0；	加工台肩侧面
N90 Z－90.0；	加工 ϕ80×20 圆柱面
N100 G03 X80.0 Z－155.0 R70.0；	加工圆弧面
N110 G01 Z－165.0；	加工 ϕ80×10 圆柱面
N120 G00 X82.0 Z10.0；	快速抬刀，避免退刀时划伤工件表面
N130 X80.0；	刀具按要求回到起点
N140 M30；	程序结束

14.4　数控车加工操作

14.4.1　数控操作面板

如图 14－12 所示是 HTC2050 车床上的数控面板，由"系统面板"和"操作面板"构成。

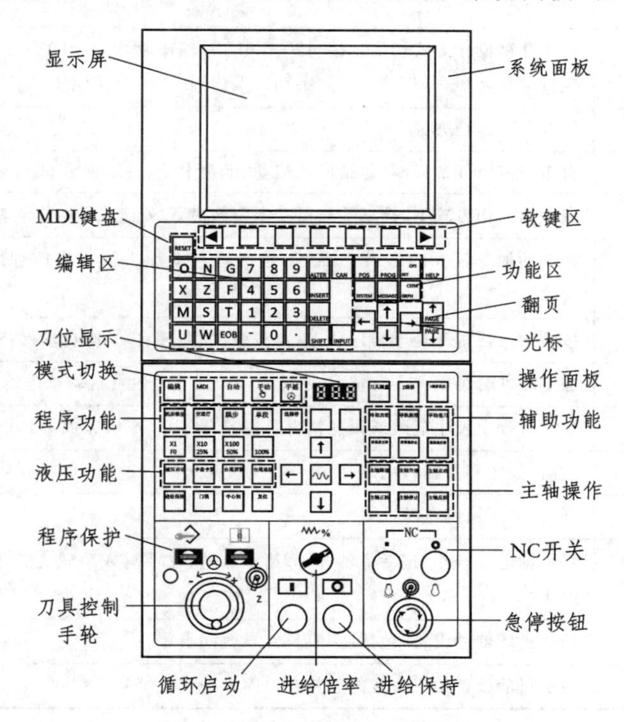

图 14－12　HTC2050 数控面板

系统面板主要由显示屏、MDI 键盘、软键等构成。MDI 键盘一般具有标准化的字母、数字和符号，主要用于零件程序的编辑、参数输入、MDI 操作及管理等。表 14－3 为 MDI 键盘说明。

表 14－3　MDI 键盘说明

序　号	名　称	说　明
1	复位(RESET)键	当前状态解除、加工程序重新设置、机床紧急停止时可按此键

续表 14-3

序　号	名　称	说　明
2	帮助(HELP)键	了解MDI键的操作,显示CNC的操作方法及CNC中发生报警时使用
3	软键	软键具有各种功能,显示屏的最下方显示了软键具有的功能
4	编辑区	包括地址/数值键以及编辑程序所需的按键,用于手动输入和编辑程序
5	光标键	使光标上下左右移动
6	翻页键	显示屏的页面翻页
7	功能区	包括显示屏上可显示的几大功能界面的按键,可进行画面的切换,例如"POS"键切换到位置显示画面,"SYSTEM"键切换到数控系统自我诊断界面等

操作面板用来对机床各环节进行操作,常用键说明如表14-4所列。

表 14-4　操作面板常用键说明

序　号	名　称	说　明
1	模式切换	机床几种操作方式切换,"编辑"——输入、输出程序,"MDI"——在PROG下输入程序并执行,"自动"——自动加工,"手动""手摇"——结合其他按键实现手动操作刀架
2	程序功能	控制程序运行方式
3	液压功能	机床中液压环节控制,包括液压启动、卡盘卡紧、台尾顶紧和连接
4	刀架控制手轮	在手轮工作方式下,摇动手轮可控制刀架沿X、Z轴正反向移动
5	循环启动	在自动加工或MDI工作方式下,按此键自动加工执行当前程序,其余工作方式按此键无效
6	进给保持	按该键可使机床处于暂停状态,再按一次"循环启动"则自动保持运动
7	进给倍率旋钮	加工零件时可根据实际情况在0%~150%范围内自行调整进给速率
8	急停按钮	加工过程中发生危险或紧急情况下需紧急停止,或机床加工终止电源的时候使用该键
9	程序保护开关	开启、关闭程序输入功能
10	NC开关	开启、关闭系统电源
11	主轴操作	对主轴进行操作,包括主轴升、降速和点动,在手动或手轮方式下,实现主轴正转、反转和停止
12	辅助功能	控制机床辅助设备,包括冷却启动、导轨润滑等
13	刀位显示	显示目前处于加工位置的刀具在刀库中的位置编号

14.4.2　操作要点

① 遵守机械加工安全操作规程(可参考车工安全操作规程)。

② 必须清楚程序控制机床的动作和相应的刀具移动轨迹,确保程序正确后方可输入。

③ 工作前应注意刀具与机床允许规格相符,调整刀具用的工具不要遗忘在机床上,刀具安装调整后要进行一、两次试切削。

④ 机床开动前,必须关好防护门。

⑤ 开机后必须先回参考点。

⑥ 在加工过程中需要停机时可以选择使用暂停键、复位键和急停键，以避免事故的发生。

⑦ 按下暂停键后不允许对程序进行编辑。

14.5　加工实例

14.5.1　轴类零件

以如图 14－13 所示的零件为例，介绍数控车加工的过程。

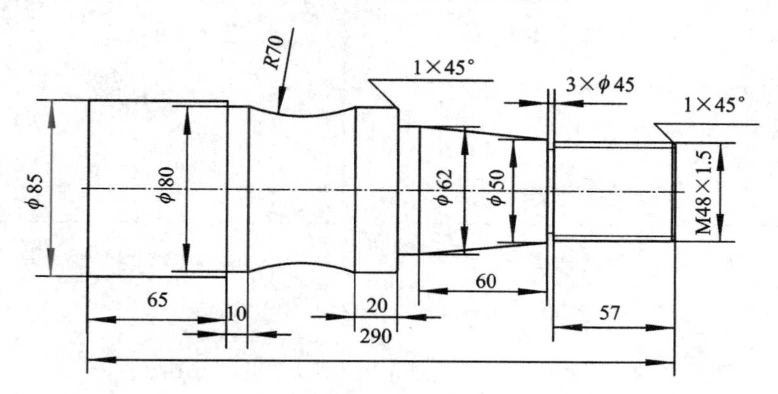

图 14－13　典型轴类零件

(1) 零件图工艺分析

该零件材料为 45 钢，无热处理要求。采取的工艺措施如下。

① 零件螺纹外径、圆锥、倒角、外圆、台阶可一次加工，圆弧大于 90°，加工时要注意不发生干涉。

② 为便于装夹，坯件左端预车出夹持部分，右端也应先车出并钻好中心孔。毛坯用 ϕ90 mm 棒料。

③ 零件编程坐标系原点选在右端面中心。

(2) 确定装夹方案

以轴线和左端面为定位基准，左端采用三爪自定心卡盘定心加紧，右端采用活动顶尖支撑的装夹方法。

(3) 选择加工参数

选择加工参数可通过 CAXA 数控车软件实现，如图 14－14 所示。也可通过手工选择，步骤如下。

① 确定加工顺序及进给路线。加工路线按先粗车，并给精车留余量 0.5 mm，然后按精车、切槽、车螺纹的顺序完成。

② 选择刀具。粗车选择 YT15 硬质合金 90°外圆车刀，副偏角应取大一些，防止干涉，现取副偏角为 35°。切槽选择 YT15 硬质合金刀，宽度为 3 mm。精车倒角、外圆、圆锥、圆弧选择 M48×1.5 螺纹选用 YT15 硬质合金 60°外螺纹车刀，取刀尖半径为 0.15～0.2 mm。

③ 选择切削用量。切削用量的选择由查表及机床说明书选取，更主要的是由具体情况和加工经验确定，详细经过不再列出。本例选择如下：

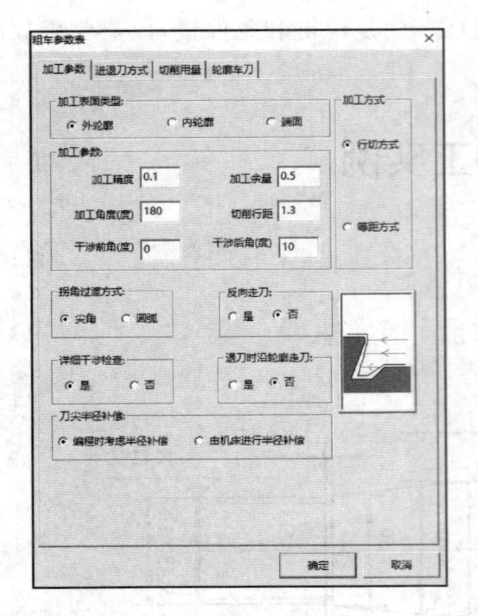

(a) 粗车加工参数选择

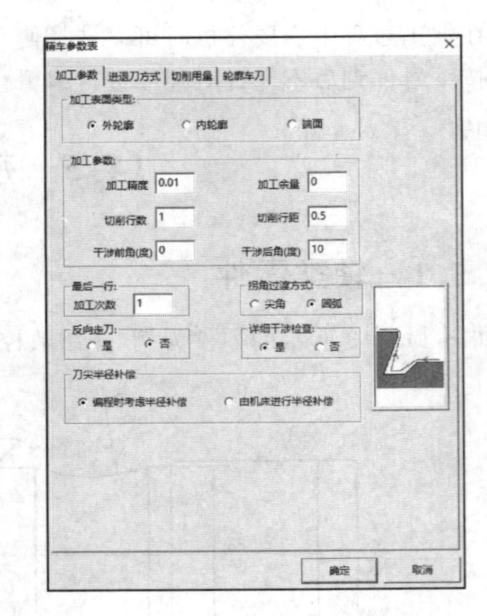

(b) 精车加工参数选择

图 14-14　CAXA 数控车参数选择界面

- 精车时切削深度(吃刀量)0.5 mm;粗车时切削深度 4 mm。
- 主轴转速:车直线和圆弧、切槽时,粗车主轴转速为 450 r/min;精车时,主轴转速 950 r/min;车螺纹时的主轴转速 450 r/min。
- 进给速度:粗车时,选取进给量为 0.14 mm/r;精车时,选取进给量为 0.08 mm/r;车螺纹时进给量等于螺纹导程,选为 1.5 mm/r。

工件坐标系设在 M48 端面中心。

1 号刀为 90°外圆刀;2 号刀为切槽刀;3 号刀为螺纹刀。

(4) 编写加工程序

编写加工程序如表 14-5 所列。

表 14-5　编写加工程序

序　号	语　句	说　明	序　号	语　句	说　明
	%	起始符	N12	G00 X100	快速到起刀点
N10	G90 M03	绝对坐标系,主轴开	⋮	⋮	⋮
N11	M08 T11	冷却开,换 1 号刀 1 号补正值	N150	M30	程序结束

(5) 开机回参考点

开机回参考点,对刀,输入刀具补正值,输入零件加工程序。

(6) 安装刀具,装夹零件

(7) 加工零件

14.5.2　轴套类零件数控车削加工

如图 14-15 所示的轴套零件,其数控车削加工工艺基本过程要点如下。

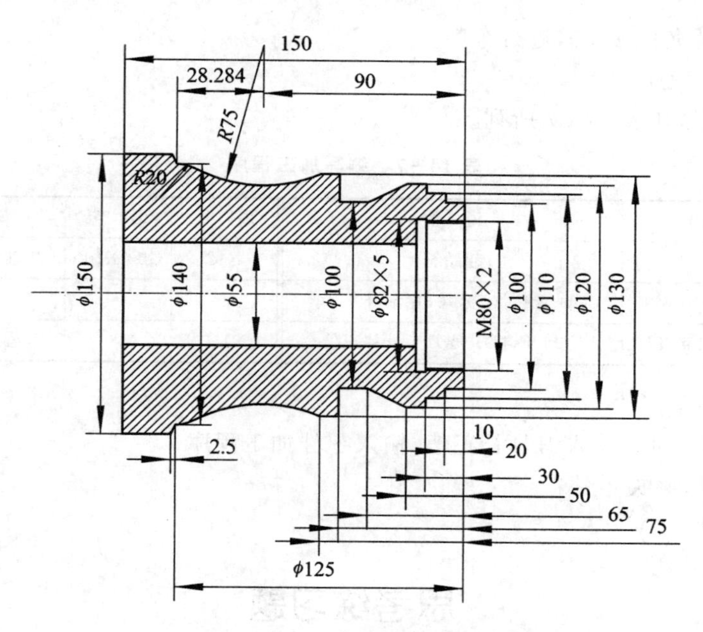

图 14-15　典型轴套类零件

(1) 零件工艺分析

本零件需要加工的有孔、内螺纹、内槽、外圆、外槽、台阶和圆弧，结构形状较复杂，但尺寸精度不高，加工时主要应注意刀具的选择。

由于该零件形状复杂，必须使用多把车刀才能完成车削加工。根据零件的具体要求和切削加工进给路线的确定原则，本例具体加工顺序和进给路线确定如表 14-6 所列。

应根据加工具体要求和各工步加工的表面形状选择刀具和切削用量。所选择的刀具全部为 YT 类硬质合金机夹车刀和焊接车刀。各工步所用的刀具及切削用量具体选择如表 14-6 所列。工件坐标系选在 M80×2 端面中心。

表 14-6　刀具及切削用量选择

序　号	加工内容	使用刀具	切削用量 $f/(\mathrm{mm \cdot r^{-1}})$	主轴转速/ $(\mathrm{r \cdot min^{-1}})$
1	粗车外形，留余量 0.4	90°机夹车刀	0.15	450
2	粗车两个内孔(M80×2 螺纹底径为 ϕ77.8 mm)，留余量 0.4	硬质合金焊接车刀	0.10	450
3	精车台阶 ϕ100、ϕ110、ϕ120、ϕ130	90°机夹车刀	0.10	950
4	精车 ϕ100 槽和锥面	硬质合金焊接切断车刀	0.10	450
5	精车圆弧 R25 和 R20	硬质合金焊接螺纹车刀	0.10	950
6	精车孔 ϕ55、ϕ77.8	硬质合金焊接盲孔车刀	0.10	450
7	切内槽 ϕ82×5	硬质合金焊接内槽刀	0.08	450
8	车螺纹 M80×2	硬质合金焊接螺纹车刀 $R=0.4$ mm	2	950

(2) 确定装夹方案

因前道工序已经将零件总长确定，本工序装夹的关键是定位，预先车出 ϕ150×25 台阶，使用三爪卡盘反爪夹住 $\phi 150$,进行车削。

(3) 编写加工程序

编写加工程序,如表 14-7 所列。

表 14-7　编写加工程序

序　号	语　句	说　明	序　号	语　句	说　明
	%	起始符	N12	G00 X100	快速到起刀点
N10	G90 M03	绝对坐标系,主轴开	⋮	⋮	⋮
N11	M08 T11	冷却开,换1号刀1号补正值	N150	M30	程序结束

(4) 开机回参考点

开机回参考点,对刀输入刀具补正值,输入零件加工程序。

(5) 安装刀具,装夹零件

(6) 加工零件

思考练习题

1. 数控车加工有何特点?
2. HTC2050 数控车床有哪些特点?
3. 试分析在实际加工中何时考虑使用恒切速和恒转速。
4. 如果工件的设计基准、工艺基准和编程原点不一致,则会带来什么问题?
5. 试说明数控车加工切削用量的选择与普通车床加工切削用量有哪些异同之处。
6. 数控车操作有哪些注意要点?如何防止刀具与机床或工件发生碰撞?
7. 数控车开机后为什么要先回参考点?
8. 在机床加工过程中需要停车时,有哪些方式可将车床停下来?
9. 为什么要对刀?对刀要点是什么?

10. 加工如图 14-16 所示的零件。毛坯为 $\phi 45$ mm 的棒料,从右端至左端轴向走刀切削,粗加工每次进给深度 1.5 mm,进给量为 0.15 mm/r,精加工余量 x 向 0.5 mm,z 向 0.1 mm,切断刀刃宽 4 mm,工件程序原点如图 14-16 所示。

11. 加工如图 14-17 所示的零件。毛坯为 $\phi 60$ mm、长 95 mm 的棒料,从右端至左端轴向走刀切削,粗加工每次进给深度 2.0 mm,进给量为 0.25 mm/r,精加工余量 x 向 0.4 mm,z 向 0.1 mm,切槽刀刃宽 4 mm,工件程序原点如图 14-17 所示。

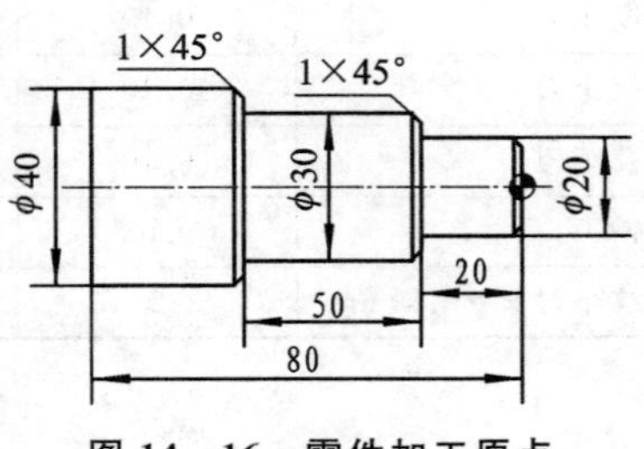

图 14-16　零件加工原点

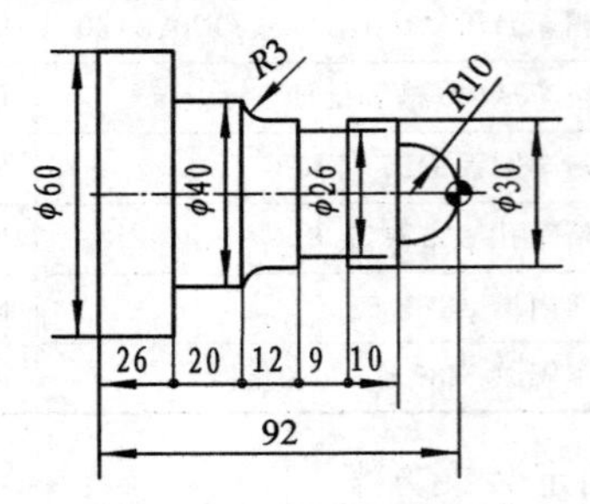

图 14-17　零件加工原点

第 15 章　特种加工

15.1　特种加工概述

1. 特种加工及其特点

随着现代工业的迅速发展，各种新结构、新材料大量出现，从而对机械加工提出了更高的要求。如硬质合金、淬火钢等各种高硬度、高强度、高韧性、高脆性的金属及钛合金、金刚石、宝石等各种难切削材料的加工；如喷气涡轮机叶片、整体涡轮、炮管内膛线、喷油嘴、喷丝头上的小孔、窄缝等各种特别复杂表面的加工；如对表面质量和精度要求很高的航空航天陀螺仪，以及细长轴、薄壁零件、弹性元件等低刚度零件的加工等。此类加工如果采用传统的切削加工方法往往很难解决，有时甚至无法加工。特种加工正是在这种新形式下迅速发展起来的。

特种加工是指借助电能、热能、声能、光能、化学能等实现材料切除或增加的加工方法。与传统机械加工方法相比具有以下特点。

① 特种加工的工具与被加工零件基本上不接触，加工时不受工件力学性能的影响，能加工任何硬的、软的、脆的、耐热或高熔点金属以及非金属材料。

② 特种加工一般不用刀具切削，也不会产生强烈的弹性和塑性变形，容易获得良好的表面质量，热应力、残余应力、冷作硬化、热影响区以及毛刺等均比较小。

③ 能量便于控制和转换，各种加工方法易复合并形成新工艺方法，所以加工范围广，适应性强，便于推广应用。

④ 大多数特种加工的加工速度比较低，这也是目前常规加工方法在机械加工中仍占主导地位的主要原因。

2. 特种加工的分类

特种加工技术所包含的范围很广，新的特种加工技术也不断出现，如液体喷射流加工、磁磨粒加工等，而且往往是将两种以上的不同能量形式结合在一起，成为复合加工。常用的一些特种加工方法如表 15－1 所列。

表 15－1　常用的一些特种加工方法

特种加工方法		能量来源及形式	作用原理	英文缩写
电火花加工	电火花成形加工	电能、热能	熔化、汽化	EDM
	电火花线切割加工	电能、热能	熔化、汽化	WEDM
电化学加工	电解加工	电化学能	金属离子阳极溶解	ECM(ELM)
	电解磨削	电化学能、机械能	阳极溶解、磨削	EGM(ECG)
	电　铸	电化学能	金属离子阴极沉淀	EFM
	涂　镀	电化学能	金属离子阴极沉淀	EPM
增材制造（快速成型）	叠层成型	电能、热能、光能	光聚合、热熔、黏结	AM(RP)

续表 15-1

特种加工方法		能量来源及形式	作用原理	英文缩写
激光加工	激光切割、打孔	光能、热能	熔化、汽化	LBM
	激光处理、表面改性	光能、热能	熔化、相变	LBT
电子束加工	切割、打孔、焊接	电能、热能	溶化、汽化	EBM
离子束加工	蚀刻、镀覆、注入	电能、动能	原子撞击	IBM
等离子弧加工	切割(喷镀)	电能、热能	熔化、汽化(涂覆)	PAM
超声加工	切割、打孔、雕刻	声能、机械能	磨料高频撞击	USM
化学加工	化学铣削	化学能	腐　蚀	CHM
	光　刻	化学能	光化学腐蚀	PCM

本章将重点介绍电火花加工、线切割加工、激光加工和增材制造。

15.2　线切割加工

15.2.1　概　述

电火花线切割加工(Wire Cut EDM,WEDM)是在电火花加工基础上发展起来的一种新的工艺形式,是用线状电极(铜丝或钼丝等)靠火花放电对工件进行切割,故称电火花线切割,简称线切割。

电火花线切割加工的基本原理是利用移动的细金属导线(铜丝或钼丝等)作电极,对工件进行脉冲火花放电、切割成形。

1. 线切割加工分类

根据电极丝的运行速度,以前的电火花线切割机床通常分为两大类:一类是高速走丝电火花线切割机床(WEDM-HS),这类机床的电极丝作高速往复运动,一般走丝速度为8~10 m/s;另一类是低速走丝电火花线切割机床(WEDM-LS),这类机床的电极丝作低速单向运动,一般走丝速度低于0.2 m/s。目前,有的线切割机床的走丝速度介于高速与低速之间,也称中走丝机床。

如图15-1所示为高速走丝电火花线切割加工原理示意图。利用细钼丝作工具电极进行

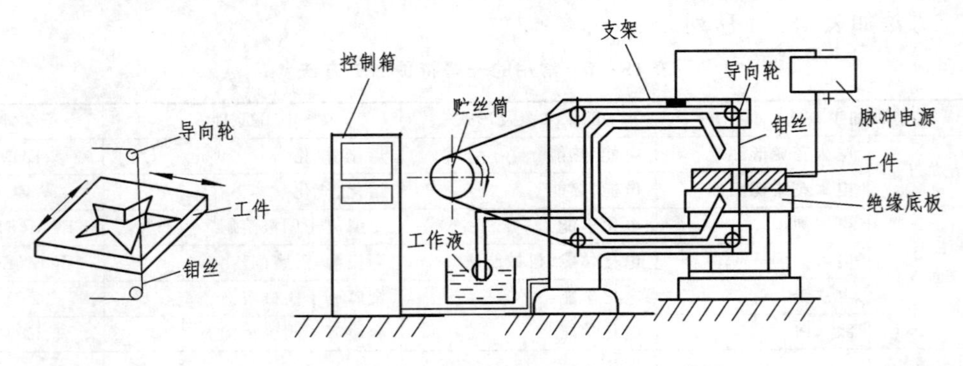

图15-1　高速走丝电火花线切割加工示意图

切割,贮丝筒使钼丝作正反向交替移动,加工能量由脉冲电源供给。在电极丝和工件之间浇注工作液介质,工作台在水平面两个坐标方向各自按预定的控制程序根据火花间隙状态作伺服进给移动,从而合成各种曲线轨迹,把工件切割成形。

2. 电火花线切割特点

电火花线切割具有电火花加工的共性,金属材料的硬度和韧性并不影响其加工速度,它常用来加工淬火钢和硬质合金。对于非金属材料的加工,也正在开展研究。当前绝大多数线切割机都采用数字程序控制,其工艺特点为:

① 无须制造特定形状的电极,只要输入控制程序即可。

② 加工对象主要是平面形状,当机床上装配能使电极丝作相应倾斜运动的功能后,也可加工锥面。

③ 电极丝在加工中是移动的,可以完全或短时不考虑电极丝损耗对加工精度的影响。

④ 切缝很窄,例如,采用 ϕ0.03 mm 的钨丝作为电极丝时,切缝仅 0.04 mm,内角半径仅 0.02 mm。依靠计算机对电极丝轨迹的控制和偏移轨迹的计算,可方便地调整凹、凸模具的配合间隙,依靠锥度切割功能,有可能实现凹、凸模一次同时加工。

⑤ 自动化程度高、操作方便、加工周期短、成本低。

15.2.2　电火花线切割工艺

1. 加工速度

电火花线切割的加工速度是在单位时间内电极丝中心所切割过的有效面积,单位为 mm^2/min。最高切割速度是指在不计切割方向和表面粗糙度等条件下,所能达到的切割速度。通常高速走丝线切割速度为 40～80 mm^2/min。

在一定范围内,电火花线切割的加工速度随脉冲放电电流的加大和放电时间的增加而加大。减小脉冲间隔,会导致脉冲频率的提高,也可提高加工速度。

电极丝的直径对加工速度的影响较大。若电极丝的直径过小,则承受电流小,切缝小,不利于排屑和稳定加工,会影响加工速度。因此,在一定范围内加大电极丝的直径对加工速度有利。常用的电极丝的直径大约在 0.05～0.3 mm。

另外,较快的走丝速度和适中的工件厚度,有利于获得较快的加工速度。

2. 表面粗糙度

高速走丝线切割的一般表面粗糙度为 Ra5～2.5 μm,最佳也只有 1 μm 左右。低速走丝线切割一般 Ra 可达 1.25 μm,最佳 Ra 可达 0.2 μm。

使用高速走丝方式进行电火花线切割加工时,在加工过程中不断进行电极丝的换向动作会造成工作液的分布随电极丝方向往复变化而变化。电极丝顺向运动时,在工件上表面入口处的工作液较充分,下口工作液则不充分,加工面呈上深下浅状;电极丝逆向运动时则相反,加工面呈下深上浅状。反复换向的结果,就会使工件的加工面出现黑白交错相间的条纹。

高速走丝方式加工时,由于加工速度高,电极丝换向频繁,所以换向时留在加工表面上的痕迹积累起来,便形成了加工表面的纵向波纹。出现这种波纹以后,波纹的凸凹不平度往往大大超过电腐蚀形成的放电痕的不平度,从而增大了工件的表面粗糙度值。

3. 电极丝损耗

在实际加工中,电极丝的损耗比较小。丝径的损耗没有达到高速走丝系统综合加工精度的数量级,可以被忽略。

15.2.3 线切割加工机床

瑞士产+GF+ AgieCharmillesFW 1UP 型数控线切割机床是一款中走丝线切割机床,其主要由控制柜、机床本体、脉冲电源和工作液循环系统四部分构成,如图 15-2 所示。

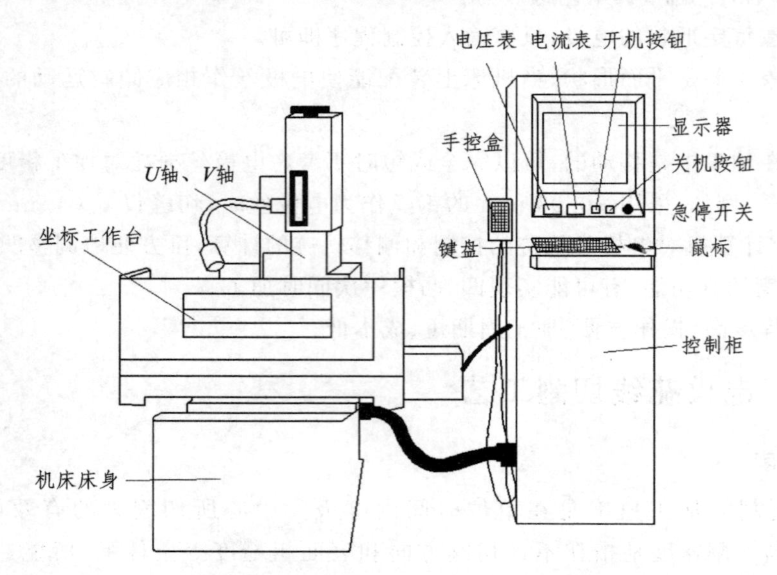

图 15-2　+GF+ AgieCharmillesFW 1UP 线切割机床外形图

1. 控制柜

+GF+AgieCharmillesFW 1UP 型数控线切割机床控制柜的主要作用是控制工件相对电极丝的运动轨迹及相应的进给速度,内置 NC 数控编辑系统,可以进行 G 代码或 3B 代码的编写及保存。

2. 机床本体

① 运丝机构:由贮丝筒和运丝电机两部分组成,该机构用来带动电极丝(电极丝整齐地排绕在贮丝筒上)按一定线速度运动。

② 丝架:对电极丝起支撑作用,通过调 U 轴、V 轴,使电极丝工作部分与工作台平面保持一定的几何角度,通过 U 轴、V 轴运动可切锥度,U 轴、V 轴丝杠分别由两步进电机带动。

③ 坐标工作台:用来固定被加工工件。工作台的纵横(X,Y)两根丝杠分别由两步进电机来带动,任一拖板超出行程范围时,由行程开关断开步进电机电源致使两拖板停止运动。变频系统每发出一个脉冲信号,步进电机带动工作台拖板(X,Y)或线架拖板(U,V)移动 0.001 mm,运动轨迹由微型计算机控制,移动速度由变频控制。

④ 床身:固定支承着运丝系统和坐标工作台,高频脉冲电源机床电器都装在里面,以减少机床占地面积。

3. 高频脉冲电源

脉冲电源是机床的核心部件,其作用是把工频交流电转换成频率较高的单向脉冲电流,供给火花放电所需的能量。它正极接在工件上,负极接在电极丝上,当两极靠近时,在它们之间产生脉冲放电,腐蚀工件,进行切割。

4. 工作液循环系统

工作液循环系统由工作液、液箱、液泵、过滤装置、循环导管、流量控制阀组成。一般线切割加工使用专用乳化液或去离子水作为工作液,其主要作用有以下几项。

① 绝缘作用。两电极之间必须有绝缘的介质才能产生火花击穿和脉冲放电,脉冲放电后要迅速恢复绝缘状态,否则会转换成稳定持续的电弧放电,影响加工表面精度,烧断电极丝。

② 排屑作用。把加工过程中产生的金属颗粒及介质分解物通过局部高压迅速从电极间排出,否则加工将无法进行。

③ 冷却作用。冷却工具电极和工件,防止工件热变形,保证表面质量和提高电阻能力。

+GF+AgieCharmillesFW 1UP数控线切割机床主要技术指标如表15-2所列。

表15-2　+GF+ AgieCharmillesFW 1UP数控线切割机床主要技术指标

工作台最大行程	X轴 横向350　Y轴 纵向320
最大切割厚度/mm	200
控制精度/mm	±0.001
最佳表面粗糙度 $Ra/\mu m$	1.6
走丝速度/$(m \cdot s^{-1})$	8.7
电极丝(钼丝)直径范围/mm	ϕ0.12～0.20
最大切割速度/$(mm^2 \cdot min^{-1})$	>100
最大切割锥度	±3°(50 mm厚)

15.3.4　数控线切割编程

数控编程可分为手工编程和自动编程两类。

手工编程是工作人员采用各种数学方法、使用一般的计算工具、对编程所需的数据进行处理和运算。通常是把图形分割成直线段和圆弧段并把每段曲线关键点,如起点、终点、圆心等的坐标一一定出,按这些曲线的关键点坐标进行编程。

自动编程使用专用的数控语言及各种输入手段,向计算机输入必要的形状和尺寸数据,利用专门的应用软件求得各关键点的坐标和编写数控加工所需要的数据,再根据各数据自动编写出数控加工代码。

实习时,根据零件图纸在CAXA线切割V2版绘图软件中绘图,图形自动转换成G代码并传输给机床,控制步进电机带动工作台移动进行加工。

整个CAXA线切割编程过程分为计算机作图、轨迹生成、生成G代码三个过程。

下面以加工五角星图形(见图15-3)为例说明整个操作过程。

1. 绘　图

(1) 在计算机上绘五角星图形

① 单击主菜单“绘制”→“高级曲线”→“正多边形”，此时系统弹出立即菜单。

② 填写立即菜单中正多边形的边数为5，输入中心点坐标(0,0)，输入内接圆半径20。

③ 单击主菜单“绘制”→“基本曲线”→“直线”，选用“两点式”“连续”“非正交”方式。

④ 利用工具栏捕捉菜单，分别拾取正五边形各端点作连线。

⑤ 单击主菜单“绘制”→“曲线编辑”→“裁剪”，选择“快速裁剪”方式，将不需要的线段裁掉。

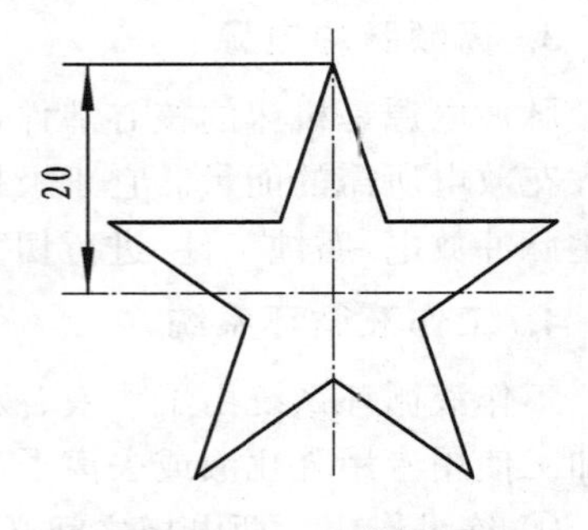

图 15-3　五角星图

⑥ 删除正五边形，屏幕上出现一个正五角星图形。

(2) 图像矢量化转换

CAXA线切割软件(V2版)能将图像文件进行矢量化转换，图像文件包括以下四种格式：BMP文件、GIF文件、JPG文件、PNG文件，这四种都是最常用的图像格式，对于其他格式的图像文件，需将其转换为以上四种格式后再进行矢量化。

2. 轨迹生成

① 单击主菜单“线切割”→“轨迹生成”，按图表填写“线切割轨迹生成参数表”。

② 单击“确定”按钮，系统将提示“拾取轮廓”。

③ 单击五角星靠近穿丝点的一条边，被拾取线变为红色虚线，并沿轮廓切线的方向上出现一对反向的绿色箭头，系统将提示“选择链拾取方向”。

④ 选择顺时针方向的箭头作为切割方向，全部线条变为红色，且在轮廓的法向方向上又出现一对反向的绿色箭头，系统将提示“选择切割侧边”。

⑤ 选择轮廓外侧的箭头作为电极丝的补偿方向。

⑥ 系统提示输入“穿丝点的位置”，输入穿丝点坐标(0,25)后按回车键。

⑦ 系统提示“输入退出点”，右击(或按回车键)，退出点位置与穿丝点位置重合。

⑧ 单击“保存”按钮，输入文件名，存储图形文件。

3. 生成G代码

① 单击主菜单“线切割”→“G代码/HPGL”→“生成G代码”，系统弹出“生成机床G代码”对话框。

② 在“生成机床G代码”对话框中输入文件名并保存。

③ 系统提示“拾取加工轨迹”，单击绿色加工轨迹线，轨迹线变成红色。

④ 右击结束轨迹拾取，系统生成代码。

15.3.5 偏移补偿值的计算

加工中程序的执行是以电极丝中心轨迹来计算的，而电极丝的中心轨迹不能与零件的实际轮廓重合，如图15-4所示。要加工出符合图纸要求的零件，必须计算出电极丝中心轨迹的交点和切点坐标，按电极丝中心轨迹(图15-4中虚线轨迹)编程。电极丝中心轨迹与零件轮廓相距一个f值，f值称为偏移补偿值。计算公式为

$$f = d/2 + s$$

式中，f 为偏移补偿值(mm)；$d/2$ 为电极丝半径(mm)；s 为单边放电间隙，$s=0.01$ mm。

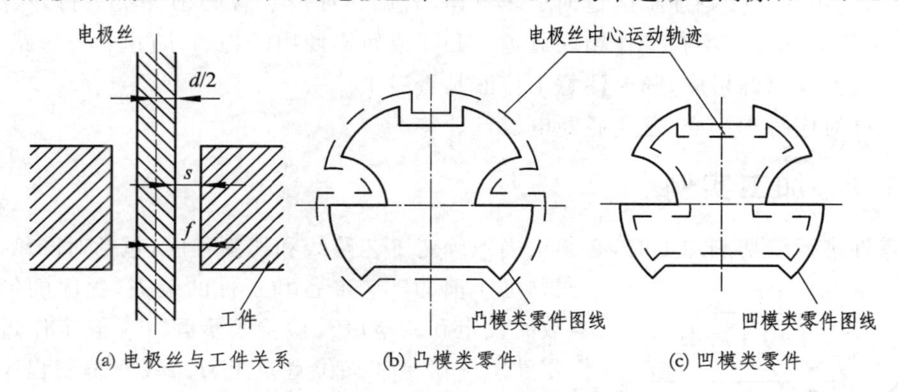

图 15-4　电极丝切割运动轨迹与图纸的关系

15.3.6　机床操作与加工

1. 机床操作面板

+GF+AgieCharmillesFW 1UP 型数控线切割机床操作面板及其功能如图 15-5 所示。

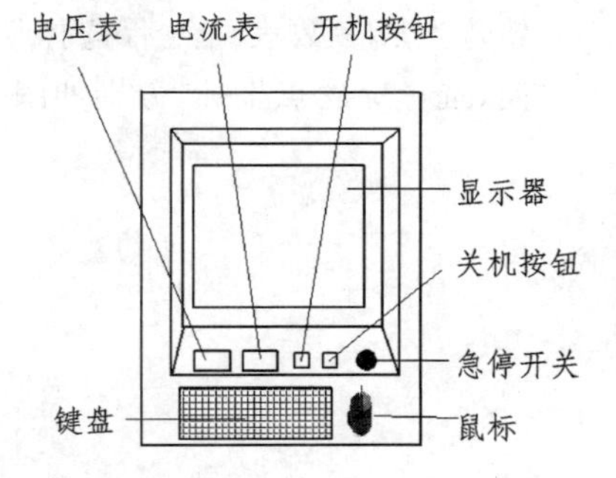

图 15-5　+GF+ AgieCharmillesFW 1UP 型数控线切割机床控制柜操作面板

2. 手持控制面板

本款机床配置了手持控制面板，更方便加工者操作，如图 15-6 所示。

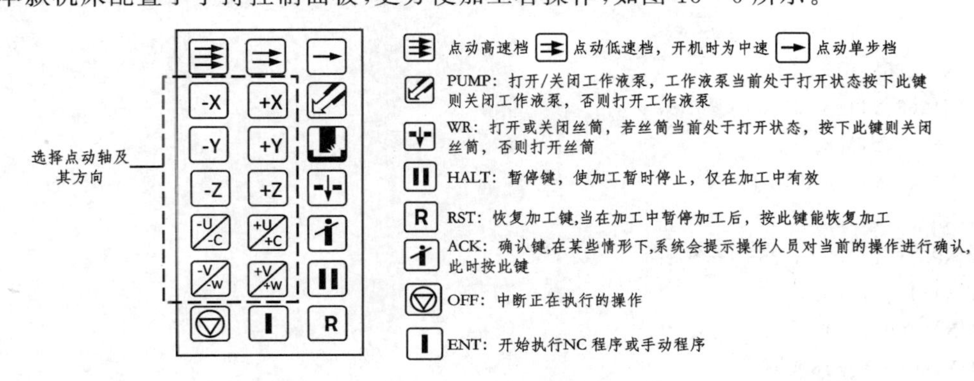

图 15-6　+GF+ AgieCharmillesFW 1UP 机床手持控制面板

3. 操作注意事项

加工中，禁用裸手接触加工区任何金属物体，若调整冲液装置必须停机进行，保障操作人员及电极、工件的安全。不在工作箱内放置不必要或暂不使用的物品，防止意外短路。

加工时人不能离开机床，随时注意工作液是否溢出。

装卸工件时应特别小心，避免碰断电极丝。

15.3.7　加工实例

在对零件进行线切割加工时，必须正确地确定工艺路线和切割程序，包括对图纸的审核及分析，加工前的工艺准备和工件的装夹，程序的编制，加工参数的设定和调整以及检验等步骤。一般工作过程为：分析零件图→确定装夹位置及走刀路线→编制程序单{自动编程→计算机辅助设计}→传输程序→检查机床、调试工作液、找正电极丝→装夹工件并找正→调节电参数、形参数→切割零件→检验。如图15－7所示为一个线切割工件的外形图。

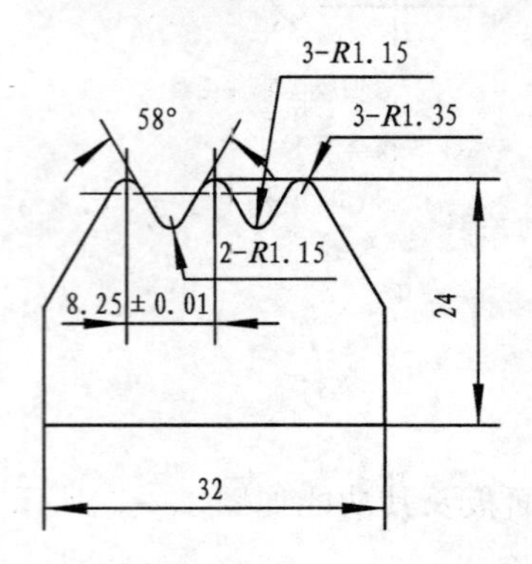

图15－7　加工实例

① 绘制图形。

② 轨迹生成。首先按图15－8和图15－9填写线切割轨迹生成参数表。然后选择切割方向、选择电极丝补偿方向、选择穿丝点坐标，分别如图15－10(a)、(b)和(c)所示。

③ 静态仿真样板轨迹生成。

④ 代码生成。

```
%(YB.ISO,06/13/02,13:20:49)
G92 X16000Y－18000;
G01 X16100 Y－12100;
G01 X－16100 Y－12100;
G01 X－16100 Y－521;
G01 X－9518 Y11353;
G02 X－6982 Y11353 I1268 J－703;
G01 X－5043 Y7856;
G03 X－3207 Y7856 I918 J509;
G01 X－1268 Y11353;
G02 X1268 Y11353 I1268 J－703;
G01 X3207 Y7856;
G03 X5043 Y7856 I918 J509;
G01 X6982 Y11353;
G02 X9518 Y11353 I1268 J－703;
G01 X16100 Y－521;
G01 X16100 Y－12100;
G01 X16000 Y－18000;
M02
```

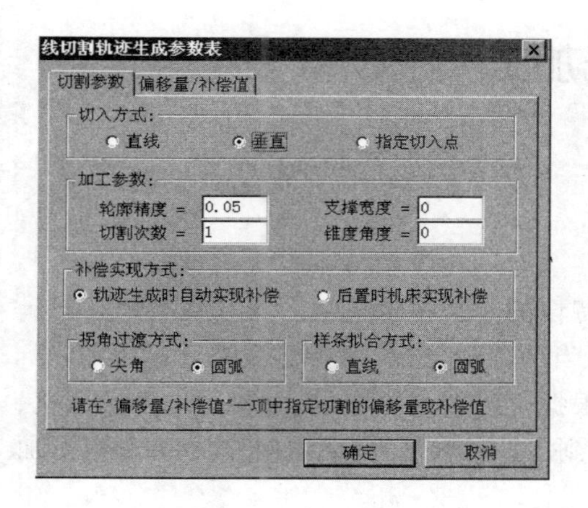

图 15-8　填写切割参数

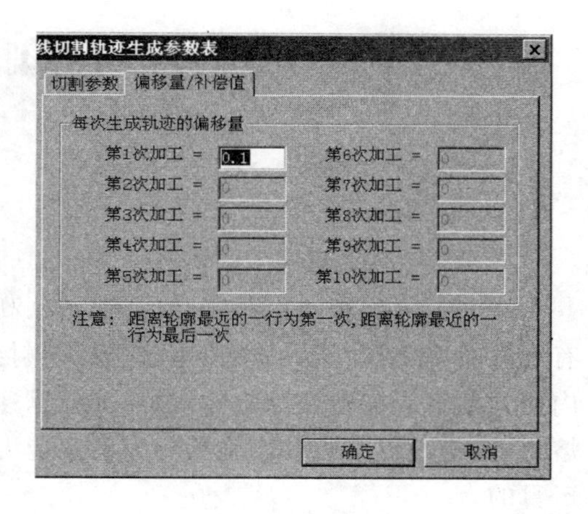

图 15-9　填写补偿值

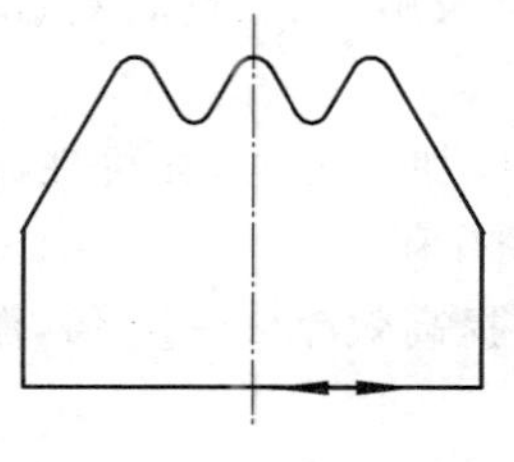

(a) 选择切割方向

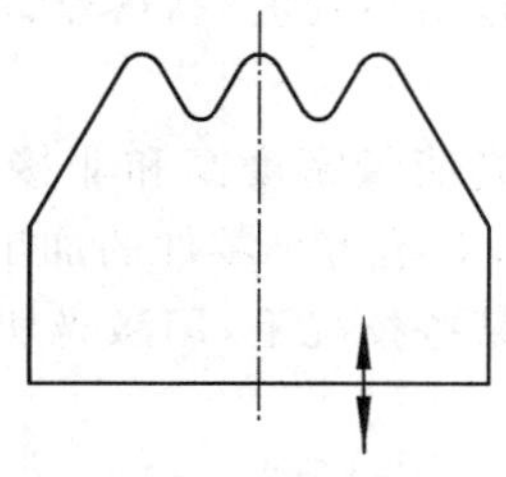

(b) 选择电极丝补偿方向

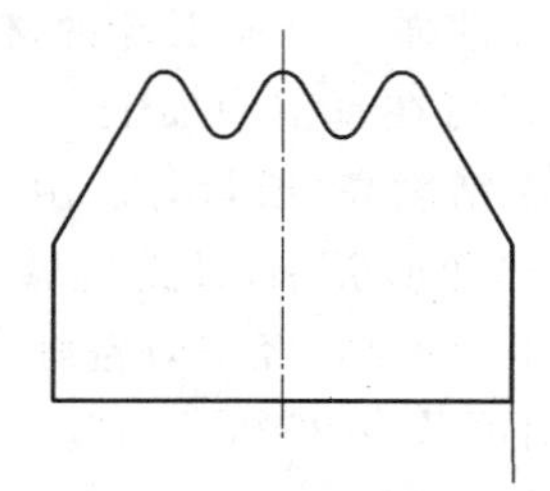

(c) 选择穿丝点、退出点坐标

图 15-10　切割参数选择

⑤ 代码传输。运用串口方式传输 G 代码。先将机床计算机设置成串口接收状态,然后在网络计算机中按要求输入串口传输的参数,如图 15-11 所示。

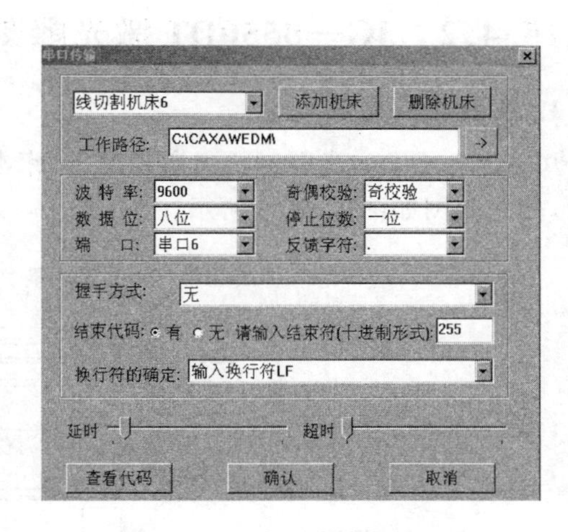

图 15-11　串口传输参数设置

⑥ 将机床控制系统复位,通过绘图检查和空运行检查传输程序是否正确。

⑦ 装夹及加工。

- 将坯料放在工作台上,以平面为基准,对工件进行校正,保证有足够的装夹余量。然后固定夹紧,工件左侧悬置。
- 将电极丝移至穿丝点位置,注意别碰断电极丝,准备切割。
- 打开脉冲电源,选择合理的电参量,确定运丝机构和冷却系统工作正常,然后操作控制器,执行程序进行加工。

15.4 激光加工

15.4.1 概　述

1. 激光加工原理

激光加工是激光束高亮度(高功率)、高方向性特性的一种技术应用。其基本原理是把具有足够功率(或能量)的激光束聚焦后照射到材料适当的部位,材料在接受激光照射后 10^{-11} s 内便开始将光能转变为热能,被照部位迅速升温。根据不同的光照参量,材料可以发生汽化、熔化、金相组织变化并产生相当大的热应力,从而达到工件材料被去除、连接、改性和分离等加工目的。

2. 激光加工的特点

① 适应性强。可加工各种材料,包括高硬度、高熔点、高强度及脆性、软性材料;既可在大气中加工,又可在真空中加工。

② 加工精度高、质量好。由于激光能量密度高和非接触柔性加工方式,并可在瞬间内完成,故工件热变形极小,且无机械变形,对精密小零件的加工非常有利。

③ 加工效率高、经济效益好。在某些情况下,用激光切割可提高效率 8～20 倍,激光打孔的直接费用可节省 25%～75%。

3. 激光加工的应用

激光在加工上的应用主要是打孔、切割、焊接、强化及光泽处理、雕刻等方面。

15.4.2 JG—8550DT 激光雕刻机

1. 机床组成及其功能

JG—8550DT 激光雕刻机由激光源、机床本体、电源、控制系统四大部分组成,如图 15-12 所示,其光路图如图 15-13 所示。

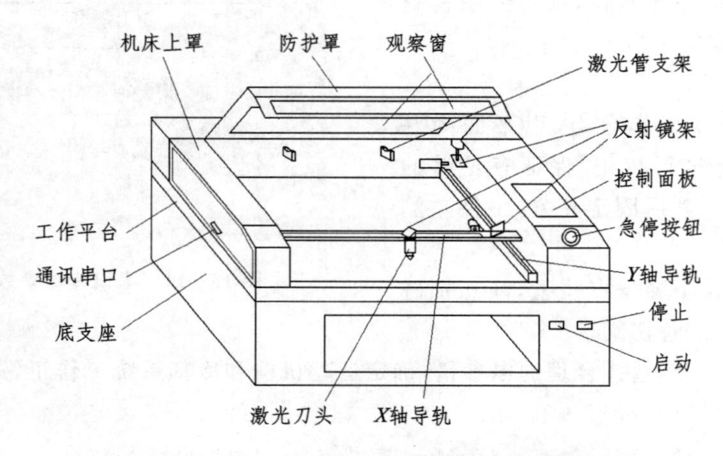

图 15-12　JG—8550DT 激光雕刻切割机结构示意图

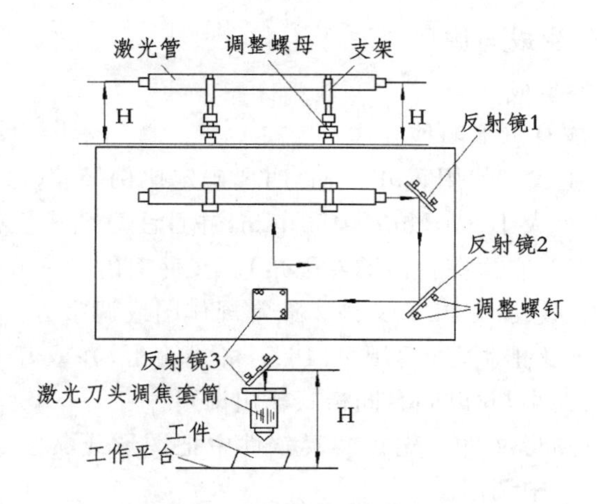

图 15-13 导光系统示意图

控制系统：由计算机、博业激光自动雕刻切割系统软件、控制电路及操作（控制）面板组成。

2. 主要技术指标

JG—8550DT 激光雕刻切割机主要技术指标如表 15-4 所列。

表 15-4 JG—8550DT 激光雕刻切割机主要技术指标

项　目	主要技术指标
有效雕版面积	850×500 mm^2
切割速度	100～5 000 mm/min，人工设定默认值 1 000 mm/min
切割方式	矢量扫描
激光器	60 W 封离式 CO_2 激光器
供电电源	220 V AC±5%，6.2 A，50 Hz
控制软件	金运激光脱机切割雕刻控制软件
外形尺寸	1 900 mm×1 380 mm×1 000 mm（长×宽×高）

3. 主要应用

JG—8550DT 激光雕刻机可切割材料为有机板、塑料板、胶合板、木板、绝缘板、橡胶板、纸板、织物、砂布等。

15.4.3 加工准备

1. 参数设置

① 雕刻参数设置。包括雕刻速度、缩放系数、激光频率、扫描精度、雕刻类型等。

② 切割参数设置。包括切割速度、缩放系数、激光频率、重复次数等。

③ 位图参数设置。包括 Y 轴速度、X 轴速度、位图精度、扫描延时、激光频率、拐点速度调节。在图形的拐点处先减速然后加速有助于延长床体的寿命。用户可在 0～1 500 之间选择，此速度即为拐点时的最低速率，0 为匀速。

2. 矢量图形文件的生成与调用

(1) 矢量图形文件的生成

矢量图形文件的生成有以下四种方式。

- 在 AutoCAD 中生成。使用 AutoCAD 时要确定比例尺寸(通常按 1∶1 成图)。注意,整个图形幅面不得大于 650 mm×450 mm,并且注意图形坐标零点要设置好(一般设在左下角较好,刀头亦摆在台面的左下角)。文件输出为 AutoCAD R12 版 DXF 格式。
- 在 Carel Draw 中形成 *.PLT 文件。按常规作图或调字方法在 Carel Draw 中形成文件,包括尺寸设定及排版,然后用 *.PLT 格式输出,并取好文件名称,再由文泰软件读入确定文件的大小,并以同名同格式输出即可。
- 用文泰软件生成图形文件。先在文泰软件中把图形或文字做好,形成 *.PLT 文件,再回到本程序界面中调用。
- 用扫描仪获取图形或文字文件。用 300～600 dpi 分辨率扫描,再用图形矢量化程序(如文泰软件)生成矢量图形,即可调用。

(2) 文件调用

打开激光雕刻切割系统软件,进入人机对话窗口。按菜单上的提示,在下拉式菜单中选取最适合的参数,如切割速度、空程速度、雕刻速度、缩放系数等,在最左边的“文件”栏中调用图形文件,同时要确定好零点。

15.4.4 操作与加工

1. 操作面板

激光雕刻机操作面板如图 15－14 所示。

2. 机床按钮及功能

① 显示屏。显示待切割或雕刻的文件内容,在显示文件内容前,必须打开待切割或雕刻的文件,系统支持 DXF,PLT 与 BMP 三种文件格式。

② 设置。参数设置及文件和 U 盘的选择。

③ 预调。通过操作面板的上、下、左、右(即 X,Y 方向)建立工件的加工起点。

④ 开始。开始“切割与雕刻”前,先打开之前处理好的文件,并设置好参数和加工方式,按此键开始加工工件,并在屏幕上显示“切割与雕刻”的内容。

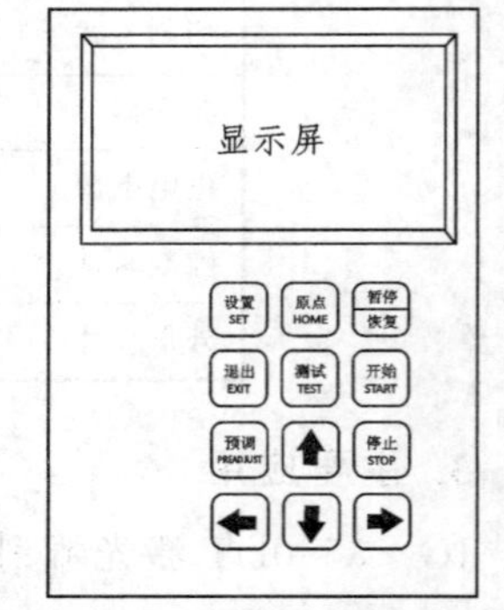

图 15－14　激光雕刻机操作面板示意图

3. 基本操作步骤

(1) 开　机

开机包括开总电源、开“激光电源”、开计算机、开“机床电源”、调焦距、开“给气”、开“排风”、按下“激光高压”等步骤,具体请参见机床说明书。

(2) 切割或雕刻

在计算机中打开激光雕刻切割系统软件,导入待“切割与雕刻”的图形文件。

在软件界面底部设置好工作图层的“切割与雕刻”参数并应用到图形文件中，点击“加工/暂停”，机器开始工作。

(3) 关　机

关掉激光高压，五分钟后关掉激光电源，关掉给气、排风，退出工控程序（若不再调用其他图形文件），关掉机床电源。

4. 注意事项

① 根据加工目的及工件性质选取适当的工作速度和激光电流的大小，即选好工艺参数。

② 发现异常时，或须更改参数时，请按“暂停/继续”键（键锁定，灯亮），处理完毕后再次按“暂停/继续”键（键抬起，灯灭），则继续工作；或者在暂停状态按“复位”键，刀头便回到零点，再按“暂停/继续”键（键抬起，灯灭）。

③ 激光管的冷却水不可中断。一旦发现断水，必须立即切断激光高压，或按“紧急开关”，防止激光管炸裂。

④ 工件加工区域里不得摆放有碍激光刀头运行的重物，免得电机受阻丢步而造成废品。

⑤ 激光工作过程中，要保持排风通畅。

⑥ 切割或雕刻时，必须盖好防护罩。

⑦ 在任何情况下，不得将肢体放在光路中，以免灼伤。

15.4.5　加工实例

使用激光刻绘机加工的图案如图 15-15 所示。

图 15-15　激光刻绘作品示例

15.5　增材制造

15.5.1　概　述

增材制造技术（Additive Manufacturing，AM），是相对于传统的车、铣、刨、磨削等去除材料的工艺以及铸造、锻压、注塑等材料凝固和塑性变形成型工艺而提出的，通过材料逐渐增加的方式而制造实体零件的一类工艺技术的总称。增材制造技术起始于 20 世纪 80 年代中后期,先后出现的快速原型(成型)与制造(Rapid Prototyping & Manufacturing,RP&M)、自由成型制造(Free Form Fabrication,FFF)、3D打印技术(Three Dimensional Printing,3DP)等概念与增材制造的内涵一致,随着相关工艺技术的发展,增材制造技术的内涵不断深入,其外延不断扩展,在工业制造、家用、生物制造、建筑等行业得到广泛研究和应用。

增材制造技术无需工具和模具,使得产品的制造更为便捷。顺应了多品种、小批量、快改型的生产模式,满足了机械零件及产品等单件或小批量的快速制造的需求;同时,材料逐渐累积的制造方式具有高度的柔性,可实现复杂结构产品或模型的整体制造及复合材料、功能材料制品的一体化制造,满足文化创意等领域创新设计的实体展现及医学与生物工程领域的个性化制作等需求。以3D打印技术或快速原型与制造技术为主的增材制造技术,极大地促进了产品快速制造及其创新设计的进程,被预测为即将到来的第三次工业技术革命的引领者。

1. 增材制造的基本原理

增材制造技术基于离散堆积原理以逐层添加的方式制造产品。首先将计算机上设计出或逆向扫描生成的产品三维模型进行分层离散化处理,再对断面进行网格化处理,所得数据通过设备相关控制软件进一步处理后生成对应的格式文件,进而驱动加工源进行相应的运动,包括扫描、选择性烧结、叠层熔融黏结等。以SLS技术为例的增材制造原理如图15-16所示。

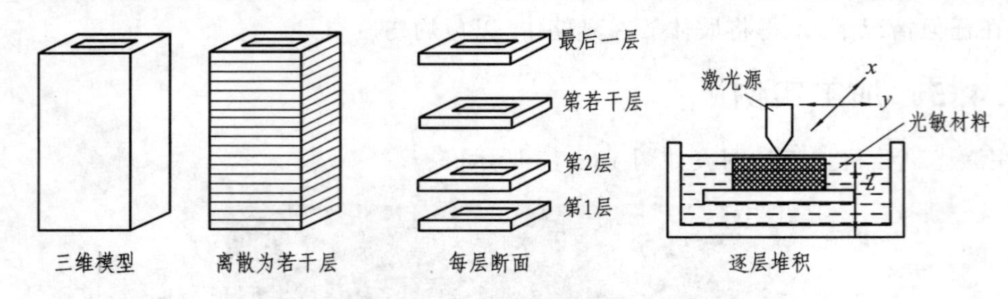

图15-16 增材制造原理图

2. 增材制造技术分类

增材制造技术的分类方法有很多,根据成型原理和打印方式分类,较为成熟的有立体光固化(Stereo Lithography Appearance,SLA)、选择性激光烧结(Selective Lasers Sintering,SLS)、分层实体制造(Laminated Object Manufacturing,LOM)、熔积成型(Fused Depositiaon Modeling,FDM)等。

(1) 立体光固化(SLA)

立体光固化(SLA)方法是目前世界上研究最深入、技术最成熟、应用最广泛的一种快速成型方法。SLA技术原理是计算机控制激光束对以光敏树脂为原料的表面进行逐点扫描,被扫描区域的树脂薄层(约十分之几毫米)产生光聚合反应而固化,形成零件的一个薄层。工作台下移一个层厚的距离,以便固化好的树脂表面再敷上一层新的液态树脂,进行下一层的扫描加工,如此反复,直到整个原型制造完毕。由于光聚合反应是基于光的作用而不是基于热的作用,故在工作时只需功率较低的激光源。此外,因为没有热扩散,加上链式反应能够很好地控制,能保证聚合反应不发生在激光点之外,因而SLA技术具有加工精度高,表面质量好,原材料的利用率接近100%,能制造形状复杂、精细的零件,且效率高的特点。对于尺寸较大的零件,则可采用先分块成型然后粘接的方法进行制作,如图15-17所示。

（2）分层实体制造（LOM）

LOM 工艺将单面涂有热溶胶的纸片通过加热辊加热粘接在一起，位于上方的激光器按照 CAD 分层模型所获数据，用激光束将纸切割成所制零件的内外轮廓，然后新的一层纸再叠加在上面，通过热压装置和下面已切割层黏合在一起，激光束再次切割，这样反复逐层切割-黏合-切割，直至整个零件模型制作完成，如图 15－18 所示。LOM 技术制作冲模，其成本约比传统方法节约 1/2，生产周期大大缩短。用来制作复合模、薄料模、级进模等，经济效益也甚为显著。该技术在国外已经得到了广泛的使用。

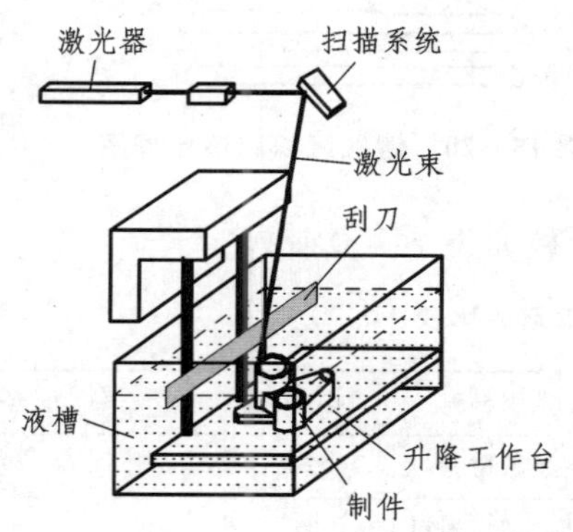

图 15－17　立体光固化(SLA)成型工艺原理图

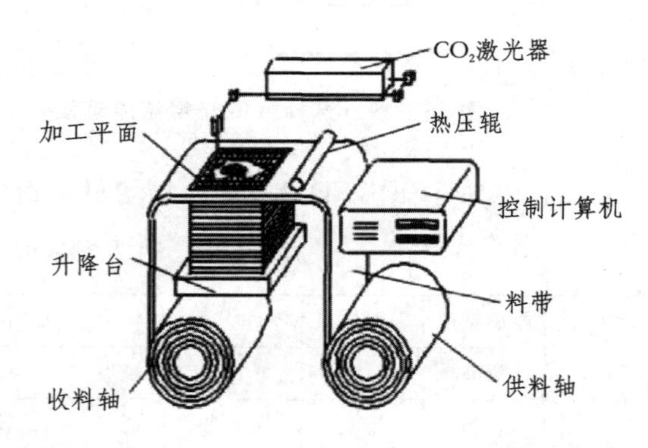

图 15－18　Helisys 公司 LOM 系统装置原理图

（3）选择性激光烧结(SLS)

选择性激光烧结(SLS)采用 CO_2 激光器作为能源，目前使用的造型材料多为各种粉末材料。在工作台上均匀铺上一层很薄的粉末，激光束在计算机控制下按照零件分层轮廓有选择性地进行烧结，一层完成后再进行下一层烧结。全部烧结完后去掉多余的粉末，再进行打磨、烘干等处理便获得零件，原理如图 15－19 所示。

该技术具有原材料选择广泛、多余材料易于清理、应用范围广等优点，适用于原型及功能零件的制造。在成型过程中，激光工作参数以及粉末的特性和烧结气氛是影响烧结成型质量的重要参数。除了蜡粉及塑料粉这些传统的成熟材料，金属粉或陶瓷粉的 SLS 工艺也在很多领域的研究中产生了重要成果，例如北京航空航天大学的王华明院士团队致力于大型复杂关键金属构件激光快速成型技术研究，完成的大型钛合金构件在飞机、导弹、卫星、航空发动机上得到应用。

（4）熔融沉积成型(FDM)

FDM 喷头受 CAD 分层数据控制使半流动状态的熔丝材料（材料直径一般在 1.5 mm 以上）从喷头中挤压出来，凝固形成轮廓形状的薄层，每层厚度范围在 0.025～0.762 mm，一层叠一层最后形成整个零件模型，FDM 工艺原理如图 15－20 所示。FDM 工艺的关键是保持温度刚好在半流动成型材料熔点之上（通常控制在比熔点高 1 ℃左右）。

相比其他增材制造技术，FDM 工艺有以下特点：原理简单，无需激光头，成本低；设备简单、占地面积小；材料容易制备，卷轴丝形式方便运输和更换；对使用环境要求低；加工速度慢，尺寸精度低，表面粗糙。

上述特点使得 FDM 技术在工业中可用来制作工业设计模型、各种成型工艺用母型、小批量复杂形状零件等。

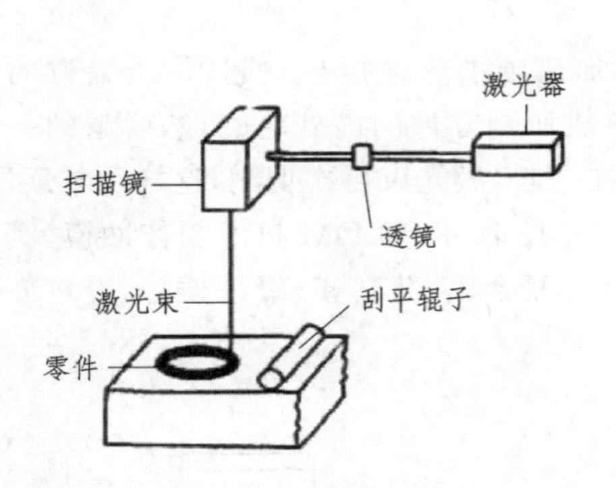

图 15-19　选择性激光烧结原理图

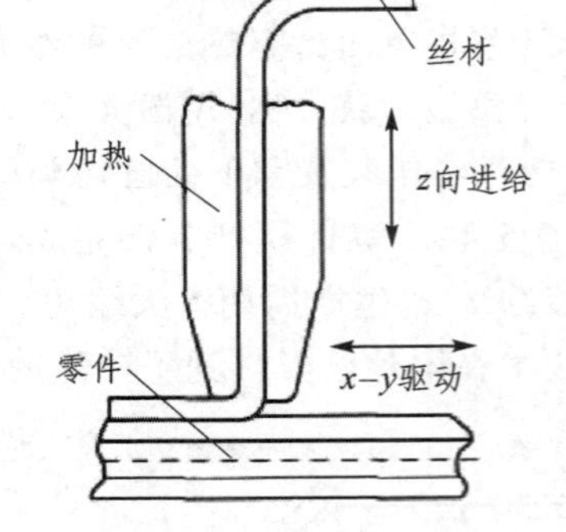

图 15-20　熔融沉积制造原理图

SLA,LOM,SLS,FDM 4 种典型增材制造工艺的比较如表 15-5 所列。

表 15-5　几种典型增材制造工艺的比较

成型工艺	原型精度	表面质量	零件大小	材料价格	材料利用率	常用材料	制造成本	生产效率	设备费用
SLA	较高	优	中小件	较贵	>99%	光敏树脂	较高	高	较贵
LOM	较高	较差	中小件	便宜	较差	纸、金箔、塑料	低	高	便宜
SLS	较低	中等	中小件	较贵	>99%	石蜡、塑料、金属	较低	中等	较贵
FDM	较低	较差	中小件	较贵	>99%	石蜡、塑料	较低	较低	便宜

3. 增材制造技术的特点

增材制造技术除了具有一般特种加工的共同特性,还有以下一些特点。

(1) 快速性

通过 STL 格式文件,增材制造系统几乎可以与所有的 CAD 造型系统无缝连接,从 CAD 模型到完成原型制作通常只需几小时到几十小时,可实现产品开发的快速闭环反馈。这一点对于复杂零件来说,优势更加明显,其加工速度可达到传统工艺的几倍甚至几十倍。

(2) 高度柔性

增材制造系统是真正的数字化制造系统,它取消了工装夹具,系统不作任何改变和调整即可完成不同类型的零件的加工制作,特别适合新品开发或单件小批量生产。

(3) 与复杂程度无关性

零件制造周期和制造成本与零件的形状和复杂度无关,只与其净体积有关。

(4) 高度集成化

增材制造通过多次三维扫描成型复杂的三维零件,避免了数控加工的复杂编程步骤,并从根本上克服了 CAD/CAM 集成时,计算机辅助工艺过程设计(Computer Aided Process Planning,CAPP)无法完成基于三维 CAD 的工艺设计这一瓶颈问题,从而实现高度自动化和程序化。

(5) 材料的广泛性

增材制造技术可以制造树脂类、塑料类原型,还可以制造出纸类、石蜡类、复合材料以及金属材料和陶瓷材料的原型,甚至近来出现了建筑材料和生物材料的 3D 打印技术。

15.5.2　增材制造设备及材料

比较成熟的商品化设备有光固化成型设备、叠层实体制造设备、熔融沉积制造设备、选择性激光烧结成型设备、金属粉末激光熔化成型设备、3D 打印喷涂设备等。近期，基于喷射成型方式的增材制造工艺设备以及个人 3D 打印机（FDM 技术）受到制造业企业、服务机构及个人爱好者的普遍青睐。同时，合金粉末高能束流熔化成型设备在航空航天大型结构件及医疗植入体制造中取得了成功应用，增材制造技术再次被推向繁荣发展的阶段。

用于增材制造的材料根据实体建造原理、技术和方法的不同分为薄层材料、液态材料、粉状材料、丝材等。不同的制造方法对应的成型材料的性状不同，对成型材料性能的要求也不同。根据目前较为常用的增材制造材料种类来看，一般根据材料的性状分类比较清晰。

（1）箔　材

用于 LOM 工艺中的箔材有纸材、PVC 塑料薄膜以及金属箔等，前二者较为成熟。塑料薄膜材料成型过程中，层间的粘接是由打印设备喷洒黏结剂实现的，而纸材成型是由背面的热熔胶加热熔化后经过粘接实现的，因此 LOM 成型材料制备及其要求涉及三个方面的问题，即薄层材料、黏结剂和涂布工艺。目前 LOM 成型材料中的薄层材料多为纸材，而黏结剂一般为热熔胶。纸材料的选取、热熔胶的配置及涂布工艺均要从保证最终成型零件的质量出发，同时要考虑成本。对于 LOM 纸材的性能，要求厚度均匀，具有足够的抗拉强度以及黏结剂有较好的湿润性、涂挂性和黏结性等。

（2）粉末材料

在增材制造材料中，与其他类型的材料相比，粉末类材料具有制备容易、类别广泛、造型过程简单、材料利用率高等优点。增材制造工艺中的 SLS、SLM（激光选区熔化）、LENS（激光近净成型）、EBM（电子束熔融成型）等均使用粉末材料，不仅能够用来制造使用广泛的塑料零件，而且能制造陶瓷、石蜡等材料的零件，特别是可以直接制造金属零件，使粉末材料应用范围大为扩展，在航空航天难制造零件的加工中起到重要作用。

（3）光固化材料

用于光固化成型的材料为液态光固化树脂（或称液态光敏树脂）。随着光固化成型技术的不断发展，具有独特性能（如收缩率小甚至无收缩、变形小、不用二次固化、强度高等）的光固化树脂也不断被开发出来。

光固化材料是一种既古老又崭新的材料，主要包括低聚物、反应性稀释剂和光引发剂。与一般固化材料相比，光固化材料具有固化快、无需加热、节能等优点。

（4）丝　材

增材制造工艺中使用的丝材多为 FDM 工艺用到的塑料丝，还有喷涂成型中的金属丝，近来还有用在 FDM 工艺中起到局部加强作用的碳纤维丝。喷涂中的金属丝采用电弧熔化堆积成型，而 FDM 工艺中的塑料丝采用热熔喷头挤出成型。

以 DTM 公司推出的 FDM 设备为代表，使用的熔融沉积丝材分为两部分：一类是成型材料，另一类是支撑材料。成型材料主要有 ABS 及医学专用的 ABSi、MABS 塑料丝、蜡丝、PLA（聚乳酸，一种生物降解材料）、聚乙烯树脂丝、尼龙丝、聚酰胺丝等。FDM 工艺对成型材料的要求是熔融温度低、黏度低、黏结性好、收缩率小；对支撑材料的要求是能够承受一定的高温、与成型材料不浸润、具有水溶性或酸溶性、具有较低的熔融温度、流动性好等。

15.5.3　3D打印加工操作

由于FDM工艺的经济性好、设备简单易操作，多在学生的增材制造实习中选用。以下以基于FDM技术的MakerBot Replicator＋打印机为例说明3D打印的加工过程。

1. 机床说明

实习中所用的机床为MakerBot Replicator＋，是MakerBot公司生产的桌面级3D打印机，占地尺寸为49×32×38 cm，如图15-21所示。机架带动喷头作X和Y轴运动，打印托盘(也称工作台)沿Z轴向下运动，打印一层即向下移动一个层高。

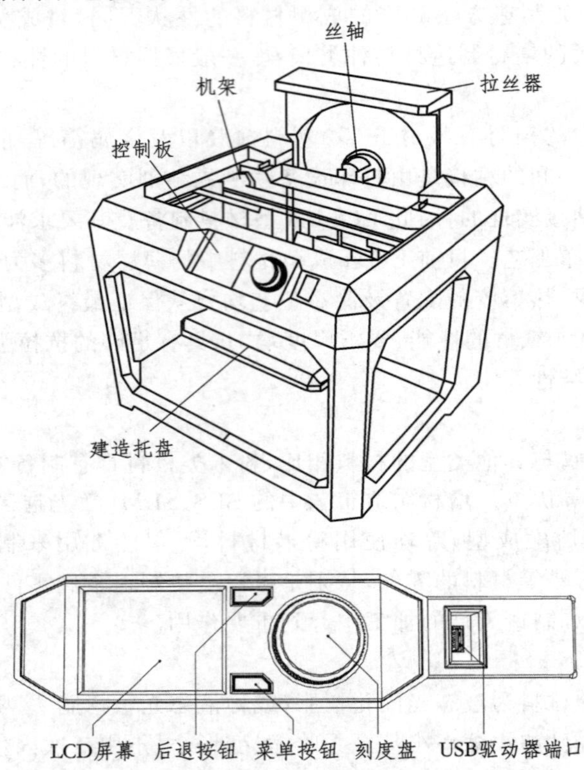

图15-21　MakerBot Replicator＋ 3D打印机和控制板说明

其技术指标如表15-6所列。

2. 加工步骤

① 打印文件准备。在三维软件中绘制零件三维模型，将其保存为打印机操作软件适用的格式，如STL格式，并以英文字母或数字命名。

② 打印机参数设置。用打印机配套软件MakerBot Print打开上一步所保存的STL模型，可以设置打印参数。“Print Settings”中可以设置打印对象单层厚度、选择支撑类型(Support Type)，也可设置打印零件内部填充密度。零件编辑区可对打印位置、方向和大小比例进行调整，打印前需调整视图角度确认模型大面朝下并与工作面接触。

③ 打印预览。点击“Estimates and print preview”可计算出该模型的总重量和打印时间，如果认为时间过长或总重量不符合要求，可重新设置精度和模型比例。

表 15－6　MakerBot Replicator2 打印机技术指标

项　目	技术指标
打印材料	聚乳酸(PLA)
打印尺寸	长 29.5 cm×宽 19.5 cm×高 16 cm
层高精度	高精度 100 μm；中等精度 270 μm；低精度 300 μm
定位精度	X，Y：11 μm；Z：2.5 μm
耗材直径	1.75 mm
喷嘴孔径	0.4 mm
托盘夹面	聚碳酸酯薄膜

④ 打印。点击“Print”后，打印托盘抬升至最高点，机器对打印材料进行预热，然后开始打印。在打印过程中可以通过打印机控制面板取消或暂停，或使用 MakerBot Print 软件取消或暂停。

⑤ 取件和清理。打印完成后，用专用的工具将工件从工作台取下，并清理掉底托和外侧的支撑材料。

3. 实习中的注意事项

① 3D 打印机内含可能对人身有伤害的活动部件，切勿在 3D 打印机运行时将手伸入其内部。

② 3D 打印机工作时温度高，应等待智能喷头冷却后再接触其表面。

③ 在操作过程中，不要将 3D 打印机置于无人看管状态。

④ 不要使用未经批准可用于 3D 打印机的材料进行打印。

⑤ 插座必须位于机器附近且必须能够轻松拔插。

⑥ 在紧急情况下，请断开 3D 打印机与插座的连接。

⑦ 切勿在打印期间或打印刚刚完成后从打印机中取出智能喷头或者关闭打印机，务必要等到智能喷头完全冷却后，才能将智能喷头从 3D 打印机中拆下或关闭 3D 打印机。

⑧ 打印完成取出零件时，必须佩戴手套。

4. 加工实例

使用 3D 打印机制作的产品如图 15－22 所示。

图 15－22　3D 打印实例

思考练习题

1. 与切削加工相比,特种加工的特点是什么?
2. 线切割加工有什么特点?
3. 影响线切割加工速度和加工精度的因素分别是什么?
4. 激光加工的特点是什么?举例说明激光加工的应用。
5. 激光加工的原理是什么?
6. JG—8550DT 激光雕刻机为什么只能加工木材、塑料等非金属材料?
7. 简述增材制造技术的原理、特点和分类。

第5篇

综合创新实习案例

第16章　综合创新实践

16.1　综合创新训练概述

当今科学技术日新月异，在产品科技含量、核心技术成为各国经济发展的核心竞争力的背景下，创新已成为一种时代精神。党的十八届五中全会将创新发展理念确定为新发展理念之首，指出“创新是一个民族进步的灵魂，是一个国家兴旺发达的不竭源泉。也是中华民族最鲜明的民族禀赋。”无论是在推进改革中强调“把科技创新摆在国家发展全局的核心位置”，还是在经济转型中提出“科技发展的方向就是创新、创新、再创新”，在习近平同志的执政思路中，“创新”始终占据着重要位置。

教育是知识创新、传播和应用的主要基地，也是培育创新精神和创新人才的重要摇篮。教育在培育民族创新精神和培养创造性人才方面，肩负着特殊的使命。全球人才培养的各种纲领都将创新能力的培养列在最重要的位置，我国在2010年提出的“卓越工程师教育培养计划”也是以培养造就一大批创新能力强、适应经济社会发展需要的高质量各类型工程技术人才为目标，进而促进我国由工程教育大国迈向工程教育强国。

近十年的工程教育越来越注重创新能力的培养，同时意识到实践与创新有机结合的重要意义，充分挖掘实践在知识向能力转化、简单重复向创新转化过程中的桥梁作用。在高校的课程设置中增加创造性实践环节、增设科研课堂等做法，都体现出了对于工程人才的实践能力与创新能力的重视。创新能力和创新品质是在实践中锻炼和发展起来的，所谓有实践才有创新。创新是通过创新者的实践活动实现的，实践锻炼和造就了创新人才，也就推动了创新的发展。

创新思维是可以通过训练培养的，而创造性实践能力是可以通过锻炼提高的。美国通用电气公司长期坚持“创造工程”这门课程的培训，他们得出的结论是：“那些通过创造工程教学大纲训练的毕业生，发明创造的方法和获得专利的速度，平均要比未经训练的人高出3倍。”提高创新能力的锻炼途径包括：① 生活中有意识地观察和思考“为什么”“怎么做”和“还能不能有更好的方法”等问题，培养问题意识、观察能力；② 经常做创新训练题，提高创新思维；③ 积极参加创新实践活动（如发明、制作、科学实验、科学研究及论文写作等），尝试用创造性方法解决实践中的问题，在实践中培养和训练自己的创新能力。上述途径中，第三点即为人才培养机构的重要着力点。

16.1.1　创新训练的定位与特性

工程训练中心的系列课程构建了一个符合学生知识发展结构的多层次的从理论到实践的完整训练体系。前述各章的训练内容让学生认识并实践机械制造，具备基本的机械制造知识，而面向高年级的工程创新训练是在学生学完相关技术基础课程以后开展的一项理论与实践密切结合的综合训练活动，成为各门技术基础课程的最佳结合点。创新训练不是“技术创新”的全部，而是要充分发挥学生的自主能力，综合运用所学知识，理论与实践相结合，全面提高学生的素质，特别是创新精神与创新能力。

通常，创新实践活动具有灵活性和自发性的特点，为了调动更多学生的创新积极性，更合理有效地组织创新训练，必须明确创新训练的特性，以便因势利导，提高训练的质量和水平。创新训练应具有的特性包括以下几点。

1. 创造性

创新必然是创造性构思的结果，创造既包括开发出全新产品或新技术的完整创造，也包括对现有产品部分功能升级的局部性创造。思想创新是一切创新的先导，也是创造性思维的先导，它有一定的思维规律和方法。在创新训练的开始阶段，教师把这些方法讲授给学生，以使其开拓思路，并在训练中尽量给学生充分的自主创造空间，学生成组自定产品。由于创造性伴随着风险性，要允许创新失败，推倒重来，让学生思想上不存在顾虑。

同时要指出几点：创新的产品要考虑可行性和经济性；不是每件产品都要完全标新立异，可以是旧元素的新组合；要善于观察事物，从平凡中创造。

2. 实践性

创新是知识的流动过程，训练的特点是实践。技术基础课程为学生注入了大量的显性知识，还有一些较为隐性的知识之间的联系和经验，这些隐性知识通过实践才能发挥和积累，从而使学生在知识的不断流动中真正掌握它们。

在具有一定资源的前提下，整个创新训练应让学生完成从产品构思到设计再到制作，以及成果汇报的全过程，通过文献检索能力、机械结构和电控系统设计能力、绘图能力、理论分析能力、工艺设计能力、编程能力、动手操作能力等多方面的训练，使学生实现知识的流动、经验的积累和能力的提高。

3. 综合性

一项创新产品的产生，是创新活动中的科技知识、人的智力及体力综合的结果。创新训练所实现的知识综合，不是板块式的机械结合，而是在知识流动中的一种有机融合。

创新小组完成项目的方式，有助于学生在合作中产生思想的碰撞，这是一种智力的综合，同时提高了团结协作能力。

16.1.2　产品创新的方法

创新性地开发产品是有一定方法的，创新技法是以创新思维规律为基础，通过对广泛创新活动的实践经验进行概括、总结和提炼而得出来的创新的一些技巧和方法。各国通过对创新活动规律的研究，已总结出 300 多种创新技法。以下介绍几种操作性强、能按照一定方法和步骤进行实施的常用创新技法。

1. 设问法

设问法是围绕创新对象或需要解决的问题发问，然后针对提出的具体问题予以研究解决的创新方法。其特点是：强制性思考，有利于突破不善于思考提问的思维障碍；目标明确、主题集中，在清晰的思路下引导发散思维。

奥斯本设问法，又称为检核表法，奥斯本（美国人）——“创造工程之父”，建议针对某一现有事物从不同角度发问，从而引发新事物的产生，包括九个方面，如表 16－1 所列。

另外还有 5W2H 法，围绕创新对象从七个主要方面去设问，包括为什么选择该产品、该产品有何功能、该产品用于何处、如何研制创新产品等。此方法抓住了事物的主要特征,可根据不同的问题,确定不同的具体内容,适用于技术创新中的全新型创新选题。

表 16-1 奥斯本设问法九问

序号	问题	解释	实例
1	能否他用(转化)	该产品能否稍作改动或不改动而有其他用途	① 衣服上的尼龙搭扣转化用来解决人在太空失重状态下行走; ② 农村打水用的手动唧筒上应用了曲柄滑块机构,改动后可以应用在很多机械设备上,例如牛头刨床的运动机构
2	能否借用(引申)	能否从该产品中引出其他新产品,或用其他产品模仿该产品(二次创新,避免照搬)	泌尿科医生将爆破技术引入医疗,形成微爆破技术,粉碎人体内结石
3	能否变化(变动)	能否对该产品进行某些改变,如颜色、味道、形状、结构和造型等	① 1898年,亨利·丁根用改变形状的方法,将滚针轴承改为滚珠轴承; ② 美国沃特曼,在钢笔尖上开了小孔和小沟,使钢笔书写流畅
4	能否扩大(扩展)	该事物扩大,如加厚、变长、增加功能、增加强度、增加某些东西等后的应用	① 尺寸扩大,宽银幕电影、天文望远镜; ② 两层玻璃中加入特定材料,制成具有防弹、防震、防碎等性能的特种玻璃
5	能否缩小(缩减)	该产品缩小,如变薄、缩短、折叠、微型化、取消某些东西等后的应用	① 德国锁匠将时钟变小,造出第一只怀表,瑞士人做出更小的手表; ② 利用油门调速替代换挡机构的自动挡汽车
6	能否代用(替代)	该事物能否替代,或部分替代,如原理、材料、动力、元件、工艺等	① 用陶瓷替代金属制成陶瓷刀具、陶瓷发动机; ② 美国哥伦比亚自行车公司用环氧树脂替代钢材做自行车架
7	能否调整(重组)	能否改变先后顺序,改变布局或者改变型号	① 飞机螺旋桨由头部改为顶部,产生直升机; ② 电冰箱冷冻室与冷藏室位置调换
8	能否颠倒(反向)	现有事物能否正反颠倒,如作用、位置等	① 传统动物园里动物在笼子里,而野生动物园让人在车上,动物在外边; ② 反光条利用会发光的物体反射光线,从而让衣服、鞋、路标等变成会"发光"的物体
9	能否组合(综合)	现有的几个产品能否组合为一个产品,如原理、功能、材料、整体、零部件等,如何组合	① 自动化技术与机床组合出数控机床; ② 门上加人工智能技术变成可自动识别人的智能门

我国学者创造出"和田十二法",根据上海市和田路小学开展创造发明活动中所采用的技法,总结提炼而成,有"加一加、减一减、扩一扩、缩一缩、变一变、改一改、联一联、学一学、代一代、搬一搬、反一反、定一定"。和田法深入浅出,通俗易懂,便于掌握,适合于各个领域的创新活动,尤其适合青少年开展的创新活动。

2. 智暴法

智暴法又称头脑风暴法或智力激励法,是奥斯本于1939年发明,并于1953年总结后著书问世。智暴法是一种抓住瞬间灵感意识流而得到一些新思想的方法，其特点是利用群体成员的自我激发和互相激发开发创造力，它的理论基础来源于群体动力学。

智暴法的原则有：① 自由思考原则，与会者尽可能解放思想，畅所欲言；② 延迟批评原则，只能激励而绝不能扼杀，异议或评论有可能会中断一个可引发若干良好创意的新思路；③ 以量求质原则，设想数量越多越有利于有价值创意的产生，强调与会者要在规定时间内加快思维的流畅性、灵活性和求异性，尽可能多而广地提出有一定水平的新设想；④ 综合改善原则，要求与会人员提出改进他人设想的建议，将几个人的设想综合起来，形成新的设想。

3. 类比法

类比法是利用两个(或两类)对象之间某些方面的相同或相似推导出其他方面可能的相同或相似的方法。类比法是一种逻辑思维，是从特殊到特殊(从个别到个别)的推理方法。它建立在比较的基础上，把陌生的和熟悉的对象相对比，把未知的和已知的东西相对比，由此类及于彼类，举一反三，在头脑中建立更多的创造性设想。

类比法要求创新者有广博的知识和灵活的联想思维能力，在科学研究和创新活动中不必受严密推理的束缚。类比法形式多样，人们在实践中总结出了多种具体方法，此处简要介绍几种常用的。

① 拟人类比。又称角色扮演，让机械模仿人的某些动作，实现一些特定的功能。例如机械臂模仿人手臂和手的功能，挖掘机模仿人使用铁锹的动作。

② 直接类比。将创造对象直接与相类似的事物或现象作比较。类比对象的本质特征越接近，成功率越大。例如，开发高速行驶的水翼艇的动力装置时，可与已经存在的航空发动机相类比；物理学家欧姆将电与热从流动特性方面考虑进行直接类比，提出了著名的欧姆定律；人们从教堂中的挂灯随风摆动时的频率是恒定的这一现象得到启发，发明了用摆做定时装置的钟表，大大提高了钟表的计时精度。

③ 仿生法。是指从自然界的生物中获得灵感，再将其应用于创造对象的方法。漫长的进化使形形色色的生物具有复杂的结构和奇妙的功能，赐予人类无穷无尽的创造思路和发明设想。具体来说有原理仿生、结构仿生、外形仿生、信息仿生等。

原理仿生是模仿生物的生理原理而创造新事物的方法。例如，模仿蝙蝠的超声波定位原理发明了雷达，模仿乌贼的喷水前进方式制成了“喷水船”。

结构仿生是模仿生物结构而创造新事物。例如，观察到蜂窝质量轻、省材料、强度高的特点，人们发明出各种性能良好的蜂窝结构材料，广泛用于飞机、火箭及建筑上。

外形仿生是模仿生物外部形状的创造方法。例如模仿鸟的扑翼机，模仿袋鼠跳跃、昆虫六腿机构的越障机器人，模仿鱼类的水下鱼形机器人等。

信息仿生是通过研究生物的感觉、语言、智能等信息及存储、提取、传输等方面的机理，构思出新的信息系统的仿生方法。例如，模仿五官灵敏的动物，发明出集成众多智能传感技术、人工智能专家系统技术及并行处理技术等高科技成果于一体的智能仿生系统；模仿蚂蚁群体交换信息、规划路径的方式发明出蚁群算法等。

美国波士顿动力公司研发的机械狗 Spot，可以跳跃、开关门、避障，倾倒后可站起，还可与人进行各种包括语言交流的互动，可以说集成了以上各种仿生方法。

4. 移植法

移植法是将某个学科领域中已经发现的新原理、新技术和新方法，移植、应用或渗透到其他技术领域中去,以创造新事物的创新方法。移植法的实质是借用已有的创新成果进行新的再创造。事物之间的相关性、相似性构成的普遍联系,为学科间的移植、渗透提供了客观基础。

移植法的基本类型有:① 原理移植,将某种原理向新的领域类推或外延,如根据海豚对声波的吸收原理创造出舰船上的声呐;② 方法移植,将已有的技术、手段或解决问题的途径应用到其他新的领域,例如美国俄勒冈州立大学体育教授威廉·德尔曼从布满凹凸方块的饼有弹性得到启发,将凹凸的小方块压制在橡胶鞋底上,增加鞋底弹性,即为"耐克"运动鞋的前身;③ 功能移植,将此事物的功能为其他事物所用,例如美国人贾德森发明的拉链用在衣服、箱包上,而我国张应天将拉链应用在手术刀口上,减少了感染并避免了多次手术;④ 结构移植,将某种事物的结构形式或结构特征移入另一事物;⑤ 其他如材料移植、环境移植等。

移植法的应用既可以产生新技术,也可以创立新学科。将激光技术移植到生物学领域,可以改变植物遗传因子,加速植物的光合作用;移植到医学领域,成为诊断、治疗多种疾病的有力武器;移植到机械加工领域,使在普通机床上很难加工的小孔、深孔、材料内部的复杂形状都变得很容易实现。大量的实例都证明了移植法是科学研究与创新活动中一种比较简便和有效的方法,对技术创新和新产品开发有重要的应用价值。同时,不同学科、不同理论方法、不同技术等互相渗透、移植、综合,还可以产生新的学科,像材料力学、空间科学、生物物理学等。

5. 逆向转换法

逆向转换就是为了达到某一目标而向事物相反的方向进行求索,实质上是一种逆向思维的实际应用。人们习惯了按正向思路即一般常规的思路去思考问题,缺乏对事物的全面认识,要想创造性地解决问题,就要解放思想,逆反常规思路,换个角度思考可能会产生突破性的新思路。

逆向转换法主要包括逆向反转法和抽象还原法。

逆向反转法是指对某一事物进行直接的反向思考,对已经成功的技术在原理上作相反的想象,可能产生重大的创造发明。比较典型的实例是,法拉第根据已有的电动机工作原理反向思维发明了世界上第一台发电机;英国人赫伯布斯反常规地用"吸"代"吹"清理灰尘,发明了吸尘器。这是两个利用原理相反来创新的例子,还有一些按功能相反、结构相反、因果相反及观念相反等进行创新。

抽象还原法的基础是认为发明创造都有唯一的原点和多个起点,当从创造的起点开始进行再创造行不通时,可以从创造的起点抽象还原到创造的原点开始再创造。洗衣机的发明就是一个生动的实例,从手搓洗衣的起点出发用机器模仿人手搓洗或捶打实在不易,且容易损坏衣物,人们用抽象思索找到洗衣服问题的原点是让脏物与衣服分离,由此发明出表面活性剂——洗衣粉,以及摩擦漂洗机器——洗衣机。

6. 列举法

列举法是把与创新对象有关的方面一一列举出来,进行详细分析,进而探讨改进的方法,这是最常用和最基本的创新技法。它要求把整体分解成部分,分别进行分析研究,提出改进方案。当人们确定创新题目时,特别是在对老产品改造的基础上进行新产品的开发时,列举法就体现出方便、实用的优点,通常适用于一些小的、简单的题目。美国内布拉斯加大学教授克劳福特在20世纪30年代首创了特征列举法,以后又逐渐衍生出缺点列举法、希望点列举法和成对列举法等列举方法。

特征列举法是根据事物的特征或属性，将问题化整为零，以便产生创新设想。例如，想要创新制造一个移动机器人，如果笼统地寻求创新整个机器人，恐怕不知从何下手，如果将机器人分解成各种要素，如底盘、车轮、电动机、执行末端等结构要素，视觉、听觉、触觉等功能要素以及单片机技术、控制算法、智能识别算法等“软件”要素等，然后再分别逐个地分析、研究改进办法，则是一种有效的促进创造性思考的方法。

缺点列举法是通过挖掘产品缺点而进行创新的方法，即尽可能找出某产品的缺点，然后围绕缺点进行改造。相比于特征列举法的繁琐，缺点列举法有助于直接选题，找到突破口，确立创新目标。以电冰箱为研究对象，列举其缺点包括：氟利昂易造成环境污染；除霜的过程对人体有害，甚至危及人身安全；冷冻方便食品产生有害菌，可引起人体血液中毒等。提出改进创新方案包括：利用磁热效应制冷；研制自动除霜冰箱；研制能消灭细菌的冰箱灭菌器，作为附件等。

希望点列举法是通过提出对产品的希望作为创新的出发点寻找创新的目标的一种创新技法。该方法需要多方设想，大胆想象，是一种主动型的创造方法。以轴承为例加以说明。轴承是为了减少机械运动的摩擦，对轴承的希望有：能否使旋转轴和轴承的接触面尽可能小；最大程度地减少接触面间的摩擦系数；找到或制造使摩擦系数为零的润滑剂；在轴转动时，使旋转轴与轴承互不接触等。相应地提出解决方案：在轴套部分吹入高压空气，用空气层代替润滑剂减少摩擦；根据磁性材料同极相斥原理研制磁性无接触轴承；利用超导材料特性研制轴悬浮轴承等。

以上这几种方法均有其独到之处，若能将其综合运用，充分发挥各技法的优点，可以最大限度地提高创新成果的质量。

16.1.3　产品创新的过程

产品创新训练是运用创新思维方式与创新技法确定产品选题，尽可能采用先进设计方法进行产品设计并采用先进制作工艺完成产品制作的过程。目前课程内的创新产品既有机械类产品，也有机电结合类的产品，它们在具体内容方面有所不同，但基本创新过程相似。如表16-2所列，产品创新一般可分为产品选题规划、方案设计、技术设计、工艺设计和产品制造（装配、调试）五个阶段。

1. 选题规划阶段

产品选题就是明确这次创新训练要设计制造什么产品，产品规划就是明确该产品设计制造的目的、任务和要求。该阶段应用前述的各种创新技法，根据社会需要初步选择、确定创新产品，以及确定设计参数，最后给出详细的设计任务书或设计要求表。

2. 方案设计阶段

方案设计阶段的主要任务是根据创新产品的设计任务书，在功能分析的基础上通过创新构思、优化筛选，结合所学的相关理论知识，确定产品的工作原理与总体设计方案。本阶段是产品设计中的一个重要阶段，它不仅决定产品性能、成本，而且关系到产品水平及竞争力。该阶段应列表给出原理参数，并绘出新产品的功能原理方案图。

3. 技术设计阶段

该阶段是将创新产品的最优功能原理方案具体转化为可实行的设计。机械类产品转化为装置及零部件的合理结构，机电结合类的产品除了转化为结构设计，还须转化成电控技术实现方法，例如各种传感器的选择、主控芯片的选择、电路板的设计、控制算法的设计等。

表 16-2　产品创新的过程

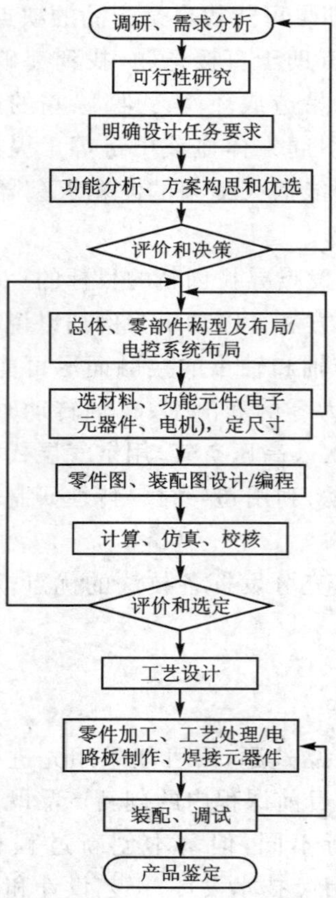

阶　段	步　骤	手　段	工作目标
选题阶段	调研、需求分析 可行性研究 明确设计任务要求	观察生活； 文献查阅； 社会调查	确定题目； 设计参数； 设计任务书
方案设计	功能分析、方案构思和优选 评价和决策	讨论、分析； 查相关设计资料、手册、数据库等	方案原理图； 机构简图、电路原理图、控制流程图； 论证报告
技术设计	总体、零部件构型及布局/电控系统布局 选材料、功能元件(电子元器件、电机)，定尺寸 零件图、装配图设计/编程 计算、仿真、校核 评价和选定 工艺设计	CAD、Solidworks 等绘图软件； 有限元、运动学、动力学仿真等计算机模拟技术； MATLAB 等工程计算软件； Protel 等电路设计软件； 编程软件	零件图、部件图、装配图等机械图纸； 造型设计图； 电路设计图； 设计、计算说明书； 软件流程图； 控制程序； 材料清单； 外购件清单
工艺设计	零件加工、工艺处理/电路板制作、焊接元器件	查阅工艺手册； 工艺设计软件； 数控编程软件	热加工、机械加工、热处理工艺图、工艺卡等
产品制造	装配、调试 产品鉴定	各种机械加工机床、用具； 电路板焊接用具、电路调试工具； 性能测试工具	创新产品样机

该阶段工作内容较多，首先完成总体布局设计，然后进行分部的实用化设计(结构设计、电路设计等)和造型设计(商品化设计)，再经过优化设计、可靠性设计、有限元仿真、运动学和动力学仿真、原理试验等试验和评价，选出最优方案。

4. 工艺设计阶段

工艺设计就是要把技术设计阶段所完成的设计图转变成为加工制造所需要的工艺文件，主要针对偏重结构设计的机械类产品而言。一般来说发明创造一种全新的工艺方法较难，但运用现代制造理论并尽可能地应用先进加工方法，及编制一条科学合理的工艺路线是完全可行的。

在这一阶段，要对创新产品制造过程中各阶段的众多加工方案进行对比和协调，充分考虑本单位的生产技术条件，并根据功能性、工艺性及经济性的原则选出最佳工艺方案，并形成相关的技术文件用以指导生产。

对于机电结合类产品，电控部分虽不涉及制作工艺，但其在布局、优化功能方面会影响结构设计，进而影响结构工艺设计，所以电控部分也是工艺设计阶段须考虑的因素。

5. 产品制造阶段

作为产品创新的最后一个阶段，除了要运用各种加工手段加工出零部件，并将所有外购和加工出的零件、电子元器件等装配成机器，还要进行大量的试验和调试最后形成样机。样机是产品创新训练成果的最终体现，完成后须进行鉴定。这是一个实际操作阶段，在这一阶段中，操作技能、实践经验、群体协作能力等都可以得到充分的发挥。

16.2 创新训练的实施

16.2.1 课程背景和目标

北京航空航天大学工程训练中心的综合创新训练课程，自1997年立项，1998年开始教学运行，至今已面向众多专业开展了二十多年的教学，期间经历了不断提高认识、改革、完善和发展的过程。

创新能力是高素质人才必备的一个重要能力，尤其对于研究型高校的学生来说，它位于各能力之首，具有内核功能。创新训练已经成为高等工程教育中理论和实践教学的结合点，成为将知识转化为能力的转化器。强调运用工程实践的方式，让学生将诸多的知识和技能充分地消化、吸收，使之转化成为综合素养。这是一个复杂的转变过程，同时这种转变具有不可替代性，必须亲身经历和体验。在转变过程中，教师要倾力引导这种转变趋近于能力的内核——创新能力。而对于参加创新训练的大学生，开展创新训练的最终目的是，巩固所学知识，锻炼工程实践能力，培养创新意识与创新能力，提高综合素质。

16.2.2 课程开展过程

课程基本围绕16.1.3节所述的产品创新过程开展，但与前述过程不同的是，创新主体是学生，需要借助教师的引导完成整个过程，而且课程的评价核心不是产品而是创新主体的能力，因此需要根据一门成组织的课程的要求进行相关过程设计。基于此，课程开展的形式是，以创新项目为载体，在教师创新引导和讲授相关前沿科技知识的基础上，让学生以小组为单位，围绕创新项目开展构思、设计、制作、验证及汇报工作，了解创新原理及科学发现过程，掌握工程项目开发流程，学习先进技术，能够利用相关技术和知识解决工程实际问题，并形成一定的创新成果，如图16-1所示。

根据前述创新训练的五个步骤，课程实际上有两个大阶段，选题规划与方案设计阶段和产品设计与制造实践阶段。

第一个阶段始于加工工艺学、机械设计、机械原理、C语言编程设计等理论课程，即从讲授互换性原理、加工工艺、机构学、运动学、单片机等开始，进行创新训练动员，使学生了解创新训练的意义和所要完成的工作任务，学生自愿结合成立创新小组。在这个阶段中，教师穿插讲解“创新思维方式”“产品创新技法”等内容，创新小组逐步形成创新产品构思方案，并随时与教师讨论研究。方案提交后，由教学团队组织进行方案审查，审查通过者，在教师指导下完成方案设计；同时允许未通过者推倒重来。

第二个阶段为主要实践阶段，学生进入实践基地后进行创新产品的自主设计、自行加工和

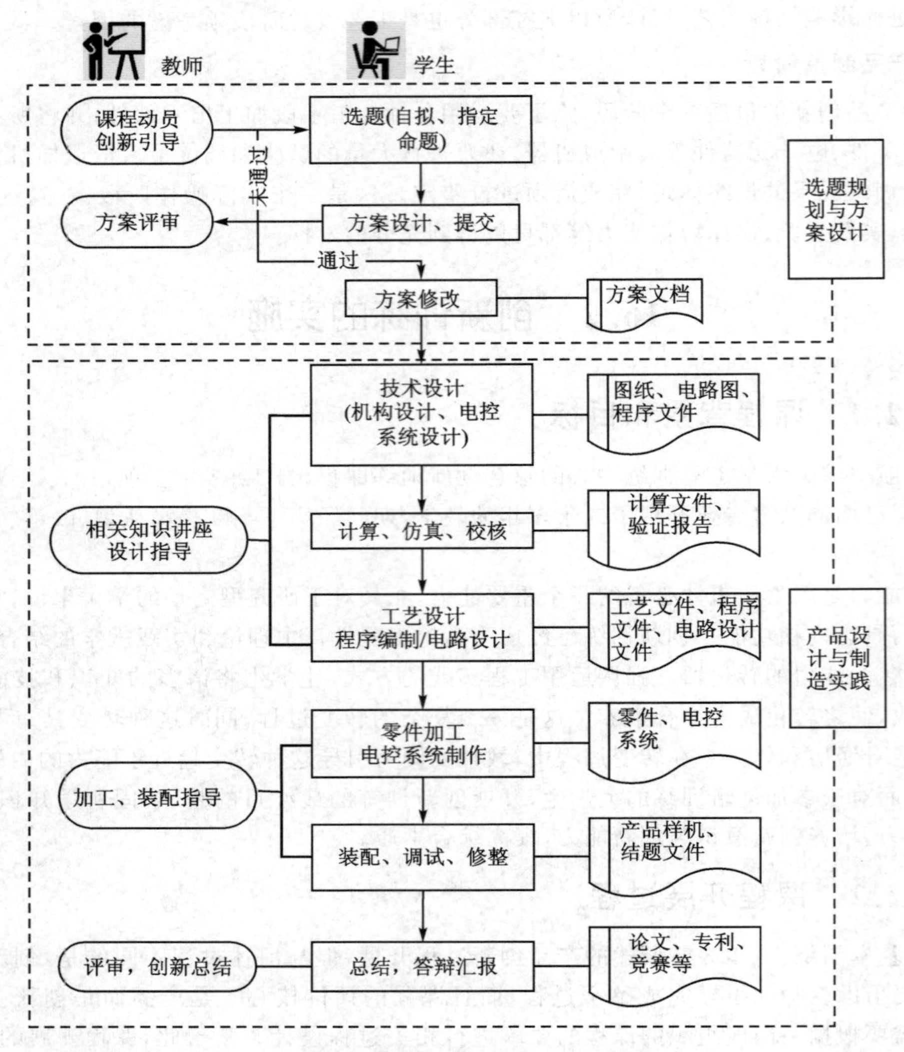

图 16-1　创新训练课程的开展过程

装配训练；在教师指导下完成技术设计、工艺设计、电路设计和选型、程序编写等；在加工和装配、调试过程中，学生不断与指导教师交流，增强和巩固工程知识。

最后各小组展示产品，就创新产品的性能、创新思维的产生和过程进行汇报、总结和答辩，并上交产品和相关文件。上交的文件包括但不限于零件图、装配图、工艺卡、电路设计图、程序文件、仿真文件等能表明产品完成过程的内容。能力突出者还可以将创新训练过程中的关键技术、原理形成科研论文或发明专利，保留成果。

16.2.3　产品方案审查的标准

创新产品原理方案的审查决定着该产品是否能进入设计、制作实践，是创新训练过程中至关重要的环节。方案设计在很大程度上决定产品的特征和最终性能，影响所有后续阶段的工作。因此，对创新产品的审查必须给予足够的重视，并遵循科学的审查标准。在创新训练实践基础上，总结出了以下五条标准。

1. 创造性

原理方案设计阶段是最富有创造性的阶段，原理方案是创新者对该产品创造性构思的总体体现。创新产品方案是否具有创造性特征应作为产品是否进入实践过程的首要标准。

鼓励学生进行创造性的构思和设计，如果仅仅是对现有产品的完全模仿，则不属于创新。如果创新者设计出一种前所未有的全新产品，可认为是完全的创新；如果创新者对已有的产品进行了改进、革新，使该产品得到改善或增加了性能、降低了生产成本或提高了生产效率，也应承认其革新过程中所蕴含的创造性，可以认为是部分的创新。

2. 可行性

学生填写的"任务表""方案流程"等文件的主要内容包括产品的功能与性能、设计参数及相关指标、外观造型和可行性分析等，最重要的是可行性分析。在可行性分析中，不但要详细说明产品的创新性即创新点，而且要论证该产品的水平与效益、设计与工艺方面的关键问题、现有条件下开发的可行性及制造工时的初步估计。

可行性审查的重点有两个方面，一是在现有技术条件下产品功能实现的可能性，二是完成产品制造的可行性。在实际审查工作中，往往以第二个方面为重点。对于某些创意很好，但依靠目前工训中心和外协加工的技术条件难以完成制作的创新产品，不建议作为课程项目，具有科研意义的可以进入科研实验室继续完成。例如，某组学生提出制作微电子芯片，还有同学想要研制新型复合材料，都属于专业的范畴，不适合作为创新训练的题目。

3. 训练性

学生通过自己动手将创新产品制作出来，提高了工艺创新、动手实践、团队协作和解决问题等能力，这是工程创新训练最重要的特色和相对其他实践课程的优势。本课程本质上还是一门实践教学课程，必须强调学生在课上的实践训练要充分，反推至方案审查阶段，即要求创新产品中需要制作的零件、编制的程序、设计制作的电路等实践内容量与创新小组人数相适应。

北航工训中心自主研发了电梯模型用于学生的创新训练，初始上课方式是为学生讲授单片机、程序控制等基本知识，然后让学生编制控制单个模型电梯的程序。从多轮实践来看，训练量较小，学生一旦掌握既有程序后只需做参数修改的简单工作。之后在实训过程中将原有模型的结构改造和控制策略智能化加入训练内容，比如增加图像识别判断等待电梯人数，设计多电梯联动控制，设计制作电梯异常运动保护机构等，既提高了训练项目的创新性又保证了学生的训练性。

4. 主观能动性(感兴趣)

在多年教学和指导学生参加科技竞赛的过程中发现一个具有普遍意义的现象，学生只有在感兴趣的前提下，才能完成一个项目。因为在整个产品完成过程中，随着时间的延长、难以解决的问题层出不穷、周边环境改变等，学生很难保持长久的创造热情，导致项目半途而废。

在方案审查阶段判断积极性的途径主要有：学生提交的原理方案设计文件和可行性分析报告，文件质量能充分体现是否用心；学生从原理设计阶段开始的各种外在表现，例如开展广泛调研、与教师积极沟通、大胆提出多套方案等。

5. 可展示性

将优秀的创新产品展示出来，有几个作用：① 肯定学生的创新成果，让学生体会成功的快乐，激励学生的再创造热情；② 为后续参加课程的学生提供实物参考，开阔思路，提高创新的勇气和信心；③ 避免创新产品的重复；④ 兄弟院校之间互相学习和交流。

方案审查工作作为一个教学环节，对审查者也提出了一些要求：开拓思路，解放思想，打破传统；平等对待学生，用心听取学生想法；摆正引导地位，不过度参与；不轻易否定、不简单比较，充分肯定学生想法。

16.2.4 新时代背景下课程改革思路

课程在实施过程中出现了落后于时代科技发展、学生投入度降低的情况，经过多次研讨和课程改革，在整体创建一流课程的大环境下，紧紧抓住科技发展趋向和学生发展脉络，逐渐找到了课程持续发展的途径。

一是提高课程本身的创新性，即在选题和授课内容方面引入前沿科技知识。教学内容的前沿性与时代性是检验课程创新性的重要指标，本门课程的教学内容是围绕项目展开的，所以项目作为课程的核心主线，也是课程先进性的重要体现。而同时，作为核心专业课，必须体现出课程在专业培养方面的支撑作用。除了竞赛题目、学生科创活动和自主创造作为课程项目来源，还加强了与专业院系和高新企业合作，引入了更多来自于专业教师的科研项目和来自于企业的实际工程项目，使得项目既体现出融合多学科知识的综合性，又强调结合本专业前沿科学研究和技术发展的创新性。让学生接触到最新的知识，掌握最新的方法，从与科技发展同步的研究性实践中获得更大的成就感。

二是通过进一步强化学生的主体地位，提升教师的指导能力，进而提高课程在将知识、能力与素质融合一体培养方面的作用，突出课程的高阶性。学生作为项目实施主体，需要全程参与项目的方案设计、开展与实施，这个过程就是融合了知识、能力与素质的。所谓强化学生的主体地位，即给学生更大的自由度，激发更多的创新构想，在资源上保证学生有失败重来的机会。教师在“以成果为导向，以学生为主体”的原则下，负责传授知识和引导学生完成项目。由专业教师为学生集中讲授前沿科学知识与项目开展过程的关键技术，由具有丰富实践经验的教师指导学生开展项目。教师个人教学、指导水平和专业技能水平成为项目完成效果的重要影响因素，提高教师各项创新教学能力也是课程顺利开展并获得最佳效果的关键。

三是建立完备严谨的课程机制，保证学生的参与度和课程的高挑战度。能在有限的课程时间内，调用多门先期课程内容，利用现代信息技术手段，完成综合性的项目，对学生来说是一件高难度的学习任务。如何有效地评价学习效果，科学地判断学生能力的获得，须建立合理的考核评价体系。此问题将在后续小节中详细展开。

16.2.5 课程其他要求和考核评价体系

理论课程通常通过一些测验来检验学习效果，类似简单的评价方式并不适合于综合创新训练这种实践性课程，很难考察出学生能力是否有提高。对于这种强调过程体验的课程来说，重在对学生创新能力以及分析和解决复杂工程问题的能力培养。如何科学合理地评价课程是否达成了对学生的培养目标以及考察学生的学习效果是课程反馈的重要环节，这些对后续参加者具有重要的借鉴意义，同时也是课程开展过程中的难点之一。

本课程采用过程性考评体系，对学生的学习效果作出全面的评价。考核方式采用过程与结果相结合，教师评价与学生互评相结合，实物产品、文档和答辩汇报相结合，加强非标准化、综合性的评价，集体打分，全面提升课程学习的深度与广度。以平时参与情况、阶段性成果、结题论文、答辩、最终完成情况等效果呈现方式作为评分项目，综合考虑学生作为团队中的一员的各方面表现，全面考察学生的学习效果。这种评价方式从时间维度上强调全过程监控；从内容上体现多方面考察；充分保证公平性，尽量减小评分者个人主观差异化的影响。

具体考核方法如表 16－3 所列。

表 16－3　课程评分标准

<table>
<tr><th>评价项目</th><th colspan="4">评价标准</th><th>成绩比例/%</th></tr>
<tr><td rowspan="3">平时成绩</td><td>优秀(9～10)</td><td>良好(8)</td><td>合格(6～7)</td><td>不合格(0～5)</td><td rowspan="3">10</td></tr>
<tr><td>积极、认真参与项目的全过程，按时保质完成老师或组长安排的任务</td><td>比较积极参与项目的全过程，基本完成老师或组长安排的任务</td><td>能参与项目，并完成一部分任务</td><td>不积极参与项目，不能完成自己的任务</td></tr>
<tr><td colspan="4">备注：此项为个人分，由指导老师为自己所指导的学生打分</td></tr>
<tr><td rowspan="3">中期检查</td><td>优秀(27～30)</td><td>良好(24～26)</td><td>合格(18～23)</td><td>不合格(0～17)</td><td rowspan="3">30</td></tr>
<tr><td>按要求、高质量完成中期任务</td><td>完成中期任务</td><td>基本完成中期任务</td><td>不能完成中期任务</td></tr>
<tr><td colspan="4">备注：此项为个人分，中期任务在开学第一周结束之前由指导老师公布给学生和课程组，在第 8 周由课程组组织中期检查，并集体打分</td></tr>
<tr><td rowspan="2">结题文件(论文)成绩</td><td colspan="4">1. 内容的完整性，原理分析、图纸、工艺文件、程序、电路设计图等(4 分)
2. 综合运用知识解决问题的能力(4 分)
3. 图纸、图表、文字质量及书面表达能力(3 分)
4. 论文格式规范(1 分)
5. 实验(或调查)数据、计算结果分析能力(2 分)
6. 论文独创及应用价值(5 分)
7. 题目难度(1 分)</td><td rowspan="2">20</td></tr>
<tr><td colspan="4">备注：此项为组分＋个人分，文件中属于组内共同完成的部分给组分，个人部分没能完成的酌情扣分，由指导老师打分，课程组组长审核</td></tr>
<tr><td rowspan="2">项目完成情况</td><td colspan="4">项目难度高，完成度好，有突出的研究成果(14～15 分)；项目难度一般，能完成，并有一定的成果(10～13 分)；不能按要求完成项目(0～9 分)</td><td rowspan="2">15</td></tr>
<tr><td colspan="4">备注：此项为组分，由课程组老师集体打分</td></tr>
<tr><td rowspan="4">期末答辩</td><td>产品创新和原理</td><td colspan="3">调研充分，原理正确，设计合理，校核计算正确，全新创新(9～10)；原理正确，设计合理，有创新(5～8)；原理和设计有所欠缺(0～4)</td><td rowspan="4">25</td></tr>
<tr><td>实现路径</td><td colspan="3">工艺、所用实现方法选择正确，方法有创新(9～10)；工艺、所用实现方法正确，实现方式合理(5～8)；实现方式有欠缺(4)</td></tr>
<tr><td>表述</td><td colspan="3">内容完整，表述、概念清晰，回答正确，声音洪亮、图文美观(4～5)；内容完整，表述清晰，回答正确，图文美观(3)；表述不清晰，回答问题不正确(0～2)</td></tr>
<tr><td colspan="4">备注：此项为组分，组内每个人分数一致，在答辩时由课程组老师集体打分</td></tr>
<tr><td>出勤记录</td><td colspan="4">备注：此项为个人分，如有违纪情况从总分中扣除，迟到一次扣 1 分，缺勤一次扣 3 分，缺勤 3 次及以上，此门课程成绩为 0</td><td></td></tr>
</table>

16.3　创新项目选题与方案设计

16.3.1　创新项目选题

项目选题是要明确本次创新训练要设计制作什么产品,是决定产品创新水平的关键因素之一。选题本身就是一种关键性创新,能正确判断研究方向的前沿性和可行性,需要选题者既有广博的知识面、专业的知识度、对科技发展的敏锐度,还有积极探索的精神,不畏困难和失败的勇气,是对学生实践能力的重要考验。

在选题和规划阶段,要求学生在充分调查研究的基础上,根据社会需要初步选择将要设计、制造的创新产品,然后进行市场预测和可行性分析,经反复分析比较后确定创新产品选题。确定题目后即可确定设计功能目标、设计参数和约束条件等,最后给出较为详细的设计任务书或设计要求表。

1. 课程题目要求

从技术创新的定义以及课程本身的特性来看,课程项目应具有以下基本特征:① 综合性,需调用多学科知识才能完成,还要考虑产品的全周期所出现的各种问题;② 工程共通性,利于学生认识到工程实现过程,不同专业的学生都能完成;③ 有一定的难度,需要学生在先修知识基础上进行深入思考,查阅资料,借用各种工具进行分析等;④ 有一定的未知性,有利于激发学生的创新动力;⑤ 接近工程实际,提升完成项目的成就感。

2. 选题调研

(1) 查阅文献

通过广泛阅读文献资料,了解感兴趣的问题在国内外研究现状和发展趋势,确定项目的研究目标、研究内容、研究方案及可行性分析。

文献泛指一切纸质或电子形式的文字、图像、音像等资料,网络是文献检索的重要手段。通常检索方式有网络搜索引擎,例如百度、Google以及文献数据库等。文献数据库是专利、期刊、学位论文等重要学术文献的权威检索工具,更具有专业性和准确性。常用的国内文献数据库有:中国知网、万方数据库、维普数据库、超星数字图书馆等。

想要快速、详细了解与项目相关的文献,必须掌握有效的文献检索方法。目前,主流的文献检索方法有:直接法,直接从有关的一次文献中获取信息;追溯法,以文献所附的参考文献等作为线索,追踪查找;工具法,利用一定的检索工具或系统获取文献信息;综合法,结合以上几种方法进行检索。

(2) 搜索专利

搜索现有专利的目的主要有两个:一是可以作为项目的借鉴,看到类似项目的关键解决办法;二是保证自己项目的创新性,避免重复。

国内专利库有百度专利、国家知识产权局专利库,可根据专利权人、题目、内容等检索。

(3) 市场调查

对市场需求进行分析,可有助于保证项目的可行性及创新性。创新训练课程涉及到的调查属于对自然现象的调查,可采用的方法有:文献调查、问卷法、访谈法、观察法等。

3. 选题原则

从学生角度出发，创新产品的选题应遵循以下几条原则：

① 尽量符合前述几条特征，切忌简单模仿；

② 尽量选择自己比较了解的方向，符合自己专业特点，了解其国内外研究现状、发展趋势和技术关键点及存在的问题；

③ 产品难度与课程时限相适应；

④ 产品具有良好的经济性。

4. 项目来源

如何找到合适的项目呢？以下给出一些关于项目来源的建议供参考。

（1）生活中的灵感

在生活中会遇到各种不方便、不如意的地方，思考问题实质，并找到解决方案，即为一个很好的创新题目来源。比如，有的同学观察到玻璃罐头瓶的盖子需要用很大的力徒手开启，这对小孩或老人来说很难，便开发了宽口罐头瓶开瓶器。直线型插排占用很大的空间，某位同学发明出模块式圆弧形插排组，可以根据使用需要调整模块个数，还节省了空间。2020年能源动力专业的几位同学，制作出可为腰腿不方便的老人提供从坐到起立、从躺到坐的身体姿势变化助力的电动椅，获得当年全国机械创新设计大赛一等奖。同年可靠性专业的几位同学，设计并制作出能跟随阳光投射方向而变换自身位置的地下室采光系统，获得北京市竞赛一等奖。从生活中找灵感，需要创新者有一颗热爱生活的心、一双善于观察的眼睛和勤于思考的习惯。

（2）探索本专业领域

利用自己对本专业现状熟悉、基础知识扎实的优势，在本专业领域中选题，比选一个不熟悉的课题创新成功的可能性更大。如果本专业有新的理论或新的发现诞生，将这些理论或实验室成果产品化、市场化就是显而易见的创新点；如果本专业的某些技术已经创新成功，则可以进行拓展创新，将这项技术应用到其他领域去。

石墨烯在被材料学家成功分离出来以后，其各方面优异的性能被各行业专家进行迁移、转化，广泛应用于能源、生物医学、微纳加工、航空航天等众多领域，这是上述第二种情况。我们课程内的学生，也从本专业现状和特点出发完成了大量的创新产品。例如，机械学院的同学制作了机械式“可调节防过载强力扳手”，利用弹簧和带斜面的滑块形成不同的临界力矩，进而防止过载；能源动力专业的同学制作出电磁式可变阻尼的振荡器、微型涡轮喷气发动机；飞行器专业的同学发明了扑翼式无人机等。

（3）企业的技术需求

企业是工程问题产品化的排头兵、实践者，对市场的敏锐度更高，来源于企业的技术需求是最有工程特性的，如能用专业知识解决这些问题并形成产品，将大大提高完成者的成就感。例如，无人驾驶车上的众多技术，像环境感知、视觉里程计、地理位置获取、动作捕捉、复杂路线规划、避障技术、运动系统等，由所属的专业学生利用专业知识一一攻克，最终用在面向市场的产品上，一定能让学生获得能力的全面提升。

（4）竞赛题目

这一类题目有确定的技术指标，为了达到指标，并在竞赛中取得好成绩，必然在方案设计和机构实现方面有独到且高难之处。近些年全国工程实践与创新能力大赛（原工程训练综合能力竞赛)中的利用重力势能驱动行走的无碳小车和智能物流车已成为常规项目,随着竞赛要求越来越高,无碳小车已从走S形轨迹演变为环形S轨迹甚至S与8字结合的轨迹,对这种纯机械的产品来说,功能的复杂性往往意味着结构的独创性,能在众多参赛者中脱颖而出,要求参赛学生有很强的工程综合能力。

(5) 广读博闻捕捉信息

在这个信息爆炸的时代,互联网、电视、科技文献给人们提供大量的信息,广泛阅读各种专著、科技期刊、会议论文、专利文献等,积极参加技术展览会和学术交流会,多加留意和思考,就能发现好的选题。这方面实例很多,进行科研深造的同学,其科研课题大多来源于此。

创新的根本目的是满足社会需求,推动人类社会的文明进步。人们对社会的需求永远不会满足,人类社会的文明进步也永远不会停止,创新的课题也就永远不会枯竭。运用发散思维和多种创新技法,都有助于发现创新课题。

16.3.2　创新项目的方案设计

方案设计就是针对产品规划中该产品所应具有的功能进行创造性的设计构思,然后提出原理方案,最后对产品的原动系统、传动系统、执行系统、电控系统和测试系统等做方案性设计,并以机构简图、液路图、电路图、程序流程图等形式表示出来。创新原理方案设计对产品的成败起着决定性作用,方案设计对产品的性能、结构、工艺、成本和使用维护等都有重大影响,是决定产品的使用功能、技术水平、竞争能力和经济效益的关键环节。

创新产品的原理方案设计主要包括以下几方面内容。

1. 功能原理设计

功能原理设计的任务是针对某一确定的功能要求,寻求相应的物理效应,借助一定的作用原理,构思出能实现功能目标的新的解法原理。其工作步骤是从明确的目标开始,然后进行可能有多种解法原理的创新构思,再通过试验或技术分析对这些解法的可行性和实用性进行验证和评价,最后选取最合理实用的解法作为最优方案。

原理设计最常用的是系统分析设计法,把设计对象看作一个完整的技术系统,用系统工程的方法对系统中各要素进行分析与综合,使系统内部互相协调一致,并同时考虑环境因素,最终获得整体的最优方案。其分成以下几步:明确任务——功能分析——功能分解——功能元求解——功能原理解。

(1) 功能分析

在明确设计任务后,即可对创新产品开展总功能描述和总功能分析。功能是产品(或系统)特定工作能力抽象化的描述,其描述要准确、简明,抓住本质。如电动机的用途是做原动机,具体用途可能是驱动机床、电动车等,其功能原理即能量转换——电能转化为机械能。

系统工程学用"黑箱法"研究分析问题,产品的功能和特征被归纳为三种基本功能形式,即能量、物料和信息。将待开发的产品系统看作一个未知内容的黑箱,如图16-2所示为黑箱模型。这种抽象表达暂时忽略某些次要因素,只对基本功能的输入输出关系作集中考虑。如图16-3所示为无碳势能小车和老年助力椅的黑箱模型。当系统原理完全确定后,"黑箱"就被"打开",原理问题得到解决。

(2) 功能分解

一般难以直接求得满足总功能的系统解,可将总功能分解为若干子功能,再进一步分解为若干功能元。将功能分解表达为树枝状的功能结构图，即为功能树。无碳小车和老年助力椅的功能树如图16-4所示。

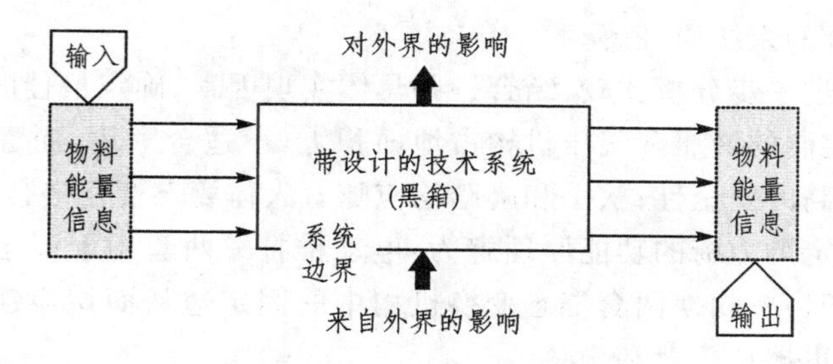

图16-2　黑箱法示意图

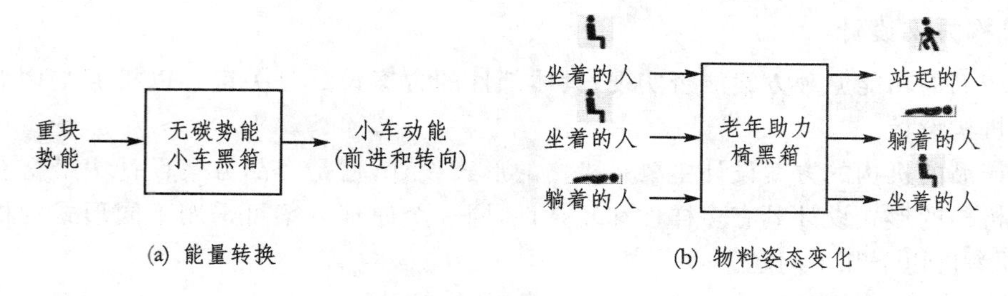

图16-3　黑箱法实例

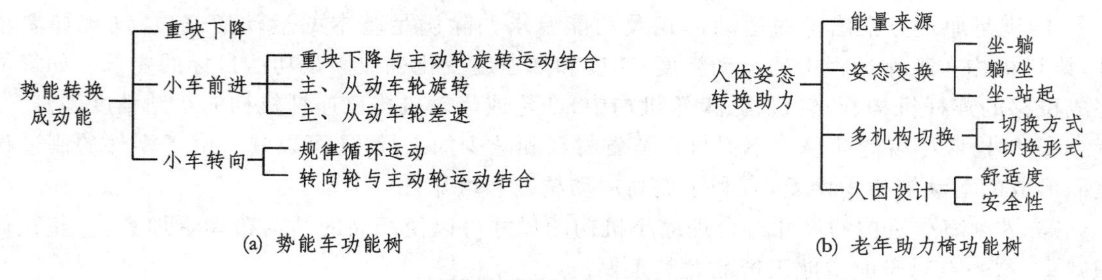

图16-4　功能树实例

(3) 功能元求解

常用的功能元有三种类型：物理功能元，主要反映系统的物理特征和物理量之间的变换，如能量转换、功能缩放、连接、传导及存放等；数学功能元，描述系统参数间的运算关系，有加减、乘除、乘方开方、积分微分；逻辑功能元，用于系统中的逻辑运算和控制，一般用于电控系统。

功能元求解时，需调用各种相关知识和利用各种创造性方法开阔思路。以老年助力椅为例，对如图16-4所示的几个功能元求原理解。能量来源可以采用电动推杆、液压、气压；几种姿态变换可采用连杆机构、凸轮机构、齿轮机构；多机构切换涉及两个方面的问题，一是手动还是自动，二是整体切换还是部分切换；人因设计中的舒适度体现在扶手、靠背、坐垫、脚踏的设计和操作的方便性，有多种方案，而安全性是与能量和机构相关的，前述每种方案都有相应的安全保障方案。

(4) 系统原理解及筛选

将各功能元通过串联、并联及回路形式进行组合，可以得到多种不同的解决方案，即多个系统原理解。首先要进行粗筛选,把与设计要求不符的或与各功能元不相容的方案去掉,比如从机构的效率性上考虑去掉凸轮和齿轮机构,操作方便性上去掉手动,机构简单化上去掉整体切换等,形成多种组合的系统原理解。

再对几个原理解进一步分析比较,结合一些具体实现因素,确定最佳的功能原理解。能量来源上,可进行过程控制的液压和气压机构占地面积大,不适合家用,而且电动推杆在符合承载要求的前提下有较高的安全性;扶手和脚踏均应随着人体姿态变化进行构型变换,而不应做成固定式等。最终确定助力椅的功能原理解为:电动推杆—两套用于姿态变换的连杆机构—手持操作面板、自动切换—切换两套姿态变换机构中的固定边从而切换连杆机构—可变结构扶手和脚踏——软质可擦洗靠背和坐垫。

至此完成了功能原理设计,接下来要进行具体的结构和电控系统方案设计。

2. 机构方案设计

创新产品的功能原理方案能否实现,具体部件的方案设计是关键。以机械结构为主的产品更注重机构设计。

机械产品的机构的方案设计主要是机构的形式设计,这是产品方案设计中最富有创造性的环节。机构的形式设计具有多样性和复杂性,同一个原理方案可采用不同形式的机构来实现,具体须考虑以下几个问题。

(1) 机构设计的原则

在进行机构设计选型时,应遵守几项原则:

① 满足原理方案确定的运动形式及功能要求。除满足基本的运动形式、运动规律要求外,执行机构在工作过程中的运动精度、速度和加速度变化也应满足功能目标的要求。如都能完成位移的连杆机构、凸轮机构、齿轮机构中,凸轮或齿轮机构比连杆机构的运动精度高。

② 机构应尽可能简单。不但可以节省材料和减少加工量,还可以减少由于零件的制造误差而形成的运动链累积误差,有利于提高运动精度和可靠性。

③ 尽量缩小机构的尺寸。合理缩小机构的尺寸可以使产品的结构布局更加紧凑,整机体积减小,这一点对于航空航天产品尤其重要。

④ 具有较好的动力特性。机构同时承担传递动力的任务,为提高机器的传力效率,要采用传动角较大的机构。

⑤ 选择合适的原动机。电动机作原动机时,要合理选择电动机的功率,以免造成驱动困难或功率浪费。驱动形式可多样化,在只要求执行构件实现简单的工作位置变换的机构中,传动机构较为简单且传动平稳、操作方便的液压缸或气压缸作原动件较为适宜。

⑥ 易于制造加工。这一点对于保证产品质量有着重要的意义,比如短粗杆比细长杆容易加工,低副机构比高副机构容易制造,回转副比移动副好加工等。

(2) 机构运动简图

在进行创新产品机构方案设计时,常常需要使用运动简图来说明系统各构件或各机构的相对运动情况。在不考虑与运动无关的因素前提下,用简单的线条和符号来代表构件和运动副,并按一定比例表示各运动副的相对位置关系。关于机构运动简图的定义和画法请参考"机械原理"课程。

(3) 机构的选型

机构的选型是指在对某些较简单的机械进行机构设计时,可将前人创造出的各种机构形式按照运动特性或实现的功能进行分类，然后根据原理方案确定的执行构件所需要的运动特性或实现功能直接进行选择、比较和评价，最后选出合适的机构形式。

常用机构的形式及功能特性可查阅有关机构手册或设计手册，实现同一功能或运动形式要求的机构可以有多种类型，每种机构都有其优缺点，选型时要从中选出最优方案。

以无碳小车的转向机构为例，可由曲柄滑块连杆机构和凸轮机构实现。连杆机构制作难度小、承载力大、维护方便，但运动精度低、尺寸较大，机构复杂度高。凸轮机构虽然耐磨性差、制作难度高，但在重复运动精度高、结构紧凑、结构复杂度低方面表现优异。对于对运动轨迹要求严格的无碳小车来说，选择凸轮机构是最为合适的。

3. 电控系统方案设计

机电结合的产品需要综合考虑电控部分和机械部分的结合，其主要内容是在产品开发过程中，根据各个项目环节的内容多元化发展产品功能、开发子功能等，从而实现功能、结构需求等具有系统性和全面性的设计活动。创新产品设计过程综合性强，其中电控是机电结合产品的核心，重点考核学生对于单片机的软件编程能力。机电结合产品可分为软件、电子元器件与机械三部分，其产品功能包括控制、操作、动力、构造与传感检测五个部分。通过电路板硬件设计与软件编程设计的结合，实现产品的主要功能。单片机开发的一般过程是首先进行硬件设计，然后根据硬件和系统的要求在开发环境中编写程序，经多次仿真把程序调试成功后，再通过仿真器把程序写到单片机里。

在方案设计时应将系统主要划分为信息控制、传感检测、执行机构等子系统，以充分发挥其功能优势。须注意以下几点：

(1) 电控硬件选型原则

在进行电路硬件设计选型时，应遵守几项原则：

针对本科生先修课程有限、实践能力不足的情况，在满足功能、性能要求的情况下，尽可能建议学生选用成熟的开发板方案，以减小课程设计难度，缩短设计周期。如学生有硬件开发的基础，可指导学生开展电路板器件选型、布局和PCB设计，重点确定单片机型号及封装类型。

电机、舵机等执行机构选型，应根据项目需求尽可能做到物尽其用，在保证执行机构功能需求以及运动精度满足的情况下，尽可能地降低成本，增加系统可靠性，减小样机尺寸。

对于不同电动机构以及控制环节，考虑电压等级不同，须选择合适的电平转换模块。例如一般单片机开发板供电电压为5 V，开发板内部有5 V转3.3 V电平转换。而直流电机、步进电机等强电单元，常用12 V直流电压供电，机械臂舵机电平以7 V为主。为使多电动机构协同正常工作，需要考虑不同元器件间的电平转换。

(2) 传感检测模块选型

传感检测单元能感受到被测量的信息，并能将感受到的信息按照一定的规律变换成为电信号或其他所需形式的信息输出，以满足信息的传输、处理、存储、显示、记录和控制等要求。传感模块的存在和发展，让机电产品有了触觉、味觉和听觉等感官功能。传感模块一般由敏感元件、转换元件和转换电路三部分组成。常见的传感检测模块有温度传感、超声波传感、压电传感、红外传感、视觉传感等。

根据项目任务需求，选用合适的传感模块。要进行一项具体的检测工作，首先要考虑采用何种原理的传感器，这需要分析多方面的因素之后才能确定。因为，即使是测量同一物理量，也有多种原理的传感器可供选用，则需要根据被测量的特点和传感器的使用条件等，具体考虑以下一些问题：量程的大小；被测位置对传感器体积的要求；测量方式为接触式还是非接触式；信号的引出方法，有线或是非接触测量。

(3) 机械结构图

在进行机电结合类创新产品设计时，需要根据任务需求完成系统各构件的相对运动情况。整体方案设计参考机械产品设计，同时考虑电控结构与机械结构的有机结合。

以智能物流小车项目为例，可由易于上手的Arduino开发板做电控来实现。选用直流减速电机、麦克纳姆轮、五自由度舵机机械臂结构等常见方案，兼顾性能及成本。对于有竞赛需求的学生，优先考虑系统性能，在体积重量满足竞赛要求的情况下，尽可能提高运动的快速性、稳定性和控制精度。

4. 方案的评价与论证

在经过前述功能分析和原理设计后，合理、准确的评价与决策也是创新产品开发过程中的重要阶段。评价不仅是对各方案的价值进行简单的比较，还要对创新产品进行改进完善，因此也是一个对产品优化的过程。

对一个创新产品或方案进行科学地评价，首先应根据创新产品开发的实际需要确定评价目标即内容。评价内容一般包括技术评价(功能目标、先进性、可行性等)、经济评价(成本、利润、投资回报等)和社会评价(市场效应、节能环保、可持续发展等)，再根据产品的不同需要细化成一个个具体的评价目标。进而需要对评价目标制定确定的性能或量化指标，用以准确地衡量方案的可行性。

16.4 创新产品技术设计和工艺设计

产品的技术设计是指把选定的最优原理方案转化成可供加工、施工、制作的图纸和技术文件，而工艺设计是形成这些制作过程和方法的文件用以指导制作。

16.4.1 产品的技术设计

技术设计时，首先要进行总体布局设计，然后沿实用化设计和商品化设计两条设计路线分别进行结构设计(材料、尺寸等)和造型设计(美感、人机交互等)，最后选出最优设计方案，形成装配草图、效果草图等。

对于侧重结构设计的机械类产品，技术设计时的计算、技术要求的相关内容写在设计技术文件里，其他内容均须用图形来表达。一般的制图步骤为：在装配草图基础上拆绘零部件草图，经过反复协调优化、审核后绘出零件工作图、部件装配图，进一步绘出产品总装配图和造型图，最后结合其设计过程文件编制技术文件，如设计说明书、外购件明细表和材料清单等。

对于机电结合产品，技术设计的核心在于软件程序的编写。编程设计首先应根据任务需求进行规范的流程图设计，正确使用流程图标表述软件运行流程。合理规范的流程图是软件编程的重要保障，也是后期性能维护和修改的关键依据。流程图设计后根据所选单片机的型号选用相应的开发平台进行软件编程。经过不断的调试、修改代码，将最终程序下载到单片机内，并正常运行，完成编程工作。

1. 总体布局设计

总体布局设计是在满足创新产品技术先进、经济合理、制造方便，同时具有美观外形的前提下，完成总体布置和确定总体参数，并将它们表达于总装配图、造型图及其他设计文件中。

总体布置一般遵循几条原则：① 有利于机械功能的表达；② 结构紧凑，层次清晰；③ 装配、维修、调整、操作方便，符合人机交互需求；④ 造型美观、比例协调。需要说明的是，机电结合产品中电控组件的大小和位置与功能实现有关，在总体布局设计时除了满足以上要求外，还应考虑到电控组件的放置位置和布线不与机械结构（尤其是运动机构）产生干涉。

总体布置的类型有多种，按方向可分为水平式和直立式，按原动机与机架的相对位置可分为前置式、中置式和后置式，按机器的组合方式可分为整体式、部分式和组合式，按力的传递路线可分为开式和闭式，按机构的运动范围可分为平面式和空间式。创新产品通常在满足功能要求的前提下，选择最符合布置原则的方案。

在机器总体设计时还须确定其总体参数，包括：尺寸参数，主要指机器的总体轮廓尺寸、工作特性尺寸及安装连接尺寸等；质量参数，指整机质量、质心位置等；运动参数，执行机构的转速、移动速度、调速范围，末端执行器的路径等；动力参数，所用的动力源的参数，一般由负载确定；技术经济指标，主要是生产率、成本和加工质量等，需要协调各方矛盾。

2. 结构设计

结构设计是用具体的工程结构来实现功能方案。结构设计关系到整机性能及零部件的力学性能和可靠性，它是一个从抽象到具体、从粗略到精确的过程，其具有多解性的特征。能找到局部和全局最优解是结构设计阶段创新成功的关键。

结构设计可按如图 16－5 所示步骤进行。

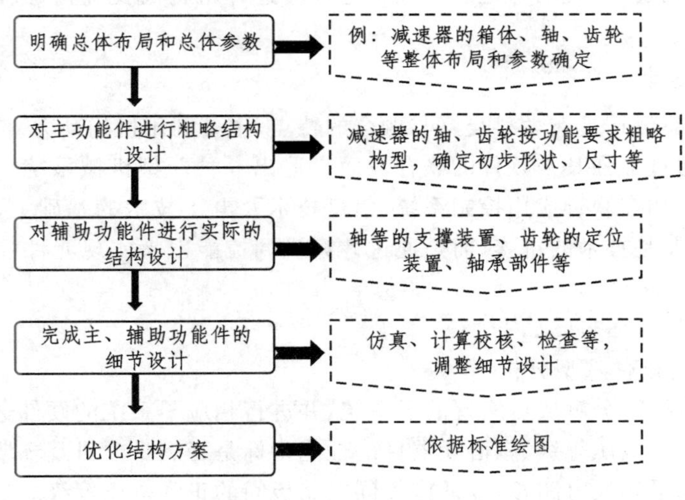

图 16－5　结构设计一般步骤

在结构设计时一般有几项准则：

① 结构设计基本准则。功能、作用原理明确、工况条件及负荷状况明确；零件数目尽量少，连接关系简便，零件形状尽可能简单，避免结构干涉；符合人机交互、环境安全要求。

② 满足力学性能要求的设计准则。零件的力学性能包括强度、刚度、塑性、韧性、疲劳强度等，性能是否得到满足决定了产品是否能正常运转。这些均取决于合理的结构设计、正确的选材。关于力学性能的结构设计可参考“材料力学”“机械设计”等课程内容。

③ 满足工艺性要求的设计准则。为了方便加工和装配，设计还必须考虑满足零件的结构

工艺性和产品的装配工艺性。结构工艺性是指零件在满足使用要求的前提下,制造的可行性和经济性,比如设计必要的退刀槽、封闭结构要适应刀具形状、设计出铸造凸台等。装配工艺性是指零件结构方便装配和维修,如装配件之间要有准确的定位基准、孔轴端部设计出倒角等。此部分内容可参考"加工工艺学"课程内容。

④ 合理精度的设计准则。精度设计即极限与配合的选择与设计,是确保产品质量、性能和互换性的一项很重要的工作。极限的设计需协调机床制造可行性与经济性之间的矛盾,精度过高意味着成本增加、效率降低,精度过低影响零件配合性能。在进行配合的设计选用时,多采用经验类比法,除了参考国家标准给出的"常用、优先配合表"外,还必须考虑机器的具体工作状况和某些条件对配合性能的影响。

以上为产品设计中的常规问题,在创新产品中如何对传统结构进行变异改造是真正体现创新的部分。可以考虑的变异方向有:功能面的变异,也就是对零件的接触表面的形状、位置、顺序等进行非常规改造,例如垫片从平垫到弹簧垫片再到止动垫圈的改造;连接的变异,通常有固定连接、滑动连接、转动连接、移动转动结合的连接,在满足加工方便性的前提下,进行适当的改造提升连接性能(例如有同学将中国传统的榫卯结构应用于固定连接上);支撑结构的变异,在变速、传动结构中的支点位置变异和支点轴承的种类、组合的变异,为支撑结构的创新设计和结构优化提供了广泛的空间。

前述的老年助力椅结构中,坐－躺变换结构和坐－站变换结构都是连杆机构,常规的做法是两套机构独立运动,而在学生参赛作品中,采用的是在一套连杆机构中,通过改变固定边,使一套连杆机构变成两套,实现两种运动轨迹。这种对连杆机构的变异性处理即是一种机构的创新。

3. 电控系统设计

机电结合的产品设计具有学科交互与融合的特点,主要利用机构动力、信息与控制功效引导电子技术,然后通过加强其与软件的联合性而打造出一种新型机械系统。电控系统的关键在于集成多种技术,如在联合应用控制系统、信息技术及电工技术的基础上,控制创新产品的运动。这种行为并非是技术的拼凑,而是通过计算机调控能力来实现元件控制与驱动目标的先进机电系统。

电控系统的设计具体步骤如下:

(1) 任务分解与硬件选型分析

根据总体项目任务,分解成可实现的子系统,并进行相应子系统的硬件选型。选型时需要考虑电路板尺寸大小、电压等级、核心元器件的性能指标是否满足项目及环境需求等。子系统选型完成,需增加电平转换电路板,以适应不同电路板间的正常电压等级。如多个单片机间需进行信息交互,如上位机向下位机下达指令,下位机向上位机传输速度、位置等信息,还要考虑通信方式。

(2) 软件编程设计

根据所选单片机的类型选取相应的编程平台,如 Arduino 单片机选用 IDE 编程平台,STM32 选用 Keil 编程平台。这两类常用单片机均采用 C 语言编程,根据项目需求确定软件流程图,流程图绘制过程中注意语句跳转条件,循环结束条件等。流程图检查无误,再进行代码的编写。具体编写过程不做赘述,须注意变量类型、全局调用、语法等细节。

编写过程在编程平台进行,编译调试成功后可连接硬件下载运行。在硬件调试前要确保所有接线连接正确且牢固,尤其是电源供电在正常允许范围内,且极性连接正确。如硬件调试失败,不能按照预定的任务执行,可进入 debug 模式调试,逐条检查代码运行情况并作出相应的修改,直至成功。

16.4.2　产品的工艺设计

所谓工艺是指零部件加工、制作、装配的过程和所用到的方法,工艺过程是最终制成一个产品的核心过程。对于创新产品来说,既需要根据当前的工艺技术水平选择适当的工艺方法,又应尽量探寻工艺上创新的可能性。

创新实践课程中,学生可以调用所学的工艺学、机械学等相关内容完成机械零部件的工艺设计和创新,下文对此进行展开说明。而电控类的产品中除电子元器件焊接外的其他工艺,如电路板印刷、传感器制作等超出课程范围,以下不作阐述。

机械制造工艺设计应满足几项基本原则:首先要保证产品的质量符合技术设计要求;在现有技术条件下,保证生产率和改善劳动条件;保证合理的经济性;尽量选用先进的生产组织形式和生产方式。

工艺设计的基本技术依据包括:零件图及技术条件,零件图上呈现出的构形、技术要求(精度、表面粗糙度等)、材料(牌号、热处理要求等);生产批量即生产类型,单件小批、成批大量决定了工艺过程中毛坯制造、夹具、机床、刀具等的选择和工序内容安排;生产条件,既要从现有生产条件出发给出合理的工艺设计,还应注意新技术的应用可能性。

通常机械加工工艺设计的步骤是:① 分析图纸,找到主要表面和加工难点,初步安排方法和工序;② 确定毛坯,毛坯种类、质量对提高生产力和降低成本有密切关系;③ 制定零件的工艺路线;④ 确定各道工序所需的设备、刀具、夹具、量具等;⑤ 确定主要工序的技术要求及检验方法;⑥ 确定各工序的加工余量,计算工序尺寸;⑦ 选择切削用量,确定工时定额;⑧ 填写技术文件。

以上工艺设计的步骤中,毛坯确定和制造是制造过程的首要阶段。设计者需要根据零件的力学性能选择合适的材料,再根据材料本身的特性选择恰当的毛坯成型方法。有些材料的成型方法不唯一,还需要结合生产类型、零件的复杂程度、结构形式、成本预算和生产条件等确定最适合的方法。例如铝合金可以采用铸造、锻造的方法成型,还有现成的型材,用于型腔复杂的零件选用铸造成型,用于力学性能要求较高的零件采用锻造成型,而力学性能要求一般、形状不复杂可以选型材。

关于毛坯的成型工艺,请参考本书第 2 篇。

通常机械产品中切削加工费用占总生产成本的 50%～60%,机械切削工艺设计是零件生产过程中所涉及到的各类加工工艺设计的重点,上述步骤中③～⑧即为切削工艺的设计步骤。从工艺路线设计开始,对加工工艺过程进行总体布局,再进行具体的工序内容安排和切削参数计算。切削工艺的合理设计需要设计者有扎实的工艺理论基础、丰富的加工实践经验、全面的产品系统观,是考验学生理论联系实践能力的关键一环。具体设计原理和方法请参考“加工工艺学”课程内容。

需要说明的是,以上工艺步骤的设计基本上基于传统加工技术,在先进制造技术日新月异的当下,数控、特种加工、增材制造等在加工效率、质量、复杂度等方面优于传统技术,在符合成本要求前提下也应充分考虑利用这些先进技术进行创新制作。其相应的工艺过程不同于传统技术,需根据每一种加工方法的特点专门制定工艺规划。

16.5 创新产品样机制造及整装调试

16.5.1 创新产品实物制作

作为面向多个专业众多学生的课程,创新实践课内产品制作过程与前述产品制造过程既有相似之处,也有明显不同的地方。任何制作过程都应遵循一般自然规律和安全生产要求,由于学生经验不足,课程内的设计具有多样性、个性化、工艺性不佳、各方面协调性差等特点,需要指导教师及时引导和帮助,同时允许学生有失败——调整——再尝试的过程,这是提升个人实践能力的有效手段。

1. 制作过程规划

学生的制作过程大致上可以分为设计文件准备、加工准备、生产(制作)实施、整装调试等主要环节。

设计文件是制造的依据,一般包括产品设计书、结构图纸、控制原理图、材料清单等。加工准备阶段包括制定工艺方案、确定加工设备和工艺装备、确定检测工具等。这些内容已在前述章节加以说明。

生产实施是整个制作过程的核心部分,主要包括加工设备选型、零部件材料选用、零部件的加工、样机装配等主要环节。本书第2篇和第3篇涉及到的就是各种加工手段的设备、加工操作和工艺要求,机械零件的加工可参考这些内容。对于机电结合的产品,不涉及加工生产电子元器件,但元器件选型、电路板焊接、电路调试等工作也属于生产实施阶段,也有一定的工艺操作要求。

在工艺设计完成后、生产实施前,还应填写材料申请单,下料后再进行加工。

2. 加工设备选型

加工设备选择得合理与否,将直接影响工件的加工精度、生产效率和经济效益。应根据具体加工条件、工件结构特点和技术要求等选择工艺装备、加工设备。对于学生的单件制作来说,一般采用通用机床、数控机床、线切割机床、3D打印机等常用机床,极少采用专用夹具;刀具和量具主要采用标准刀具和通用量具。

3. 制作过程控制

出于安全考虑,同时为了保证非加工专业学生的加工制作顺利完成,还有让学生体会设计与制作的关系、质量要求与经济性之间的矛盾,教师须做好加工过程控制,主要有以下几项工作:

① 严格审查学生的技术准备文件,避免造成安全事故或重大失败的设计;

② 指导学生使用机床;

③ 为学生预约机床、加工用具;

④ 分发工时票,让学生在加工时控制总工时;

⑤ 辅助学生制作工装夹具。

16.5.2　样机的整装调试

这是创新制作的最后一个阶段，将外购件、加工件装配起来，并在测试基础上进行调整形成最终的产品。机电结合的产品在调试阶段主要是根据功能要求、实际功能实现效果进行程序调试和机械零件调整，以下重点说明机械结构的调试过程。

单件机械样机的装配可采用互换法和修配法。

互换法是指严格按互换性原则设计零件技术要求，再严格按要求加工出零件，即可满足初始设计的配合性质。这种方法对零件设计的准确性和加工要求高，尤其对于尺寸链较长的零件来说，有时甚至无法完成加工。

而修配法是在装配时修去指定零件上预留的修配量，以达到装配精度的方法。具体地说就是将装配尺寸链中各组成环按经济精度制造，装配时按实测结果，通过修配某一组成环的尺寸，来补偿其因公差放大后产生的累积误差，使封闭环达到规定精度的一种装配方法。这种方法的优点是，能获得较高的装配精度，而零件可按经济精度制造；缺点是增加了一道修配工序。具体的方法有很多，常见：单件修配法；合并修配法；自身加工修配法等。

对于缺乏设计和加工经验的学生来说，出于验证理论知识的目的，可鼓励其应用互换法，而同时体验修配法避免重复加工、保证成功率。

在装配和调试过程中常出现的问题和原因有以下几个方面。

① 轴、孔配合关系不符合设计目标，比如原本需要间隙配合，加工后出现了过盈。在装配工艺链不长的部件中，这种问题通常是由于设计不正确或加工环节没有按设计要求进行造成的，前者须修改设计，而后者须重新加工。在装配工艺链较长的部件中，这个现象可能源于各组成零件的误差累积，可修改设计或更改装配方法。还有一些不太常见的原因，例如加工中的应力释放或环境因素造成的尺寸变化，对某些特殊零件来说也不容忽略，可采用预处理或后处理的方式加以消除。

② 运动部件无法正常运动，比如相对转动或滑动部件运动费力甚至无法相对运动，应该随轴一起转动的齿轮无法转动等。前者的可能原因是原动件选型计算错误，或接触面的摩擦力过大，或零件设计有欠缺，须重新计算和设计、加工，并增加轴承减小摩擦。后者的可能原因有连接件（键、销）设计、选型有误，零件极限尺寸设计有误，或其他零件干涉等，基本上都属于设计问题。

③ 运转过程中出现零件损坏，甚至失效。这类问题既有材料选型错误、力学计算错误、工艺方法选择有误等设计原因，也有使用条件估计不足、没有正确使用和维护的使用原因。

创新的产品往往会出现各种各样或简单或复杂的问题，有时表现为整体功能失效，有时是局部失效，需要制作者耐心排查，抽丝剥茧，必要时化整为零，拆解成各个部分去测试找原因。

思考练习题

1. 应用本章内容，设计一个包含 3 个以上零件的创新产品，简要说明其功能和设计方案，画出机构简图和零件图等。

参考文献

[1] 于文强.金工实习教程[M].北京:北京理工大学出版社,2021.
[2] 高志远,殷永生,朱锐 金工实习[M].西安:西北工业大学出版社,2020.
[3] 黄明宇.金工实习:冷加工[M].4版.北京:机械工业出版社,2019.
[4] 董欣.金工实习.[M].2版.武汉:华中科技大学出版社,2017.
[5] 潘继民.实用表面工程手册[M].北京:机械工业出版社,2018.
[6] 柳秉毅.金工实习:热加工[M].3版.北京:机械工业出版社,2019.
[7] 清华大学金属工艺学教研室.工程材料及机械制造基础.Ⅱ.热加工工艺基础[M].2版.北京:高等教育出版社,2004.
[8] 王邦杰.实用模具材料与热处理速查手册[M].北京:机械工业出版社,2014.
[9] 夏云,陈爱民,张萍.机械制造技术:机械加工基础技能训练[M].北京:北京理工大学出版社,2017.
[10] 孙金城,陈清奎,王全景.数控加工技术[M].成都:电子科技大学出版社,2020.
[11] 朱秀荣,田梅.数控加工工艺与编程[M].北京:机械工业出版社,2020.
[12] 刘志东.特种加工[M].北京:北京大学出版社,2017.